KB026161

리더가 전하는 승리의 열쇠

군 리더십

리더가 전하는 승리의 열쇠

군 리더십

Military Leadership: In Pursuit of Excellence

2018년 5월 25일 초판 발행
2021년 3월 25일 초판2쇄 발행

편저자 로버트 테일러 · 윌리엄 로젠바흐 · 에릭 로젠바흐 | **옮긴이** 이민수 · 이종건
교정교열 정난진 | **펴낸이** 이찬규 | **펴낸곳** 북코리아
등록번호 제03-01240호 | **전화** 02-704-7840 | **팩스** 02-704-7848
이메일 sunhaksa@korea.com | **홈페이지** www.북코리아.kr
주소 13209 경기도 성남시 중원구 사기막골로 45번길 14
우림2차 A동 1007호
ISBN 978-89-6324-566-9 (03390)

값 23,000원

Military Leadership

IN PURSUIT OF EXCELLENCE

리더가 전하는 승리의 열쇠

군 리더십

로버트 테일러 · 윌리엄 로젠바흐 · 에릭 로젠바흐 편저

이민수 · 이종건 옮김

북코리아

추천의 글

신은 우리 중에 지조가 있는 사람을 중요한 사람으로 만든다.

— 토머스 제퍼슨(Thomas Jefferson)

신의 자비로운 은총과 행운으로 우리는 세상에서 가장 위대한 나라이자 유일한 초강대국인 미국의 시민이 되었다. 우리는 미국인이기에 다른 많은 나라를 괴롭히는 골칫거리, 질병, 가난 그리고 위험으로부터 전반적으로 보호받고 있다. 우리는 상당히 편안한 삶을 살고 있다. 이러한 보장을 받고 사는 시민은 매우 자연스럽게 스트레스와 희생을 요구하지 않는 삶을 추구할 것이다.

그러나 일부 미국인은 이와는 정반대의 삶을 살아가고 있다. 이러한 삶은 엄격한 규율과 이타적인 희생, 제한된 자유, 어떤 경우에는 오랜 기간의 이별과 낮은 급여를 요구한다. 스스로 이러한 삶을 선택한 사람들은 다른 이들을 보호하기 위해 이러한 삶에 수반되는 도전과 헌신을 받아들인다. 이를 위해 그들은 "군에 복무하겠다"는 선서를 한다. 이렇게 헌신하기로 결심한 미국인은 위험, 어려움, 그리고 당연히 낮은 급여가 뒤따를 수 있음을 잘 알고 있다. 그들은 자신보다 봉사를 더 중요시하고, 조직의 더 큰 이익을 위해 개인적 욕구는 뒤로 미루는 것을 배운다. 명심할 점은 미국이 흔히 과소평가되고 있는 이러한 소수의 시민에게 의존하고 있다는 것이다.

이들 특별한 시민의 의무는 매우 숭고하며, 그 책무는 매우 중요하기에 이 길을 선택했을 때 그들은 선서를 한다. 선서에는 "상관으로 임명된" 이들의 명령이 설사 그들의 삶을 위태롭게 할지라도 "명령에 복종하겠다"는 맹세가 포함된다. 그렇다면 더욱 중요한 것은 무엇인가? 이러한 맹세와 함께 그들은 손에 잡히지 않는 무언가를 기대하는데, 그것은 바로 훌륭한 리더십이다.

군 리더들에게 리더십은 정말 벅찬 특권이자 엄숙한 책무다. 이러한 개인들을 이끄는 특권과 책임을 부여받았을 때, 그들의 믿음과 충성 맹세에 어떻게 보답해줄 수 있겠는가? 이러한 질문은 우리를 흥분시킴과 동시에 겁이 나게 한다. 이 책은 이러한 질문에 큰 흥미를 느끼는 이들에게 유용할 것이다.

훌륭한 리더십이란 무엇인가? 우리는 어떻게 기술을 습득할 수 있는가? 리더십을 연구하는 것은 평생에 걸친 노력을 필요로 하지만, 이 책의 내용들을 읽고 사색하고 흡수하다 보면 이러한 여정을 견고하게 시작할 수 있을 것이다. 강조하거나 주석을 달 도구도 준비하지 않고 이 책을 읽기 시작해서는 안 된다. 내용들을 즐기면 되지만, 그와 동시에 어느 정도까지는 열심히 읽어야 한다. 책을 읽으면서 책에 서술된 도전적 환경에서 만일 당신이라면 어떻게 반응할 것인가를 상상해보라. 그리고 육체적 · 정신적 · 윤리적 이슈들에 대해 당신 자신을 시험해보라.

리더십을 연구한다는 것은, 특히 그것이 실제 사례들과 연관성이 있다면 당신에게 도움이 되는 일련의 원칙과 기준을 만드는 것에서부터 시작된다고 생각한다. 연구와 자아성찰을 통해 연마된 당신의 직감이 다른 사람들을 혼란스럽게 만드는 리더십의 도전을 명확히 파악하게 해준다는 것을 알게 될 것이다.

이 책은 상황에 맞게 구성되었으며, 리더십에 대한 당신의 사고를 자극할 것이다. 제1부를 통해 당신은 다양한 형태의 리더십을 이해하게 될 것이다. 리더십의 기본은 거의 변하지 않으며 형태, 스타일 그리고 요구조건들만 변한다는 것을 명심하라. 제2부는 리더십의 혼이 인격이라는 것을 멋지게 강조한다. 제2부에 속한 장들에 제시된 특정 사건과 생각들이 당신의 비판적 사고를 자극할 것이며, 또 다른 내용들은 영감을 불러일으킬 수도 있다. 제3부는 종종 전략적이거나 정치와 연관된 일들을 다루는 장군이나 제독들에 대한 내용으로 리더십에 대한 논의를 확장시킨다. 계급이 올라갈수록 행동의 결과가 더 커지며, 리더십의 핵심원리인 용기는 육체적인 것을 뛰어넘는 의미를 갖게 된다는 것을 독자들이 확실히 알 수 있도록 정교하고 주의 깊게 기술되었다. 마지막으로, 제4부에서는 독자들로 하여금 미래의 군 리더십이 다른 리더십 특성의 필요성을 손상시키지 않으면서 일부 리더십 특성(예: 민첩하고 독립적인 사고)의 중요성을 어떻게 변화시킬 수 있을지를 생각해보도록 자극한다.

그렇다면 리더십에 대한 나만의 생각은 무엇일까? 부대를 지휘한다는 벅찬 도전을 처음 경험한 지 이미 30년 이상 지났지만, 나는 여전히 65명의 해병대원으로 구성된 소대원들로부터 존경받은 특성과 행동을 기억한다. 내가 실수를 범했던 일들 역시 생생하게 기억한다. 비록 그동안 많은 것이 변했지만(실수를 저지르는 나의 경향은 그대로이지만), 훌륭한 리더십을 만드는 많은 원리는 영원하다고 믿는다. 선배들이 조언해주기도 하고, 오늘날의 군대에 속한 이들이 겪는 반복되는 시련을 통해 리더십의 원리를 배우게 될 것이다. 나의 생각들이 엄청난 지혜를 담고 있지는 않을지도 모른다. 그러나 그러한 생각들이 다른 곳에서도 반복된다면, 아마도 경험이 주는 교훈을 통해 최소한 그 의미를 더해갈 것이다.

임무. 리더의 첫 번째 책임은 바로 주어진 과업이다. 만일 당신이 다른 특성에서는 충분한 능력이 있더라도 과업을 달성하지 못한다면 전체적으로 봤을 때 당신은 실패할 것이다.

충성. 충성의 전통적인 관념은 상사에 대한 복종을 의미한다. 군 리더십에서 충성은 부하와 상사에게 동등하게 적용되어야 한다. 만일 이러한 균형이 깨진다면 당신을 따라야 하는 이들이 단지 의무감으로 당신을 따르거나, 당신에게 주어진 임무를 경시하게 되어 임무달성에 실패할 것이다.

경청. 어떠한 리더도 의사결정에 필요한 모든 식견을 갖출 수는 없다. 그러므로 리더는 부하들의 조언에 귀를 기울여야 한다. 이것이 현명한 방법일뿐더러 조직 구성원들의 더욱 온전한 기여를 이끌어내는 길이기도 하다.

행동. 다른 이들의 말을 경청한 후에는 신속히 결정하라. 우유부단함은 당신의 리더십에 대한 다른 이들의 신뢰를 빠르게 손상시킬 것이다.

한 마리의 사자가 이끄는 사슴 무리가
한 마리의 사슴이 이끄는 사자 무리보다 두렵다.
— 카브리아스(Chabrias, BC 410~BC 375)[1]

공명정대. 리더십을 발휘하다 보면 종종 누군가 손해를 보거나 고통 받게 만드는 의사결정 또는 행동을 하게 된다. 그러나 그러한 행동이 공명정대하게 이뤄졌을 때는 무언가를 잃는 아픔을 받아들일 수 있다.

지식. 비록 당신이 임무 수행에 필요한 핵심적인 모든 것을 알 수는 없지만, 당신의 조직은 당신이 얼마나 성실하게 그 직무의 핵심요소들을 배우고 흡수하는지에 주목할 것이다. 만일 당신이 이러한 지식을 조직과 조직 구성원들을 개발하는 데 적용할 수 있다면 더욱 바람직할 것이다.

모범. 당신의 책임하에 있는 이들은 당신이 조직의 핵심적인 특성과 신조를 구현해주기를 기대한다. 리더에게는 '표준'만으로 충분하지 않다. 두 용어는 별개이며 분명한 차이가 있다. 리더로서 당신은 표준을 뛰어넘을 것이라고 기대된다. 당신은 솔선수범할 것으로 기대된다.

풍모. 리더십의 책임은 예외 없이 부득이하게 한쪽 또는 그 반대쪽에 불리한 판결을 내리거나 고통을 요구하는 의사결정을 해야 하는 상황을 수반한다. 비록 당신의 목표가 당신의 책임하에 있는 사람들로부터의 존경, 더한 경우 애정을 얻는 것이라 할지라도 우정은 그들의 관심

---

1 고대 아테네의 장군

도 당신의 관심도 아니다.

명예. 리더의 도덕적 향방의 잣대는 명예심이다. 마치 나침반 없는 여정이 잘못된 목적지로 이끌 수 있듯이, 명예를 위태롭게 하면 당신이 속한 조직과 리더로서 당신의 신뢰성을 분명히 손상시킬 것이다. 당신이 앞으로 지휘하게 될 사람들 사이에서는 "일을 제대로 할 뿐만 아니라 옳은 일을 하라"는 간명한 요구가 표출될 것이다. 정직에 관해 "리더가 결코 정직하지 않다는 인식보다 리더의 신뢰성에 더 치명적인 것은 없다"는 특별한 문구가 있다. 이러한 특성은 이분법적이다. 당신은 정직하든지 아니면 정직하지 않은 것이다. 만일 당신이 정직하지 않다고 인식된다면, 당신은 부하들의 완전한 신뢰를 결코 회복하지 못할 것이다.

리더십은 전략과 인격의 강력한 조합이다.
그러나 만일 하나를 포기해야 한다면, 전략을 포기하라.
— 노먼 슈워츠코프(H. Norman Schwarzkopf) 대장

공적을 추구하지 말라. 당신의 책임하에 있는 이들은 누가 어떤 행동을 통해 공을 차지하는지 자세히 알게 된다. 우리는 모두 공은 얻고 책임은 회피하는 데 약삭빠른 개인들이 누구인지 알고 있다. 이러한 특성은 부하들에게 당신이 충성스럽게 인식되는 정도, 그리고 그들이 당신에게 얼마나 충성스러운지와 매우 긴밀히 연결되어 있다.

훌륭한 리더는 자기 안에 있는 자신감으로 부하들에게 영감을 준다.
그러나 위대한 리더는 부하들 안에 있는 자신감으로 그들에게 영감을 준다.
— 미상

여러 사람 앞에서 칭찬하고 개인적으로 조언하라. 충고에 대해서는 거의 예외 없이 신중하게 주의를 기울여야 한다. 여러 사람 앞에서 질책

하는 사람은 질책을 받는 사람만큼이나 존경심을 잃을 수 있다는 것을 명심하라.

이제 책을 펴고 유명한 저자들로부터 교훈을 배울 시간이 되었다. 하지만 그에 앞서 마음속에 목표를 세워라. 군 리더십의 미래에 대해 언급하는 마지막 장의 마지막 페이지를 덮을 때, 어떠한 결과를 얻고 싶은가? 만일 그 대답이 더 나은 사람이 되고, 더 효과적인 리더가 되기 위해 한 걸음 더 나아가는 것이라면, 중요한 것을 강조하고 마구 메모할 준비를 하는 편이 좋을 것이다.

당신은 누군가를 리더십 직책에 임명할 수 있다.
그러나 부하들의 가슴과 마음속에 그러한 임명이 인준되지 않는 한
그 누구도 진정한 리더가 되지는 못할 것이다.
— 익명

그레고리 뉴볼드(Gregory S. Newbold) 중장[2]

2 해병대 예비역, 합동참모부 작전국장 및 해병 제1사단 사령관을 역임함

편집자 서문

이 책은 지난 판들에 소개된 논문들 중에서 여섯 편의 논문만 포함하고 있다는 점에서 이전 판들과 상당한 차이가 있다. 새롭게 선택된 논문들 가운데 네 편은 이 책을 위해 새롭게 작성된 것이다. 우리는 하버드대학교 도서관에서 매우 흥미로운 두 권의 책을 발견했는데, 이는 다른 시대에서 바라보는 군 리더십에 대한 비교 관점을 제공한다. 우리는 5판과 달리 이번 6판의 발간을 위해 수많은 논문을 검토했다. 더 많은 검색을 통해 2005년 최종판 이후 작성된 160여 편의 논문을 찾았으며, 이 가운데 주요 고전들을 보완할 수 있는 가장 좋은 논문이라고 판단되는 것들을 선택했다. 최종적으로 무엇을 포함할지에 대한 선택은 쉽게 이뤄졌다.

우리는 군의 모든 영역을 반영하고자 고전과 동시대의 논문, 저자 그리고 환경을 지속적으로 혼합하고자 했다. 이라크와 아프가니스탄 전쟁 혹은 리더십 글쓰기에 대한 관심으로 대부분의 글들이 육군에서 오거나 육군이 발간했다는 사실을 발견했다. 하지만 우리는 리더십에 초점을 맞추어 특정 군에만 적용되지 않는 논문들을 반영하고자 했다. 또한 학자는 물론 학생 및 실무자들도 관심을 가질 만한 논문들을 포함했다. 군 관련 저널 이외의 출처에서 선택된 일부 논문은 미래에 누가 군 리더십 관점을 독립적으로 연구할 것인지에 대한 의문을 갖게 한다.

우리는 새로운 세대로 전환하기 위해 세 번째 편집자를 추가했다. 우리와 함께한 에릭 로젠바흐(Eric Rosenbach)는 동시대의 관점을 제공한다. 군 및 정부에서 정치학적 배경과 경험은 우리에게 군과 관련한 집필을 오늘날의 이슈로 연결 짓는 새로운 네트워크를 제공했다. 또한 해외에서의 삶과 복무경험은 국제적인 접근 범위를 넓혀 우리로 하여금 군 리더십을 더욱 폭넓게 볼 수 있게 했다.

이번 판은 리더십의 관점 및 맥락, 리더십 핵심으로서의 인격, 장군리더십에 대한 도전 및 기회, 그리고 미래 리더십 문제의 네 부분으로 구성되었다. 지난 몇 년에 걸쳐 군의 고위급 리더들의 성과에 대한 조사가 증가하고 있기에 우리도 장군들에게 조금 더 집중했다. 일부는 이러한 강조에 의문을 제기할 수 있으나, 리더십 교훈은 분명히 모든 사람에게 적용된다. 여러 가지 면에서, 그것은 최근에 기업과 조직 임원들에게 주어진 관심과 동일하다. 성공 및 실패가 어디에서 발생하든지 간에 고위직 사람들이 궁극적으로 책임을 져야 한다.

이 책은 리더십 개발에 대한 실질적이고 지적인 이해를 촉진하도록 설계되었다. 전통적인 리더십 연구들은 다양한 이론과 연구결과를 탐색한다. 병행하여 발간하는《리더십의 현대적 이슈(*Contemporary Issues in Leadership*)》는 경영과 정치에 대한 최근의 사고뿐만 아니라 이론적 관점을 제공한다. 이 책은 군 리더십의 영역을 정의하는 요소와 이슈들을 식별하려는 목적과 함께 특별한 군사적 관점을 제시한다. 우리가 제공하는 논문들과 에세이들은 독자들이 현대사회에서 리더십의 복잡성을 이해하고 인식하는 데 도움을 줄 것이라 믿는다.

우리는 최상의 자료를 찾기 위한 탐색과정에서 두 권의 책을 발견했다. 한 권은 1918년에 발간되었고, 다른 한 권은 1936년에 쓰였다. 최근 문헌의 탐구가 우리에게 전후 관계를 제시해 주기에 우리는 리더십과 리더십 개발에 대해 흥미롭게 읽었다. 여러분은 특별히 새로운 것이 많지 않다는 데 놀랄 것이다. 사람들이 효과적인 군 리더십의 특성 및 행동이라고 기술한 많은 부분은 거의 변하지 않았다. 달라진 것은 거래적 리더십과 변혁적 리더십에 대한 우리의 이해다. 그리하여 이번 판은 우리에게 변혁적 리더십 이론의 관점에서 리더의 효과성을 구축할 기회를 제공한다.

우리는 여러분이 이 책에서 논리와 질서를 발견할 것이라고 믿는다. 그와 동시에 특정한 근거나 맥락에 상관없이 논문을 선택하길 원할 것이라 생각한다. 형식에 상관없이 지속적으로 자신의 리더십을 개발하는 사람들과 미래의 군 리더들을 훈련할 책임이 있는 사람들에게 이 책을 추천한다.

제1부에서는 리더들과 주의 깊은 관찰자들에게 비친 리더십의 관점과 맥락을 살펴본다. 리더 및 학자들은 자신들이 생각하는 리더십이 무엇인지에 대한 관점을 제시한다. 군이 항상 리더십 연구와 관련된 포럼을 개최하는 것은 '리더십'이라는 개념이 개인 및 조직의 성공에 결정적이기 때문이다. 리더십의 실패가 초래하는 결과는 심각하기에 현재 상황에 대한 맥락뿐만 아니라 역사적 관점을 이해하는 것이 개인의 리더십 개발에 매우 중요하다.

제2부에서는 효과적인 리더십과 관련된 인격을 살펴본다. 진솔함, 설득, 충성심, 언어 및 가치관, 풍모(presence) 그리고 영향력은 변혁적 리더에게 필요한 핵심적인 인격 특성으로 언급된다. 이 모든 특성은 성공적인 리더들에게 공통적으로 나타난다. 이러한 특성들이 어떻게 개발되고 육성되어야 하는지가 리더십 개발의 이슈가 되고 있다.

제3부에서는 고위급 리더들이 직면하는 리더십의 기회와 도전에 대해 살펴본다. 1936년부터 참신한 관점이 제시되어왔으며, 이는 부분적으로 해학적이지만 일반적으로 많은 사람이 갈망하는 리더십에 대한 좋은 본보기이다. 고위급 리더십 직위를 수행하는 여성들과 그들의 성공에 대한 연구는 그들이 당면한 과제와 기회에 대한 현대적인 관점을 제공한다. 상당수의 단기적인 비판이 나중에 잘못된 것으로 판명되었다는 경고와 함께 지휘관들이 다수의 기대, 때로는 모순된 기대를 어떻게 책임질 수 있는지가 강조된다. 독자들이 우선적으로 고려해야 할 사항은 정치적 및 전략적 기대를 충족시키는 데서 발생하는 갈등이다.

제4부에서는 리더십의 미래에 대해 살펴본다. 우리가 가르치는 것이 미래에는 달라질 것이라는 전제하에 리더십 개발의 본질과 과정을 논의한다. 두 가지 국제적 관점을 통해 미래 군 리더들을 훈련시키는 데 중요한 이슈들을 명확히 짚어본다. 새롭게 출현하는 리더들의 변혁적 리더십 기술을 개발하는 과정은 미래의 리더십 개발에 대한 우리의 사고에 하나의 모델을 제시한다.

개인적 가치와 조직 가치 사이의 충돌은 종종 개인 및 부대 모두에게 실망과 손실을 초래하는 리더십의 역설이다. 리더는 핵심 가치를 파악하고 의미를 부여하여 부하들이 그러한 가치를 포용하며 실천하도록 주인의식을 심어준다. 궁극적으로 이는 우리의 일상생활뿐만 아니라 역설과 어려운 선택들을 다루는 기초가 된다.

개인적 가치와 조직 가치 모두가 리더의 스타일에 영향을 준다. 리더가 가장 적합한 스타일을 선택하는 데 있어 자기반성, 자기인식, 그리고 행동 결과에 대한 이해가 필요하다. 마지막으로, 리더와 부하로서 우리의 성과에 중요한 개인적 가치인 인격은 우리 자신의 책임일 뿐만 아니라 서로에 대한 책임인 것으로 밝혀졌다.

무엇보다 수년 동안 우리를 격려해준 군 동료와 친구들에게 큰 감사를 드린다. 우리의 작업에 대한 그들의 피드백은 큰 도움이 되었다. 6판까지 책을 내는 동안 고위 간부들과 퇴직한 동료들은 그들의 시간과 재능을 아낌없이 투자해주었다. 물론, 이 책의 형식과 내용에 대한 책임은 전적으로 우리에게 있지만, 섬겨주신 분들의 도움이 없었다면 결코 쉽지 않은 일이었다.

자료를 종합하고 원고를 작성하는 작업을 즐겁게 해준 로즈 스터너(Roz Sterner)에게 진심으로 감사를 드린다. 제작과정에서 꼼꼼한 관리를 해준 웨스트뷰 출판사(Westview Press)의 로라 스타인(Laura Stine)에게도 감사를 드린다. 마지막으로, 우리의 배우자인 린다(Linda), 콜린(Colleen), 알렉사(Alexa)의 전폭적인 지원이 없었다면, 우리가 나눈 우정과 이 책의 발간은 가능하지 않았을 것이다.

로버트 테일러(Robert L. Taylor), 윌리엄 로젠바흐(William E. Rosenbach)
그리고 에릭 로젠바흐(Eric B. Rosenbach)

역자 서문

우리는 지금 리더십 홍수의 시대에 살고 있다. 서점에 가거나 인터넷 검색을 해보면 베스트셀러 코너의 한 부분을 차지하고 있는 리더십 관련 책들을 쉽게 만날 수 있다. 학교도 기업도 리더십 관련 조직이나 부서를 만들어 훌륭한 리더를 양성한다고 연신 자랑한다. 하지만 무엇이 진정한 리더십인가에 대한 대답은 제각각이다. 역자들은 이 해답의 실마리를 군 리더십에서 찾아보고자 했다.

세상에 존재하는 수많은 조직 중에서 군대만큼 많은 수의 리더를 양성하고 배출하는 조직도 드물 것이다. 위계적 조직인 군대는 위계에 따라 여러 하부 조직들로 구성되어 있어 그만큼 다수의 리더들을 필요로 한다. 사관학교와 대학에서 학생들을 가르치며 군과 사회가 요구하는 리더를 양성하는 일에 매진해온 역자들이 군 리더십에 관심을 가진 이유다.

그동안 다양한 군 리더십 관련 자료들을 모으고 실제 리더십 연구를 진행하면서 군 리더십의 본질에 접근하고자 노력했다. 군 리더십의 본질은 무엇인가? 어떠한 요소들이 이상적인 군 리더를 만드는가? 어떠한 사례들이 군 리더십의 성공과 실패를 보여주는가? 이러한 질문들에 대한 해답을 줄 수 있는 자료들을 찾고자 노력했다. 그러나 군 리더십만을 주제로 한 책이나 자료들은 흔치 않았고, 가설 검정 위주의 군 리더십 연구를 통해 깊이 있는 식견을 얻기란 어려웠다. 그러던 차에 온전히 군 리더십이라는 주제에 대해서만, 그것도 미국의 군대와 사회에서 큰 존경을 받는 전문가들이 기술한 책을 발견했다. 이 책의 번역작업은 역자들이 느낀 기쁨과 감동을 많은 이들과 함께하고자 시작되었다.

로버트 테일러(Robert L. Taylor)를 비롯한 3명의 편집자는 군 생활의 경험과 학문적 식견을 바탕으로 수백여 편의 군 리더십 관련 논문을 검토하여 26편의 주옥과 같은 글을 엮어 이 책에 담았다. 오래전에 쓰인 고전도 있고, 오늘날의 급격한 변화를 반영한 동시대의 논문들도 있다. 리더십 자체에 초점을 맞추고자 했기에 특정 군 조직에만 적용되는 논문들은 배제했으며, 학자나 군인은 물론 일반 학생이나 실무자들도 관심을 가질 만한 논문들을 많이 포함했다. 이 논문들에서는 군 리더십의 영광을 언급하다가도 때론 날카로운 비판을 가하기도 한다. 독자들에게는 다양한 음식을 한 번에 즐길 수 있는 뷔페 느낌을 줄지도 모르겠다. 물론 한 가지 음식을 음미하면서 먹는 것도 좋겠지만, 각각의 음식에는 깊은 풍미가 배어 있으므로 요리사의 정성과 실력을 느낄 수 있을 것이다.

이 책의 기고자들은 제1차 세계대전 당시의 사단장 같은 예비역 군인을 비롯해 현역 군인, 교수, 역사학자, 법학자, 언론인, 미래학자 등 실로 다양한 분야의 저명한 인물들로 구성되어 있다. 리더십의 최고 권위자로 칭송받는 버나드 배스(Bernard M. Bass)와 감성지능의 대가인 대니얼 골먼(Daniel Goleman)을 '군 리더십'이라는 공통된 주제를 통해 만난다고 생각하면 떨리기까지 한다. 26편의 글은 크게 '리더십', '인격', '장군의 리더십', '군 리더십의 미래'라는 네 개의 파트로 나뉘어 독자들과의 만남을 기다린다.

이 책을 통해 성공적인 리더의 핵심 특성을 이해하고, 리더라는 직책이 자신의 인격을 시험하는 호된 시련의 장이라는 것을 깨닫게 될 것이다. 또한 밤하늘의 별처럼 군의 구성원들에게 나아갈 방향을 제시해야 하는 장군들이 겪고 있는 숱한 도전과 미래의 군대가 요구하는 장군상도 함께 보게 될 것이다. 민간 정치인들과 군사 전문가들 간의 관계에서의 적절한 균형, 군대에서의 여성 리더십이라는 주제 또한 흥미롭다. "무엇이 군 리더십의 미래인가?"라는 화두를 던지고 있는 이 책은 군 리더십에 관심이 있는 이들은 물론 리더십의 본질에 대한 깊이 있는 성찰을 원하는 모든 이들이 한 번쯤 꼭 읽어봐야 할 책이라 확신한다.

마지막으로 이 책이 출간되기까지 책의 가치를 알아보고 오랜 시간 기다리고 지원해주신 북코리아 이찬규 사장님과 편집을 맡아주신 옥별님께 지면을 통해서나마 깊은 감사를 표한다.

이민수, 이종건

차례

제3부 장군의 리더십
리더십의 도전과 기회

제4부 군 리더십의 미래

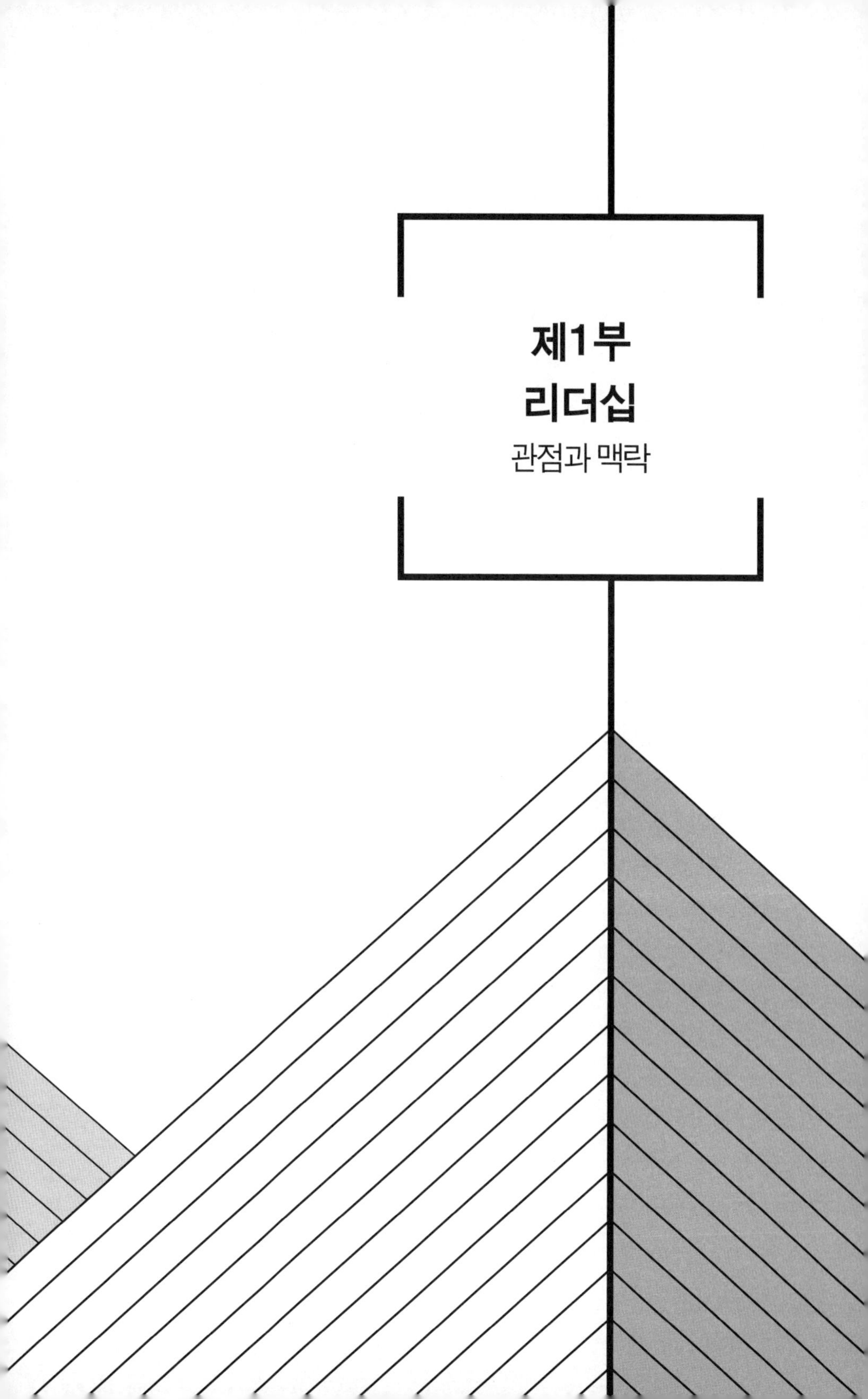

제1부
리더십
관점과 맥락

리더십은 폭넓게 논의되고 자주 연구되는 분야임에도 리더십의 정의에 대한 학자들 또는 실무자들 사이의 의견이 거의 일치되지 않고 있다. 리더십에 대한 개념들은 편안하리만치 단순하거나 놀라울 정도로 복잡하다. 사실, 리더십을 정의하려고 시도하는 사람들만큼이나 리더십에 대한 정의가 많다. 그러나 우리는 경험이나 관찰을 통해 무엇이 훌륭한 리더십인지 알고 있다.

1978년 퓰리처상 수상자인 제임스 맥그리거 번즈(James MacGregor Burns)는 우리가 리더들에 대해서는 많이 알지만 리더십에 대해서는 거의 알지 못한다고 적었다. 창조적 리더십센터(Center for Creative Leadership)의 회장 겸 CEO인 월터 울머 주니어(Walter F. Ulmer Jr.) 중장은 우리가 리더들에 대해 과거보다는 많이 알고 있으나 우리의 지식 대부분이 피상적이어서 특히 어려운 시기에 리더들을 움직이는 인격과 동기부여의 더 깊은 영역을 파악하지는 못한다고 생각한다.

리더십을 이해하기 위해서는 먼저 무엇이 잘못된 리더십인지를 살펴보아야 한다. 올바른 리더십은 위계적이거나 하향식이 아니며, 지위에 의한 권력이나 권한에 기반을 두지 않는다. 유능한 지휘관은 훌륭한 리더십을 실천하고 유능한 리더는 지휘 역량을 갖춰야 하지만, 리더십은 지휘가 아니며 지휘의 일부나 원리도 아니다. 리더십을 이해하기 위해서는 리더십의 핵심적 본질, 즉 리더와 부하들이 공유된 목적을 달성하기 위해 상호 간에 주고 받는 영향에 대해 이해해야 한다. 리더십은 어려운 일을 성사시키거나 흔히 발생할 일을 방지하도록 사람들의 협업을 이끌어내는 것이다.

리더십 연구의 역사를 살펴보면, 초기의 일관된 추진력이 오늘날 '위인이론(Great Man Theory)'이라 불리는 접근법에 집중되었다는 것을 알게 된다. 한 세대 동안 리더십 학자들은 위대한 리더들이 지닌 특성들을 밝히는 데 주력했다. 처음에는 "위대한 리더들은 대단히 지적이며, 매우 열정적이며, 의사소통 능력이 평균보다 훨씬 높지 않은가?"라는 질문이 명확해 보였다. 하지만 이러한 '명확한' 가정들을 분석해보니 이들 모두가 거짓임이 밝혀졌다. 그렇다. 리더들은 보통 사람들보다 조금은 더 지능이 뛰어나지만, 훨씬 뛰어난 것은 아니다. 물론 그들이 좀 더 열정적이며 역동적이나 현저히 그렇지는 않다. 실제로 그들은 약간의 매력을 지닌 보통 이상의 대중 연설가였으나, 그들의 전반적인 비교 우위가 현격히 크지는 않았다. 그리하여 이러한 가정들과 리더십 통념들은 철저한 과학적 검증에 의해 모두 사라졌다.

그다음에 일어난 일은 리더들의 행동에 중점을 둔 것이었다. 리더십의 핵심이 '그들은 누구였는가?'에 있지 않다면, 아마도 '그들이 무엇을 했는가?'에서 찾아볼 수 있다. 실제로 연구자들은 리더의 행동에 대한 두 가지 결정적인 유형을 밝혀냈는데, 과업성취에 중점을 둔 행동과 대인관계에 주력한 행동이다. 그들의 동료들은 일반적으로 이 두 가지 행동 유형 모두를 높은 수준에서 지속적으로 보여주는 사람들을 '리더'라고 보고했다. 때로는 높은 수준의 과업 관련 행동을 보이나 단지 평균수준의 관계지향 행동을 보이는 사람들도 리더로서 인정되었다. 동료들이 단지 높은 수준의 관계지향 행동만을 보이는 사람들을 리더라고 부르는 경우는 좀처럼 없었다. 마지막으로, 과업지향과 관계지향 활동 모두가 거의 없는 사람들은 결코 리더로서 인정받지 못했다.

새로운 방식을 택한 다른 학자들은 리더십의 효과성을 높이기 위해 상황에 따라 과업 및 관계 행동이 다르게 조합되어야 한다고 주장했다. 이론적으로 가장 효과적인 조합은 수행하는 과업의 특성과 종업원들이 상사에게 보고하는 능력 같은 특정한 상황적 요인들에 의해 결정될 것이다. 또 하나의 약간 다른 방식은 상황적 가설과 약간 변형된 개인적 특성 접근방식을 조합하는 것이었다. 하지만 초기의 시도들과 마찬가지로, 효과적인 리더십을 설명하기 위한 이러한 노력은 제한된 결과를 낳는 데 그쳤다.

흥미롭게도, 지난 수십 년 동안 개발된 많은 리더십 이론의 공통점은 연구 주제가 관계 행동과 과업 행동에 중점을 두고 있다는 것이다. 리더십 퍼즐을 풀기 위한 학자들의 노력이 계속될수록 예측 및 규범 모형들을 개발하기 위한 시도들은 심각한 연구와 인기를 끄는 유행을 만들어 냈다. 우리는 유명한 문헌들이 리더십의 도구와 테크닉에 중점을 두었기 때문에 대부분의 사람들이 리더들과 리더십에 대해 회의적인 입장을 보였다는 점에 주목했다. 이러한 이유로 '우리가 정말로 무엇을 배웠는가?'에 대해 자문해본다.

이 책에서 우리는 리더십의 기본적인 유형을 두 가지로 구별한다. 거래적 리더십(transactional leadership)은 조직이 요구하는 결과를 달성함과 동시에 만족스러운 성과에 대해 가치 있는 개인적 보상을 받기 위해 부하들이 반드시 해야 할 역할을 분명히 해주며, 그들에게 그러한 결과와 보상을 달성하는 데 필요한 확신을 주는 리더십이다. 거래적 리더십은 리더와 부하들 사이의 동등한 거래 혹은 교환으로서, 리더는 자신과 부하들 모두의 이익에 중점을 두는 거래적 리더십을 통해 부하들에게 영향을 미친다. 리더의 자기 이익은 만족스러운 성과이며, 부하들의 자기 이익은 훌륭한 성과에 대한 가치 있는 보상이다. 따라서 거래적 리더십은 적절한 상황에서 잘 사용된다면 매우 훌륭한 관리기법이며, 관리적 리더십으로 여겨질 수 있다.

변혁적 또는 변화시키는 리더십(transformational or transforming leadership)은 부하들이 리더에 대해 강한 개인적 동질성을 갖도록 한다. 변혁적 리더는 부하들에게 조직의 사명과 비전의 중요성을 깨닫게 함으로써 기대 이상의 성과를 달성할 수 있도록 동기를 부여한다. 그리하여 부하들은 신념과 가치관을 공유하고 자신의 이익을 초월함으로써 고차원의 욕구인 자기존중감과 자아실현에 비전을 결합시킬 수 있다. 변혁적 리더들은 공유된 경험에서 오는 깊은 의미를 가진 언어 사용을 통해 부하들의 마음속에 상상하는 비전이 어떤 모습인지를 그리게 한다. 또한 변혁적 리더는 역할모델이다. 이들은 일상적인 활동에서 모범을 보이고 공유된 가정과 신념 그리고 가치관에 의미를 부여한다. 변혁적 리더들은 권한을 위임하거나, 더 나아가 권력과 권한을 공유하고 부하들이 그것들을 사용하는 법을 확실히 이해하도록 함으로써 기대 이상의 성과를 달성하게 한다. 이러한 리더들은 부하들이 자신의 파트너가 될 수 있도록 개발하는 데 전념한다. 결국 변혁적 리더들은 부하들의 의도를 실천으로 변환시킬 수 있도록 해준다.

'리더십'(1장)에서는 1918년, "만약 당신이 군 생활에서 성공하기를 원한다면, 첫 번째로 고려해야 할 사항은 무엇인가?"라는 질문에 대한 링컨 앤드루스(Lincoln C. Andrews) 준장의 대답이 담겨 있다. 팀장은 자신의 '사람들'을 다루는 모든 일에서 반드시 그들의 존중, 주저함 없는 복종, 그리고 받을 자격이 있는 팀장이라면 부하들의 열정적인 충성심을 얻어야 한다는 그의 주장에 근거한 내용이 요약되어 있다. 거의 100여 년의 기간에 걸쳐 군 리더들의 기대와 관점이 어떻게 변화해왔는지를 설명하는 내용들이 1장에 포함되었다.

마셜(S. L. A. Marshall) 장군은 '리더와 리더십'(2장)에서 과거 위대한 군 리더들이 위대함이라는 외적 특징보다는 일련의 내면적 자질을 지녔다고 말한다. 비교적 소수의 리더들만이 젊은 시절 훌륭한 리더십으로 칭송을 받았다. 마셜의 논제는 대부분의 성공적 리더들이 주변 사람들의 영향을 받아 만들어지고, 그들 역시 보통 사람과 마찬가지로 결점과 결함을 가지고 있다는 것이다. 리더들은 상당한 수준의 인정을 받고자 하는 공통적인 열망과 이를 공정하게 얻으려는 의지를 가지고 있다. 내면의 힘이 강한 사람들은 너무나도 빈번하게 자신들보다 선천적으로 잘 타고나지 못한 사람들을 경시하므로 리더로서 실패한다. 마셜 장군은 성공적인 군 리더십의 요소로서 용기, 유머, 풍모(presence) 그리고 고결성(integrity)을 언급한다.

'무엇이 리더를 만드는가?'(3장)에서 감성지능에 대한 최고 전문가인 대니얼 골먼(Daniel Goleman)은 왜 감성지능이 리더십을 이루는 결정적 요소이며, 그것이 리더들에게 어떻게 나타나는지를 설명한다. 탁월한 리더들은 매우 독특한 지휘 방식을 가지고 있으며, 각각의 상황은 다른 유형의 리더십을 필요로 한다. 하지만 골먼은 유능한 리더들이 하나의 결정적 방식에서 유사하다는 것을 발견했다. 즉, 그들 모두가 높은 수준의 감성지능을 보유하고 있다는 것이다. 골먼은 감성지능의 각 요소에 대해 논의하고, 잠재적 리더들에게 어떻게 인식되며, 어떻게 학습될 수 있는지를 보여준다. 이 개념은 군 리더들과의 관련성이 매우 높다.

다른 많은 필자와 달리, 제임스 스토크스베리(James L. Stokesbury)는 '예술로서의 리더십'(4장)에서 리더십을 헤드십(headship) 또는 지휘와 뚜렷하게 구별한다. 그는 개인으로서의 리더에 중점을 두며, 단순히 리더의 자리에 있는 사람들을 언급하지 않는다. 그는 리더십을 정의하는 데 있어서 언어의 부적절함에 얽매이는 함정에 빠져 있으며, 종종 논리 반복이라는 정의로 결론을 내린다고 말한다. 스토크스베리는 리더십을 예술로 정의하고, 리더십을 학습할 수 있는 가장 좋은 방법은 역사가 제공하는 사례들을 연구하는 것이라고 제시하면서 이러한 딜레마를 다루고 있다. 그는 네 명의 역사적인 리더로서 몬트로즈(Montrose) 후작, 알렉산드르 수보로프(Alexander Suvorov), 로버트 리(Robert E. Lee) 그리고 필립 페탱(Philippe Pétain)을 선택했다. 이들 네 사람은 스토크스베리가 리더십의 예술을 구성한다고 주장하는 특성들 외에는 공통점이 거의 없다. 스토크스베리는 리더십의 가장 고차원적인 요소들이 하나의 예술로서 남는 반면, 더 낮은 차원의 요소들이 과학적으로 학습될 수 있고, 책략에 의해 다뤄질 수 있다고 말하며 결론을 짓는다. 아이러니하게도 그는 더 좋은 시기일수록 책략이 통하지 않으며, 예술이 더 필요하다고 말한다.

'현실 리더십'(5장)에서 존 찰스 쿠니치(John Charles Kunich)와 리처드 레스터(Richard I. Lester) 박사는 수없이 많은 견해에도 불구하고 리더십이 신비롭지도 불가사의하지도 않다고 주장한다. 그들은 리더십의 핵심이 차이와 긍정적인 변화를 만들고, 사람을 움직여 일을 성취하도록 하며,

임무에 기여하지 못하는 모든 것을 제거한다는 것을 설명함으로써 리더십의 실재를 제시한다.

얼 포터 3세(Earl H. Potter Ⅲ)와 윌리엄 로젠바흐(William E. Rosenbach)는 '파트너로서의 팔로워: 기회가 올 때를 준비하라'(6장)에서 팔로워십에 대한 개념적 모델을 제시한다. 그들은 유능한 부하를 "높은 성과와 함께 리더와 건강한 인간관계를 위해 주도적으로 몰입하는 파트너"로서 기술한다. 저자들은 급변하는 글로벌 환경에서 파트너가 되고자 하는 부하들뿐만 아니라 파트너십을 장려하는 리더들이 조직을 번창시키는 특징을 지닌다고 주장한다.

'리더, 관리자 그리고 지휘 풍토'(7장)에서 월터 울머 주니어(Walter F. Ulmer Jr.) 중장은 집단 또는 조직이 기대하는 리더의 본보기와 성과기준이라는 관점에서 '풍토(climate)'를 정의한다. 고위급 장교들이 성과기준을 정하기 때문에 그들의 리더십과 부대관리 습관들을 변화시키면 부하들을 풍토에 잘 적응시킬 수 있다. 일상적인 선의를 차별화하여 최선의 관행으로 바꾸는 것은 여전히 리더십과 관리의 조합이다. 울머 중장은 지휘 풍토와 리더 개발을 평가하기 위해서는 신뢰할 수 있는 표준화된 방식이 필요하다고 주장한다.

리더십은 여전히 불가사의하지만, 미군은 세계의 다른 어떤 조직도 필적할 수 없는 수준으로 모든 계급에 걸친 체계적인 리더십 개발을 활기차게 진행하고 있다.

제1장 리더십

링컨 앤드루스(Lincoln C. Andrews) 육군 준장

만약 당신이 군 복무를 성공적으로 수행하기를 바란다면, 첫 번째로 고려해야 할 사항은 무엇인가? 분대, 소대 또는 중대든 부대에 적합한 리더가 되려면 말이다. 훌륭한 리더가 되기 위해서는 먼저 규칙을 잘 지키는 사람이 되어야 하며, 다음으로 타고난 리더로서 특징적인 자질을 갖추고 이를 활용할 줄 알아야 한다. 부하들을 상대하는 모든 일에서 당신은 반드시 그들로부터 존중, 주저함 없는 복종, 그리고 받을 만한 자격이 있다면 열정적인 충성심을 얻어야 한다.

부하들에게 신뢰와 존경을 받기 위한 첫 번째 필요조건은 뛰어난 지식이다. 이는 리더로서 자신감을 갖게 할 것이며, 그로 말미암아 부하들은 당연히 당신을 따르게 될 것이다. 그러므로 당신의 역할을 감당할 준비가 되어 있지 않다면 결코 그들 앞에 나타나지 말라. 부하들이 당신보다 당신이 해야 할 역할을 더 많이 알고 있을 때 당신은 지휘하는 척하는 딱한 사람이 된다.

리더가 부하들과 상의하는 경우도 종종 있으나, 최종 판단이 리더의 몫이라는 것은 자명하다. 훌륭한 사람도 실수하는 법이다. 항상 실수를 솔직히 인정해야 하며, 허세를 부려 얼렁뚱땅 넘기려는 시도는 바람직하지 않다. "왜?"라는 질문에 대한 변명이나 설명은 해로울 뿐이다. 부하들은 당당한 가치를 알아본다. 즉 당신은 그들을 오랫동안 속일 수 없으며, 허세를 부리는 사람으로 판명된다면 당신의 리더십은 절망적이게

된다.

당신은 당연히 인기를 갈망하고, 당신의 부하들로부터 깊은 존경을 받으며, 부하들이 어느 곳에 있든 리더를 따르는 것을 자랑스러워하는 그러한 리더들 가운에 한 사람이 되어야 한다. 역사는 그러한 리더들이 일반적으로 높은 계급에 있었다고 말하지만, 그들의 부대들이 많은 작은 집단들로 구성되었고, 그 속에서 부하들이 똑같은 충성심을 가지고 따랐을 경우에만 리더들이 성공할 수 있었다는 사실을 명심하라.

그러나 부하들 사이의 인기가 안일한 방식과 편파적인 태도를 통해서, 또는 엄중한 책무를 수행함에 있어 직무태만을 눈감아주거나 실패를 묵과함으로써 얻어진다고 착각하지 말라. 그런 얄팍한 인기는 진정한 시험대에 오르면 시들해지기 마련이고, 고난과 위험이 닥쳤을 때 부하들 중 진정 용기 있는 누군가가 앞장서 이끌 경우 무례, 불복종, 경멸로 바뀌게 된다. 그러므로 모든 사람에 대한 공정성과 형평성, 복종 요구의 비융통성과 충실한 책무수행, 그리고 부하들의 복지와 관심사에 대한 끊임없는 보살핌 같은 확고한 자질 위에 인기를 쌓아라. 그리고 무엇보다 예측과 준비를 통해 리더로서 당신의 능력에 대한 존경과 심지어 찬사를 불러일으킬 수 있는 행동을 토대로 인기를 쌓도록 하라.

인기 있는 부사관은 자신의 부대를 가장 활기차고 효율적으로 만드는 사람이다. 부하들은 그를 존경하며, 그가 말할 때면 뛰어 오를 정도로 환호한다. 그는 계획성 없이 부하들의 시간을 낭비하지 않으며, 생각이 부족하여 부하들이 불필요한 일을 하도록 만들지 않는다. 그의 두뇌는 활동적이며, 모든 경우에 부하들에게 가장 효율적인 부대관리를 위해 빈틈이 없다. 그는 부하들이 직접적인 이동으로 목적달성이 가능할 때 불필요하게 먼 곳을 돌아 행군하도록 하지 않는다. 그는 자신의 명령에 대해 철저한 복종을 요구하며, 일반적인 지시를 내릴 때에도 모든 부하의 세심한 주의를 요구한다. 그리고 그는 궂은일이나 혜택 등을 막론하고 모든 업무가 부하들에게 공평하게 분배되는지를 확인한다.

심리학적으로 공통의 목적을 위해 함께 일하는 모든 집단의 사람들은 곧 고유의 혼(soul)을 갖게 된다. 직무적인 측면에서 중대와 분대가 그러하며, 작업자 집단의 경우도 마찬가지다. 훌륭한 리더는 그러한 혼을 알게 되고, 현명하게 다루는 법을 터득한다. 즉 혼의 열망, 그 인내력의 한계, 노력을 배가시키기 위해 혼을 불어 넣는 방법, 피로나 고난으로 낙담할 때 혼을 불어 넣는 방법, 당면 업무에 대해 혼이 담긴 관심을 불러일으키는 방법을 잘 알고 있다. 부하들의 업무를 계획하고 그들의 업무수행을 통제할 때 이를 항상 염두에 두어야 한다. 이처럼 정신에 호소하는 수단들이 많이 있으며, 그것들을 배우고 활용할 수 있어야 한다. 군악대가 행군에 지친 부대를 되살아나게 할 수 있듯이, 당신은 느린 발걸음을 빠르게 할 수 있으며, 피곤에 지친 마음을 상쾌하게 할 수 있다. 즉 부하들은 더 이상 피곤해하지 않으며, 생겨난 기력이 피곤을 잊어버리게 한다. 반면에 이러한 혼은 좋은 영향만큼이나 나쁜 영향을 주기도 쉽다. 리더가 혼을 거스른다면 얼마나 참담하겠는가. 또한 리더가 혼과 교감을 유지하며 이를 현명하게 다루는 것이 얼마나 중요한 일이겠는가.

군인을 인내하고 담대하게 만드는 것은 바로 기백(spirit)이다. 특히 기백은 냉혹한 훈련만으로는 실패할 수밖에 없는 상황도 헤쳐 나가게 한다. 훌륭한 부대의 리더를 눈여겨보라. 그는 행군 중에, 막사에서, 훈련 중에, 교육장에서 사려 깊은 말과 능숙한 업무처리를 통해 정신력을 강화시킨다. 부하들은 리더가 요구하는 것이 합리적임을 알며, 가능한 한 자신들의 업무를 미래의 성공에 기여할 수 있도록 만들며, 모든 상황에서 자신들의 복지를 중시한다는 것을 느낀다. 심지어 한 개인의 실패나 과오가 집단의 감정을 심하게 훼손할 수 있기에 처벌은 그 자체에 머물러야 한다는 집단정신을 갖게 되는 것도 가능하다.

모든 사람은 일이 잘 진행될 때 기뻐하며, 특히 자신이 정성을 쏟은 일을 실질적으로 잘 수행할 수 있을 때 보람을 느낀다. 농부는 옥수수 두둑을 괭이로 고를 때 자랑스러움을 느끼며, 목수는 자신의 솜씨가 깃든 수공예품으로 인해 기뻐한다. 훈련할 때나 부하들에게 업무 지시를 할 때 이를 명심하라. 그들을 질타할 때 당신의 태도와 어조에 자중해야 한다. 그들은 활기차고, 효율적이고, 적시에 적절한 일을 하고, 시간이나 에너지의 낭비를 피하는 것을 좋아한다. 그리고 그들은 반대의 경우를 매우 싫어한다. 당신이 자신의 무능력이나 비효율적인 리더십에서 비롯된 실패를 맛보게 될 때, 이러한 원리에 대한 올바른 이해는 긍정적인 비통함을 느끼게 해줄 것이다. 특별히 어떤 사람의 훌륭한 성과에 대해 칭찬할 때, 훈련을 적절히 수행하여 "훌륭해!" 하고 소리칠 때, 이러한 원리를 적용할 수 있다. 이러한 인간 본성의 단계를 제대로 이해하고 업무 중에 이를 현명하게 사용하는 리더는 성공을 향해 크게 전진한다.

기강(discipline)을 바로 세우기 위한 정신력 강화는 처벌 시스템보다는 보상 시스템에 의해 더 강해진다. 물론 처벌과 보상은 둘 다 필요하며 강력한 요인들이다. 처벌만으로 통제할 수 있는 부류가 있다고 단정하지 말라. 왜냐하면 복무하는 중에 더 나은 자질을 갖추도록 호소하는 것이 불가능한 부류의 사람들은 없기 때문이다. 만일 그러한 개인들이 나온다면 집단의 정신이 그들을 불편한 고립 상태에 놓이게 할 것이며, 그리하여 그들은 잘하는 사람들에게 뒤지지 않으려고 애쓰거나 그렇지 않으면 탈퇴하게 될 것이다.

보상 시스템에서 리더는 단결심(esprit)과 사기(morale)를 진작시키는 기강을 세우고자 할 때 가장 강력한 협력자를 찾는다. 리더는 이러한 기강을 세우기 위해 세심하게 기회를 살펴야 한다. 대개는 칭찬하는 말 한마디 혹은 심지어 눈빛만으로도 충분하다. 모든 집단에서 타고난 리더들을 발견할 수 있는데, 그들은 역경이 대다수 집단 구성원들의 정신을 압박할 때 자신들의 몫보다 더 일하며 모범을 보인다. 그뿐 아니라 종종 유쾌한 말이나 우스갯소리를 통해 무의식적으로 전체를 격려하여 더욱 인내하도록 만든다. 리더는 부하들의 진가를 공개적으로 인정해줄 만한 모든 기회를 찾아서 그들의 영향력을 강화해주어야 한다. 부하들에게 중요한 임무를 부여하라. 특별히 위험한 책무에 선발된 사람이라는 확신을 주어라. 일반적으로 이와는 정반대의 기질을 지닌 자칭 리더들이 있다. 그들은 만성적인 비관주의자들이며 불평가들로서 그릇된 본보기와 잦은 불평으로 인내와 성과의 평균을 낮춘다. 리더로서 이러한 부하들의 영향을 약화시키는 것 또한 중요하기에 종종 마음에 들지 않는 특별한 임무들을 그들에게 조용히 부여하되, 인정해주는 것처럼 보이는 치명적인 실수를 해서는 결코 안 된다. 게다가 리더가 부하들의 성격(personality)을 제대로 아는 것이 얼마나 절대적으로 중요한 일인가. 리더는 당면한 과업에 최상의 자질을 갖춘 사람을 선발해야 할 뿐만 아니라, 리더의 선택이 부대의 사기에 미치는 영향을 고려해야 한다. 그리고 이는 업무를 수행하는 부하들에 대한 지속적인 관찰을 요구한다. 부하들이 힘들고 뜨거운 행군의 막바지에 보이지 않는 어려운 책무들을 수행하는 동안 부하에게 자신의 텐트를 치도록 하고, 울타리를 세우고, 간이침대와 모기장을 설치하게 한 후 조용히 쉬러 가는 그 지휘관에게 얼마나 대단한 신의 인도에 대한 신뢰가 영감을 주어야 하겠는가! 만약 이 지휘관이 다음날 연대장으로부터 한 병사를 파견 보내라는 지시를 받는다면, 그는 대수롭지 않게 또는 비열하게 전날 부대에 굴욕을 선사한 누군가를 쉽게 뽑아 보낼 것이다.

지휘관들은 더 많은 보상을 받고 더 높이 승진하기에 부하들보다 더욱 인내해야 한다. 장교의 계급이 올라갈수록 한결같은 보살핌에 대한 요구는 더욱더 커지게 된다. 전쟁이 계속됨에 따라 더 젊고 씩씩한 사람들이 최고의 지휘관으로 발탁되는 것을 보게 되는 주된 이유들 가운데 하나가 이러한 사실에 있다. 야심적인 지휘관은 전시에 자신의 에너지를 아낌없이 쏟아부을 수 있도록, 또한 위급한 상황이 닥칠 때를 대비하여 경각심을 가지고 부하들의 복지를 지키며 사기를 고양해야 할 때 자신의 에너지를 보전하며 낭비를 막을 것이다.

처벌은 어떤 정해진 기준에 따라 관리될 수 없다. 모든 위반행위는 위반자의 개인적 성향에 의한 차이, 부수적인 상황, 동기, 그리고 항상 집단의 기강에 미치는 영향 등의 요소들을 포함한다. 당신의 의사결정은 차분하고 공정한 정의의 목소리여야 한다. 훌륭한 판사가 시민사회의 기조를 지키듯이 부대의 리더는 그가 속한 집단의 소리를 지키는 의사결정자다. 모든 문제에는 양면이 있다는 것을 기억하라. 피고인이 공정한 심리를 갖도록 하고, 항상 동기를 살펴야 한다. 군인이 이유 없이 중대한 위반행위를 저지르는 경우는 드물다.

개인의 행동에 대해 상을 주거나 처벌할 수 있는 권한은 좋든 나쁘든 상당한 힘이다. 이는 단순히 개인뿐만 아니라 사안 처리를 통해 집단 전체에 영향을 미친다. 한 사람의 경력을 망치는 것이 당신의 손에 달려 있다. 당신에게 의지가 있다면 그를 약자로 받아들이고, 공정하게 대우해서 그를 진정한 부하로 그리고 군인으로 만들라. 이러한 감각은 리더가 열정으로 만들어진 다소 성급한 판단을 내리려고 할 때 그를 망설이게 만든다. 당신의 관점만이 아닌 부하의 관점에서 볼 수 있는 것은 대단한 가치를 지닌다. 대부분의 의사결정에서 가능한지 여부가 바로 통제 요인이 될 것이다.

처벌과 보상은 모두 전체 집단의 기강 및 사기에 영향을 주므로 언제나 실천 가능한 행동을 통해 충분한 효과가 발휘되도록 해야 한다. 칭찬이 필요한 경우에는 보상을 해주고, 징계가 필요한 경우에는 처벌해야 한다. 처벌이 필요한 경우에는 신속하게 초기 조치들을 취해 부하들 사이에서 논란이나 논쟁을 피하고, 부하들 사이에 '그 사람은 자신의 권위를 지킬 용기가 없어'라는 느낌이 확산되지 않도록 해야 한다.

위기에 맞닥뜨렸을 때는 차분해야 한다. 곤란한 경우에 직면하여 냉소를 받을 때조차 침착하라. 뜻하지 않게 위험에 직면했을 때조차 냉정하라. 정신적 암시의 심리적인 힘은 사람을 통제하는 가장 확실한 방법들 가운데 하나로서 받아들여지고 있다. 당신이 진정한 리더라면, 부하들은 당신이 보여준 것과 같은 정신적 태도를 나타낼 것이다. 위험에 처한 경우 그들은 확신을 얻기 위해 당신의 행동을 지켜볼 것이며, 심지어 표정까지 살필 것이다. 당신이 비정상적인 상황에서 편안하고 자신 있는 태도를 보이며, 무심코 말을 던지고, '재료를 빌려서' 담배를 말고, 모든 단순한 일들을 자연스럽게 처리할 때, 당신의 부하들은 당신이 두려워하지 않고 있음을 느끼며 흔들렸던 신뢰를 회복하게 된다. 그러므로 피할 수 없는 곤경에 처했을 때, 괴로움이나 조급함을 보여서는 안 된다. 어쩔 수 없는 상황에 대한 냉소적인 수용은 부하들을 오히려 냉소적으로 만들고, 대부분의 경우 모든 일에 대한 불평과 단호한 반대, 그리고 악담으로부터 비롯된 신경과민과 정신적 폐해만 쌓이게 할 뿐이다.

또한 위기 시에는 완벽한 자기통제를 보여주어야 한다. 당신의 행동이 부하들의 행동을 결정한다는 것을 명심하라. 당신이 긴장하면 부하들은 더욱 긴장하게 될 것이다. 위기상황은 아마도 가장 정확하고, 결정적이며, 자기통제적인 업무를 요구할 것이다. 당신의 감정이 목까지 치밀어 오르고 목소리가 떨리며 생각이 혼란스러워질 때 부하들도 불안해하게 되고, 만약 부하들에게 이러한 감정을 드러낸다면 실패밖에 남지 않게 된다. 당신의 동요를 드러내기 위해 한마디 하기 전에 감정을 억누를 시간을 갖는다면, 결국 당신은 성공을 거둘 것이다. 아울러 침묵하며 확신에 찬 태도로 진정한 리더답게 지시하라. 그러면 부하들에게 큰 위안이 되며 꾸준한 지적 업무수행을 가능케 한다.

우리는 이제 미숙한 부대관리 리더십에서 나타나는 가장 특징적인 실패 가운데 한 가지를 살펴볼 것이다. 당신 자신을 훈련시켜 어떤 상황에서도 올바른 습관을 만들고, 자신감을 갖고, 부하들에게 침착하게 지시함으로써 실패를 겪지 않도록 해야 할 것이다.

전쟁의 천재는 쏜살같이 지나가는 기회를 포착한다. 침착한 자신감과 함께 신속한 의사결정을 할 수 있도록 당신 자신을 훈련하라. 기습에 주저하는 것은 매복의 위험과 마찬가지로 상대에게 커다란 기회를 만들어준다. 당신이 무엇을 할지 결정하는 동안 적은 당신을 앞지른다. 당신이 무엇을 하느냐는 어떤 일을 빠르게 하는 것보다 그리 중요하지 않다. 빠르게 의사결정을 한 후 침착하게 그것을 실행하라. 잠시 후에 더 나아질 것 같은 다른 계획으로 바꾸지 말라. 망설임(vacillation)은 리더에 대한 모든 신뢰를 손상시킨다. 단순하지만 대담한 계획을 세우고, 그 뒤에는 의심 없이 성취를 위해 모든 에너지를 쏟아라. 평시에 이를 위해 자신을 훈련하라. 당신은 종종 일상생활에서 어떤 사고나 긴급한 상황에 처하게 된다.

일반적으로 군중 속에는 즉각적으로 판단하여 올바른 일에 뛰어들어 행하는 누군가가 있다. 왜 당신은 그 사람처럼 되지 않는지 정신적 과정에 대해 의문을 가져라. 일상생활의 사소한 일에서 당신이 의사결정을 빨리 할 수 있는 습관을 기를 때까지 빠른 의사결정을 하려는 노력은 당신의 능력에 대한 신뢰를 갖게 할 것이다. 이는 당신, 부하 그리고 상급자들에게 가장 소중한 가치가 될 것이며, 기회가 온다면 큰 명예와 대의를 위해 그 기회를 선뜻 붙잡을 수 있다.

"병사들은 자식과 같다." 리더에게는 하나의 관계가 존재하며, 이는 사실이다. 리더는 부하들에게 아버지 같은 존재다. 산티아고(Santiago)의 한 전장에서 나는 한 젊은 소위가 잿빛머리를 한 노병의 어깨 위에 손을 얹고 그를 '나의 소년'이라고 부르는 것을 보았는데, 혼자서 자신의 임무를 수행하는 노병의 얼굴에는 자신감이 차 있었다. 서로에 대한 공감과 확신의 감정은 사려 깊은 리더십에서 생겨나며, 그것을 갈망하고 가치 있게 여겨야 한다.

역사는 대담한 리더가 우세해 보이는 적과 싸워 자신의 부하들을 승리로 이끈 많은 용감한 행위를 기록하고 있으며, 모든 공적을 리더의 용기에 돌리고 있다. 이는 잘못된 것이다. 주어진 책임을 용감하게 수행한 수많은 리더가 있었으나, 그들의 부하들은 준비되지 않았다. 공적이 단지 용기에만 주어져서는 안 되며, 지적인 리더십에 훨씬 더 많이 주어져야 한다. 이러한 리더십이 부하들에게 성공적으로 교전할 기회를 가져다주었으며, 행군하는 동안 또는 숙영지에서 부하들의 일상적인 복지를 위해 지속적으로 보살핌으로써 심신이 최상의 컨디션을 유지한 가운데 사기가 고양되었으며 리더의 능력에 신뢰를 갖게 했다. 전장에서 칭송받을 영웅적 리더를 만드는 것은 후방의 훈련장에서 시작되며, 주둔지와 작전상의 일일 업무를 실천함으로써 가능하다.

리더는 규율가이며 심리학자일 뿐만 아니라 의사, 요리사, 재봉사, 마구 제조인, 구두 수선공, 수의사, 대장장이 등 다양한 능력을 발휘하기도 한다. 리더는 육군의 '건강수칙(Rules for Health)'을 알아야 하며, 부하들이 자신을 지켜보고 있다는 것을 알아야 한다. 부하들을 자식처럼 보살피고, 그들이 적절하게 옷을 입으며, 먹으며, 쉬며, 즐겁게 보내며, 심신이 건강한지를 살펴야 한다. 또한 활력을 제공함으로써 기회가 주어질 때 부하들에게 합리적으로 엄청난 노력을 요구할 수 있어야 한다.

성공적인 행군, 주둔지 생활, 또는 야영 생활을 위한 근본적인 원칙은 부하들에게 주어지는 어려움을 최소한으로 줄여주는 것이다. 과거의 전쟁에서는 전투에서보다 행군이나 주둔지에서 발생하는 사상자가 더 많았다. 오늘날 우리는 이 부분에 대해 잘 알고 있으며, 이를 막을 수 있는 리더의 지적 능력이 요구된다. 야전복무규정과 적절한 교육훈련에서 '치밀한 준비'와 '행군 기강 및 위생'은 중요한 문제들이다. 그렇다 해도 사려 깊은 리더가 얼마나 많은 방법으로 부대의 편안함과 단결심을 고양시킬 수 있는지는 놀라운 일이다. 무지하거나 경솔한 리더는 둘 다를 간과하며 해를 끼칠 수 있다.

부하들은 권한이 있는 누군가의 지시 없이는 자신을 돌보지 않는다. 그들은 5분만 작업하면 받침돌이나 가로대를 설치하여 발이 젖지 않게 할 수 있는 샘에서 물을 얻기 위해 진흙 속을 헤치며 걸을 것이다. 리더들은 그런 소소한 일도 세심하게 살펴야 하며, 모든 새로운 캠프에서 발생하는 관심사에 대해 부하들이 가장 원하는 수준에서 해결될 수 있도록 고민해야 한다. 종종 거센 바람이나 폭풍을 막기 위해 나무 덤불로 대피소를 만들 수 있다. 자연적인 그늘이 없을 때는 나무 덤불을 잘라서 인위적인 그늘을 쉽게 만들 수 있다. 무더운 날씨에는 집결장소에 인위적으로 그늘을 만들어 부하들이 식사를 하거나 식후에 앉아서 쉴 수 있도록 해야 한다. 짧은 시간의 작업만으로도 샘을 청결하게 할 수 있으며, 그 가치를 100% 더할 것이다. 빠르게 둑을 세우면 얕은 개울에 미니 풀장도 만들 수 있다. 부하들은 곧 이 같은 작업이 자신들의 편의를 위한 것임을 알게 된다. 부하들은 지시를 받지 않는다면 자발적으로 그런 일들을 하지 않겠지만, 열정적인 리더십 하에서 쉽게 관심을 보이게 된다. 리더가 부하들이 수행해야 할 모든 일을 제시하는 것은 불가능하다. 이것은 리더의 독창성에 달려 있으며, 자신은 그늘에서 쉬면서 부하들에게만 시킬 일은 아니다.

부하들이 일을 잘하기를 바라는 리더는 그들의 정신적 및 육체적 복지에 대해 모든 배려(consideration)를 아끼지 말아야 할 것이다. 잘 먹고 합리적인 생활을 하며 적절한 휴식을 취할 때, 기꺼이 훌륭하게 임무를 수행하게 된다. 민간 업체들이 얼마나 자주 이것을 소홀히 하여 손실을 보는지 모른다. 더 심한 경우 형편없는 급식과 초라한 숙소를 제공하여 근로자의 남성다움과 자존심을 상하게 함으로써 불성실과 게으름뱅이 정신을 야기한다.

모든 전쟁에는 유명한 여단, 유명한 연대, 그리고 유명한 포대가 있었다. 그들은 성공적인 전투를 통해 명성을 얻었고, 그 같은 명성을 쉽게 유지했다. 전장에서 그들의 명성은 다른 조직들의 환호로 알려졌다. 훌륭한 부하들이 기꺼이 그들과 함께하고 싶어 했기 때문에 그들의 인력은 쉽게 유지되었다. 이는 평시에 어떤 조직을 지휘하더라도 똑같이 나타난다. 조직이 우수하다는 평판을 얻게 될 때 더욱 우수해지며, 그 인력은 적임자들로 쉽게 유지될 수 있다. 부대의 정신을 유지하는 가장 확실한 방법 중 하나는 바로 어떤 일에서 특별한 우수성을 보여주는 것이다. 그것은 사격이나 참호 구축, 제식훈련, 또는 가장 좋은 식당을 갖추는 일이 될 수 있다. 부하들은 조직과 리더에 대해 자부심을 갖기 시작하고, 훌륭한 부하들은 그러한 조직의 일원이 되고자 노력한다. 부하들은 기량과 효율성을 뽐낼 수 있는 일을 하는 데서 기쁨을 느낀다. 훌륭한 임무수행을 통한 육체적 및 정신적 훈련은 자존심, 칭찬할 만한 자부심 그리고 확신을 갖게 함으로써 개인의 인격을 강화시키고 조직 전체를 하나로 뭉치게 하여 성취를 위한 강력한 힘을 만든다.

훌륭한 리더는 부하들과 일심동체이며, 부하들의 언어로 이야기하고, 행복과 역경을 함께하며, 부하들의 명성을 지키려고 애쓰며, 부하들의 감정과 권리를 옹호한다. 사실상 리더는 개인 또는 단체로서 부하들의 육체적 및 정신적 복지에 대한 공인된 보호자다. 책임감이 강한 리더는 부하들의 영웅이 되며 애정 어린 별명으로 불린다. 리더는 부하들이 고된 행군 후 숙영지를 만들거나 지체되고 있는 식사차량을 기다리고 있는 상황에서 점심 식사 초대에 응하지 않을 것이다. 또한 그는 부하들이 폭풍우 속에 배치되어 있는 동안 혼자 피해 있지 않을 것이다. 훌륭한 리더는 자신의 부대 또는 부하를 부당하게 대우한 외부인의 불공정한 행동에 대해 가장 먼저 이의를 제기할 것이다. 만약 보급품이 부족하면, 직접 가서 원인을 파악하고 가능한 한 해결하려고 한다. 시즌 중 풋볼팀의 주장이 팀원에게 하듯이, 아픈 부하를 의사에게 보내며 관심을 갖고 추후 경과를 살핀다. 요컨대, 자신의 이기적인 편안함이 아니라 부하들의 관심사를 중시한다. 부수적으로, 역경이 올 때 그는 부하들의 헌신과 위안으로 충분히 보상을 받을 것이다.

위대한 기병대 리더가 부하들을 대할 때 인간적인 요소를 고려하는 것이 중요함을 보여주는 확실한 사례로서, 그리고 성공적인 리더가 겉보기에는 하찮아 보이는 일에 그의 개인적 관심을 드러내는 재미있는 예화로서, 다음의 내용은 드 브락(De Brack) 장군이 그의 장교들에게 내린 지시에서 인용한 것이다.

파이프담배—모든 기병에게는 흡연이 장려되어야 한다. 왜? 담배는 그들을 깨어 있게 할 수 있기 때문이다. 담배는 기분전환의 수단으로서 기병들이 임무를 수행할 때 방해하지 않으며, 업무에 집중하게 하고, 업무에 대한 부담감을 덜어준다. 담배는 기병을 진정시키며, 시간을 보내는 데 도움을 주며, 불쾌한 생각을 떠올리지 않게 하며, 기병들을 숙영지나 그의 말 근처에 계속 있도록 만든다. 기병이 담배를 피우며 건초나 풀 위에 앉아 있는 동안에는 아무도 다른 말에게 주려고 그의 말 사료를 훔칠 생각을 하지 못하게 된다. 그는 자신의 말이 사료를 잘 먹고 발길질을 당하지 않는지 확인할 수 있다. 보급품이 그의 호주머니에서 도난당하는 일도 없다. 또한 마구류나 의복 등의 수선할 곳을 찾는 데 필요한 시간을 얻게 된다.

전초기지에서는 수면이 일체 금지된다. 이럴 때 담배가 얼마나 많은 안식을 주는가. 졸음을 쫓아주고, 피곤한 시간이 빨리 지나게 하며, 빗속의 을씨년스러운 날씨도 덜 춥게 느껴지고, 배고픔과 목마름을 쉽게 참을 수 있도록 해준다. 낮 동안 지친 몸을 이끌고 야간에 졸음을 쫓아가며 긴 행군을 해야 하는 일은 군인들에게 지독한 고통이며, 수많은 말이 부상을 당하는 원인이 되기도 한다. 이럴 때 담배를 피우는 일만큼 졸음을 쫓는 좋은 방법도 없을 것이다.

인적 자원이 턱없이 부족한 군사작전에서는 사소한 일이라도 큰 의미가 있다. 전우애를 나누는 군대에서 담배는 상호 간의 교환에서 오는 기쁨과 임무를 충실히 완수하는 더 강력한 수단이 된다. 어떤 경우 빌린 담배 한 개비는 고민을 덜어주는 진정한 수단이 되기도 한다.

그러므로 아리스토텔레스나 그의 제자들이 뭐라고 말하든 상관없이 당신의 부하들이 담배를 피울 수 있게 하라.

부하들이 평상시에 당신이 가진 권한을 인정하고 당신의 명령에 고분고분하게 복종한다고 해서 아무 문제가 없을 거라고 착각하지 말라. 다음과 같은 질문을 숙고해보라. "과연 긴급한 상황에서도 그들이 당신을 따를 것인가?" 훈련장에서 자주 들리는 분대장의 "나를 따르라"는 애처로운 명령은 전장에서 쉽게 무시될 것이다. 부하들의 영감을 불러일으키는 말들은 반드시 확실하게 큰 소리로 말해야 하며, 신념을 담고 있어야 한다. 정신적인 압박이 올 때, 훌륭한 부하들이 최전방에 설 것이며, 자신을 훈련시켜 최고가 되지 않는다면 당신은 굴욕스럽게도 부하들이 리더십을 가진 다른 사람을 찾는 것을 목격하게 될 것이다. 실질적인 역량을 가진 다른 사람이 훈련의 책임을 맡았다면 어떻게 되었을까? 나는 실제로 어려운 일이 닥쳤을 때 한 부사관의 지위가 약화되자, 자질을 갖춘 한 병사가 긴박한 상황에서 자연스럽게 분대를 지휘하는 것을 본 적이 있다. 이런 수치스러운 상황이 벌어진다면 그만두기보다는 진상을 규명하고 제대로 지휘할 수 있도록 당신 자신을 훈련시켜야 한다. 뛰어난 지식과 통솔력을 습득하라. 겁쟁이 다음으로 리더십을 시도하는 가장 위험한 사람은 바로 무지하거나 게으른 사람, 혹은 양쪽 모두에 해당하는 사람이다. 만약 지휘할 준비가 되어 있지 않다면, 물러나든지 아니면 다른 사람이 기회를 갖도록 해야 한다. 전장에서 당신의 실패가 재앙이나 불명예를 야기할 수 있고, 조직뿐만 아니라 파급효과로 전체 대의명분에까지 피해를 줄 수 있다는 것을 깨달았다면, 게임을 배우기 위해 진지하게 책임을 떠맡거나 물러나서 다른 사람이 일을 맡도록 해야 한다.

명령을 적절하게 내릴 수 있는 능력을 갖추는 일이 얼마나 중요한가? 나는 많은 부사관들을 내보내야 했는데, 부하들이 그들의 명령에 불복종했다는 보고를 받았기 때문이다. 그들은 명령을 내리는 데 적합하지 않았다. 불복종은 대부분 명령 자체의 문제 또는 명령이 전달되는 방식에 문제가 있어 발생한다. 당신의 부하들이 본래의 책무를 수행하려는 의도를 가졌다는 것은 틀림없다. 그것을 먼저 생각하라. 그러고 나서 당신의 명령이 옳으며 반드시 수행되어야 하는 것인지를 확실히 하라. 명령을 내리고 나서 그것을 수정하는 일은 기강을 무너뜨릴 수 있다. 그리고 무엇보다 당신 스스로 명령에 대한 회의가 없어야 하며, 부하들이 명령에 따를 것이라는 확신을 가져야 한다. 종종 부하들이 불복종하는 이유는 부하들이 당신의 명령을 따를 것이라는 확신이 없는 목소리나 태도를 보여왔기 때문이다. 당신 자신이나 권한에 대한 확신이 없는 태도는 자연스럽게 불복종을 불러온다.

하달한 명령에 대해 이유를 덧붙이는 것이 종종 가능하고, 오히려 바람직한 상황이 있으며, 그렇게 함으로써 부하들이 명령을 수행함에 있어서 그들의 지적인 관심을 얻을 수 있다. 그러나 이런 경우 명령을 내린 데 대해 사과하는 듯한 모습을 보이거나 전장에서 부하들이 하던 일을 멈추고 명령에 대한 의문을 제기하는 일이 없도록 매우 조심해야 한다.

마치 야구팀의 주장이 한 선수에게 2루를 맡으라고 말하는 것처럼 조용하고 품위 있는 어조로 명령을 내려야 한다. 거기에는 모욕, 불복종 또는 논쟁의 여지가 없다. 조용하고 품위있는 어조는 부하들의 반발을 사거나 욕하고 싶은 충동을 느끼게 하지 않는다. 그는 당신을 리더로 따름으로써 팀의 궁극적인 성공에 기여하는 팀의 일원이다. 이것이 당신과 부하 둘 다 갖춰야 할 태도다.

그러나 상황파악을 하지 못한 채 부하들을 마치 개처럼 취급하는 경우가 너무도 많다. 그들은 잘못된 말이나 어조 또는 태도를 통해 부하들의 용맹스러움을 제멋대로 모독함으로써 충성심과 마음에서 우러나는 복종을 얻는 데 실패한다. 그리하여 그들은 스스로 부하들을 지휘하기에 적합하지 않다는 것을 보여준다. 게다가 부하들을 그같이 함부로 대하는 것은 과거에는 가능했을지 몰라도 지금은 명령에 어긋나는 일이다. 미국 정부는 상관과 부하들이 상호 복무를 지성인답게 인정하며 함께 일할 것을 분명하게 바라고 있다. 모든 군인에게 군대예절이 아래에서 위로 향하는 것만큼 위에서 아래로도 지켜져야 한다는 것을 주지시키고 있다. 당신은 개가 아닌 사람으로 구성된 팀을 지휘하기를 원할 것이다. 그리고 그들의 씩씩함을 모욕하게 되면 당신은 부하들의 규율(discipline) 준수나 충성심을 결코 얻지 못하게 될 것이다.

좀 더 구체적으로 살펴보자. 실제로 나는 두 개의 서로 다른 민병대 기갑부대가 있는 캠프에 머문 적이 있는데, 그곳에서 부사관들이 모욕적이고 무례한 언동으로 부하들에게 악담하는 것을 들었다. 얼마나 한심한 광경인가! 그들은 조직에서 가장 낮은 사람들의 존경을 이끌어내지 못했다. 그들의 명령에 대한 공개적인 무시가 자주 일어났는데 그것은 너무나 당연하게 예상할 수 있는 행동이었다. 그리고 누군가가 자기 부하 중 한 사람에게 욕을 하는데도 깜짝 놀라거나 분개하지 않는 부대 지휘관이라니! 이러한 전반적 상황은 규율과 리더십의 진정한 정신에 대한 올바른 평가가 절대적으로 부족하다는 것을 보여준다. 이들은 군기강의 잔인성이라는 어리석은 전통을 선택했고, 모든 유형의 품위와 충성심을 손상시키며 갈팡질팡했으며, 조직화된 효율성을 달성할 희망이 없었다. 어떤 군대에서든 폭언을 퍼부을 수 있는 사람은 딱 한 사람, 바로 '맨 윗사람'이다. 그는 모두를 위해 폭언을 할 수 있다. 그는 자신의 권위를 유지하기 위해 이러한 특권을 행사할 뿐만 아니라 누군가 그것을 조금이라도 침해하는 것을 절대 용납하지 않을 것이다.

낮고 점잖은 어조만으로 자신의 명령에 즉각 따르게 할 수 있는 리더는 남들이 부러워할 만한 인격의 소유자다. 행동하도록 하기 위해 목소리를 높이거나 고함을 치고 욕설을 퍼부어야 하는 사람은 한심하기 짝이 없다. 이런 사람은 긴박한 상황에서 더욱 비참해질 것이다. 그런 사람은 아마도 가장 필수적인 요소인 자기통제에 실패한 것이며, 본인 스스로도 자신의 천성적인 연약함과 무능함을 잘 인지하고 있을 것이다.

너무 많은 명령을 내리거나, 막연하며 내키지 않는 명령을 내리는 것을 피하라. 명령은 의도가 무엇이든지 관계없이 의문을 제기하지 않도록 명확하게 표현되어야 한다. 명령은 쉽게 이해되어야 하며, 계속 반복하거나 지나치게 말을 많이 하는 나쁜 습관은 피해야 한다는 것을 명심하라. 자긍심을 갖고 명령이 이해될 수 있도록 간결하고 분명하게 하달하며, 반대로 명령을 받을 때는 두말할 것 없이 내용 전체를 파악할 수 있도록 주의를 집중하라. 그러나 명령에 대해 반신반의하거나 제대로 이해하지 못한 채로 가서는 결코 안 된다. 이 점이 매우 중요하다.

명령을 내릴 때는 지시대로 이행되는지 확인하라. 리더로서 특히 초창기에 약간의 일탈과 태만을 눈감아주기 쉽다. 이는 부하들이 당신을 시험해보려고 하는 것일지도 모른다. 약간의 태만을 눈감아준다면, 어떤 부하가 심각하게 불복종하는 것을 발견할 때까지 커지게 될 것이다. 이는 전적으로 당신의 과오에서 비롯된다. 만약 처음에는 명령을 확실히 실행함에 있어서 서서히 진전되기를 원한다면, 실행에 대한 성급한 요구 없이 천천히 명령을 내려야 한다. 의도적인 명령 불복종은 가장 심각한 군사적 항명 가운데 하나이며, 입대 시 선서한 맹세에 대한 위반이며, 군 지휘부의 능력에 대한 비방이며, 조직의 단결심에 대한 오점이다. 그 원인이 당신의 나태나 무지, 도덕적 결함 중 무엇이든지 간에 당신의 무능한 리더십으로 인해 이 같은 상황이 발생하지 않도록 해야 한다.

매우 드문 일이긴 하지만, 여러 상황이 부하를 자극하여 어떤 특정한 사항에 대해 긍정적인 불복종을 하는 경우가 발생한다. 그가 지극히 정상적이며 더 쉬운 복종의 채널에서 벗어나도록 강요하는 어떤 명령에 반대하기 위해 자신의 능력을 집중하는 경우를 심리적으로 고찰해 보면, 그는 이러한 새로운 불복종의 채널을 발전시키는 데만 자신의 능력을 고집스럽게 유지한다. 이 한 가지 사항에 대해 그를 직접적으로 반대하는 것은 오히려 저항에 집중된 그의 능력이 지속되도록 도와주고 폐해를 더욱 키울 수 있으므로 명확하게 잘못될 수 있다. 그 같은 상황을 당장 해결하고자 한다면, 제복을 바로잡아주거나 태도 교정 등 몇 가지 단순한 일을 조용히 요구함으로써 그의 관심을 다른 곳으로 돌리는 것이 바람직하며, 그러는 가운데 습관에 따라 복종하게 될 것이다. 이처럼 단순한 단계들을 통해 그의 감정을 진정시킬 수 있으며, 결과적으로 심각한 상황으로부터 그를 구해낼 것이다. 이는 말을 훈련시킬 때의 원칙으로 설명할 수 있다. 종종 말에게 어떤 한 동작을 하도록 지속적으로 시도할 때 다루기 어려워지며 전혀 움직이려고 하지 않는다. 그럴 때는 말이 당신의 지시하에 움직인다는 확신을 갖도록 걷게 하고, 멈추고, 다시 걷게 하는 것과 같이 절대적으로 단순한 일로 바꾸는 것이 중요하다. 그 결과 통제를 회복하고, 수행할 수 있는 단계들을 통해 복종의 첫 번째 시험으로 돌아가게 되면서 말이 유순해지는 것을 발견하게 된다.

위와 같이 실행해 보아도 상황이 진정되지 않는 경우, 군율을 강화하는 좀 더 엄격한 방법이 남아 있다. 당신의 권한은 존중되어야 하며, 그것은 국가의 전반적인 군사력에 의해 지지된다.

"행동이 말보다 우선한다." 군대의 리더는 결코 훈계하지 않는다. 당신은 일반적으로 간결한 표현, 성과기준의 유지, 자신의 변함없는 행동과 본보기로 원하는 결과를 얻을 것이다. 당신이 원하는 것을 부하들에게 말하는 것만으로는 그들의 '정신을 바짝 차리게' 할 수 없다. 오히려 일을 흥미롭게 만들고, 활기와 활력 그리고 지적인 방향을 제시함으로써 무의식적으로 그들을 활기차게 만들 수 있다. 그러면 모든 일이 끝난 후에 그들은 당신의 지휘가 얼마나 역동적이었는지에 대해 말할 것이고 리더로서 신망을 얻을 것이다.

부하들에게 발언할 때는 항상 먼저 그들 모두가 당신에게 주의를 기울이고 있는지 살펴야 한다. 자신의 일에만 관심을 가지고 궁금해하는 부하들과 대화하는 것은 쉽지 않은 일이다. 항상 부하들에게 먼저 주목하도록 요구하며, 그들 모두가 그렇게 하는지를 확인해야 한다. 그들 모두가 조용히 당신의 말에 집중할 때 말해야 하며, 당신이 말하는 것을 책임 있게 경청하도록 해야 한다. 편한 자세를 취하는 것은 좋으나 집중해서 듣도록 해야 한다. 만약 부하들이 열을 지어 차렷 자세로 있다면, 시선을 전방에 두는 것이 군인자세이기에 당신이 말하는 어느 순간이든 그들의 눈이 당신을 향할 수 있도록 지시하라.

리더는 부하들의 외모, 품행 그리고 책무 수행에 책임이 있다. 이는 단정한 복장, 무기와 장비 관리, 시간 엄수, 임무 수행 시 활기찬 태도, 한결같은 규정 준수, 군인으로서의 정중함 등에서 모범을 보임으로써 달성 가능하다. 그러고 나서 리더는 직무가 태만한 자들을 예의주시하여 그들이 조직에 순응하는지를 살펴야 한다. 현명한 리더라면 부하들의 흥미를 유발하는 방식으로 이를 가능하게 할 것이며, 어떤 경우에도 잔소리하는 모습을 보이지 않도록 주의해야 한다. 리더는 모든 작은 문제, 복장, 정리정돈, 안정된 복무 등에 있어서 엄격한 규정 준수를 강조함으로써 부하들에게 복종하는 습관을 갖도록 해야 하며, 이는 규율을 쉽게 강화하고 궁극적 복무에서 큰 가치를 창출할 것이다. 이것을 부하들에게 지혜롭게 설명하면 모든 업무에서 흥미를 유발할 수 있을 것이다.

충성심을 바란다면 당신이 먼저 상관에게 충성하는 모습을 보여주어라. 별로 달갑지 않은 책무를 수행해야 하는 명령을 받았더라도 충성스럽게 수행하라. "아무개가 이것을 시켰기 때문에 어쩔 수 없이 해야 한다"는 식의 말로 부하들로부터 값싼 인기를 얻으려고 하지 말라. 이 같은 태도는 너무 저열하며, 부하들은 당신이 팀워크에서 자신의 역할을 하지 않는다는 것을 알게 될 것이다. 또한 부하들이 명령에 대해 불평하는 것을 가만히 듣고 있어도 안 된다. 당신의 팀은 차상급 부대의 일부이며, 당신은 부대를 군에서 최고로 만들기 위해, 그리고 당신의 부하들이 그 부대에 속해 있다는 사실과 리더에 대해 자부심을 갖도록 하기 위해 근무하고 있다는 것을 기억하라. 명령의 본질을 알기 위해 힘쓰며, 그것을 충성스럽게 실행하라. 그렇게 하는 것이 당신이 해줄 수 있는 본보기이며, 당신의 상관에 대해 책무를 다하는 것이다. 명령의 형식이나 발언 방식을 트집 잡아 시시콜콜 불평을 늘어놓는 데 시간을 보내거나 군인으로서 본분을 잊는 일이 없어야 한다.

어떤 조직에서든 '조직에 반대하는 사람'이 최소한 한 사람은 있기 마련이다. 그는 리더가 될 수 있는 정신력과 영향력을 가졌지만, 안타깝게도 비관주의의 저주에 빠져 있어서 그의 의욕적인 힘은 오히려 부정적인 조짐을 띤다. 만약 당신이 이런 불행한 사람이라면, 자신의 기질을 잠재워라. 그러면 열정이 협력을 불러일으키기 시작하고, 차고 싶은 충동을 억제시키며, 뒤처져 있거나 주도하는 것이 어떤 느낌이 드는지 알게 될 것이다.

훌륭한 군인의 핵심적인 자질 중 하나는 쾌활함이다. 역경이 닥쳤을 때 굴하지 않는 정신을 가지고(일반적으로 아일랜드 사람), 인내심을 발휘해 유쾌하게 헤쳐 나가는 사람이 한 사람도 없다면 그 분대는 정말로 불행하다. 이러한 자질은 '분대 정신'으로 함양될 수 있으며, 그렇게 되어야 한다. 많은 병사가 먼지투성이의 길을 힘겹게 걸어가고 있을 때 어디선가 갑자기 흘러나오는 즐거운 노래는 사람들을 유쾌하게 한다. 어떤 경우든 불평불만을 늘어놓는 것은 사기만 저하시키고 인내력을 약하게 할 뿐이다. 역경을 이겨낼 수 있는 능력이 성공적인 군대의 특징이다. 현대의 미국인에게 그 같은 인내심이 부족하다는 주장이 있으나 우리는 거기에 동의하지 않는다.

장교가 전투 중에 소총을 들고 제일선에 나서지 않는 것처럼 리더는 부대에 주어진 임무를 수행함에 있어 실제로 육체노동을 해서는 안 된다. 품위에 어울리지 않아서가 아니라, 책임자로서 자신의 주의력을 통제와 지시 그리고 임무를 수행하는 부하들을 관찰하는 데 두어야 하기 때문이다. 우리는 경험이 부족한 부사관이 구덩이 안에서 삽으로 땅을 파고 있을 때, 건방진 병사가 제방에 앉아 편안하게 담배를 피우는 모습을 얼마나 자주 보게 되는지 모른다. 리더가 겉만 번지르르한 어떤 '게으름뱅이들'이 자신의 일을 다른 사람들에게 지속적으로 미루는 것을 눈감아주는 일보다 팀원들의 불만을 야기하는 일은 없다. 당신은 "겉만 번지르르한 게으름뱅이들"이 그들의 몫을 다하는지를 주의 깊게 살펴야 한다. 이는 부대원들의 단결심을 강화할 것이다. 과업이 익숙하지 않거나 어려운 경우 직접 뛰어들어 일의 완급을 조절하기 위해 최선을 다하고 싶은 상황이 생길지도 모른다. 그러나 당신의 역할이 병사와 똑같이 일하는 것이 아님을 명심해야 한다.

열성적인 부하들에게 과업을 수행하도록 요청하는 것은 너무도 쉬운 일이다. 스미스(Smith)라는 원기 왕성하며 자발적인 사람이 있다고 가정해보자. 부주의하거나 자신의 권한에 대해 자신감이 부족한 분대장은 스미스를 여기저기로 보낼 것이다. 훌륭한 리더는 항상 활기차고 능력 있는 부하들에게 업무를 부여하기보다는 무능력하고 의기소침한 부하들에게 업무를 부여함으로써 자신의 몫을 다하는 것을 볼 것이며, 자신이 공정하며 팀을 다룰 능력이 있다는 것을 보여줄 것이다.

만약 당신이 업무에 대해 부하들의 관심을 불러일으키는 것이 얼마나 가치 있는 일인지를 올바로 평가할 수 있다면, 첫 번째 취사장의 소각로를 파헤치는 신병들의 세세한 행동을 상상해보라. 그들은 자신들이 아는 모든 것을 위해 시간을 보내며 땅을 파고 있을 것이다. 그러나 먼저 분대장으로 하여금 그들이 무엇을 만들 것인지, 소각로가 무엇이며 어디에 쓰이는지, 왜 각 중대에 취사장이 하나씩 필요한지를 설명하도록 하라. 그러면 소각로에 대한 관심과 더불어 캠프에서 가장 훌륭한 소각장을 만드는 데 대한 자긍심을 불러일으킬 것이다. 이제는 그들이 일하는 것을 보라. 각자의 과업을 할당받은 부하들은 최소한 자신이 무슨 일을 하고 왜 그 일을 해야 하는지 알 필요가 있으며, 당신과 함께 즐겁게 과업에 참여하고 훌륭한 임무 수행으로 신뢰를 얻을 수 있도록 해주어야 한다.

대부분의 과업들은 리더의 각별한 숙고와 계획을 필요로 한다. 당신은 과업을 미리 검토하고, 모든 세부사항을 예측하며, 부하들 사이의 마찰이나 시간 낭비를 최소화하는 가운데 체계적으로 과업을 수행할 수 있도록 계획해야 한다. 그래야만 진정한 리더로서 그 일을 수행할 수 있을 것이다. 당신은 현역 장교들이 업무를 수행하고, 야영지에서 철수하는 등 모든 일을 순조롭게 진행하는 것을 보면서 그들이 영감에 의해 그 일을 훌륭하게 수행한다는 생각을 하게 된다. 실제로 그들이 순조롭게 업무를 수행한다면, 그것은 단지 업무를 위해 각 단계를 미리 예측하고 사전에 계획했기 때문이다.

당신의 제복에 각종 휘장이 번쩍거린다고 해서 어떤 상황이 발생했을 때 올바른 예측을 할 수 있다고 자만하지 말라. 숙련된 변호사는 당면한 소송에 가장 적합한 방식으로 철저히 준비하지 않고서는 법정에 나타나지 않는다. 이와 마찬가지로 당신도 자신의 행동 방향에 대해 사전에 철저히 계획해야 한다. 매우 성공적으로 보이는 리더들도 마찬가지 방식으로 자신을 준비해왔다. 만약에 직무 책임자가 현명한 지시 없이 부하들을 전개시켰다면, 대부분의 부사관들은 속수무책으로 시간만 보내는 방식으로 어떤 일을 할 것이며, 그는 상관에 의해 틀림없이 경질될 것이다. 부하들도 그에 대해 분개할 것이다. 당신이 어떤 업무를 지시받았다면, 상황을 잘 판단하여 계획을 세워야 부하들이 가장 효율적으로 일하게 될 것이다. 부하들이 우두커니 서서 할 일 없이 있지 않도록 하라. 일을 마치고 나면 부하들을 쉬게 하라. 두 사람이 할 수 있는 일을 여덟 명이 하고 있다면, 그들을 네 개의 교대조로 나누고, 교대조가 일하는 동안 나머지 사람들은 쉬도록 하라. 일을 할 때 어떤 작업 도구가 쓰일지 미리 예측하여 모든 것이 준비된 상태에서 부하들에게 작업량을 할당하고 난 후 일에 착수하라. 부하들은 두 배 이상의 시간 동안 느릿느릿 일을 진행하는 것보다 그것을 훨씬 더 선호할 것이다.

군 복무에는 항상 군인들 간의 관계와 교제를 규제하는 어떤 규칙들이 있기 마련이다. 오랜 경험을 통해 이러한 규칙들이 기강을 확립하는 데 매우 중요하며 전장에서 군인들을 통제하는 데 필수적이라는 것이 입증되어왔다. 그 규칙들은 수백 년 동안의 경험을 통해 발전된 것으로서 전 세계의 모든 군대 조직에서 거의 유사하다. 또한 부사관과 그의 부하들 간, 또는 장교와 병사들 간의 부적절한 친밀함을 금하고 있다. 그리고 군인의 기강을 가시적으로 보여주는 거수경례, 복장, 차렷 자세 등을 규정하고 있으며 훌륭한 정신을 가진 조직의 특징을 나타낸다.

리더와 부하들이 모두 신참인 경우 그들의 관계를 관찰하는 것은 어려운 일이다. 양쪽이 상관의 명령에 의문을 제기할 가능성을 배제할 필요성을 명확하게 이해한다면 도움이 될 것이다. 권위에 대한 존경을 이끌어내는 경험은 이를 쉽게 가능하게 한다. 지휘관이 부하를 동료 인격체로서 대우하고 그들의 개인사에 관심을 보일 때, 부하들은 공통의 군복무에서 유대감을 느낀다. 반면에 지휘관은 명확하게 정의된 복종의 한계선을 지키게 하는 어떤 친밀감을 여전히 비밀리에 간직한다. 이는 생색을 내지 않고 이뤄져야 하는데, 부하들이 스스로 자존심을 희생해서는 안 되며, 오히려 자신감과 주도성을 키우면서 업무에 대해 자긍심을 느껴야 한다.

심지어 더 어려운 것은 자신의 직무에 열심이며, 자신과 조직을 위해 포부를 가지고 있고, 더 나은 미래를 위해 변화를 제시할 수 있다고 지나치게 자주 확신하는 부하들이 드물지 않은 데 있다. 훌륭한 리더십은 이를 감당할 수 있지만, 개선을 뛰어넘는 관리 능력을 가진 사람은 드물다. 그러나 당신이 이런 제안을 받았을 때는 먼저 제안이 타당한지를 숙고하고, 시기를 잘 선택해야 하며, 무엇보다 언어 사용에 신중해야 한다. 당신은 말을 신중하게 함으로써 상관의 지휘권을 침해하지 않을 수 있으며, 종종 당신과 상관의 명성(credit)에 개선을 가져올 수 있다.

그렇다면 야망이 있는 군인은 어떻게 해야 상관의 주의를 끌 수 있을까? 외모를 단정하게 하고 모든 일에 활기찬 성과를 낼 때 가능하다. 만약 지휘관이 당신에게 주의를 기울이지 않는다면, 다른 사람들을 통해 당신에게 주의를 돌리는 계기를 마련하라. 말만 잘하는 것으로 성공할 수 없으며, 무엇보다 '신출내기' 티를 떨쳐버려야 한다. 당신의 직무에 대해 배워라. 당신이 찾는 기회는 언젠가 예기치 않은 순간에 찾아올 것이다. 떨리더라도 자신감을 가지고 차분하고 냉정하게 일을 시작하라.

군인으로서의 경력은 대개 복무를 어떻게 시작했느냐에 따라 달라진다. 부사관들은 신병들을 다룰 때 이것을 항상 명심해야 한다. 신병들은 어떤 일에 대한 명확한 개념이 없기에 당신은 많은 일에 대한 이유를 설명하고, 훈련과 모든 유형의 업무에서 지적 호기심을 불러일으켜야 한다. 군생활 초기의 경험을 되돌아보면 상당수의 일들이 얼마나 바보 같고 비합리적이었는지를 생각해보라. 신병들은 곧 당신이 지시와 충고를 해주기를 기대한다. 그 같은 관계를 유용하게 유지하라. 언젠가 당신은 그의 행동에 대해 충고해줄 기회를 얻을 것이며, 이를 통해 무분별함이나 속수무책 또는 악의가 가져다줄 상당한 고민으로부터 그를 지켜줄 것이다. 부하들은 불만을 갖게 되겠지만 그들이 직면한 문제들을 가지고 분대장에게 마음 놓고 찾아올 수 있도록 장려하고, 조직의 최상의 사기 진작을 위해 이러한 문제들을 해결하는 데 기지를 사용하도록 하라.

그리고 초기 단계부터 신병을 움켜잡고 최상의 엄격한 정확성과 군 규정의 준수를 요구하는 것은 매우 중요하다. 이렇게 함으로써 신병은 명확한 복종습관을 형성하기 시작할 것이다. 비로소 군인이 될 것이며 스스로 자랑스러워할 것이다. 민간인은 일반적으로 군에 찬사를 보내기 마련인데, 그들의 눈에 비친 당신은 완벽함과 정확함을 나타내는 경탄의 대상이 된다. 그런데 그들에게 확신이 없어 보이거나 무관심해 보인다면 얼마나 안타까운 일인가! 리더 여러분, 여러분의 안이함으로 인해 부하들이 실망하지 않도록 하라. 더할 나위 없이 군인다워져라. 그리고 부하들도 당신과 똑같이 만들어라. 그러면 부하들은 당신을 존경할 것이고, 당신의 상관은 당신을 축복할 것이다.

당신은 창의성을 발휘해야 하며, 없다면 획득해야 한다. 냉담하고 단조롭고 사무적인 두뇌는 훈련 시의 전투연습에서 형편없는 리더를 만들 것이다. 창의성과 기백은 적이 없을 때도 적을 예상하게 하며, 먼 숲속에서 적이 다가오는 것을 느끼게 하며, 개활지에 침투한 적을 보게 하며, 공격을 개시할 때 방어를 위한 적의 대형을 볼 수 있게 한다. 당신 스스로 이러한 능력을 가질 뿐만 아니라 당신의 부하들도 보고 느낄 수 있도록 표현력을 길러야 한다.

그리고 전쟁에서 적의 움직임을 예측할 수 있도록 반드시 창의성을 가져야 한다. 진군함에 따라 끊임없이 적의 입장에서 상황을 파악할 수 있어야 하고, 적이 가까이 다가가는 당신에게 대처하기 위해 어떻게 지형을 이용할지를 예견할 수 있어야 하며, 빠르게 적을 대처할 수 있도록 준비해야 한다. 실제로 적을 예측할 수 있다면 당황할 일은 없을 것이다.

동기들 사이에서의 경쟁과 라이벌 의식도 중요하다. 이는 사람들이 남보다 월등하고 우수함을 인정받는 것을 즐거워한다는 원칙들을 활용한다. 당신은 이러한 법칙을 당신의 분대, 소대 그리고 부대의 단결심을 고양하는 데 사용할 것이다.

그러나 불쾌한 비교나 조롱, 야유 등의 사례를 제시함으로써 다른 부대의 이미지를 훼손하여 부대의 단결심을 불러일으키는 것은 편협한 정책이다. 이런 방식을 취하는 리더는 부대의 승리에 결정적인 팀워크 정신의 중요성을 망각한 것이다. 이는 부대 간의 상호 의존성과 각 부대가 다른 부대를 신뢰하며 전투 시 충실한 격려와 지원을 하는 것이 얼마나 중요한지를 인식하지 못한 태도이다. 그는 '전우애'에 대해 무지하며, 자신의 리더십이 하찮다는 것을 스스로 입증한 것일 뿐만 아니라 그의 영향력이 오히려 부대 간의 유대를 약하게 하는 데 기여하게 된다.

군인으로서 복무할 때 가장 자랑스러운 점, 그리고 가장 확고하게 지켜야 할 점은 바로 명예가 주는 고상함이다. "나는 그렇고 그런 일을 합니다"와 같은 장교의 평이한 진술은 "나는 나의 명예를 보증합니다"라는 말과 같다. 일반 사회에서 흔히 받아들일 수 있는 관행들도 기사도적인 형제애가 강조되는 군대에서는 용납되지 않을 수 있다. 장교는 마치 신사 같으며, 만약 그가 그 기준에 미치지 못한다면 군법에 따라 파면될 것이다. 진술의 진실성(truthfulness)은 군인들 간의 관계에서 절대적으로 중요하다. 기계는 다른 시스템에서는 작동하지 않는다. 거짓말쟁이는 퇴출되어야 한다. 이 같은 기준으로 자신을 평가하면, 동료들 그리고 부하들과의 관계가 잘못되지는 않을 것이다.

제2장 리더와 리더십

마셜(S. L. A. Marshall) 대장

전시 또는 평시에 국가 기관들의 번영과 함께 이름이 현저하게 눈에 띄는 위대한 미국 위인들의 갤러리에는 사람 수만큼이나 많은 유형의 리더들이 존재한다. 그들은 공통적으로 특정한 몇 가지 자질을 가지고 있었으며, 그러한 자질들이 없었다면 그들의 이름이 전 세계적으로 알려지는 일은 결코 없었을 것이다.

그러나 이러한 자질은 사람들이 주시하면 무엇이 탁월한지 금세 알아볼 수 있을 정도로 외관상 뚜렷이 표출되어 있기보다는 오히려 대개는 깊이 감춰진 내면적인 것들이었다. 어떤 사람들은 존재감이 거의 없었는데, 이는 젊은 시절에 그들이 가진 약점이 강점보다 더 뚜렷했거나 동시대 사람들이 알아볼 수 없을 정도로 처음에는 외관이 보잘것없었기 때문이다. 반면에 어릴 적부터 탁월함이 돋보이고, 어린 나이임에도 불구하고 탁월한 리더십으로 인정받은 사람들도 있었다.

윈필드 스콧(Winfield Scott)[1]은 여단장이 몇 명 없던 1812년 전쟁 당시 여단장이었으며, 남북전쟁(Civil War)[2] 발발 당시 육군참모총장으로 미국 역사상 유례없는 인물이다. 21세에 버지니아 주의 부관(adjutant)이던 조

---

1 미 육군 대장, 외교관, 미국 대통령 선거 후보자로 지명됨

2 미국 남북전쟁(American Civil War, 1860~1865)은 미국의 통일과 노예해방을 위해 연방군(Union Army) 또는 북군(The North)과 남부연합(Confederate States of America) 사이에 벌어진 내전

지 워싱턴(George Washington)은 젊은 시절 초기의 명성을 지속적으로 유지한 또 다른 군인 신동이었다.

갤러리에 있는 대부분의 인물들은 이들과 같지 않다. 그들 중 어느 누구도 기상과 태도에서 전혀 서로 닮지 않았다. 그들의 성격은 대부분의 경우 그들의 이름만큼이나 서로 달랐다. 우리가 군인으로서 책무를 성실하게 수행한 것보다 도덕적 습관에 대해 이야기한다면, 그들의 인격 또한 천차만별이다. 어떤 사람은 위스키를 스트레이트로 자주 마셨고, 어떤 사람은 술을 몹시 싫어해서 술을 마시는 부하들을 엄하게 대했다.

미국 역사상 가장 위대한 장군들 가운데 한 사람은 술을 마시는 것만큼이나 호전적인 성격으로 명성이 높았는데, 누구든지 그 앞에서 상스러운 이야기를 하려고 하면 그 방을 떠나곤 했다. 제2차 세계대전에서 가장 칭송을 받았으며 성공적으로 임무를 수행한 해군제독 가운데 한 사람은 자신만의 방식으로 모든 계급에 걸쳐 수백만의 부하들로부터 사랑을 받았다. 그는 명령체계에 의해 모든 지시가 하달될 것임을 알면서도 전투 바로 직전에 주요 직위의 부하들을 다 모이게 해서 엄하고 분명하게 명령을 내렸으며, 그런 후에는 부하들에게 최근 유행하는 재미있는 이야기를 들려주며 긴장을 풀어주곤 했다.

한국에서 근무한 어느 보병 사단장은 솜씨가 좋은 밴조(banjo) 연주가였다. 그는 최전방에서 병사들로 구성된 작은 악단을 조직하여 연습을 시켰다. 그들은 포격전 사이사이에 부대를 위해 연주했다. 병사들은 그 때문에 그를 좋아했다. 그는 나중에 육군의 고위 장성이 되었고, 최고의 지위에 올랐다. 그의 이름은 바로 아서 트뤼도(Arthur G. Trudeau)[3]다.

이 갤러리에 있는 영웅들 가운데는 한 달 치 월급을 경마에 쏟아부은 사람도 있다. 결투자와 싸움꾼, 운동가와 심미가, 거의 성자 같은 삶을 살아온 사람들과 명성보다는 배우는 것을 더 중시하며 살아온 학자들도

3 미 육군 중장이었으며, 한국전쟁 때 포크찹 고지전투에서 7사단장으로서 잘 알려짐

있다. 몇몇 사람은 매우 은둔적이어서 거의 인식되지 않았던 반면에, 다른 사람들은 어떤 동료와도 싹싹하게 잘 지냈다.

다른 사람들을 자신에게 끌어들이기 위해 사용한 방법이 이러한 양극단의 다양한 개인적 유형을 반영하듯이 그들의 업무 방식도 개인적 유형의 차이만큼이나 다양했으며, 이는 진정한 성공을 위한 토대가 되었다.

그들 중 일부는 주로 자신의 순수한 아이디어에서 비롯된 힘으로 지휘했으며, 또 다른 사람들은 역동적인 성격의 매력으로 리더십을 발휘했다. 극소수는 진짜 하늘이 내린 듯한 천재들도 있었다. 그런 리더들은 모든 일이 항상 잘되는 것 같았다. 운명이 그들 편이어서 기회가 생겼고, 그러한 기회를 이용할 준비가 되어 있었다.

그러나 많은 사람들은 한 번에 한걸음씩 천천히 정상을 향했으며, 자신들의 지위를 확신하지 않았고, 불운에 시달렸으며, 자신들의 강점이 높이 평가되는 것을 원하지 않았다. 그들은 다른 사람들과 마찬가지로 낙담에 민감하게 반응했으나, 결국 다른 사람들의 일을 조직화하는 방법을 배우면서 힘을 축적했다.

젊은 해군 중장 윌리엄스 심스(Williams S. Sims)[4]는 미국 정부가 한 증인에 대한 자신의 의견을 받아들이지 않았을 때 매우 격분했으며 즉각 사의를 표명했다.

율리시스 그랜트(Ulysses S. Grant)[5]는 한 개인으로서 자신의 삶을 준비하는 데 큰 좌절을 겪었으나, 새로운 길이 열려 전쟁에서 미국의 군사력을 조직할 기회를 갖게 되었다.

미 육군을 거의 15년 동안 지휘한 셔먼(W. T. Sherman)[6] 장군은 남북전쟁이 발발하기 직전까지 많은 친한 친구들로부터 정신병 환자로서 감금

---

4 미 해군 중장, 제1차 세계대전 당시 유럽 미 해군 총사령관, 미 해군대학 총장

5 미국 독립전쟁 당시 북군 총사령관, 미 육군 대장

6 미국 독립전쟁 당시 북군의 장군, 미 육군 원수, 현대전의 창시자

되기에 적합한 사람이라는 평가를 받았다.

가족관계에서 가장 차분하며 가장 헌신적인 사람들 가운데 하나로 알려진 조지 미드(George Meade)[7] 장군은 자신의 강점에 대해 자신감이 부족했고, 전투 중에 동료들에게 매우 비인격적이었다.

데이비드 패러것(David Farragut)[8] 제독은 병약한 아내를 16년 동안 돌본 행실로 보아 한 개인으로서 부드러운 성품의 소유자임을 짐작할 수 있었지만, 직업적 사고와 행동이 매우 독단적이어서 해군 안팎에서 '출세주의자'라는 불신을 받았다. 상관과 하찮은 언쟁을 벌이기도 했는데, 주된 이유는 자신에게 주어진 임무가 아무런 차별성을 주지 않는다고 느꼈기 때문이다. 하지만 남북전쟁은 그에게 기회로 찾아왔다.

역사적으로 누구보다 확고한 지휘관으로 알려진 윈필드 스콧 장군은 서열과 연공, 선례에 대한 사소한 언쟁으로 육군을 괴롭혔다.

그들도 인간이기에 개인적인 약점을 가졌다. 새롭게 임관한 해군 소위나 중위도 치명적인 약점을 가지고 있으며, 때로는 그것을 지나치게 과대평가하여 막중한 책임에 대한 자신의 잠재성을 의심하기도 한다.

위인들의 갤러리에는 완벽한 인생이 하나도 없다. 모두 자신들을 둘러싼 환경이 주는 치명적인 영향에 의해 리더로 만들어졌다. 그들은 인생의 흥망성쇠에 따라 자신의 감정과 다른 사람들에게 반응했다. 그들은 도움을 얻을 수 있을 때 도움을 청했다. 물론 그들도 실망했을 때는 다른 사람과 다를 바 없이 화를 냈다. 그러나 그들은 전문가적인 재능과 함께 공통적으로 상당한 정도의 인정을 받으려는 욕망과 그것을 공정하게 얻으려는 의지를 가졌으며, 그렇지 않았다면 결코 유명해지지 못했을 것이다.

전반적으로 그곳은 각양각색의 사람들이 뒤섞인 갤러리다. 만약 우

---

7 미국 독립전쟁 당시 북군의 소장

8 미국 독립전쟁 당시 북군의 제독, 미 해군 최초의 소장, 중장, 대장

리가 이 갤러리를 검토하고 나서 주의 깊게 살펴볼 수 있다면, "이곳은 인격의 복합물입니다. 이곳은 군사적 성공의 원형입니다. 이들을 모방하면 당신은 최고의 자리에 오를 것입니다"라고 말하는 것은 여전히 불가능할 수 있다.

이러한 지휘관들 밑에서 전함과 함대, 연대, 중대를 지휘했으며, 탁월한 성취를 거두어 국가적으로 명성을 떨친 비교적 소수의 사람들만큼이나 개인적 차원에서 우수한 리더십을 발휘한 대다수의 뛰어난 사람들에게도 의심의 여지없이 동일한 원리가 적용된다.

같은 법칙이 미래에도 적용될 것이다. 이러한 자리들을 채우고, 같거나 더 뛰어난 권한과 능력으로 그들을 지휘할 사람들은 성격적으로 결함이 없고, 미래의 파슨 윔즈(Parson Weems)[9]가 쓸 슈퍼맨 이야기의 주인공처럼 인간이 지녀야 할 모든 미덕을 갖춘 사람들이 아니다. 그들은 국가에 대한 야망과 신념 그리고 자유사회의 선량함을 갖춘 사람들일 것이다. 그들은 보통 사람이 가진 결점의 일부와 아마도 약간의 악을 가지고 있을 것이다. 그러나 그들은 분명히 평균적인 기준 이상의 용기와 창의적 지능, 그리고 육체적 강인함이라는 자질을 갖추고 있을 것이다.

우리가 당대의 위대한 리더들에 대해 아는 것은 천재만이 최고에 이를 수 있다는 생각을 버려야 한다는 것이다. 숙련된 관찰자들은 자신의 성격과 경력에서 스스로 느끼며, 실수로 승진을 가로막는 장애라 여긴 수많은 평범한 특성에 주목해왔다.

미국의 특파원 드루 미들턴(Drew Middleton)은 칼 '투이' 스파츠(Carl 'Tooey' Spaatz)[10] 장군에 대해 "어쩌면 우리 손자들에게 영웅적인 인물일지 모를 이 사람은 당대 사람들에게 비영웅적인 인물이었다"고 적었다.

---

9 메이슨 로크 윔즈(Mason Locke Weems)는 미국의 목사이자 전기 작가. '파슨 윔즈'라는 필명으로 널리 알려짐

10 미 공군 대장이며, 전략폭격의 권위자. 제2차 세계대전 당시 아프리카 전선 공군 사령관 및 유럽 파견 전략공군 사령관

사실상 그는 관찰자들이 전쟁 리더로서의 그의 명성을 지나치게 낮게 평가하는 경향이 있을 정도로 매우 친화적이며 인간적인 사람이다. 그의 성격은 까다롭지 않다. 그는 선동적인 연설을 하지 않으며, 고무적인 명령을 작성하지 않는다. 1,500대의 전투기를 포함한 주요 작전에 대해 명령을 내린 스파츠는 완두콩 통조림 다섯 상자를 주문하는 식료품 가게 점원의 영감(inspiring)에 견줄 정도로 소박하다.

독일군에 맞서 미 제8공군을 지휘한 아이라 이커(Ira C. Eaker)[11] 장군을 방문한 한 인터뷰 진행자는 "눈에 띄게 부드럽고 냉정하며, 단단한 체격을 가진 한 사람"을 발견했다. "그는 보수적인 성직자나 대법원의 법관 같은 온화한 태도를 갖추고 있다. 그러나 그는 항상 모든 사람보다 두 단계 앞서서 내다보고, 그가 하는 모든 일에는 차분하며 굽히지 않는 논리가 있다." 이커는 제1차 세계대전 이후 자발적으로 군대를 떠났는지 모른다. 그는 변호사가 되고자 했으며, 지방 신문사를 운영할 생각을 가지고 있었다. 시간이 날 때는 청소년을 위해 항공학에 대해 저술했고, 추가로 민법을 공부하면서 그러한 일들이 "소중한 정신적 훈련"이라는 것을 깨달았다.

알렉산더 밴데그리프트(Alexander A. Vandegrift)[12] 장군은 과달카날(Guadalcanal) 상륙작전 전야에 "신은 마음이 담대하고 강한 자에게 은혜를 베푼다"는 오늘날에도 유명한 감동적인 구절과 함께 부하들에게 마지막 명령을 하달했다. 하지만 말년의 여운 속에서 사람들은 그의 성격을 묘사하는 다음과 같은 글을 읽게 된다. "그는 너무 예의 바르고 너무 부드럽게 말해서 만나는 사람들을 계속하여 실망시킬 정도다. 사람들은 모든 해병대원에게 기대하는 호전적인 면이 그에게 부족하다는 것을 알고 있으며, 그렇게 온순한 사람이 부대를 실제로 통솔하여 격렬한 전투

11 제2차 세계대전 당시 미 제8공군의 부사령관

12 미 해병대 대장. 솔로몬 제도의 과달카날 전투(Guadalcanal Campaign)에서 제1해병사단장으로서 일본군을 상대로 미국 최초의 대규모 공격을 지휘함

를 승리로 이끌 수 있었다는 것을 믿기 어렵다는 것을 안다." 다른 간부가 포화 속에서 밴데그리프트의 침착함에 대해 열렬히 칭찬했을 때, 그는 "압박감 속에서의 명예"라는 헤밍웨이(Hemingway)의 문구[13]를 인용하면서 "제가 그러한 자질이 있다고 인정받을 정도는 아닙니다. 저는 원래 천성적으로 그렇게 생겼습니다"라고 답변했다.

여기에서 핵심은 아름답게 받아들여져야 한다는 것이다. 내적인 강인함을 가진 사람들은 선천적으로 자신보다 못한 사람들을 너무 자주 업신여긴다.

지적인 탁월함과 높은 학문적 성취가 하나의 장점이지만, 결국 인격과 용기가 부족하다면 그러한 자질은 거의 또는 전혀 결실을 맺지 못한다. 베트남 전쟁에 참전한 수천 명의 장교들은 국가정책의 지혜에 약간 반신반의하며, 엄격한 작전 통제권이 군사적으로 타당한지에 대한 의문을 제기했으나, 그들은 여전히 "옳든지 그르든지 내 조국이다"는 태도가 충성을 맹세한 사람이 지켜야 할 올바른 태도라고 믿었다.

물론 두뇌의 명석함이나 신동 같은 천재성이 성공을 위해 꼭 필요한 조건은 아니다. 제1차 세계대전에 참전한 105명의 탁월한 장군 중 56명은 수학에서 평균 이하의 성적을 거뒀다. 제2차 세계대전에 참전한 158명의 장군 중 58%가 평균 이하의 형편없는 수학 성적을 거뒀다. 베트남 전쟁에서 지휘관이었으며 후에 육군참모총장에 취임한 윌리엄 웨스트모어랜드(William C. Westmoreland)[14] 대장은 실제로 컴퓨터를 전혀 다룰 줄 몰랐다. 웨스트포인트(West Point)를 졸업한 후 30년이 넘도록 요리 및 제빵학교(Cooks and Bakers School)와 특수전학교(Airborne School)에 다닌 것이 그가 받은 군사교육의 전부다. 그의 탁월한 부하들 가운데 한 2성(二星) 장군은 뜻을 펴기 위해 혁신학교를 마치고 15세의 나이에 일찍이 군에

13 "Grace under pressure"는 어니스트 헤밍웨이(Ernest Hemingway) 소설의 공통적인 주제임
14 미 육군 대장으로, 베트남 전쟁에서 지원군 총사령관으로서 미군을 가장 뛰어나게 지휘함

입대했는데, 자신의 모든 부하로부터 존경과 사랑을 받았다. 그는 성실한 군복무와 학업을 통해 18세에 공군 상사가 되었고, 21세에 장교로 임관했다. 무엇을 결심하면 끝장을 보는 성격이었으며, 이것이 바로 그의 가장 중요한 강점이었다. 올리버 웬들 홈스(Oliver Wendell Holmes)[15] 판사가 말한 바와 같이, 모든 문제의 해결이나 성취는 "날고 있는 새"를 잡는 것과 같다. 그는 "눈앞의 새에 온 시선과 신경을 집중해야 한다. 이때는 역사에서 자신의 이미지나 위치를 생각해서는 안 되고 오로지 새만 생각해야 한다"고 덧붙였다.

완벽한 사람은 없지만, 비교적 완벽한 리더로 성장한 사람들이 있다. 이는 리더들이 가진 성격상의 무언가가 부하들의 가장 높은 덕목을 강력하게 이끌어냈기 때문에 가능했다. 그것이 인간 본연의 길이다. 부하들이 생각하기에 리더의 강점이 본받을 만하다면, 그의 작은 인간적 결함이 그들의 충성심이나 성장에 방해가 되지 않는다. 한편으로, 누군가의 장점을 분간하기 위해서는 스스로 그러한 장점을 가지고 있어야 한다. 다른 사람들의 가치 있는 특성을 분간하는 행동은 인격을 시험하고 연마하는 과정이기도 하다. 모든 사람을 깔보면서 본받을 만한 사람이 없다고 생각하는 사람은 세상에 자신의 열등감을 내보이는 것이나 다름없다. 그는 결국 자신의 인격을 파산상태에 이르게 할 것이다. 토머스 칼라일(Thomas Carlyle)[16]의 "거짓된 장점을 인정하여 사실처럼 높이는 것은 언젠가는 꼬리가 밟히기 때문에 세상에서 가장 슬픈 일이다"라는 말에 해당하는 얼빠진 사람처럼 말이다. 윌리엄 셔먼(William Sherman), 존 로건(John A. Logan), 존 롤린스(John A. Rawlins)를 비롯한 많은 사람들이 자신들의 인생 목표를 그랜트(Grant)에 두었는데, 그가 부하들을 잘 다루고 그들의 관심사에 대한 지속적인 관심 못지않게 개인 특유의 용맹스러움

15 미국의 법학자, 연방대법원 대법관. 종종 미국의 가장 위대한 법사상가로 꼽힘

16 영국의 평론가이며 역사가. 19세기 사상계에 큰 영향을 미침

으로 부하들을 지휘했기 때문이다. 만약 그랜트가 자신의 사적인 실패에 사로잡혀 시간을 허비했다면, 아마도 형편없는 캠프에 빠져 일리노이를 결코 벗어나지 못했을 것이다. 그랜트는 자신의 단점 때문에 낙담하지 않았다. 나중에 그는 "내 부하들이 내가 전술을 공부하려고 애쓰지 않았다는 사실을 알지는 못했다고 생각한다"고 말했다.

로버트 리(Robert E. Lee) 장군이 사생활에서 보여준 고결함과 군인다운 품성(character)이 주는 위엄은 미국인이면 누구나 잘 알고 있는 사실이다. 전장 리더로서 전례 없는 그의 재능은 전 세계에 걸쳐 유명한 군인들과 역사가들의 찬사를 받아왔다. 마찬가지로, 그의 위대한 부하였던 스톤월 잭슨(Stonewall Jackson) 중위의 깊은 신앙심과 불같은 열정 그리고 복음적인 능력은 그를 따랐던 모든 부하들의 마음을 감동시켰으며, 그의 이름이 언급될 때마다 생생하게 떠올리는 특징적인 품성들이다.

우리가 그랜트를 더 가까이에서 주목할 필요가 있다면, 그것은 다른 어떤 군인들보다 자신의 성장에 대해, 그리고 삶의 경험에서 우러난 그 자신과 관련된 내적인 사고와 불확실성에 대해 전반적이며 명확한 이야기를 우리에게 남겼기 때문이다. 그랜트는 평범한 사람과 매우 닮은 구석이 많았다. 그는 자신의 인간적인 약점으로 인해 괴로워했다. 그는 인상적으로 보이는 인물이 아니었으며, 운명에 대한 어떤 강한 신념도 없었다. 그랜트를 위대하게 만든 것은 영감보다는 부단한 노력이었으며, 힘의 발산보다는 끈질긴 인내였다.

많은 면에서 보통 사람들과 다를 바 없었지만 전장의 복잡한 문제들을 해결하기 위해 강한 대중적 상식을 적절히 적용하여 현명하게 해결책을 제시하는 그의 방법은 매우 특별한 것이었고, 그런 까닭에 그를 면밀히 살펴볼 만한 가치가 있다. 군 리더로서 그의 덕목들은 보통 사람도 이해할 수 있고 따를 수 있을법한 단순한 것들이었다. 그는 매우 솔직한 태도를 지녔으며 결코 계략을 사용하지 않았다. 그의 연설은 평범했고 가까이하기 쉬운 사람이었다. 그러나 그는 목표에 대해 절대로 우왕좌

왕하지 않았다. 완고한 성품이었지만, 항상 부하들의 말을 경청하고자 했다. 그는 독불장군처럼 자신만의 계획에 집착하지 않았지만, 구체적인 아이디어가 없는 계획에는 귀를 기울이지 않았다.

역사는 그랜트가 어떻게 몇 가지 주요 원칙들을 확고부동하게 따르면서 위대한 리더십을 발휘했는지에 대한 견해를 남겼다.

그랜트는 첫 번째 작은 교전이 있었던 벨몬트(Belmont)[17]에서 뛰어난 전략전술가로서의 면모를 보이지는 않았다. 그러나 자세한 기록에 의하면, 그는 목숨의 위험을 감수하면서 자신보다 뒤처진 부하가 하나도 없는지 확인한 후 마지막으로 전장을 떠났다.

그랜트는 매우 독창적인 상륙작전을 실시한 도넬슨(Donelson) 요새[18]에서 그의 부대가 기습공격을 받았을 때 전쟁터에 없었다. 그가 도착했을 때 우측 진영은 완전히 괴멸되었고, 전 부대가 패배 직전에 있었다. 그는 아무도 탓하지 않았다. 그는 잠시의 망설임도 없이 주요 지휘관들에게 "제군들, 우측 진영을 반드시 되찾아야 합니다"라며 차분하게 말했다. 그러고 나서 그는 전선을 따라 말을 타고 전속력으로 달리며 부하들에게 외쳤다. "탄창에 탄알을 장전하라. 적들이 도주하려 하고 있으니 반드시 막아야 한다." 그가 나타나자 어지러웠던 통제와 명령이 곧바로 회복되었다.

샤일로(Shiloh) 전투[19]에서 똑같은 일이 일어났을 때, 상황은 더욱 안 좋았다. 연방군(Union Army) 전체가 참패 위기에 놓여 있었다. 최근에 입은 부상으로 목발을 짚고 절뚝거리던 그랜트는 피츠버그 상륙지(Pittsburgh Landing)에서 함정을 떠날 때 공포에 사로잡힌 한 무리의 낙오병들

17 벨몬트 전투(Battle of Belmont, 1861. 11. 7)는 미시시피 카운티(Mississippi County)에서 북군의 그랜트 장군과 남부연합의 필로(Pillow) 장군 사이에 벌어짐

18 도넬슨 요새 전투(Battle of Fort Donelson, 1862. 2. 11~16)에서 북군이 승리함으로써 그랜트는 '무조건 항복(Unconditional Surrender) 그랜트'라는 별명을 얻음

19 샤일로는 1862년 미국 남북전쟁 당시 테네시(Tennessee) 강변의 격전지이며, 샤일로 전투(Battle of Shiloh)는 피츠버그 상륙작전(Battle of Pittsburgh Landing)으로 알려져 있음

을 만났다. 그는 그들에게 되돌아가라는 명령을 내렸고, 말에 올라 전쟁터로 향해 가면서 만나는 군인들마다 큰 소리로 격려하며 명령을 내렸다. 그에게서 발산된 자신감은 이미 패배감에 찌들어 있던 군에 용기를 불러일으켰고, 부엘(Buell)[20] 부대의 결정적인 지원과 함께 거의 잃을 뻔한 전장을 되찾을 수 있었다.

그랜트 장군이 남긴 최악이자 최고의 일화는 리치몬드(Richmond) 전투[21]에서 리 장군에게 처음으로 패한 직후의 저녁때의 일이다. 그는 포토맥(Potomac) 부대[22]에 부임한 지 얼마 되지 않았다. 리에게 크게 패배한 그의 전임자들은 불가피하게 안전한 지역으로 멀리 퇴각한 상태였다. 그런데 이번에 패배한 후커(Hooker)의 부대는 키 작은 관목들이 우거진 야지의 퇴각로를 택했고, 그랜트의 행군종대는 가까스로 챈설러즈빌 의 사당(Chancellorsville House)의 교차로에 이르렀다. 거기에서 군인들은 땅딸막한 키에 턱수염을 기른 한 사람이 말 위에 올라 시가를 피우고 있는 모습을 보았다. 연대장들이 바로 옆에 왔을 때, 그는 조용히 오른손을 들어 몸짓으로 리(Lee) 부대의 측면 뒤로 그리고 어느 때보다 야지 깊숙이 들어가서 부대 우측 일대를 점령하도록 지시했다. 그랜트의 부대는 그날 밤 처음으로 버지니아(Virginia)에서 승전의 기운을 감지했다. 이는 한 사람의 힘만으로 가능했다.

"나는 이 방어선에서 절대로 물러서지 않고 싸울 것이다"라는 그랜트의 각오는 역사가들이 그에 대해 기술한 그 어떤 것보다 군 리더로서 그의 위대한 재능 전체를 결정짓는 탁월한 자질을 단적으로 잘 보여준

---

20 돈 카를로스 부엘(Don Carlos Buell, 1818~1898)은 남북전쟁 당시 샤일로와 페리빌(Perryville)의 두 군데 주요 전투에서 연방(북)군을 지휘함

21 리치몬드는 남북전쟁 당시 남부연방의 수도였으며, 리치몬드 전투(1862. 8. 29~30)는 연방군의 윌리엄 '불' 넬슨(William 'Bull' Nelson) 소장의 부대에 대항해 에드먼드 커비 스미스(Edmund Kirby Smith) 소장이 이끄는 남부연합이 승리한 전투임

22 1861년 창설된 동부 전구에 위치한 연방군의 주요 부대로서 조지 매클렐런(George B. McClellan)이 지휘함. 그의 후임 조셉 후커(Joseph E. Hooker)가 버지니아 챈설러즈빌 전투에서 크게 패함

다. 그는 현대인이 흔히 말하는 "끝까지 해내는" 정신을 지닌 전형적인 인물이다. 그는 젊은 시절에는 실책에 대해 민감한 편이었고, 처음 군복을 입었을 때부터 동료들의 놀림거리가 되었기 때문에 죽을 때까지 군복에 애정이 없었다. 멕시코 전쟁에 초급 장교로 참전한 그는 스스로 특별한 재능을 느끼지 못했다. 그러나 그는 연대의 일원으로서 가용한 모든 전투에 참전했고, 부하들의 생명을 지키겠다는 남다른 투지를 가지고 모든 작은 임무를 잘 수행했다. 이는 나중에 그가 국가를 위해 부하들의 목숨을 바쳐야 했던 리치몬드로의 진격을 이끌어낸 소중한 배움이며 과정이 되었다.

좀 더 최근의 위대한 정치가이자 군인 중 한 사람인 헨리 스팀슨(Henry L. Stimson)[23]은 모든 활동에서 이러한 힘의 가치에 대한 자신의 경험담을 다음과 같이 덧붙여 말했다. "나는 독창성이 결여된 몰입이 주는 병폐를 알고 있으며, 완전한 활동이 가져오는 회복의 효과 또한 알고 있다." 주로 전쟁과 국가 정책에 대해 폭넓게 말한 것이지만, 그의 발언은 보통 사람들의 삶의 방식에도 적용된다. 절반만 밝혀진 진실은 아예 모르는 것과 같다. 하다가 중단된 일은 아예 시도하지 않느니만 못하다. 사람들은 이를 잘 알고 있으며 가치 있는 노력이 부족하면 언젠가 아무 성과도 없이 화살이 바닥난다는 것도 잘 알고 있다. 그리고 그런 상황이 발생하면 리더의 자신감이 약해지고, 심지어 시도하지 않으려는 리더들이 나타난다.

행정에 대한 특별한 재능이 없고 전투에서 또는 평시에 결정적인 조치를 위한 세부사항을 구성할 줄 아는 능력이 거의 없었음에도 불구하고 모든 계급에 걸쳐 군 복무에 있어서 위대하며 탁월했던 리더들이 있었다. 그들은 부하들의 명석한 두뇌를 사용하고, 충성심을 이끌어내는 우수한 능력 때문에 뛰어나다는 평가를 받았다. 그들의 장점은 이미 보

23 미 육군 대령, 정치가, 변호사, 전쟁장관, 국무장관, 필리핀 총독 역임

유한 자원과 대담함을 바탕으로 목표를 설정하고, 목표가 성취될 때까지 조직을 꾸준히 유지하는 것이다. 그렇게 함으로써 그들은 어떤 IQ 테스트에서든 그늘에 가려 버렸을 법한 충성스러운 부하들의 힘을 보완하였다. 그랜트는 다음과 같은 글을 남겼다. "나는 서류를 보면 뭘 어떻게 해야 할지 모르기 때문에 호주머니에 넣어두거나 나보다 잘 이해할법한 부하에게 넘겨주곤 했다." 여기에 불공정하거나 이상한 점은 없으며 사실 당연한 일이다. 모든 군사적인 업적은 통일된 행동에서 비롯된다. 임무 성공에 대한 가장 높은 칭송은 그 조직의 궁극적인 목적을 달성하는데 가장 직접적인 영향을 미치는 권력을 가진 사람에게 향한다. 전투에서 이기는 일은 사람의 마음을 얻는 일이기도 하다. 물론 미식축구 팀, 학급, 친목회, 토론 클럽을 이끄는 사람이 그가 얻은 경험으로 두각을 더 나타낼 가능성이 높지만, 이러한 재능은 정식교육으로 얻을 수 있는 자질이 아니다. 학식이 뛰어난 사람들이 단지 인간에 대한 공감적인 이해에 탁월한 사람들을 얕보는 것은 드문 일이 아니다. 그러나 군 복무에 있어서, 현학자(pedant)를 위한 틈새가 있긴 하지만, 인격은 항상 적어도 지성만큼이나 중요하며, 주요 보상은 다른 사람들을 고양시키고 강인함을 느끼게 할 수 있는 사람에게 주어진다.

- 조용한 해결
- 위험을 감수하는 대담함
- 의사결정에 대해 전적으로 책임지려는 의지
- 부하들과 공을 나누려는 자세
- 상황이 좋지 않을 때 책임지려는 자세
- 성공에 안주하거나 패배로 낙담하지 않으며, 고난과 패배감을 이겨내고 매번 새롭게 펼쳐지는 새로운 날을 향해 나아가려는 용기

위와 같은 것들이 리더십의 핵심을 이루는 중요한 자질들이다. 왜냐

하면 이러한 것이 리더를 따르게 하는 도덕적 용기의 구성요소들이기 때문이다.

그런 성품을 가진 사람처럼 보이는 것이 중요하다. 왜냐하면 그렇게 함으로써 다른 사람들에게 긍정적인 영향을 미칠 뿐만 아니라, 노력하다 보면 언젠가는 그런 사람이 될 수 있기 때문이다. 우리 시대의 가장 친절하며 통찰력 있는 철학자인 아베 어니스트 딤넷(Abbe Ernest Dimnet)[24]은 이것이 사실이라고 확신한다. 그는 사회적으로 저명한 사람처럼 보이려고 노력하고 행동함으로써 실제로 신사의 내적인 기질을 소유하게 될 것이라고 말한다. 두말할 필요 없이 월트 휘트먼(Walt Whitman)[25]이 "외모의 근간이 되는 내면의 변화가 없는 모든 외모의 변화는 소용없다"고 말한 바와 같이, 이는 자신의 복장과 말투에 신경 쓰는 장교들에게 진정한 표상이다. 웨스트포인트(West Point)의 사관생도였던 그랜트는 대통령을 포함하여 그동안 만난 사람들 중 어느 누구보다 윈필드 스콧 장군의 위엄 있는 외모에 감동을 받았다. 그를 만난 순간, 언젠가 스콧의 위치에 오르고 싶다는 생각이 마음속에 강렬하게 일어났다고 적고 있다. 그랜트는 복장이 단정하지 못했다. 그의 신체적 재능은 스콧의 당당한 풍모를 결코 따라잡을 수 없을 정도로 약했다. 그러나 그는 우리에게 스콧처럼 될 수 없다는 것을 알았을지라도 스콧의 군인다운 위용은 지휘관에 대한 열망을 불태우는 자신에게 도움을 주었다는 말을 남겼다. 겸손(modesty)이 리더십의 자산이라는 긍정적인 평가에 대해서는 논란이 많다. 다른 사람의 존경을 얻고 싶은 사람이라면 타고난 귀족이 그의 조상을 언급하는 것보다 자신을 더 자주 언급해서는 안 된다고 말한다. 하지만 이는 핵심을 너무 장황하게 논하는 것일 수 있다. 미국의 가장 유능한 군 지휘관들 중 일부는 결코 내성적이지 않았다. 우리는 때때로 매

24 프랑스의 신부, 작가, 강사이며, 《*The Art of Thinking*》의 저자

25 미국의 시인, 기자, 수필가이며, 초월주의에서 사실주의로의 과도기를 대표하는 인물

우 감칠맛 나게 호언장담했던 영웅을 만날 수 있는데, 바로 그러한 성격이 어떻게든 그의 부하들을 사로잡게 만들었다. 그러나 몇몇 탁월한 리더를 제외하면 이는 매우 위험한 방식이 될 수도 있다. 겸손을 모두의 마음을 얻는 하나의 매력으로서 강조하고, 그리하여 지나친 겸손으로 지루해지고 막중한 책임을 감당하기에 너무 소심하다는 평가를 받게 될 위험을 감수하는 대신에 자연스러움의 중요성을 강조하는 것, 즉 자신의 이상과 동기를 감추지도 않고 통속적인 표현을 하지도 않으면서 마음이 이끄는 대로 맡기는 것이 더 좋다.

겸손은 또 다른 논지로 이어진다. 고위급 지휘관들이 제너럴십의 본질에 관해 쓴 유명한 몇몇 논평에서는, 훌륭한 군 리더십을 발휘하기 위해서 뛰어난 배우가 되어야 한다는 점이 일부러 소홀히 언급되고 있다. 만약 그것이 무조건적으로 사실이라면, 이는 어느 초급 장교에게나 바람직한 기법이 될 것이다. 즉, 초급 장교들도 가식적인 얼굴을 하는 법을 배우고 자신의 진정한 자아를 감추는 역할을 해야 한다는 말이다. 그러나 이러한 아이디어가 무의미하다는 것은 로버트 리, 셔먼(W. T. Sherman), 조지 마셜(George C. Marshall), 해럴드 존슨(Harold K. Johnson), 매슈 리지웨이(Matthew B. Ridgway), 루 월트(Lew Walt), 크레이튼 에이브럼스(Creighton W. Abrams), 존 매케인 주니어(John S. McCain Jr.) 같은 몇몇 인물의 삶을 살펴보더라도 잘 알 수 있다. 지휘관으로서 어떤 사람들은 자연적인 신중함이 강했고 어떤 사람들은 따뜻하고 매우 사교적이었지만, 그들 모두가 아이들만큼이나 자연스러웠다. 그들은 극적인 효과를 거두기 위해 기교를 부리기보다는 솔직담백하게 자신의 의사를 표현했다. 단지 어떻게 보이려고 하는 의도된 시도는 없었다. 부하들은 그것을 흔히 말하는 '인격'이라고 여기지 않았다. 이러한 자연스러움은 부하들을 사로잡는 데 큰 영향을 주었다.

그러한 결과는 언제나 일어날 것이다. 주어진 일에 집중하는 사람은 자신이 다른 사람들에게 어떻게 보이는지에 대해 별로 신경을 쓰지 않는다. 비록 장갑(armor)에 있는 결함을 발견할지라도 그들은 장갑이 유지될 것을 알고 있다.

한편으로, 극적인 가치관에 대한 감각은 그것을 능숙하게 사용할 줄 아는 지능과 더불어 군 리더들에게 매우 중요한 자질이다. 그랜트는 '배우'와는 거리가 멀었지만, 무언가를 강조하는 것이 얼마나 가치 있는 일인지 잘 알고 있었다. 중요한 점에 대해 과감하게 또는 영감을 발휘해 강조하는 것은 연출기법이 아니라 의사소통을 위한 군사적인 고도의 예술로서 필수 요소다. 이름뿐인 제도는 평범한 사람들의 마음과 정신을 해친다. 사람은 단조롭게 생각하고, 말하고, 행동하고 싶은 강한 충동을 느끼지 않고서도 상관의 역할을 잘 해낼 수 있으며 명망과 위엄을 유지할 수 있다. 사실, 이것이 능력에 대한 명성을 쌓는 방법이라는 착각 때문에 어떤 군 지휘관이라도 이와 같이 지나치게 억제될 때, 그는 기껏해야 부하들이 항상 로봇보다는 인간처럼 행동할 필요성을 배가시킬 뿐이다.

자기통제와 관련된, 배려와 신중함은 다른 사람의 마음을 크게 움직일 수 있다. 리더가 어느 정도 자기 일에만 몰두하여 축적한 모든 에너지를 자신들을 위해 사용한다는 것을 믿게 될 때, 부하들은 리더에게 마음이 끌릴 것이다.

그러나 부하들이 이것은 경우가 아니며, 그러한 축적이 영적인 인색함과 순전히 개인적 목적에 대한 집중이 단순하게 외적으로 표현된 것이라고 느낄 때는 어떤 제재로도 결코 그들의 환심을 사지 못할 것이다. 이는 분대를 이끄는 분대장이나 전체 군을 이끄는 리더에게도 마찬가지로 적용되는 진실이다.

선천적으로 타고난 유머감각이 없다는 점이 많은 사람을 옥죄는 것이 아니라 유머를 발휘하는 것을 주저하는 것이 그들을 옥죈다면, 유머감각의 중요성에 대해 말하는 것은 헛수고일 뿐이다. 직업군인에게 이것은 근육을 부드럽게 만들거나 독창적인 사고를 할 만한 긴장감을 없애는 것만큼 현명하지 못하다. 훌륭한 유머는 항상 군의 전통 속에 있어 왔다. 키플링(Kipling)의 시에 유머의 필요성이 매우 섬세하게 잘 표현되어 있다.

> 아들이 말한 어떤 농담을 듣고는 웃겨 죽을 뻔했다.
> 나도 알 수 있을 것 같다.
> 그런 기분이 무엇인지, 그리고 그런 일이 내게 도움이 될 지도 몰라.
> 농담이 거의 없는 시대에는.

로마의 군인이자 철학자인 마르쿠스 아우렐리우스(Marcus Aurelius)는 "쾌활한 방식으로 풍부한 유머를 구사한" 사람들에 대한 애정을 표시한 바 있다. 군인이 쓴 가장 위대한 회고록 중 하나인 그랜트 장군의 회고록을 읽어본 사람이라면, 누구나 그의 유쾌한 문체를 감명 깊게 받아들일 것이다. 그에게는 섬세한 부조화의 감각이 스며들어 있는 것처럼 보인다. 자신을 우스꽝스러운 관점에서 볼 때, 그는 매우 장난기 있고 엉뚱해진다. 대영제국을 섬긴 무시무시한 전사들 가운데 한 사람인 키치너(Kitchener) 백작은 짓궂은 장난을 쳤던 부하들에게 더 마음이 끌렸다.

유틀란트(Jutland) 전투에서의 비티(Beatty) 제독[26]에 대한 잊을 수 없는 유명한 일화가 있다. '인디패티거블(the Indefatigable)'은 해저로 사라졌고, '퀸 메리호(the Queen Mary)'는 폭발했다. '라이언호(the Lion)'는 불길에 휩싸였고, '프린세스 로열호(the Princess Royal)'가 폭발했다는 전갈이 왔다. 비티가 부하 함장에게 말했다. "챗필드(Chatfield), 아무래도 오늘 우리 배들이 뭔가 이상하군. 적 방향으로 배를 2도만 돌리게."[27] 니미츠(Nimi-

---

26 데이비드 비티(David Beatty) 경은 제1차 세계대전 때 유틀란트 해전(1916. 5. 31~6. 1)에서 독일 해군에 맞서 싸운 대영제국의 지휘관

27 2도 방향에 있는 배들은 제독의 배들로, 제독이 자신의 배들을 적들의 배로 표현하며 자조적인 농담을 한 것

tz) 제독[28]은 처음으로 콰절린(Kwajalein) 전투의 처참한 광경을 둘러보고는 참모들에게 근엄하게 말했다. "내가 지금까지 겪은 일 중 호놀룰루(Honolulu)에서의 마지막 텍사스(Texas) 피크닉[29]을 제외하고 오늘 가장 최악의 참상을 본 것 같소."

패튼(Patton)[30] 장군의 특징적인 일화도 있다. 어느 날 그는 전략에 대해 벌인 논쟁에서 차상급 부대 지휘부에게 자존심을 구겼다. 그가 참모들에게 말하려고 자리에 앉았을 때, 그의 애완견이 몸을 웅크리고 옆에 앉았다. 그는 갑자기 애완견에게 "윌리, 너 또한 큰 그림을 이해하지 못하는 게 문제야"라고 말했다.

현대의 미국 지휘관들 가운데 뛰어난 유머감각으로 유명한 사람은 아이젠하워(Eisenhower) 장군일 것이다. 그는 영국의 수필가 시드니 스미스(Sydney Smith)가 말한 '특별한 사람'에 대한 비유에 가장 적합한 사람일지 모른다. "특별한 사람의 의미는 한 사람 안에 여덟 사람이 들어 있으며, 감각이 없는 만큼이나 기지가 넘치며, 기지가 없는 만큼이나 감각이 있다는 것이다. 그의 행동은 가장 멍청한 사람만큼이나 현명하며, 그의 상상력은 마치 회복할 수 없게 망가진 사람만큼이나 뛰어나다."

한국에서 포크찹 고지(Pork Chop Hill)[31]의 첫 전투가 시작되기 직전에 토머스 해럴드(Thomas V. Harrold) 중위는 공산주의자들의 참호에서 들려오는 크고 구슬픈 소리를 듣고 중대원에게 그 의미를 물었다.

"기도의 노래입니다"라고 통역관이 답하자, 해럴드는 "그들이 죽을 준비를 하고 있구만. 그렇다면 우리도 노래를 해야겠다는 생각이 드는

---

28 체스터 윌리엄 니미츠(Chester W. Nimitz)는 제2차 세계대전 때 태평양함대 사령관

29 니미츠 제독은 '플린트록 작전(Operation Flintlock)' 2주 전에 호놀룰루의 가장 큰 공원에서 약 4만 명의 군인, 해군, 해병대를 초대하여 맥주파티를 열었으며, 파티 후 상황을 태풍의 여파처럼 파괴된 것으로 표현함

30 조지 패튼(George S. Patton Jr.)은 미 육군 대장으로, 노르망디 상륙작전에서 큰 활약을 함

31 포크찹 고지 전투(234고지, 연천 서북쪽 20㎞, 1952. 11. 1~11)는 태국 지상군 대대가 미 제2사단에 배속되어 연천 서북쪽 주저항선을 방어하던 중 중공군 제113사단 예하 2개 연대와 치른 전투임

군"이라고 말했다.

실제로 그것은 나쁜 생각이 아니었다. 1950년 12월에 장진호(Chosin Reservoir)[32]로 돌아가기 위해 전투를 벌이던 미 제1해병 사단은 하갈우리(Hagaru village) 캠프가 공격을 받았을 때 엄청난 눈에 갇혀 고투를 벌이고 있었다. 자정까지 종일 엄청난 손실을 입은 후 고토리(古土里)에서 야영을 하게 되었는데, 여전히 적에게 포위되어 있었고 바다로부터 멀리 떨어져 있었다. 올리버 스미스(Oliver P. Smith)[33] 소장은 자신의 텐트에 혼자 있었는데, 그의 앞에 놓인 임무는 절망적으로 보였다. 갑자기 그는 노랫소리를 들었다. 밖에서 몇몇 운전병이 〈해병대가(*Marine Hymn*)〉를 부르고 있었다. "그 순간 내게서 모든 의심이 떠나갔습니다. 그때 우리가 성공하리라는 것을 알았습니다"라고 스미스는 말했다.

리더십과 관련한 마지막 관점은 훈련과 실제 전투 상황 사이에 매우 큰 격차가 있다는 것이다. 훈련 시에 지휘관은 독단적이고 요구가 많으며 혹독한 교관일 수 있다. 그러나 부하들을 다룰 때 페어플레이 정신이 있음이 분명하고, 그가 하는 일이 그들의 경쟁자보다 더 유능한 군인을 만들기 위한 의도라는 것을 부하들이 인지하고 있다면, 부하들은 그를 인정하고 마지못해서라도 계속해서 그에게 충성할 것이며, 심지어 그의 행운을 믿게 될 것이다.

지휘관이 부하들의 복지에 아버지 같은 관심을 갖는다면, 그들이 충성할 가능성은 더욱 커진다. 그러나 부하들의 신망을 얻기 위해 그들의 성미에 감정을 맞출 필요는 없다. 리더가 자신이 할 바를 잘 안다면, 부하들은 자연스럽게 그가 이끄는 부대의 일원이 될 것이다. 그러나 실제 전투 상황에서 병사들이 이전에 지휘관을 아버지같이 여기며 그와 함께

---

32 장진호 전투(Changjin Lake Campaign, 미국명 The Battle of Chosin Reservoir)는 1950년 한국전쟁 초기에 UN군의 승세를 전환시킨 결정적 전투 가운데 하나. UN군은 제2차 세계대전 당시에 제작된 일본 지도에 의존했기 때문에 공식적으로 일본 명칭인 '초신(Chosin)'이 사용됨

33 장진호 전투에서 미 제1해병 사단을 지휘했던 지휘관

하는 것이 성공적인 생존을 위한 최선이라고 믿었다고 할지라도 지휘관이 겁이 많고 자신의 안전에 지나치게 신경 쓰는 모습을 보이게 되면, 틀림없이 그들의 신망을 완전히 잃게 될 것이다. 반대로 훈련 상황에서는 비열하고 찡찡대는 사람으로 여겨졌으나 전장에서 매우 용기 있는 사람으로 자신을 드러낸다면, 리더는 그를 떠났던 부하들로부터 금세 도덕적 리더십을 되찾을 수도 있을 것이다.

전장에서 용기를 대체할 것은 없으며, 어떤 구속도 행동의 통일에 영향을 주지 않는다. 부대는 거의 어떤 어리석음도 용납할 수 있지만, 지나친 소심함은 쉽게 용서될 수 없다. 이것이 〈케인호의 반란(The Caine Mutiny)〉[34]에서 퀵(Queeg) 선장의 실패에 대한 전형적인 예이다. 그가 괴짜였으며 억압자였음에도 불구하고 전투에서 겁쟁이 같은 모습만 보이지 않았더라면, 그의 다른 악덕은 용인될 수 있었을 것이다.

34 제2차 세계대전 당시 미국 해군함인 케인호에서의 반란을 주제로 1954년에 제작된 영화

제3장 무엇이 리더를 만드는가?

대니얼 골먼(Daniel Goleman)

모든 사업가는 뛰어난 지능과 숙련된 기술을 가진 임원이 리더의 위치에 올랐지만, 직무수행과 관련하여 실패한 이야기를 알고 있다. 또한 비범하지는 않지만 견실한 지적 능력과 전문적 기술(technical skill)을 가진 사람이 유사한 직위에 승진하여 하늘 높이 비상하는 이야기도 알고 있다.

이러한 예는 리더가 되기에 '적합한 자질(stuff)'을 가진 사람들을 식별하는 것이 과학이라기보다는 예술이라는 광범위한 신념을 갖게 만든다. 결과적으로, 훌륭한 리더의 개인적 유형은 다양하다. 어떤 리더들은 자신을 억제하며 분석적으로 행동하지만, 또 다른 리더들은 산꼭대기에서 자신들이 만든 성명서를 외친다. 그리고 무엇보다 중요한 점은 상황에 따라 다른 형태의 리더십이 요구된다는 것이다. 대부분의 기업 합병은 실권을 가진 섬세한 감각의 협상가를 필요로 하는 반면, 방향을 전환할 때는 더욱 강력한 권한을 가진 리더를 필요로 한다.

하지만 나는 가장 효과적인 리더들은 한 가지 중요한 태도에서 유사하다는 것을 발견했는데, 그들 모두 높은 수준의 감성지능(Emotional Intelligence)을 가지고 있다는 사실이다. 그렇다고 지능지수(IQ)와 전문적 기술이 효과성과 무관하다는 뜻은 아니다. 그러한 특성들이 중요하기는 하지만, 주로 '최소한의 능력'으로서 문제가 된다는 것이다. 말하자면 그것은 임원의 지위에 오르기 위한 기본적인 요건들이다. 그러나 최근의 다른 연구들과 함께 나의 연구는 감성지능이 리더십의 필수조건이라는 것을 명확하게 보여주고 있다. 감성지능이 없는 사람도 세상에서 최상의 훈련을 받을 수 있고, 예리한 분석적 사고를 할 수 있으며, 참신 아이디어를 끊임없이 제시할 수 있지만, 탁월한 리더는 될 수 없다.

지난 1년 동안 나는 동료 학자들과 연구하면서 감성지능이 어떤 역할을 하는지에 초점을 맞춰왔다. 우리는 감성지능과 효과적인 성과 사이의 관계를 특히 리더들에게 초점을 맞추어 분석해왔다. 그리고 감성지능이 직무에 어떻게 발현되는지를 관찰했다. 예를 들면, 어떤 사람이 높은 수준의 감성지능을 갖고 있는지 어떻게 알 수 있으며, 당신 속에 있는 감성지능을 어떻게 인지할 수 있는가? 다음에서 우리는 자기인식, 자기조절, 동기부여, 감정이입, 그리고 사회적 기술 같은 감성지능의 구성요소로 이러한 문제들을 살펴본다.

감성지능의 평가

오늘날 대부분의 대기업은 리더십 결정 과정에서 스타들을 식별하고, 훈련시키고, 승진시키는 데 도움이 되는 '역량모델(competency model)'을 개발하기 위해 숙련된 심리학자들을 채용해왔다. 심리학자들은 또한 하위직을 위한 역량모델을 개발했다. 그리고 최근 수년 동안 나는 루슨트테크놀로지(Lucent Technology), 브리티시항공(British Airways), 크레딧스위스(Credit Suisse) 등과 같이 대부분 규모가 크고 세계적인 88개 기업의 역량모델을 분석해왔다.

이러한 연구를 수행함에 있어서 나의 목표는 조직 내에서 어떤 개인적인 능력이 뛰어난 성과를 가져오는지, 그리고 그 영향이 어느 정도인지를 밝히는 것이었다. 나는 개인적인 능력을 세 가지로 범주화했는데, 이는 회계와 사업기획 같은 순수한 전문적 기술, 분석적 추론 같은 인지적 능력, 그리고 다른 사람들과 함께 일하는 능력 같은 감성지능과 변화를 이끄는 효과성을 나타내는 역량이다.

심리학자들은 몇 가지 역량모델을 개발하기 위해 조직의 가장 뛰어난 리더를 유형화하는 능력이 무엇인지를 파악하고자 기업의 고위관리자들에게 인터뷰를 요청했다. 심리학자들은 또 다른 모델을 만들기 위해 조직 내 고위관리자 차원에서 스타 성과자들을 평균적인 사람들에 비해 차별화할 수 있는 부서 수익성 같은 객관적 기준을 사용했다. 이렇게 선발된 개인들을 대상으로 광범위하게 인터뷰와 시험을 실시했으며, 그들의 능력을 비교했다. 이러한 절차를 통해 매우 효과적인 리더들에 대한 요소를 목록화할 수 있었다. 이 목록들은 7~15개 정도의 문항으로 이뤄졌으며, 주도성과 전략적 비전 같은 요소들을 포함했다.

나는 이 모든 자료를 분석하면서 극적인 결과들을 발견했다. 확실히 지능은 탁월한 성과를 내는 동인(drive)이었다. 큰 그림을 볼 줄 아는 사고방식과 장기적 비전 같은 인지적 기술이 특히 중요했다. 그러나 탁월한 성과 요소들로서 전문적 기술, 지능지수, 감성지능의 비율을 계산해 본 결과, 감성지능이 모든 계층의 직무에 대해 다른 두 요소보다 2배 이상 중요한 것으로 밝혀졌다.

더욱이 나의 분석에 의하면, 기업의 최고위층에서 감성지능은 더욱 중요한 역할을 했으며, 그곳에서 전문적 기술의 차이는 무시해도 좋을 만큼 중요하지 않았다. 다시 말해, 스타 성과자로 여겨지는 사람의 직급이 높을수록 그의 효과성에 대한 원인으로서 감성지능 능력이 더 강하게 나타났다. 고위급 리더의 직위에서 스타 성과자를 보통의 성과자와 비교해보면, 프로필에서의 차이 가운데 거의 90%가 인지적 능력보다는 감성지능 요인에서 기인했다.

다른 학자들은 감성지능이 탁월한 리더를 식별해주는 요소가 될 뿐 아니라 뛰어난 성과와도 관련될 수 있다는 것을 제시해왔다. 인간과 조직행동 연구의 권위자인 고(古) 데이비드 맥크렐랜드(David McClelland)의 연구결과가 좋은 예다. 맥크렐랜드는 세계적인 식음료회사에 대한 1996년도의 연구에서, 고위관리자들이 필요한 수준의 감성지능 능력을 가지고 있을 때 그들의 부서가 매년 수익 목표의 20%를 초과 달성했다는 것을 발견했다. 반면에, 필요한 수준의 감성지능을 갖추지 못한 부서장들은 거의 비슷한 비율로 목표에 미달했다. 맥크렐랜드의 연구는 흥미롭게도 미국, 아시아, 유럽 지사를 대상으로 한 연구에서도 사실로 밝혀졌다.

요컨대, 이 수치들은 한 회사의 성공과 리더들의 감성지능 사이의 관계에 대해 설득력 있는 이야기를 우리에게 말하기 시작했다. 그리고 이러한 연구가 만약 사람들이 올바른 접근법을 취한다면 감성지능을 개발할 수 있다는 것을 보여준다는 사실이 또한 중요하다(〈표 3-1〉 참조).

〈표 3-1〉 감성지능의 다섯 가지 구성요소

구분	정의	특징
자기인식	당신의 기분, 감성 및 동인뿐만 아니라 다른 사람에 대한 그 영향을 인식하고 이해할 수 있는 능력	• 자신감 • 현실적인 자기 평가 • 자기를 낮추는 유머감각
자기조절	• 파괴적인 충동과 기분을 통제하거나 방향을 바꿀 수 있는 능력 • 행동하기 전에 생각하기 위해 판단을 보류할 수 있는 성향	• 진실성과 고결성 • 모호한 상황에서의 편안함 • 변화에 대한 개방성
동기부여	• 금전이나 지위보다 일에 가치를 두는 열정 • 에너지와 인내를 갖고 목표를 추구할 수 있는 성향	• 성취하고자 하는 강한 동인 • 낙관주의(실패에 직면해서조차) • 조직몰입
감정이입	• 다른 사람의 감성적 기질을 이해할 수 있는 능력 • 사람들의 감성적 반응에 따라 그들을 다루는 기술	• 재능을 만들고 유지하는 전문적 지식 • 이문화에 대한 민감성 • 고객 서비스
사회적 기술	• 관계를 관리하고 네트워크를 구축하는 능숙함 • 공통점을 발견하고 친근한 관계를 형성할 수 있는 능력	• 변화 선도에서의 효과성 • 설득력 • 팀을 구축하고 이끄는 전문적 지식

자기인식

자기인식(self-awareness)은 감성지능의 첫 번째 요소인데, 수천 년 전 델포이 신탁(Delphic oracle)이 "너 자신을 알라"고 충고한 것을 생각해보면 왜 그런지 알 수 있다. 자기인식은 자신의 감정, 강점, 약점, 욕구, 동인에 대해 깊은 이해력을 갖고 있음을 의미한다. 자기인식이 강한 사람은 지나치게 비관적이지도 않고 비현실적으로 희망적이지도 않다. 오히려 그들은 자신과 타인에게 정직하다.

높은 수준의 자기인식을 가진 사람은 자신의 느낌이 자신, 타인, 그리고 자신의 직무성과에 어떻게 영향을 미치는지 인식한다. 그리하여 자기를 인식하는 사람은 엄격한 마감시한이 최악의 결과를 가져온다는 것을 알며, 신중하게 계획하고 사전에 일이 잘되도록 한다. 또한 자기인식이 높은 사람은 지나치게 요구하는 고객과도 업무를 잘 수행할 수 있다. 그녀는 고객이 자신의 기분에 미치는 영향과 자신의 분노에 대한 진정한 이유를 이해할 것이다. 그녀는 "고객의 사소한 요구들이 우리가 해야 할 진정한 업무를 수행하지 못하게 합니다"라고 설명할 것이다. 그리고 그녀는 한걸음 더 나아가 자신의 화를 건설적으로 전환할 것이다.

자기인식은 가치관과 목표에 대한 이해를 넓혀준다. 예를 들면, 높은 자기인식 소유자는 자신이 어디로 가고 있는지 그리고 그 이유를 알고 있으며, 금전적으로는 매력적이지만 원칙이나 장기 목표에 부합되지 않는 일에 대한 제의를 거절하는 데 확고할 수 있다. 반면에 자기인식이 부족한 사람은 묻혀 있는 가치관을 침해함으로써 내부적 혼란을 야기하는 의사결정을 하기 쉽다. "보수가 괜찮아서 입사했다"고 말했던 사람이 2년 후에 "업무가 너무 단순해서 따분하다"고 말하는 경우가 그것이다. 자기인식이 높은 사람들의 의사결정은 그들의 가치관과 일치하며, 결과적으로 그들은 종종 활력이 넘치는 업무를 찾는다.

사람이 어떻게 자기인식을 인지할 수 있는가? 무엇보다 자기인식은 솔직함과 스스로를 현실적으로 평가할 수 있는 능력으로 나타난다. 자기인식이 높은 사람은 과장되거나 고백적이 아니면서도 자신의 감정과 업무에 미치는 감정의 영향을 정확하고 숨김없이 말할 수 있다. 예를 들어, 내가 아는 한 관리자는 대형 백화점 체인인 그녀의 회사가 도입하려는 새로운 개인고객 서비스에 대해 회의적이었다. 그녀는 자신의 팀과 상사가 재촉하기 전에 그 이유를 밝혔다. 그녀는 "저는 이 프로젝트를 정말로 하고 싶었지만 선발되지 않아서 이 새로운 서비스의 뒷전에 있었습니다. 이것이 제게는 매우 힘든 일입니다. 제가 감정을 삭일 동안 조금만 참아주세요"라며 솔직히 인정했다. 그녀의 상사는 진심으로 그녀의 감정을 살펴주었고, 그녀는 1주일 후 새로운 프로젝트를 전적으로 지지하게 되었다.

그러한 자기인식은 종종 채용과정에서도 나타난다. 지원자에게 자기의 느낌으로 추진했다가 나중에 후회했던 때에 대해 말해달라고 해보라. 자기인식이 강한 지원자는 실패를 인정하는 데 솔직하며, 대개는 그 이야기를 웃으면서 할 것이다. 자기인식의 특징 가운데 한 가지는 자신을 낮추는 유머감각이다.

자기인식은 업적평가 중에도 식별될 수 있다. 자기인식이 강한 사람들은 자신의 단점과 강점을 알고 있어서 이를 말하는 것이 편안하며, 대개 건설적인 비평에 대한 갈증을 표현한다. 대조적으로, 자기인식이 약한 사람들은 자신이 개선해야 할 메시지를 위협과 실패의 신호로 받아들인다.

또한 자기인식이 강한 사람들은 자신감에 의해 식별될 수 있다. 예를 들면, 그들은 자신의 능력에 대해 확실하게 파악하고 있으며, 맡은 임무를 무리하게 추진하여 실패할 가능성이 적다. 그들은 언제 도움을 청해야 할지 잘 알고 있다. 그리고 직무수행 중에 나타나는 위험을 계산한다. 자기 혼자서 감당할 수 없다고 판단하는 도전을 요구하지 않으며 자신의 강점이 있는 쪽으로 움직인다.

회사의 최고경영진과 함께하는 전략회의에 초청된 한 중견 직원의 행동을 생각해보라. 그녀는 비록 회의 구성원 중에 직급이 가장 낮았지만, 위엄에 압도되거나 두려운 침묵으로 듣기만 하며 그곳에 조용히 앉아 있지만 않았다. 그녀는 자신이 냉철한 논리와 설득력 있게 아이디어를 제시할 수 있는 기술을 가지고 있다는 것을 알고 있었고, 회사의 전략에 대해 적절한 제안을 했다. 동시에, 자기인식이 강한 그녀는 자신이 약하다고 인식하는 분야에서 헤매는 경우가 없었다.

나의 연구에 의하면, 직장에서 자기인식이 있는 사람들의 가치에도 불구하고 임원진은 잠재적 리더를 찾을 때 자기인식을 중요하게 여기지 않고 있다. 많은 임원은 감정에 대한 솔직함을 '나약함'으로 오인하며, 자신의 결점을 솔직히 인정하는 직원들에게 충분한 존중감을 보여주지 못한다. 그러한 사람들은 리더로서 박력이 없다며 쉽게 묵살된다.

사실, 그 반대의 경우가 맞다. 우선, 사람들은 일반적으로 솔직함을 칭찬하며 존중한다. 게다가 리더들은 그들 자신과 남들의 능력을 공정하게 평가하는 결정을 하도록 지속적인 요구를 받는다. 우리는 경쟁자를 따라잡을 만한 전문적인 경영지식을 가지고 있는가? 우리는 6개월 내에 시장에 신제품을 내놓을 수 있는가? 솔직하게 자신을 평가하는 사람, 즉 자기인식이 강한 사람들은 그들이 운영하는 조직에 대해서도 솔직해질 수 있다.

자기조절

생물학적 충동이 우리의 감정을 움직인다. 우리는 이러한 감정을 없앨 수는 없으나 이를 통제하기 위해 많은 것을 한다. 자기조절(self-regulation)은 진행 중인 내면의 대화와 같은 것으로, 우리의 행동이 감정에 얽매이는 것을 막아주는 감성지능의 한 요소다. 이러한 대화를 하는 사람들은 다른 모든 사람과 마찬가지로 나쁜 감정과 정서적 충동을 느끼게 되지만, 감정과 충동을 통제하며 더 나아가 그것을 바람직한 방식으로 전환시키는 방법을 알고 있다.

회사의 이사진 앞에서 형편없는 프레젠테이션을 한 자기 부서의 팀원들을 바라보는 임원을 생각해보라. 우울한 기분에 사로잡힌 그는 부하들의 잘못에 대해 화가 나서 책상을 내려치거나 의자를 차버리고 싶은 충동을 느끼는 자신을 발견할 것이다. 그는 펄펄 뛰며 팀원들에게 소리를 지를 수 있다. 아니면, 팀원들을 노려보면서 엄숙한 침묵을 지키다가 사무실에서 나가버릴 수 있다.

그러나 자기조절 능력을 가진 사람은 다르게 접근한다. 그는 조심스럽게 적당한 어휘를 선택해서 말하며, 팀의 저조한 성과를 인정하지만 성급한 결론을 내리지는 않을 것이다. 그런 다음에 그는 한 발짝 뒤로 물러나 실패의 원인을 생각해볼 것이다. 개인적인 노력의 부족에서 온 실패인가? 어떤 정상 참작의 요인들이 있는가? 대실패에서 그의 역할은 무엇이었는가? 이러한 질문들을 고려한 후, 그는 팀원들을 불러놓고 사건의 결과를 보여주며 그것에 대한 자신의 느낌을 제시할 것이다. 그러고 나서 그는 문제에 대한 자신의 분석과 충분히 고려된 해결책을 제시할 것이다.

왜 자기조절 문제가 리더에게 그토록 중요한가? 첫 번째로, 자신의 감정과 충동을 통제할 수 있는 사람, 즉 분별 있는 사람은 신뢰할 수 있고 공정한 환경을 만들 수 있다. 그러한 환경에서 정치와 내분은 현저히 줄고 생산성은 높아진다. 능력 있는 사람들은 조직에 화합하며 조직을 떠나려 하지 않는다. 그리고 자기조절은 낙수효과(trickle-down)를 가지고 있다. 리더가 신중한 접근방식을 가지고 있는 것으로 알려져 있다면, 팀원 중에는 아무도 자기가 경솔한 사람으로 알려지기를 바라지 않는다. 최고경영진에게 나쁜 분위기가 없다면 조직 전반에 걸쳐 나쁜 분위기가 없다는 것을 의미한다.

둘째, 자기조절은 경쟁적인 이유 때문에 중요하다. 오늘날의 사업이 애매모호하고 변화가 만연하다는 것은 누구나 아는 바다. 기업의 합병과 분할도 일상적인 일이다. 기술은 어지러울 정도로 업무를 뒤바꿔놓는다. 자신의 감정을 완벽하게 통제할 수 있는 사람은 변화에 유연하게 대처할 수 있다. 새로운 변화 프로그램이 공표되었을 때, 그들은 당황하지 않는다. 그 대신 그들은 자신의 판단을 유보하고, 정보를 찾으며, 새로운 프로그램에 관한 최고경영진의 설명을 경청한다. 새로운 계획이 진행되면 이에 맞추어 움직일 수 있다.

심지어 때로는 그들이 앞장서서 변화를 주도하기도 한다. 대형 제조업체에서 근무하는 관리자의 사례를 살펴보자. 그녀는 다른 동료들과 마찬가지로 5년 동안 특정 소프트웨어 프로그램을 사용해왔다. 그녀는 그 프로그램을 사용하여 자료를 수집하고 보고서를 만들었으며, 회사의 전략에 대해 생각했다. 어느 날, 최고경영진이 조직 내에서 정보수집과 평가의 방식이 완전히 바뀌는 새로운 프로그램이 설치될 것이라고 공표했다. 많은 동료직원이 프로그램 변경에 따른 번거로움에 대해 불평하는 데 반해 그 관리자는 새로운 프로그램을 채택해야 하는 이유에 대해 깊이 생각했고 성과를 높일 수 있는 잠재성이 있다고 확신했다. 다른 동료들은 거부했지만 그녀는 교육훈련에 열심히 참여했으며, 부분적으로는 그녀가 새로운 기술을 효과적으로 사용했기 때문에 결과적으로 몇몇 부서에서 운영되도록 홍보되었다.

나는 자기조절이 리더십에서 매우 중요하다는 것을 강조하고 싶고, 개인적 덕목일 뿐만 아니라 조직의 강점이 되는 고결성을 높이는 사례를 만들고 싶다. 회사에서 발생하는 많은 나쁜 일은 충동적 행위에서 비롯된다. 사람들이 수익을 과장하거나, 비용계정을 허위로 조작하여 부풀려 쓰거나, 자금을 횡령하거나, 이기적인 목적을 가지고 권력을 남용하려는 계획을 세우는 일은 거의 없다. 그 대신에 그런 기회가 왔을 때, 충동을 통제하는 능력이 낮은 사람들은 그대로 말려들고 만다.

대조적으로, 대형 식품회사 임원의 행동을 살펴보자. 그 임원은 지방 유통업자들과의 협상에서 빈틈없이 정직하다. 그는 늘 세부적으로 가격 구조를 알려주었고, 따라서 유통업자들은 회사의 가격에 대해 실질적인 이해를 하고 있었다. 이러한 접근법은 그 임원이 언제나 자신에게 유리한 협상을 할 수 없었다는 것을 의미했다. 그도 때때로 회사의 비용에 관한 정보를 숨김으로써 매출을 높이고 싶은 충동을 느꼈다. 그러나 그는 충동을 억제했으며, 이 같은 행동이 장기적으로 더 타당했다는 것을 확인하게 되었다. 그의 감정적인 자기조절은 유통업자들과 강력하고 지속적인 관계를 유지하게 했으며, 단기간의 재무적 이익을 통해 얻을 수 있는 것보다 회사에 더 많은 이익을 가져다주었다.

감정적인 자기조절의 신호들은 놓치기 쉽다. 반성과 심사숙고하는 경향, 애매모호함과 변화에 대한 편안함, 그리고 충동적인 강요에 '아니오'라고 말할 수 있는 능력인 고결성이 그것이다.

자기인식과 마찬가지로 자기조절은 종종 그 자체의 가치를 갖지 못한다. 때때로 감정을 완전히 통제할 수 있는 사람들은 냉담한 사람으로 비치는데, 그들의 심사숙고한 대응은 열정이 결여된 것으로 여겨진다. 불같은 성격의 소유자들은 대개 '전형적인' 리더라 일컬어져왔다. 그러한 사람들의 감정 폭발이 카리스마와 권력의 특징으로 여겨진다. 그러나 그런 사람이 최고경영자가 되었을 때, 그의 충동성은 종종 역기능으로 작용한다. 내 연구에서, 부정적인 감정의 극단적 표출은 결코 좋은 리더의 요건이 되지 않는다.

동기부여

모든 유능한 리더가 갖는 실제적 특징을 든다면 그것은 동기부여다. 그들은 자신과 다른 모든 사람이 기대 이상의 성취를 달성하도록 동기부여가 되어 있다. 여기서 핵심단어는 '성취'다. 많은 사람은 유명한 회사의 일원이나 감동적인 직함에서 비롯되는 높은 월급 또는 지위 같은 외적인 요인들에 의해 동기가 유발된다. 이와 반대로, 잠재적인 리더십이 있는 사람들은 성취하고자 하는 깊이 내재된 성취욕에 의해 동기가 유발된다.

당신이 리더들을 찾는다고 가정한다면, 외적인 보상보다 성취욕에 의해 동기부여가 된 사람을 어떻게 가려낼 수 있을까? 그 첫 번째 신호는 업무 자체에 대한 그의 열정이다. 그런 사람들은 창의적인 도전을 모색하고, 배우는 것을 좋아하며, 직무를 훌륭하게 수행하는 데 대단한 자부심을 가지고 있다. 그들은 또한 더 나은 상황을 만드는 데 지칠 줄 모르는 에너지를 보여준다. 그러한 에너지를 가진 사람들은 대개 현실에 안주하지 않는 것처럼 보인다. 그들은 일이 한 가지 방식에 의해서만 수행되는지에 대해 끊임없는 의문을 갖는다. 즉, 그들은 업무수행에 대한 새로운 접근법을 열렬히 탐색한다.

예를 들면, 어떤 화장품회사의 관리자는 매장 직원으로부터 매출실적을 알아내는 데 2주를 기다려야 한다는 사실에 불만을 가졌다. 그는 마침내 매일 오후 5시에 각 판매원을 자동으로 호출하는 전화시스템을 찾아냈다. 직원들에게 보낸 자동 메시지는 이날 얼마나 주문했고 판매했는지 숫자로 입력하게 되어 있다. 이 시스템의 이용으로 판매결과에 대한 피드백 시간이 과거 2주에서 몇 시간으로 대폭 줄었다.

이 사례는 성취욕에 의해 동기가 부여되는 사람들의 두 가지 일반적인 특징을 보여준다. 그들은 끊임없이 성과기준을 높이고 점수를 내는 것을 좋아한다. 먼저 성과기준에 대해 살펴보자. 성과평가 시, 동기부여가 잘된 사람들은 상사로부터 더 높은 목표를 설정하도록 요청받는다. 물론 자기인식과 내재적 동기부여가 높은 사람은 자신의 한계를 알고 있다. 그러나 그는 너무 쉽게 달성될 것 같아 보이는 목표를 세우지 않는다.

또한 더 잘하고자 동기부여가 된 사람들이 그들 자신, 그들의 팀, 그들 회사의 진척상태를 추적하는 방식을 원한다는 것은 자연스러운 일이다. 낮은 성취동기를 가진 사람들은 대개 결과에 대해 애매하지만, 높은 성취동기를 가진 사람들은 대부분 수익성 또는 시장점유율 같은 구체적인 측정기준을 통해 성과를 낸다. 내가 아는 자금관리자는 출근해서 퇴근할 때까지 인터넷으로 시간을 보내는데, 네 가지 산업분야에 대한 주식자금의 성과를 측정하며 벤치마크를 설정한다.

흥미롭게도 높은 성취동기를 가진 사람들은 비록 실적이 저조해도 낙관적인 자세를 유지한다. 그러한 경우, 자기조절은 성취동기와 결합하여 실패 후 발생하는 좌절과 의기소침을 극복하게 한다. 다른 사례로 큰 투자회사의 자금 포트폴리오 관리자를 보자. 그녀의 펀드는 몇 년 동안 성공하다가 3개 분기 연속하여 실적이 저조하자 고객 가운데 3개의 큰 기관투자가들이 다른 곳으로 빠져나갔다.

몇몇 임원들은 폭락의 원인을 통제 불가능한 환경의 탓으로 돌렸을 것이며, 다른 임원들은 패배를 개인적 실패의 증거로 보았을지도 모른다. 하지만 이 포트폴리오 관리자는 상황을 호전시킬 수 있다는 것을 입증할 기회를 보았다. 2년 후 그녀가 회사의 고위 간부로 승진했을 때, 그녀는 그때의 경험에 대해 "내게 일어났던 최고의 일로서 정말 많은 것을 배웠다"고 술회했다.

임원들이 부하직원 가운데 성취동기가 높은 사람을 찾아내는 가장 손쉬운 방법은 조직에 대해 몰입(commitment)하는 사람을 찾아내는 것이다. 사람들이 업무 자체를 좋아하여 자신의 직무를 좋아할 때, 그들은 종종 업무를 수행하게 해주는 조직에 대해 몰입을 느끼게 된다. 조직에 몰입된 사람들은 외부의 헤드헌터들이 높은 월급으로 유혹하더라도 조직에 남아 있고자 한다.

성취동기가 어떻게 그리고 왜 강한 리더십으로 전환되는지를 이해하는 것은 어려운 일이 아니다. 만약 당신이 스스로 성과목표를 높게 둔다면, 그렇게 할 수 있는 지위에 있을 때 당신은 조직을 위해 똑같은 일을 수행할 것이다. 마찬가지로, 목표를 초과달성하려는 동기와 성과 유지에 대한 관심은 전염될 수 있다. 이러한 특징을 가진 리더들은 대개 같은 특징을 가진 팀을 만들 수 있게 된다. 물론 낙관주의와 조직몰입은 리더십에 있어 필수적이다. 이러한 요소들 없이 회사를 운영하는 것을 상상해보라.

감정이입

감성지능의 모든 요소 가운데 감정이입(empathy)이 가장 쉽게 인식된다. 우리 모두는 민감한 교사나 친구에게서 감정이입을 느낀다. 반면에 냉정한 코치나 상사들에게 감정이입이 부족할 때 충격을 받는다. 그러나 비즈니스 측면에서 볼 때, 사람들이 감정이입 덕분에 칭찬을 받거나 보상을 받았다는 말은 좀처럼 들을 수 없다. '감정이입'이라는 단어 자체는 시장의 거친 현실과 어울리지 않는 비현실적인 것처럼 보인다.

그러나 감정이입은 '나도 좋고 너도 좋은' 식의 감상주의를 의미하지 않는다. 다시 말하면, 그것은 리더가 다른 사람들의 감정에 나를 맞추고, 모든 사람을 즐겁게 하기 위해 노력하라는 것을 의미하는 것이 아니다. 그것은 끔찍한 일로서 실천을 불가능하게 만들 뿐이다. 오히려 감정이입은 지적인 의사결정 과정에서 다른 요소와 더불어 부하들의 느낌을 사려 깊게 고려하는 것을 의미한다.

기업 현장에서 감정이입의 예를 들어보자. 두 개의 큰 부동산 중개회사가 합병되어 모든 부서에서 감원이 불가피해졌을 때 생길 수 있는 일들을 생각해보라. 어떤 부서의 관리자는 부서의 전 직원들을 모아놓고 곧 해고되어야 할 인원수를 강조하는 침울한 연설을 했다. 그러나 다른 부서의 관리자는 다른 형태의 연설을 했다. 그는 먼저 자신의 우려와 당혹스러움을 솔직히 이야기하면서 상황을 계속 알려줄 것이며, 모두 공평하게 처우할 것을 약속했다.

이 두 관리자의 접근방법에서 차이점은 감정이입이었다. 자신의 운명에 대해 너무 걱정하여 불안에 떨고 있는 동료들의 감정을 고려하지 못했다. 두 번째 관리자는 부하들의 느낌을 직관적으로 알았고 그들이 느끼는 두려움을 '그들의 입장'에서 인정했다. 첫 번째 관리자가 부서원들의 사기 저하로 부서의 분위기가 침체되고 인재들이 떠나가는 것을 보는 것은 당연한 일이다. 대조적으로, 두 번째 관리자는 지속적으로 강한 리더로서 존재했으며, 재능 있는 부하들은 남아 있었고, 부서는 이전과 같이 생산성을 유지했다.

오늘날 리더십의 한 요소로서 감정이입이 특히 중요한 이유를 세 가지 들 수 있는데, 이는 팀 사용의 증가, 빠른 속도로 이뤄지고 있는 세계화 추세, 인재유지 필요성의 증가다.

팀을 이끌 때 나타나는 도전을 살펴보자. 팀원의 경험이 있는 사람이라면 누구나 확언할 수 있듯이, 팀은 감정이 끓어오르는 큰 가마솥과 같다. 팀은 대개 합의에 이르도록 요구받는다. 사람 수가 많을수록 힘들고, 심지어는 두 명 사이에서도 합의점을 도출하기 어렵다. 네다섯 명밖에 안 되는 팀에서도 편을 짜게 되고 안건이 서로 충돌한다. 팀장은 테이블에 둘러앉은 모든 사람의 관점을 반드시 인지하고 이해해야 한다.

이것이 바로 큰 정보기술회사의 문제 많은 팀의 리더로 선정된 한 마케팅 관리자가 해결해야 할 일이었다. 그 팀은 혼란스러웠는데, 과중한 업무에 지쳐 있었고 마감시한을 지키지 못했다. 모든 팀원 사이에 긴장감이 흘러넘쳤다. 어설픈 방법으로는 팀을 한 곳으로 이끌거나 회사에서 효과적인 부서가 되도록 하는 것이 어려워 보였다.

그래서 관리자는 몇 단계의 조치를 취했다. 그녀는 일대일 면담을 통해 팀원들의 의견을 청취할 시간을 가졌는데, 무엇이 그들을 혼란스럽게 만드는지, 팀 동료들을 어떻게 평가하는지, 무시되고 있다고 느끼지는 않는지에 대해 알아보았다. 그런 다음 그녀는 팀 전체 모임을 갖고 그들에게 혼란스러운 일에 대해 좀 더 솔직하게 말하도록 격려했으며, 회의 중에 건설적인 비판을 하도록 도와주는 등 모든 팀원을 통합할 수 있도록 이끌었다. 요컨대, 그녀의 감정이입이 팀의 감정적 기질을 이해하도록 한 것이다. 그 결과 팀원 간의 협력이 높아졌을 뿐만 아니라 경영성과가 향상되었다. 그리하여 그 팀은 더욱 광범위한 내부 고객들로부터 도움을 요청받았다.

세계화는 기업의 리더들에게 감정이입의 중요성을 인식시키는 또 다른 이유가 된다. 이질적인 문화에서의 대화는 쉽게 이해할 수 없는 행동과 오해를 불러일으킬 수 있다. 이런 경우 감정이입이 해결책이다. 감정이입을 할 수 있는 사람은 상대방의 몸동작에서도 미묘한 의미를 파악하고 단어 밑에 숨겨져 있는 뉘앙스를 알아낼 수 있다. 또한 그것을 뛰어넘어 문화적 및 민족적 차이점에 대한 존재와 중요성에 대해 깊은 이해를 할 수 있게 된다.

일본인 잠재 고객에게 새로운 프로젝트에 대해 막 홍보를 끝낸 팀의 미국인 컨설턴트 사례를 생각해보자. 미국인 같으면 설명회가 끝난 직후 수많은 질문이 퍼부어졌겠지만, 이곳에서는 침묵만이 이어졌다. 침묵의 의미를 거부로 받아들인 다른 팀원들은 짐을 싸고 떠날 준비를 했다. 그러나 선임 컨설턴트는 그러지 말라고 손짓했다. 그는 비록 일본 문화에 특별히 익숙하지는 않았지만, 그 고객의 얼굴과 태도에서 거절이 아닌 깊은 관심을 느낄 수 있었다. 그가 옳았다. 그 고객은 마침내 의견 표시를 했으며, 이 컨설팅회사가 그 직무를 맡게 되었다.

마지막으로, 감정이입은 특히 오늘날과 같은 정보 경제에서 인재를 유지하는 데 결정적 역할을 한다. 리더들은 항상 훌륭한 사람들을 개발하고 유지시키는 데 감정이입을 필요로 하며, 오늘날 그 중요성이 더욱 커지고 있다. 훌륭한 사람들이 조직을 떠날 때, 그들은 기업의 정보를 가지고 떠난다.

감정이입에는 코칭과 멘토링이 필요하다. 코칭과 멘토링은 성과를 높일 뿐만 아니라 직무만족을 높이고 이직을 낮추는 데 중요한 역할을 한다는 사실이 반복적으로 나타나고 있다. 그러나 코칭과 멘토링이 가장 잘 작용하도록 하는 것은 관계의 본질에 있다. 뛰어난 코치와 멘토들은 자신들이 돕는 사람들의 머릿속에 들어가 본다. 그들은 어떻게 효과적인 피드백을 해줄 것인지를 느낀다. 또한 언제 더 좋은 성과를 올리도록 독려해야 하는지, 언제 물러나야 하는지를 알고 있다. 그들은 도움을 받는 이들의 동기를 유발하는 방식을 통해 감정이입을 행동으로 보여준다.

재차 강조하건대 감정이입은 기업에서 별로 환영받는 개념이 아니다. 사람들은 의사결정으로 인해 영향을 받게 될 모든 사람의 감정을 '느끼면서' 어떻게 리더가 어려운 결정을 할 수 있는지 의문스러울 것이다. 그러나 감정이입이 강한 리더들은 주위 사람들을 동정하는 것으로 끝나지 않는다. 그들은 미묘하나 영향력이 있는 방식으로 기업을 발전시키기 위해 자신의 지식을 사용한다.

사회적 기술

감성지능의 처음 세 가지 구성요소는 모두 자기관리 관련 기술들이다. 나머지 두 가지 요소인 감정이입과 사회적 기술은 다른 사람과의 관계를 관리하는 데 필요한 개인적 능력과 관련된다. 감성지능의 한 요소로서의 사회적 기술은 말처럼 간단하지 않다. 사회적 기술이 풍부한 사람은 좀처럼 비열하지 않지만, 그것은 단순히 호의의 문제가 아니다. 오히려 사회적 기술은 새로운 마케팅 전략에 대한 동의나 신제품에 대한 열정과 같이 자신이 원하는 방향으로 다른 사람을 이끌어가려는 목적을 가진 호의다.

사회적 기술이 있는 사람들은 지인들이 많은 경향이 있으며, 모든 유형의 사람들과 더불어 공통영역을 찾아내어 친밀한 관계를 형성하는 요령을 알고 있다. 이는 그들이 지속적으로 사람들과 어울리는 것을 의미하지 않는다. 이는 그들이 중요하지 않은 일도 혼자서는 할 수 없다는 가정하에 일한다는 것을 의미한다. 그런 사람들은 실천할 시간이 되었을 때 가동할 수 있는 네트워크를 가지고 있다.

사회적 기술은 감성지능의 다른 차원들의 정점에 있다. 사람들은 그들 자신의 감정을 이해하고 통제할 수 있으며 다른 사람들과 공감할 수 있을 때, 관계 관리를 매우 효과적으로 하는 경향이 있다. 심지어 동기부여도 사회적 기술에 기여한다. 침체나 실패에 직면해 있을지라도 성취욕이 강한 사람들은 낙관적이라는 것을 명심하라. 사람들이 낙관적일 때, 그들의 감정은 대화 그리고 다른 사회적 만남에 표출된다. 그들은 인기가 있으며, 그럴만한 이유를 가지고 있다.

사회적 기술은 감성지능의 다른 요소의 결과이기 때문에 직무에서 인식되는 경우가 많다. 예를 들면, 사회적 기술이 있는 사람은 팀을 익숙하게 관리하는데, 그 이유는 감정이입을 할 수 있기 때문이다. 물론 그들은 설득하는 능력이 매우 뛰어난데 인지력, 자기조절 그리고 감정이입이 결합된 결과다. 예를 들어, 그러한 기술을 가진 훌륭한 설득자들은 언제 감정적인 호소를 해야 할지, 언제 이유에 대한 답변이 더 잘 작동하는지를 알고 있다. 그리고 이것이 공개적으로 가시화될 때, 동기부여를 통해 팀원들을 훌륭한 협력자로 만든다. 즉, 그들의 업무에 대한 열정이 다른 사람들에게 퍼져나가며 팀원들 스스로 해결방법을 찾아내도록 이끌게 된다.

그러나 때때로 사회적 기술은 다른 감성지능 요소와 다른 방식으로 나타난다. 예를 들어, 사회적 기술이 있는 사람은 남들이 보기에 업무에 열중하지 않는 것처럼 보일 수 있다. 복도에서 동료들과 잡담을 나누고 있거나 심지어 직무와 상관없는 사람들과도 농담을 즐기는 등 게으른 잡담꾼처럼 보일 수 있다. 그러나 사회적 기술이 있는 사람은 사람들과의 관계에서 자의적으로 한계를 만드는 것을 좋지 않게 생각한다. 유동적인 시대이므로 그들은 오늘 알게 된 사람들이 시간이 흐르면 도움을 받을 수 있는 대상이 될 수 있다는 것을 알기 때문에 폭넓게 유대관계를 형성한다.

예를 들어, 세계적인 컴퓨터회사의 전략부서 고위관리자에 관한 사례를 살펴보자. 1993년 그는 인터넷이 회사의 미래와 직결된다는 것을 인식했다. 다음 해에 그는 여론을 구축했고, 직급과 부서 그리고 국가를 초월한 가상 공동체를 만드는 데 자신의 능력을 발휘했다. 그러고 나서 그는 이 가상 팀을 이용하여 주요 회사 중에서 최초로 법인 웹사이트를 구축했다. 그리고 그는 예산이나 공식적인 지위 없이 직권으로 연례 인터넷 산업박람회에 참여할 직원들을 모집했다. 그는 박람회장에서 회사를 소개하기 위해 동료들과 함께 다양한 부서를 설득하여 자금을 기부받았으며, 많은 부서로부터 50명 이상의 직원을 모집했다.

경영진은 놀랐다. 1년 여의 콘퍼런스 동안 그 임원이 이끄는 팀은 회사의 첫 인터넷 부서의 기초를 만들었고, 그가 이 업무를 책임지도록 공식화되었다. 그렇게 하기 위해 그는 전통적인 경계들을 무시하고 조직의 구석구석에 있는 사람들과의 연결고리를 만들고 유지했다.

사회적 기술은 대부분의 기업에서 핵심적인 리더십 역량으로서 고려되고 있는가? 감성지능의 다른 구성요소들과 비교해볼 때 대답은 '그렇다'이다. 사람들은 리더가 고립되지 않고 관계를 효과적으로 관리해야 할 필요가 있다는 것을 직관적으로 알고 있다. 결국 리더의 과업은 다른 사람들을 통해 일을 완수하는 것이고, 사회적 기술이 이것을 가능하게 한다. 감정이입을 표현하지 못하는 리더는 당연히 그런 결과를 전혀 기대할 수 없을 것이다. 그리고 리더가 그의 열정을 조직에 전달할 수 없다면, 리더의 동기부여는 쓸모가 없을 것이다. 사회적 기술은 리더들이 감성지능을 업무에 적용하도록 도와준다.

강력한 리더십에 전통적인 지능지수나 기술적 능력이 중요하지 않다고 억지를 부리는 것은 바보 같은 일이다. 그러나 거기에 감성지능이 없다면 강력한 리더십은 완성되지 못할 것이다. 한때는 감성지능의 요소들을 '리더의 덕목'으로만 생각한 적이 있었다. 하지만 우리는 이제 그것들이 성과를 내기 위한 '리더의 필수조건'임을 알게 되었다.

다행스럽게도 감성지능은 학습될 수 있다. 물론 절차상 쉽지는 않다. 그것은 시간을 필요로 하고, 무엇보다 감성지능에 대해 애착심을 갖는 것이 필요하다. 그러나 훌륭하게 개발된 감성지능이 개인과 조직에 제공하는 이익을 생각해보면 충분히 노력할 만한 가치가 있다.

제4장 예술로서의 리더십

제임스 스토크스베리(James L. Stokesbury)

사회과학 연간간행물의 오프닝 타이틀로 '예술로서의 리더십'이라는 주제를 선택했다는 것은 거의 무례에 가까운 어떤 역설적인 느낌이 든다. 만일 누군가 이런 일에 당황했다면, 그것은 사회의 인식이 지난 한 세기 동안 급격하게 변해왔기 때문이다. 100년 전에는 어느 누구도 리더십이 인문학 이외의 다른 어떤 것이라고 의심하지 않았으며, 거기에 과학적 관점이 있다는 주장은 무례하게 여겨졌을 정도였다.

실제로 50년 전까지만 해도 사회과학은 여전히 발달하지 않았고, 당대에 가장 저명한 역사가였던 필립 궤달라(Philip Guedalla, 1923: 149)는 사회과학을 자료는 방대하면서도 결론이 없는 심리학이나 자료도 없이 너무나 많은 결론을 내리는 사회학 같은 "경박한 젊은 학문"이라며 매우 퉁명스럽게 업신여길 수 있었다. 1960년대에 미국의 한 유명한 전사학자는 학생들에게 사회과학과 통계적 방법이 "알 만한 가치가 없는 모든 것"을 우리에게 알려줄 수 있다고 말하곤 했다. 물론 사무실에서 라틴어를 가르치거나 바이마르(Weimar) 공화국과 로마 공화국(Roman Republic)도 분간하지 못하는 청중을 대상으로 나폴레옹에 대해 강의하면서 운신의 폭이 점점 좁아지는 현실 속에서 불만에 찬 인문주의자의 이러한 견해는 소중하게 받아들일 만하다.

오늘날 사회과학자들은 컴퓨터 기술의 발달로 마침내 전례 없이 많은 양의 데이터를 축적할 수 있게 되었고, 이를 바탕으로 도출된 결과들은 문제에 접근하는 우리의 방법을 변화시키기에 충분했다. 사회과학이 발전할수록 "거기에는 그보다 더 많은 의미가 담겨 있다"는 인문주의적 저항은 점점 더 애처롭게 들린다. 고전을 즐겨 읽던 학생들이 지금은 경영학을 공부하고, 고전을 통해 어떻게 카이사르(Caesar)[1]가 부하들에게 말을 걸었는지 또는 나폴레옹이 부하들이 마음에 들 때 그들의 귓불을 어떻게 잡아당겼는지를 배웠는데, 이제는 멋지게 결론을 도출해내는 데 필요한 그래프와 수학 공식을 익히는 데 깊이 빠져 있다. 그것은 "특정 부위에 침을 놓으면, 추정한 대로 그 부위가 반응을 보일 것"이라는 일종의 마음의 침술요법과 같다.

하지만 여전히 예술의 여지가 남아 있다. 과학의 본질은 계산과 예측 가능성에 있다. 어떤 집단이 특정한 자극에 어떻게 반응할 것인지에 대한 예측 가능성은 점점 커지고 있다. 만약 텔레비전에서 대통령이 솔직해 보인다면, 대중의 신뢰는 강해질 것이다. 만약 그가 피곤해 보이거나 화장이 어두워 보인다면, 주식시장은 상당 부분 하락할 것이다. 우리가 확실히 알고 있듯이, 선거는 반응을 예상하기 어려운 부동층 유권자들의 마음에 달려 있다.

늘 그렇듯이, 역사는 왜곡이나 반전과 함께 반복된다. 계몽주의가 절정에 달한 18세기에 사회비평가들은 만약 자신들이 남아 있는 몇 가지 비합리성을 제거할 수만 있다면, 완벽한 사회를 만들 수 있다고 생각했다. 순수 이성의 요구가 아니라 감정이나 신앙의 토대로 세워진 군주제(그리고 특히 교회) 같은 오래된 변칙적인 제도들은 없어져야 했다. 볼테르(Voltaire)가 라이프니츠(Leibnitz)에 대해 비판하는 글을 썼듯이,[2] 일단 그렇게 되었다면 가능한 한 모든 세계 가운데 최고가 되었어야 했을 것이다. 불행하게도 사람들이 오래된 제도들을 철폐했을 때, 그들은 공포정

---

1 율리우스 카이사르(Julius Caesar)는 '시저'라고 불리며, 고대 로마의 정치가, 장군, 작가

2 계몽주의 시대의 프랑스 철학자 볼테르는 라이프니츠를 조롱하는 철학적 소설 《캉디드(*Candide*)》를 씀

치(the Terror)와 나폴레옹 전쟁[3]을 맞았으며, 이성이 전통, 감정 또는 역사나 진배없는 가이드였음이 드러났다. 사람들은 철학자들이 전성기에 생각했던 것만큼 지금은 컴퓨터 분석가들에 의해 생각할 수 있다는 경향을 의심한다. 물론 모든 것을 정량화할 수 있는 요인들로 줄일 수만 있다면, 완벽한 결론을 얻게 될 것이다.

다행히도 우리는 그렇게 할 수 없다. 삶의 문제로 여겨지는 수많은 일이 이전에 생각했던 것보다 더 정량 분석과 과학적 예측 가능성을 따라야 할 것으로 보이지만, 거기에는 여전히 예술의 영역이 남아 있다. 우리는 여전히 리더에게 반응하고 있다. 즉, 우리는 진정한 리더의 등장을 요구하는 간절한 목소리를 더 많이 듣고 있다. 기업 경영과 진실한 리더십 간의 차이를 메울 수 있는 리더는 여전히 과학보다 측정할 수 없는 예술에 의존하고 있다. 리더의 재능이나 기술의 요소들과 그 개발방식은 양적이기보다는 질적인 내용이며, 인문학자가 리더를 기술하면서 겪는 문제는 간결한 정의가 어려운 자질을 기술하기에 언어가 불충분하다는 것이다. 인문학자는 리더에게 용기, 단호함, 독립심 등이 필요하다고 말할 수 있다. 그러나 그는 이러한 용어들을 정의할 때 다른 사람들의 정의를 참고할 수밖에 없으며, 결국 "리더는 리더십을 발휘하기 때문에 리더다"와 같은 동의어 반복을 하게 된다. 사회과학자들이 이와 같이 그다지 충분하지 않은 것을 추구하고, 분명하게 정의할 수 있는 일(예: 측정할 수 있는 것)을 선호한다고 해서 그들을 결코 비난할 수 없다.

이러한 딜레마를 해결하는 한 가지 방법은 역사가 본을 보임으로써 가르치는 것이다. 역사가 간접적인 경험에 불과하다면, 그 또한 별다른 의미를 갖지 않는다. 크든 작든 역사적으로 시간의 흐름에 따라 지위가 보장된 리더들을 살펴보고, 부하들이 가장 소중하게 여기는 리더십 자질을 전형적으로 보여주는 요소들을 그들의 경력이나 경력 내에 있는

---

3 프랑스의 공포정치(시대)를 말하며, 나폴레옹 전쟁은 1805~1815년에 발발함

에피소드로부터 도출해내려는 노력이 유용하다. 몬트로즈(Montrose) 후작, 수보로프(Suvorov), 로버트 리(Robert E. Lee) 그리고 필리프 페탱(Philippe Pétan)의 경력을 살펴보는 것은 그리 무작위적인 표본 추출은 아니다. 이 네 사람 모두 리더십의 정점에 이르렀으나, 경력상 외면적인 세부사항들에 거의 공통점이 없다는 점에서 유용한 본보기들이다. 그들의 출신과 살았던 시대는 각기 다르다. 둘은 대부분을 패자로 보냈고, 다른 둘은 대부분을 승자로 보냈다. 둘은 내전에서 싸웠고, 둘은 국외 전쟁에서 싸웠다. 둘은 대체로 비재래식 전쟁에서 싸웠고, 둘은 재래식 전쟁에서 싸웠다. 둘은 산업혁명 이전 시대에 있었고, 둘은 산업혁명 이후 시대에 있었다. 모든 것이 유럽의 전통에 확실히 존재하지만, 그것은 결국 우리의 것이며, 일본의 쇼군(將軍)의 여파로 다른 전통에 있는 리더십의 요소 중 일부가 여기에서 완전히 무시될 정도로 우리의 요소들과 상당히 다를 수 있다고 제시하는 것이 타당하다.

몬트로즈 후작

스튜어트 왕조(Stuart Dynasty)가 충성을 이끌어낼 정도로 가치가 있었다면 스튜어트 왕가의 사람이 여전히 영국의 왕위에 있었을 것이며, 엘리자베스 2세(Elizabeth Ⅱ)는 그저 바텐버그(Battenburg) 부인이 되었을 것이다. '몬트로즈 후작(Marquis of Montrose)'으로 불리는 제임스 그레이엄(James Graham)은 1612년에 태어났으며, 스코틀랜드(Scotland)와 해외에서 교육을 받았다. 그레이엄은 스코틀랜드 귀족의 지도자로서, 1630년대에 스코틀랜드에서 영국 성공회(Anglican)의 기도서 도입에 반대하는 반란에 가담했다. 스코틀랜드의 장로회파(Prebyterians)가 구원과 정치에 대한 그들 자신의 해석을 더욱 강하게 주장함에 따라 몬트로즈는 자연스럽게 왕당파(Royalist) 사건에 휘말리게 되었으며, 1644년에 찰스 1세(Charles

Ⅰ)를 위해 참전했다. 그 후 2년 동안 그는 전술가이며 리더로서 자신의 총명함에 의존하여 스코틀랜드 군대를 섬멸했다. 찰스 왕을 위해 스코틀랜드를 지키지 못한 몬트로즈의 결정적인 무능은 그 자신의 고유한 개인적인 실패라기보다는 찰스 왕이 그를 전적으로 지원하지 못했고, '캠벨(Campbell)'이라는 반(反)스튜어트 왕조를 기치로 한 서부연맹(the western clans)의 막강한 공세를 이겨낼 만한 자원이 부족했기 때문이다.

몬트로즈의 작은 군대는 1646년에 마침내 완패했다. 그는 대륙으로 탈출하여 찰스 1세가 처형당할 때까지 그곳에 머물렀다. 그 후작은 마지막 기사도 정신으로 가냘픈 희망을 안고 스코틀랜드로 돌아갔다. 그의 부하들의 대부분은 격퇴되었고, 스스로 정체를 밝힌 몬트로즈는 스코틀랜드의 서약자들(Covenanter)[4]에게 넘겨졌으며, 1650년 에든버러(Edinburgh)에서 사슬에 묶여 교수형에 처해졌다.

짧지만 영광스러운 활동이었고, 몬트로즈가 최후를 맞은 이후 줄곧 그의 이야기는 용기와 대담성이 있다면 우세한 적과 맞서서도 이길 수 있다는 사실을 전형적으로 보여준다. 물론 당시의 모든 신사, 그리고 특히 모든 위대한 군주들이 전쟁에 대해 어느 정도는 알고 있을 것으로 기대되었지만, 몬트로즈가 공식적인 군사훈련을 받은 적이 없다는 사실은 더욱 놀라운 일이다. 그는 부대라고 할 만한 것을 지휘해본 적이 거의 없었다. 그가 이끈 군대의 대부분은 대개 가족을 동반하거나, 주군을 따르는 아일랜드 출신의 농부들이거나, 전쟁을 좋아하며 전리품에 대한 희망을 가지고 참전한 하일랜드(the Highland)[5]의 스코틀랜드인이었다.

그렇지만 몬트로즈는 그러한 부하들을 최대한 활용하는 방법을 알고 있었다. 부하들에게 실제로 많은 것을 요구했지만, 결코 그들이 수행할 수 있는 것 이상을 요구하지 않았다. 그는 다른 사람들이 불가능하다

---

4 장로주의를 지지하겠다고 서약한 사람을 말함

5 스코틀랜드의 산악 지대를 말함

고 말할 때, 한겨울에 부하들을 그레이트 글렌(Great Glan)[6]으로 이끌고 가서 캠벨을 거듭 공격했으며, 왕당파의 대의명분이 약해지고 있는 상황에도 불구하고 자신이 이끌던 작은 군대의 단결을 유지했다. 첫 번째 전투인 티페무어(Tippermuir)에서의 성과보다 그의 리더십 정신을 잘 보여주는 것은 없다. 그는 그곳에서 기병과 머스킷 총병도 없이 고작 3,000명의 부하들과 함께 5,000명의 기병과 보병으로 무장한 군대와 조우했다. 서약파들은 기도와 간곡한 권고를 위해 몇 시간을 보냈으나, 부하들에 대한 몬트로즈의 연설은 짧고 간단명료했으며, 바른 기조를 정확하게 유지했다.

> 제군들! 여러분에게 무기가 없는 것은 사실이다. 하지만 적들은 어느 모로 보나 많은 무기를 가지고 있다. 그리하여 내가 충고하건대, 이 황야지대에는 엄청나게 많은 돌이 있으니 모든 병사는 먼저 자신이 가장 잘 다룰 수 있는 튼튼한 돌을 골라 첫 번째로 마주치는 서약자들에게 돌진하여 그의 머리통을 부숴버리고 그의 검을 취하라. 그러고 나서 내가 믿건대, 제군들은 망설임 없이 전진할 것이다!(Williams, 1975: 155)

아일랜드인과 하일랜드인으로 구성된 그의 부대는 그의 지시를 정확하게 실행했고, 생존한 서약파들이 퍼스(Perth)로 퇴각했을 때, 그들은 3,000명이 넘는 부하들을 잃었다. 반면에, 몬트로즈의 부하들은 한 명만이 목숨을 잃었고, 두 번째 부하는 나중에 부상으로 죽었다.

그 같은 불균형한 수치는 몬트로즈 장군의 일방적인 승리가 단지 요행에 지나지 않으며, 사기충천한 부대라면 누구나 서약파들을 물리쳤을 것이라는 결론에 이르기 쉽다. 하지만 몬트로즈는 1645년 8월 킬시스

6 스코틀랜드 북부를 남서에서 북동으로 가로지르는 골짜기이며, 사이에 네스(Ness) 호가 있음

(Kilsyth)에서 그러한 압승을 다시 실현했다. 이번에는 3 : 2 비율로 수적으로 훨씬 더 열세였지만, 방심한 서약파들이 그의 정면을 가로질러 행진하고 있을 때, 그들을 공격했다. 그의 적은 6,000명 이상을 잃었으나 그는 고작 세 명의 부하를 잃었다. 그의 부대는 도주하는 적들이 마침내 지쳐서 멈출 때까지 18마일이나 추격하여 완파했다.

그렇지만 몬트로즈 자신은 결코 잔인한 사람이 아니었다. 그는 17세기 전쟁의 참혹함을 피하기 위해 최선을 다했으며, 그렇게 하기 위해 관리가 가능한 곳에서는 자비를 베풀었다. 그는 고결한 신사의 품위를 유지했고, 죽여야 하는 상황이 아니면 적들에게 공손했으며, 그리고 나중에 낭만파들(Romantics)이 왕당파의 덕목으로 여긴 모든 것에 대해 모범 자체였다. 그는 이류 시인이기도 했으며, 처형되기 전날 밤에는 몇 줄의 시를 쓰며 시간을 보냈다. 아마도 그의 탓으로 돌렸던 "나는 당신을 더 이상 사랑하지 않을 것입니다(I'll Never Love Thee More)"의 시행들이 가장 잘 알려져 있을 것이다. 이 시행들은 리더로서의 그의 경력과 인격을 압축해서 잘 묘사하고 있다.

> 그는 자신의 운명을 지나치게 두려워하거나,
> 자신의 장점이 너무 적어서
> 그것을 실천할 용기가 없다네,
> 모든 것을 얻거나 잃을 수 있기에.
> (Williams, 1975: 395-396)

몬트로즈는 당시의 평범한 가정교육과 귀족교육을 받았다. 전쟁에 대한 그의 지식은 학습된 것이라기보다는 본능적이고 직관적이었으며, 실제로 영국의 군복무에 적용된 규범은 19세기까지 잘 유지되었다. 과학적인 전투부대, 공병, 포병을 제외한 영국 장교들의 기능은 필요하다면 기꺼이 목숨을 내놓을 정도로 결연한 자세로 부하들을 지휘하는 것이었다. 불도그 같은 정신이 기술적인 전문지식보다 더 중요했다.

이는 18세기 대부분의 군대에 해당하는 사항이었으며, 전쟁을 연구했던 대부분의 군인들은 그러한 연구가 승진의 필요조건이어서가 아니라 전쟁에 관심을 가졌기 때문에 그렇게 했다. 어떤 경우에는 지식이 실질적인 장애가 될 수 있었다. 이는 실제로 알렉산드르 수보로프(Alexander Suvorov)[7]의 경력에서 엿볼 수 있다.

알렉산드르 수보로프

1729년 러시아 왕정의 공무원으로 이직한 한 전직 장교의 병약한 아들로 태어난 수보로프는 군인이 되기를 갈망했다. 그는 열심히 독서를 했고, 허약한 신체를 단련하기 위해 갖은 노력을 했다. 그의 아버지는 그의 뜻에 극구 반대했지만, 수보로프가 열세 살이 되자 세메노보스키(Semenovosky) 연대에 그를 사관후보생으로 등록했다. 그것은 군 경력을 시작하는 러시아 귀족으로는 늦은 편이었으며(장교들은 대개 태어날 때 연대의 명단에 이름을 올려놓았다), 수보로프의 부상은 별나게 느렸다. 그는 참모 및 통상적인 업무, 그리고 수비대 근무 같은 평범한 일과로 여러 해를 보냈다. 심지어 그는 1759년 오스트리아-러시아 동맹(Austro-Russians)이 프레더릭 대제(Frederick the Great)[8] 부대의 절반을 학살했던 쿠네르스도르프(Kunersdorf)에 있었지만, 7년전쟁의 초창기 내내 전투에 참여하지 않았다.

1761년이 되어서야 수보로프는 뭔가 독자적인 행동을 보였고, 그때 이후로는 거침이 없었다. 군에서 무력하게 보낸 몇 년 동안 자신을 제치

7 수보로프(1729~1800)는 러시아의 육군 원수였음

8 프레더릭 대제(1712~1786)는 프러시아(Prussia)의 왕이었던 프레더릭 2세(Frederick Ⅱ)의 별칭임

고 끊임없이 승진하는 약삭빠른 아첨꾼형의 군인들을 보면서 그들을 경멸했으나, 먹고살기 위해 징집되고, 채찍과 태형으로 처벌받으며, 상관들에 의해 지속적으로 학대받는 러시아 병사들에 대해 훨씬 더 큰 애정을 가졌다. 수보로프는 그들을 이해했고, 그들에게 공감했다. 그는 코사크(Cossack) 비정규군의 리더로서 명성을 떨치기 시작했고, 그의 지휘관은 수보로프가 "정찰에서 민첩하고, 전투에서 용감하며, 위험에 직면해서는 냉철하다"며 주목했다(Longworth, 1965: 26).

전쟁이 끝나자 수보로프는 수즈달(Suzdal) 연대의 지휘관으로서 훈련 및 전술 교범을 개정했으며, 다른 러시아 군대의 대형보다 정신 및 성과에서 뛰어난 존 무어(John Moore) 경의 경보병과 유사한 부대를 만들기 위해 시간을 보냈다. 수보로프는 사면에 대한 폴란드인의 입장을 뒤집으려고 애쓰는 군대들에 맞서 폴란드에서 현역 근무를 했으며, 크라카우(Cracow)[9] 요새를 포위하고 함락시켜 특별히 커져가는 자신의 명성을 드높였다.

러시아 남쪽으로 확장하려는 예카테리나 대제(Catherine the Great)[10]가 벌인 전쟁에서 튀르크족(Turks)에 맞서서 거의 끊임없이 군사작전을 벌였을 때, 이후 20년에 걸쳐 그에게 실질적인 영광이 찾아왔다. 좋지 못한 건강을 고려하면 그의 성공은 더욱 놀랄 만한 일이며, 대승을 거둔 림니크(Rymnik) 전투 전에는 칼을 드는 것이 힘들 정도로 허약했지만, 승리를 이끈 철야 행군에서 부하들을 직접 지휘하는 데는 약하지 않았다.

그의 명석함은 타고난 군사적 천재성과 결합된 집중적인 연구에서뿐만 아니라 그의 뛰어난 리더십 자질에서 돋보인다. 그는 이전 또는 이후의 어떤 러시아인보다 부하들의 마음에 호소하는 재주를 가졌다. 전투에서 그는 부하들과 함께 먹고 잤으며, 한 무더기의 볏짚으로 만든 침

---

9 '크라쿠프(Krakow)'라고도 불리며, 폴란드에서 가장 오래된 도시 중 하나임

10 예카테리나 대제(1729~1796)는 러시아 제국의 황후이자 여제였던 예카테리나 2세(Catherine Ⅱ)의 별칭임

대에 더욱 만족했다. 그 시절에는 많은 러시아 장교가 프랑스어로 말하면서 자랐기에 부하들과 대화조차 할 수 없었으며, 소통할 수 있던 대부분의 장교들도 일부러 그렇게 하려고 하지 않았다. 이와 대조적으로 수보로프는 어디까지나 평범한 러시아인이었다. 장교들이 모여 있으면 그는 마치 백합 속의 억센 잡초처럼 튀어 보였다. 유감스럽게도, 그가 대부분의 동료 장군들을 경멸한 것처럼 그들로부터 미움을 샀기 때문에 부하들 사이에서의 인기는 진급과 지지 모두에서 큰 대가를 치르게 했다.

예카테리나 대제는 수보로프의 태도보다 공적을 더 높이 평가했기 때문에 그녀가 살아있는 동안 그는 보호를 받았다. 그러나 1796년 그녀가 사망하자 그는 바로 경질되었고, 1799년 러시아가 프랑스에 대항한 제2차 대프랑스 동맹(the Second Coalition)[11]에 합류하고 나서야 비로소 복직되었다. 그를 위대한 군인으로 만든 모든 자질을 다시 보여준 북부 이탈리아에서의 빛나는 전투 이후 그는 스위스에서 연합군의 참패로 붙잡혔으며, 굶주린 부대를 이끌고 알프스 산맥을 넘어 다뉴브(Danube) 강으로 돌아가야 했다. 파벨 1세(Tsar Paul)는 그를 두 번째로 경질했고, 그를 만나는 것을 거부했으며, 수보로프는 1800년에 불명예스럽게 죽음을 맞았다.

하지만 아직도 그의 정신은 러시아 군대에 살아있다. 《브리태니커 백과사전》의 1911년(26: 173) 판에는 수보로프 지휘하의 러시아 군대를 "자기희생의 정신, 단호함, 실패에 대한 무관심"이라는 말로 비유했으며, 오늘날을 살아가는 우리도 귀담아들어야 할 말로서 "전쟁이 하나의 외교적인 행동이 되었던 시대에 수보로프는 군사행동으로서 전쟁의 진정한 중요성을 회복시켰다"고 덧붙이고 있다. 1941년과 1942년에 전쟁이 무력 행위로서 보편적으로 인식되고 있을 때, 러시아의 애국 포스터

---

11 제2차 대프랑스 동맹(1796년 12월 24일~1801년)은 프랑스의 세력 확장에 위협을 느낀 유럽 각국이 프랑스에 대항하기 위해 결성한 동맹임

에는 마치 유령 같은 모습의 수보로프가 여전히 성모 러시아의 아들들을 전장으로 이끄는 모습이 그려져 있었다.

로버트 리

필시 어떤 미국 군인도 로버트 리(Robert E. Lee)보다 더 리더십 기교를 완벽하게 보여준 사람은 없을 것이다. 워싱턴(Washington)은 종종 냉담했으며, 잭슨(Jackson)은 총명했음에도 불구하고 변덕스러웠다. 맥아더(MacArthur)와 패튼(Patton) 둘 다 어쩌면 부하들의 완전한 충성심을 얻기 위해 약간은 너무 공공연하게 선동적이었으나, 리는 부하들로부터 진정으로 사랑을 받았다. 이런 관점에서 북부연방군(Federal Side)에 속한 조지 토머스(George H. Thomas)만이 리와 비슷했다. 매클렐런(McClellan) 장군은 부하들에 대한 지나친 걱정으로 전투에서 부하들의 목숨을 거는 것을 거부한다는 사실이 알려지면서 한동안 받았던 사랑을 모두 잃게 되었다. 군인들은 다른 직업을 가진 사람들보다 위험을 더 빨리 지각할 수 있는데, 그는 이러한 특성으로 인해 군인으로서 분명히 아이러니한 결점을 지니고 있었다.

용맹스러운 백전노장 수보로프가 민간인을 상대로 약탈과 대량학살을 저지른 것과 대조적으로 리는 완벽한 신사였다. 남북전쟁에서 리보다 더 기사도정신을 발휘하며 싸운 군인은 찾아보기 어렵다. 리는 자신이 상대한 부대로부터 지휘관을 제의받을 정도로 특이한 입장에 있었으며, 의도적으로 북부연방군을 결코 '적'이 아닌 '그 사람들'이라고 말했다. 멕시코 전쟁(Mexican War)에서의 뛰어난 업적과 연방군(the Union Forces)의 지휘관이 되어달라는 제의를 받았음에도 불구하고 리는 1862년 6월 북버지니아군(Army of Northern Virginia)의 지휘관에 임명되기 전까지 남부연합군에서 두드러진 성과를 내지 못했다. 그러나 지휘관에의 새로운 임명은 리더로서의 그의 자질을 입증해주는 계기가 되었다. 뒤이은 전투들이 보여주듯 양측은 여전히 배울 것이 많았으나, 리의 부대는 상대방보다 배울 것이 적었으며, 그것을 더 빨리 배웠다. 그 결과 세상이 찬사를 보낼 정도로 완벽에 가까운 전투부대가 탄생했다. 보편적으로 리의 걸작이라고 여겨지는 챈슬러즈빌(Chancellorsville) 전투[12]를 생각해 보라. 전투 초기엔 병력이 절반밖에 되지 않아 열세에 몰려 실제로 포위까지 당했던 리는 적을 거의 포위하다시피 하며 총퇴각하는 데 성공했다. 그것은 군 역사상 가장 위대한 부대들 가운데 하나라고 자부하는 부대를 상대로 한 값진 승리였다.

지휘관으로서 리의 명석함은 부하들에 대한 리더십과 부하들이 그에게 품은 사랑으로 완성되었다. 이러한 관계는 패전 속에서 오히려 더 빛을 발했다. 게티즈버그(Gettysburg)[13]에서 피켓(Pickett) 장군이 경험한 불후의 패배 이후, 견고한 북부연방군에 대항하기 위해서는 리 장군을 남부연합군에 보내야 한다는 데 이견이 없었다. 웨스트포인트에 있는 유명한 디오라마(diorama)는 당시 임무를 버리고 탈영하는 반란군들과 리에게 보고하는 장교들의 모습을 보여주고 있으며, 피붙이라도 하기 어려운 임무에 부하들을 보내야 하는 리 장군의 고민과 실패를 무릅쓰고 그의 요구를 수행할 수밖에 없었던 부하들의 고민 모두를 잘 반영하고 있다.

리의 활약상에 대한 모든 일화 가운데 아마도 가장 유명한 것은 스폿실베이니아 법원[14]에 있는 '피의 모퉁이(Bloody Angle)'에서의 전투다. 그

---

12 챈슬러즈빌 전투(1863. 4. 30~5. 4)는 버지니아 주 스폿실베이니아(Spotsylvania)에서 리의 북버지니아군과 조지프 후커(Joseph Hooker)의 포토맥군(the Army of the Potomac) 사이에 벌어진 전투로 리가 병력 수 2 : 1의 열세를 무릅쓰고 스톤월 잭슨(Stonewall Jackson)의 과감한 기습 공격에 힘입어 승리를 거둠

13 미 남북전쟁 시의 격전지임(1863. 7. 1~3)

14 스폿실베이니아 법원 전투(Battle of Spotsylvania Court House, 1864. 5. 8~21)는 리의 북버지니아군과 그랜트 및 미드(Meade)의 포토맥군 및 9군단 사이에 벌어진 미국 남북전쟁의 두 번째 주요 전투로, 결론이 나지 않았음

것은 게티즈버그 전투를 치른 지 1년 후의 일이었으며, 남부연합군 주변에 암운이 드리우기 시작했다. 그랜트 장군은 북부연방군을 지휘하기 위해 서부에서 진격하고 있었으며, 링컨(Lincoln)이 말했듯이 그는 산술에 능했다. 그랜트는 스폿실베이니아 전투 직전에 "우리의 손실이 크지만 적들도 마찬가지입니다. 나는 여름이 다 지나가더라도 이 전선에서 끝까지 싸울 것을 제안합니다"라며 워싱턴에 답신을 보냈다. 그는 아무 목적 없이 부대를 관리하고 애지중지하는 매클렐런과는 사뭇 달랐다. 그는 만약 당신이 회색 및 갈색 제복을 입은 남군을 충분히 죽였다면, 결국 남부연합(Confederacy)이 전멸했을 것임을 잘 알고 있었으며, 그것이 바로 그의 의도였다. 그 끔찍하고 지루한 전투가 여름 내내 계속되는 동안 리 역시 닥쳐올 운명적인 대결을 인식하게 되었다. 그랜트가 리치몬드를 향해 남쪽으로 밀고 내려왔을 때 리는 황야에 멈춰 섰으며, 스폿실베이니아 법원 바로 근처에 예각을 형성한 전선과 함께 참호를 구축했다.

5월 12일 아침에 핸콕(Hancock)이 이끈 2군단[15]의 군인들은 그 예각의 끝을 푸른 해일과 같이 휩쓸었고, 남부연합의 운명은 위기일발이었다. 그날 아침 리는 말에 올라 병사들 가운데에서 칼을 번쩍 들고는 개인적으로 반격을 이끌어내고자 안간힘을 썼다. "리 장군님, 뒤로!"라고 외치던 그의 부하들은 울기도 하고, 소리를 지르고, 욕을 하며 죽을 각오로 전진했다. 그날 하루 동안 남부연합군과 북부연방군은 녹슨 작은 철조망 위에서 역사상 가장 격렬한 전투를 벌였다. 리는 병력의 5분의 1을, 그랜트는 10분의 1 이상을 잃었다.

얼마간 시간이 흐른 뒤 참담한 결말을 곱씹으며 긴장을 풀고 쉬던 리가 조국의 현실에 대해 탄식하자, 참모 가운데 한 사람이 그의 앞을 가

---

15 1864년 5월 12일, 윈필드 핸콕(Winfield S. Hancock)은 북부연방군의 2군단장으로 남부연합군을 공격함

로막으면서 이렇게 말했다. "장군, 지난 2년간 이들에게는 조국이 없었습니다. 당신이 그들의 조국이었고, 그들은 당신을 위해 싸웠습니다."

21세기에 이르러 최고 수준의 권한을 가진 리더십의 과업들은 기이할 정도로 복잡해졌다. 한편으로, 인구의 단순한 증가는 리더가 자신의 모든 잠재적인 부하들을 감동시키는 것을 점점 어렵게 만들고 있다. 다른 한편으로, 현대의 커뮤니케이션 방식의 발달은 리더가 수많은 부하에게 최소한 자신의 이미지를 전달하는 것을 쉽게 만들었다. 우리 모두가 공감하건대, 그것은 아이러니한 축복이 되었다. 우리는 대중이 왕족이나 귀족이 박람회를 방문하거나 전함을 출정시켰다는 보고서를 숨죽이고 읽던 세기 초 신문 이미지 시대로부터 프랭클린 루스벨트(Franklin Roosevelt)와 아돌프 히틀러(Adolf Hitler)와 같은 다양한 사람들이 그들의 유권자들에게 정보 또는 오보를 전하기 위해 대기 매체를 사용하는 라디오 시대로 빠르게 이동했다. 그리고 우리는 여전히 동시대의 현장을 지배하는, 모든 것을 보고 모든 것을 말하는 관점으로서의 텔레비전 시대에 더욱 빠른 속도로 진입했다. 만약 대중적 인간의 시대에 리더가 예전보다 더 많은 사람과 접촉해야 한다면, 그는 그렇게 할 수 있는 전례 없는 수단을 가지고 있는 셈이다.

제1차 세계대전 초기에 그 같은 문제점들이 있었으나, 충분히 인식되지 못했다. 1914년이 되어서야 비로소 사람들은 현대의 일반 대중이 현대 기술을 적용하여 어떤 도전도 대처하고 극복할 수 있다는 것을 확신했다. 돌이켜보면 그 당시에는 기술이 무엇이든 가능하게 할 것이라는 순진한 낙관주의가 있었다. 인간은 비행기를 발명한 상태였고, 그 몇 년 전에는 기관총을 만들었다. 작가들은 기관총의 발명을 축하하며 오지에 있는 미개인을 문명화시키고 기독교를 더 빨리 전파하는 데 도움이 될 거라고 기록했다. 그때는 새뮤얼 스마일스(Samuel Smiles)와 '자조(self-help)'가 유행하던 시대였으며, 더 잘할 수 있을 것이라고 믿는다면, 놀랍게도 더 잘할 수 있는 시대였다.

자기만족의 자신감은 1917년이 되자 물거품이 되었다. 그 같은 신념은 "루스(Loos)의 시체더미"에서 증발했으며, 비미 능선(Vimy Ridge)에서 산산조각이 났고, 솜 강(the Somme)과 베르됭(Verdun)의 진흙탕 속에 파묻혀버렸다.[16] 그해 4월 로버트 니벨(Robert Nivell) 장군이 엔 강(the Aisne)[17]의 두 번째 전투에서 프랑스군을 패배로 이끌었을 때, 프랑스군은 결국 무너졌고 반란을 일으켰다. 프랑스로서는 최대의 위기 상황을 맞이했으며, 프랑스 정부는 이상적인 리더십의 전형이라고 할 수 있는 필리프 페탱(Philippe Pétan) 장군에게 수습 임무를 맡겨 상황을 호전시키고자 했다.

필리프 페탱

이미 과거 몇 해 동안 페탱(Pétain)[18]은 여러 차례 이름을 날렸지만, 좋은 쪽으로 유명했던 것은 아니었다. 수보로프가 군복무 초기에 그랬던 것처럼 초급 장교로서 페탱은 샤쇠르 알핀스(the The Chasseurs Alpins)[19] 부대에 근무하면서 부하들과 철저하게 의기투합했다. 그의 유명한 전임자와 마찬가지로 그는 부하들에게 인기가 매우 좋았으나, 상급자들로부터는 인정받지 못했다. 그에 대한 근무평정표에는 "이 장교가 소령 이상으로 진급한다면, 그것은 프랑스에 재난이 될 것이다"라는 말이 항상 인용

---

16 루스 전투(Battle of Loos, 1915. 9. 25~10. 8)는 제1차 세계대전 동안 프랑스에서 발발했으며, 비미 능선은 북부 프랑스 아라스(Arras)의 북쪽, 비미(Vimy) 읍 부근의 산등성이로, 제1차 세계대전의 격전지임. 솜 강은 프랑스 북부를 북서로 흘러 영국 해협으로 들어가며, 제1차 및 제2차 세계대전의 격전지였고, 베르됭은 프랑스 북동부의 뫼즈(Meuse) 강에 면한 요새 도시임

17 프랑스 북동부 아르곤(Argonne) 구릉지대로부터 콩피에뉴(Compiègne) 부근에서 우아즈(Oise) 강으로 들어감

18 필리프 페탱(Phillippe Pétan, 1856. 4. 24~1951. 7. 23)은 프랑스 육군 총사령관, 비시(Vichy) 프랑스의 수반

19 프랑스군의 정예 산악보병으로서 알프스 산맥을 넘어오는 이탈리아의 침략을 막기 위해 1888년 창설됨

되었다. 그러나 페탱의 주된 문제는 그의 성격이 아니라 현대 전술을 공부한 데서 비롯되었으며, 이는 그를 프랑스군의 교리가 용인하는 범위를 벗어나 행동하도록 만들었다. 프랑스는 19세기 말 강대국의 지위와 관련한 모든 통계에서 독일보다 뒤떨어져 있었지만, 프랑스 사람들은 그런 통계는 아무 의미도 없으며, 프랑스군의 사기는 압도적이라고 확신하고 있었다. 그들은 전투력이란 일종의 종교적인 신념처럼 정신력에 달려 있다고 생각했고, 페르디낭 포슈(Ferdinand Foch)[20]는 그 같은 신념을 전파하는 주창자가 되었다. 이런 형국에서 페탱은 이단아나 다를 바 없었다. 그는 우수한 방어력을 신뢰했으며, 어떤 희생을 무릅쓰고라도 공세를 취하는 것이 유리하다는 주장에 대해 "사람을 죽이는 건 총이다"라는 간결한 말로 대답했다. 1914년 그는 전역 직전의 불만에 찬 대령 신분이었다.

전쟁이 발발하자 모든 상황이 바뀌었으며, 12년 동안 지휘관이었던 페탱은 3개월 만에 대령에서 준장으로 승진했다. 그는 마른 강(the Marne) 전투에서 우수한 공적을 세웠으며, 1915년 중반에 제2군 사령관이 되었다. 1년 뒤 독일의 베르됭 대공세(the great Verdun offensive)가 시작되자, 이를 막기 위해 페탱이 파견되면서 그의 이름이 널리 알려지게 되었다.

페탱은 인력과 자원에 막대한 비용을 쏟아부었다. 그는 교대 제도를 도입했으며, 프랑스 군대의 60% 정도가 전투의 한 국면 또는 다른 국면에서 베르됭 전투를 치른 것으로 추정된다. 그는 보급체계를 조직화했으며, "성스러운 길(voie sacrée)"[21]을 따라 격전지에 인력과 물자를 끊임없이 공급했다. 마침내 전투가 끝났을 때, 프랑스는 100만 병사의 4분의 1 정도를 잃었으나 베르됭을 지켜냈으며, 페탱의 명성은 (다른 전쟁에서 어

20 페르디낭 포슈(1851~1929)는 프랑스의 군인이며 군사이론가로서 제1차 세계대전 당시 연합군 대원수였음

21 베르됭으로 이어지는 50마일 외길의 보급로이며, 페탱은 1개 사단을 투입하여 이 도로를 보수했음

찌 되었든) 제3공화국(the Third Republic)의 영광스러운 승리와 자연스럽게 결부되었다.

니벨(Nivelle)의 자만심 강한 엔(Aisne) 공세[22] 이후 군대가 마침내 항명하는 사태에 이르렀을 때 페탱이 총사령관으로 임명되었고, 질서와 사기를 회복하기 시작했다. 그는 가장 단순한 방법으로 임무를 수행했다. 즉, 그는 권한을 가진 사람들이 병사들에게 관심이 있다는 것을 보여줬다. 별것 아닌 것처럼 보일 수 있지만, 대부분의 프랑스 군인들이 당시 전쟁에서 받은 호의를 훨씬 능가했다.

영국 작가들은 페탱 이후 프랑스 군대가 상대적으로 기동력이 떨어졌고, 전쟁에서 거의 공세적이지 않았다는 점을 비난한다. 그것은 분명히 맞는 말이지만, 사실은 페탱이 임무를 맡기 전에 발생한 군의 엄청난 소모에서 비롯되었다. 제너럴십(generalship)이라는 관점에서 그는 거의 한 일이 없으나 현실을 인지했다. 그것은 정말로 항상 그의 특별한 능력이었고, 동시에 전쟁 전 그가 인기가 없었던 이유이기도 했다. 하지만 20세기에 들어와 군의 사기를 회복시키고 리더로서 부대원들의 입장에서 생각하고 충성과 존경을 얻었던 페탱을 필적할 만한 사람은 없었다. 그래서 1940년 페탱이 권력을 잡았을 때, 사람들로부터 그토록 열렬한 환영을 받았던 것이다. 그의 최악의 비극은 너무 오래 살았다는 것이며, 그의 생애에서 슬픈 말년이 1916년, 1917년 그리고 1918년에 그의 리더십이 프랑스 군인들에 미친 엄청난 영향을 무색하게 해서는 안 된다.

공통의 줄거리

이들 네 사람은 모두 당대나 그 이후에도 리더십 예술의 대가로서 인

22 니벨 공세는 2차 엔 전투(the Second Battle of Asine)를 말함

정받았다. 그들의 경력에 대한 피상적인 조사가 어떤 일반적인 특징을 밝혀낼 수 있으며, 그러한 특징으로부터 리더십의 본질을 몇 가지나 도출해낼 수 있을까? 대답은 예와 아니오 둘 다이다. 아니오라고 대답할 때는 사실 그들이 군인이었고, 특히 위대한 군인이었다는 것을 제외하고는 비교적 공통점이 거의 없기 때문이다. 페탱이 복무했던 시대의 전쟁 여건은 몬트로즈 시대의 전쟁 여건과 유사하지 않았으며, 로버트 리의 성격은 수보로프의 성격과는 확연히 달랐다. 하지만 공통적으로 정리할 수 있는 몇 가지 요소가 있다.

이러한 리더들은 각기 자기 부하들을 믿었으며, 그가 요구하는 노력의 정점에 이를 수 있는 그들의 능력을 믿었다. 종종 충성심이 쌍방향적이라고 알려져 있지만, 안타깝게도 이처럼 상호적인 충성심은 잘 이뤄지지 않는다. 잠재적인 리더는 부하들의 충성심에 대해 보답할 의지가 없다면, 그들에게 확고한 충성심을 요구해서는 안 된다. 부하들이 자신의 개인적 영달을 위해 존재하는 도구라고 생각한다면, 리더로서 크게 성공할 수 없다.

나폴레옹은 언젠가 메테르니히(Metternich)에게 "나 같은 사람이 그런 일에 대해 뭘 대수롭게 여기겠는가?"라며 자신이 한 달 동안 100만 대군을 모두 사용할 수 있다고 말했다. 그러나 이는 이미 나폴레옹이 영웅으로 인정받고 난 후 몰락의 길에 들어섰을 때의 발언이었고, 이후의 사건들은 결국 그가 한 달 동안 100만 대군을 사용할 수 없다는 것을 드러냈다. "여러분은 내게 충성해야 합니다. 그렇지 않으면, 나의 다음 평정 보고서[23]를 생각해봐야 하니까요"라고 말하는 리더는 성공하지 못할 것이다.

또한 이런 유형의 사람들은 자신들의 욕망이나 야망을 뛰어넘는 대의명분의 가치를 인정한다. 현재는 그러한 대의명분을 분별하기 어려울

23 평정보고서(Fitness Report, FITREP)는 미 해군 및 해병대에서 사용되는 평가양식임

지 모르나, 그것은 다른 사람들의 문제이기보다 우리의 문제이다. 몬트로즈는 영국을 통치하는 스튜어트 왕가의 권리와 종교의 자유에 대한 자신의 개념 모두를 믿었다. 또한 수보로프는 예카테리나 대제를 대신하여 왕조국가를 위해 직무를 수행했다. 로버트 리는 남부연맹을 신뢰했으며, 사실상 그 안에 있는 최상의 것을 완벽한 예로 보여주었다. 페탱은 마찬가지로 프랑스—작은 마을과 매우 끈질긴 농민들로 이뤄진 실제 프랑스(경솔한 평판에도 불구하고 프랑스는 지구상에서 가장 무뚝뚝한 나라들 가운데 하나다)—의 화신이었으며, 그는 부하들이 자신과 같은 태도를 갖도록 격려했다.

그들의 부하들은 리더를 신뢰하는 것보다 이러한 대의명분을 더 신뢰하지 않았을 가능성이 크다. 몬트로즈의 아일랜드 및 하일랜드 사람들은 자신들의 영주를 따라 전쟁터로 나오긴 했지만, 영국 시민전쟁과 관련된 합헌적인 원칙들을 정확히 인식하지 못했다. 수보로프가 이끈 농부 출신의 군인들은 징병되어 평생을 군에서 보내는 동안 러시아에 충성하고 싶었느냐는 식의 질문을 받지 않았다. 분명히 그때까지 러시아의 역사에 수보로프같이 부하들에게 실제로 관심을 가져준, 즉 인간적으로 대우한 그런 유형의 리더십이 많지 않았기 때문에 수보로프의 그 같은 행동이 그의 부하들을 따르게 했으며, 결국 그를 러시아의 전설적 인물로 만들었다. 대부분의 경우, 러시아에서 발휘된 리더십은 쌀쌀맞거나 경외심(또는 공포)을 불러일으키는 종류의 리더십이었다.

리더십 이슈에 대해 꽤 전문적인 관심을 가진 샤를 드골(Charles de Gaulle, 1960: 64)[24]은 리더십의 이러한 단면에 대해 언급했다. 그는 전쟁 중에 다음과 같이 적었다.

---

24 샤를 앙드레 조제프 마리 드골(Charles André Joseph Marie de Gaulle, 1890~1970)은 프랑스의 제18대 대통령, 군사지도자, 작가임

정치가이거나 예언자 혹은 군인이든 관계없이 다른 사람들을 최상으로 이끌 수 있는 모든 리더는 항상 그들 자신을 높은 이상과 동일시했으며, 이는 매우 주목할 만한 사실이다. 평생 동안 그들은 이기심이 아닌 인간 정신의 위대함을 위해 싸우기 때문에 후세에 그들은 자신들이 달성한 업적의 실효성보다는 들인 노력의 가치에 의해 더욱 기억에 남게 된다.

드골과 버나드 몽고메리(Bernard Montgomery)는 의견이 서로 일치하지는 않으나, 이 문제에 대해 동의할 것이라고 해도 과언이 아니다. 몽고메리(1961: 17)는 리더십의 근본적인 필요조건 가운데 하나는 "이타심(selflessness)으로, 이를 통해 개인의 영달이나 입신출세에 대한 생각 없이 내세운 대의명분에 대한 절대적인 헌신(devotion)에 가치를 부여할 수 있다"고 생각했다.

우리는 위대한 리더로 인정받고 있는 드골이나 몽고메리도 이러한 자격에 합당한 생활을 하지 않았다고 반박하기 쉽다. 물론 둘은 정말로 그러한 자격을 가지고 있다고 반박하며 주장할 것이다. 역사가들이 어떻게 보든 그들은 스스로를 근본적으로 이기심 없는 사람들이라고 여겼다. 드골(1960: 64)은 "실천하는 모든 사람은 강한 수준의 이기주의(egotism), 자부심, 엄격함 그리고 교활함을 가지고 있다. 하지만 그가 위대한 목적달성을 위한 수단으로 그러한 모든 것을 사용할 수 있다면, 사람들은 그것들을 용서할 것이며, 정말로 훌륭한 자질로 여길 것이다"라고 말한다. 그리하여 그는 "이타심이 자기부정을 의미하는 것은 아니다. 야망이 더 큰 공익으로 인식되는 뭔가와 직접적으로 관련될 때, 그리고 단지 자신의 야심을 위한 것이 아니라 그러한 대의명분의 가치를 부하들에게 전달할 수 있는 능력을 가지고 있을 때, 리더가 무자비하게 공격적이며 야심 찰 수 있다"고 주장하려 할 것이다.

전사를 보면, 엄격하지 못하고 부하들을 희생하는 데 대한 지나친 거부감이 궁극적으로 더 큰 고통을 초래하도록 만든 위대한 리더들이 너무도 많다. 매클렐런의 경우를 보면, 그는 부하들에게 세심히 배려했는데, 이러한 성격이 결국은 남북전쟁을 수년 동안이나 연장시켰다. 이언 해밀턴(Ian Hamilton)은 갈리폴리(Gallipoli)[25] 전투에서 부하 지휘관들의 진두지휘에 대한 통제 지시를 망설이는 바람에 첫째 날 승리할 수 있었던 작전을 놓쳤다. 어떤 작가들은 야전지휘관으로서의 헤럴드 알렉산더(Herold Alexander) 경이 가진 결점 가운데 하나는 부드러운 말을 선호하는 것이었으며, 그 같은 성향 때문에 1944년 5월 로마 남쪽에서 독일군을 포로로 잡는 데 실패했는지도 모른다고 주장한다. 나폴레옹은 1800년경 방데(Vendée) 전투를 승리로 이끌기 위해 브룬(Brune) 장군을 보냈을 때 이 같은 문제점에 대해 충고해주었다. 그는 부하 장군에게 너무 관대하게 지휘하다가 나중에 10만 명의 병사를 희생시키는 것보다 지금 1만 명을 희생시키는 것이 낫다고 말했다.

그러므로 리더는 자신의 부하들을 신뢰할 뿐만 아니라 부하들도 자신을 믿게 만들어야 한다. 리더는 부하들이 대의를 위해 목숨까지 바칠 수 있도록 그들에게 영감을 불러일으킬 수 있어야 하며, 부하들이 그렇게 행동하도록 요구할 줄 아는 용기를 가져야 한다. 물론 이러한 점에서 특히 군 리더십은 다른 유형의 리더십과 다르다.

오늘날과 같이 다시 전쟁이 활발하게 일어나는—안타깝지만 아마도 불가피한—시대에 군 리더십이 이를테면 대기업이나 국가를 이끄는 리더십과 차이가 없다고 여기는 경향이 있다. 우리는 철도회사를 경영할 수 있다면, 군도 지휘할 수 있어야 한다고 말한다. 몬트로즈의 경우 그 당시 사회에서는 민간 리더십에서 군 리더십으로의 이동이 자연스러웠기 때문에 가능할 것으로 보이지만, 실제로는 그렇지 않다. 이와 마찬가지로 그러한 시대에서 우리는 병역의무, 즉 존 해켓(John Hackett) 경이 말

25 제1차 세계대전 때 연합군과 오스만(Ottoman) 제국의 격전지임(1915. 4. 25~1916. 1. 9)

한 '군인이라는 직업'이 더 큰 몰입을 요구한다는 사실을 외면하려고 한다. 군인이라는 직업은 궁극에 가서는 임무를 수행하다가 필요하다면 목숨까지도 바치겠다는 동의를 요구한다. 그것은 업무를 잘 수행하지 못하면 직업을 잃을 수도 있는 가능성을 고려해야 하는 상황과는 질적으로 다르다. 제복을 입고 오른손을 들어 선서하는 사람은 "나는 어떤 과업이라도 성실히 수행할 것이며, 필요하다면 임무 완수를 위해 기꺼이 목숨을 바치겠습니다"라고 확실하게 말한다. 예를 들어, 크라이슬러(Chrysler)가 불과 수년 전에 소형차 생산을 시작하면서 노조원들과 관리직 직원에게 그런 종류의 진술을 요구했다고 할지라도 실제로 그렇게 하는 사람은 많지 않았을 것이다. 군 리더는 훈련되고 군기가 잡힌 부하들을 지휘한다는 이점을 가지고 있는 반면, 그들의 직업이 훨씬 높은 위험을 감수해야 한다는 단점을 가지고 있다.

군 리더십의 차별성에 대한 이 같은 강조는 당연한 사실을 공연히 상기시키며 노심초사하게 만드는 것이 아니다. 최근 들어, 안방 TV를 통해 전쟁을 생생하게 경험하고 있음에도 불구하고 실제로 당연한 사실을 은폐하려는 노력이 있어왔다. 사람들이 '죽임을 당한(killed)'으로 표현되는 것이 아니라 일반적인 말로 '소모된(wasted)' 또는 '끝난(terminated)'이라고 표현되며, 통계학자들은 장의사들이 사람들에게 "세상을 떠난(passed away)"이라고 표현하는 유형의 자극에 굴복하고 있다. 즉, 장례식장의 시신들이 '사망한(dead)' 것이기보다는 '쉬고 있는(resting)' 것이라는 것이다. 이는 가장 안타까운 태도다. 만약에 '죽임을 당한' 어떤 사람이 '사망한' 것이라는 명확한 인식이 있다면, 클라우제비츠(Causewitz)가 뒤늦게 잘못된 정의라고 깨달은 "정치의 확장"으로서 전쟁에 의존하려는 유혹이 훨씬 줄어들 것이다.

전쟁의 문제점

전쟁과 리더십의 문제점은 만약 여러분의 부하들이 목표를 달성할 필요성을 인식하거나 그것을 수행하기 위해 죽을 각오가 되어 있다면, 적도 마찬가지라는 점이다. "전쟁을 치르는 데서 오는 불가분의 뜻밖의 상황적 요소", 즉 예기치 않은 요소를 다룰 수 있는 리더의 능력에 대한 요구가 그러한 활동에 역경과 동시에 위대함이라는 가능성을 부여한다는 것이다(de Gaulle, 1960: 16). "기발한 상상력, 비이성적이거나 예측할 수 없는 사건이나 상황, 운명의 여신(Fortuna; Record, 1980: 19)" 등은 컴퓨터 분석으로는 가늠하기 어려운 것들이며, 이것들이 전쟁을 예술로 만들고 더 나아가 리더십을 예술로 만든다.

물론 예술의 영역에도 연구되고 학습될 수 있는 영역들이 존재한다. 경영의 역학에 대해 정통하지 않은 위대한 리더는 거의 없었다. 부하들을 먹일 수 있는 병참을 소홀히 한다면, 여러분은 영감을 주는 리더가 될 수 없다. 예비 탄약을 보급하는 것을 잊거나, 부하들이 매복에 꼼짝없이 당하도록 배치하거나, 두 개의 종대가 동시에 같은 교차로를 사용하도록 계속하여 계획한다면, 그들은 여러분을 신뢰하지 않을 것이다. 모든 작전 수준은 과학적 원리의 대상이며 배울 수 있다. 어느 정도 지성을 갖춘 사람이라면 포대를 배치하거나 더 나아가 대대를 지휘하는 데 필요한 정해진 절차를 학습할 수 있다. 기본적인 지휘 능력을 훨씬 능가하는 사람도 있고, 그렇지 못한 사람도 있다. 사실상 리더십 문제를 다루는 데 있어서 가장 어려운 것들 중 하나는 건전한 군사적 의사결정과 관련된 리더십 관점과 전장에서 부하들을 지휘하는 것과 관련된 리더십 관점을 구별하지 않으려는 경향이 있다는 점이다. 과학은 무의미하며, 예술과 정신이 모든 것이라고 주장한 사람들은 바로 제1차 세계대전 이전의 공세형 전술인 푸리아 프랑세즈(the furia francese)[26]를 옹호한 프랑스

26 1859년 프랑스군은 많은 수의 병력을 이용해 총검돌격으로 적의 사기를 떨어뜨려 와해

군인들이었으며, 페탱이 너무도 정확하게 예측한 바와 같이 그들이 한 일이라고는 전쟁 발발 후 2주 만에 그들 부대의 대부분을 전멸시킨 것뿐이었다. 만약에 이튼(Eton) 경기장에서 워털루(Waterloo) 전투에 승리한다면,[27] 갈리폴리와 싱가포르(Singapore)[28] 전투는 그곳에서 패배할 수 있다고 언급되어 왔다.

그러므로 과학과 예술 사이에 지나치게 현격한 차이가 있다고 주장하거나 전쟁이 과학 아니면 예술일 뿐 다른 것은 없다고 말하는 것은 판단상의 잘못일 수 있다. 삶의 모든 관점에는 두 가지 영역이 존재한다. 위의 예를 반복하자면, 포대를 배치하는 기술(art)이 있지만, 영국군이 콜렌소(Colenso)[29]에서 보어(Boer)군의 소총 참호의 사거리 내에서 사격 준비를 하려고 했을 때 깨달았듯이, 1,100명의 군인과 12정 당10정에 해당하는 총기가 손실되었다. 하위의 리더십 요소는 과학적으로 습득될 수 있지만, 말하자면 책략(artifice)에 의해 다뤄질 수 있지만, 상위의 리더십 요소는 예술로 남아 있다.

아이러니하게도 시대가 좋을수록 책략은 덜 작동하며, 예술이 더 많이 필요하다. 우리는 지금까지 인간의 역사상 가능했던 것보다 더 많은 사람들을 위한, 더 좋은 조건을 가진, 명백히 가장 풍요로운 사회에 살고 있다. 우리 군인들은 대부분 책략을 꿰뚫어 볼 수 있을 정도로 충분히 지적이고 수준이 높기 때문에 책략이 작동하지 않는다. 또한 우리 사회는 매우 자유로워서 자유 그 자체를 목적으로 삼아 지나치게 집착함으로써 책임과 의무를 경시하는 풍조가 생겨났다. 역사상 어떤 국가도 국민에게 외세로부터 국가를 지키는 데 어떤 참여도 필요없다고 말하지

시키는 일명 '푸리아 프란세스'라는 전술을 사용함

27 워털루 전쟁을 승리로 이끈 웰링턴 공작(Duke of Wellington)은 이튼 칼리지(Eton College)를 졸업했는데, 그가 "이튼 경기장에서 워털루 전투에 이겼다"고 말한 것으로 종종 잘못 인용됨

28 제2차 세계대전 때 일본군과 영국군의 격전지임(1942. 2. 8~15)

29 영국군과 보어군의 격전지임(1899. 12. 5)

않았다. 대부분의 국가들은 징병제에 의존했고, 영국조차 200년 동안 병역의무는 없었지만 강제 징집대(press gang)를 보유했는데, 이는 제비뽑기 방식의 징병제(lottery conscription)였다. 만약 당신이 운이 없어서 잘못된 시기에 잘못된 장소에 있게 된다면, 군에 입대하게 된다.

미국은 역사적으로 징병제 방식에 거의 의존하지 않았다. 최근 들어 충분한 재정이 사람들의 욕구를 충족할 것이며, 군인들에게 충분히 지급될 수 있다면 민간인으로서 살아가는 감미로운 유혹에도 불구하고 계속하여 군생활을 할 것이라는 가정에 입각하여 군을 관리하고 있지만, 이러한 가정이 대체로 옳았다고 입증되는 것 같지는 않다. 병역의무의 본질과 군생활의 제약이 너무 커서 미국조차 군인의 욕구를 충족시킬 수 있을 정도로 충분한 예산을 확보하기는 어려운 실정이다.

사회의 물질적 번영이 군생활에 도전할 마음이 내키지 않도록 만든다는 사실과 함께 최근의 전쟁경험이 군의 명성과 사기를 높이는 데 크게 도움이 되지 않는 것도 주지의 사실이다. 이러한 문제에 대한 우리의 입장이 묘하게도 제1차 세계대전 후 프랑스의 상황에 대해 작성한 드골(1960: 71-72)의 글에 잘 요약되어 있다.

> 전쟁에서 느껴지는 혐오가 평소 부대 내에서 구체적인 현실로 나타나고 있다. 이것은 마치 우리가 치통보다 치과의사를 두려워하게 되는 것과 같은 인간적인 현상과 비슷하다고 볼 수 있다. …… 그러나 우리 시대의 이런 기이한 현상이 프랑스의 군사력을 움직이는 사람들을 실망시키거나 굴욕을 주도록 허용해서는 안 된다. 좋은 것들에 열광하고, 격렬한 분노로 해외에서 바라보는, 그리고 최전방의 위기가 팽배하여 한 번의 전투라도 패한다면 조국에 심각한 위기가 닥칠 수 있는 국민에게 군대의 효율성보다 더 좋은 보장이 제공될 수 있겠는가.

불만스러운 국외에서의 전쟁 기간 이후 미국인은 본국에 남아 있는 것을 선호하고, 전체 인구의 상당수가 적극적으로 반대한 장기간의 소모성 전쟁 이후 재정 감축과 국민의 분노를 가져온 군 복무가 인기 없는 것은 지극히 정상적인 일이다. 하지만 여전히 해외에 하나의 세상이 있고, 군 복무에 대해 부정적인 인식이 되살아나는 상황에 직면하여 지금은 희망적으로 약화되고 있는, 그런 태도들이 리더십의 과업과 그 발휘를 더욱 어렵게 만든다.

이와 같이 리더십을 구현하기가 더욱 어려워질수록 기술적 접근방식의 예술을 더욱 필요로 한다. 과연 그것은 정확히 무엇인지, 그리고 잠재적인 리더에게 어떻게 심어줄 수 있는지에 대한 의문이 남는다. 그러나 이는 결코 새롭게 제기되는 문제가 아니다. 19세기경 언젠가 사회가 특정한 사람들은 출생권에 의해 리더십을 발휘할 수 있다고 믿었던 계층화된 체계에서 벗어난 이후, 사람들은 그러한 문제를 해결하기 위해 노력해왔다. 파머스턴(Palmerston)[30] 경은 공무원과 군인 선발시험에 대한 생각을 묻는 질문을 받았을 때 친구에게 다음과 같이 편지를 썼다.

> 시험에서 좋은 성적을 내는 것이 공적인 채용의 적합성을 판단하는 데 결정적인 단서가 될 수는 없다고 생각하네. 왜냐하면 결국 시험이란 주로 이전의 학습에 근거한 기억력을 테스트하는 것이며, 훌륭한 인재를 배출하기 위해선 기억력과 학문적 습관 외에도 다른 자질이 요구되기 때문이네.

좋은 장교를 어떻게 배출할 것인지, 또는 그들을 어떻게 분간할 것인지는 우리 시대에 끊임없이 따라다니는 문제들 가운데 하나로 남아 있다. 우리의 모든 역사가 우리가 하는 일을 입증하듯이, 만약 우리가 인재

30 제3대 파머스턴 자작인 헨리 존 템플(Henry John Temple)은 영국의 정치가임

에게 개방된 경력을 믿는다면, 인재는 식별될 수 있어야 하며 그에 상응한 보상을 받아야 한다. 그러나 오늘날 사람이 물 위를 걸을 수 있다며 우리를 확신시키려고 시도하는 '미디어 과장광고' 시대에, 그리고 그렇게 허명으로 선출되거나 지휘권을 얻은 다음 날 전혀 걸을 수 없다는 것을 알게 되는 시대에 어떻게 선동을 꿰뚫어보고 인재를 올바르게 평가할 수 있을까?

드골(1960: 127)은 이에 대해 하나의 해결책을 모색했다. 그가 말하기를, "현명한 관점과 최고의 지혜"란 다음과 같다.

> …… 어떤 법령도 강요할 수 없으며, 어떤 명령도 영향을 미칠 수 없는 직관과 인격의 문제다. 지능 그리고 무엇보다도 단독으로 사람이 인격의 능력과 힘을 개발할 수 있게 해주는 역할을 담당하려는 잠재적인 열망만이 도움이 될 수 있다. 위대한 사람들 없이는 어떤 위대한 것도 이뤄지지 않으며, 사람들이 그렇게 되려고 결심할 때 마침내 위대해질 수 있다.

'직관', '인격', '재능', '위대해지려는 결심을 통한 위대함', 이 모든 것은 사람들이 어떤 일을 왜 하게 되었는지에 대한 설명으로서 사회과학자에게는 불만족스러움을 준다. 바꾸어 말하면, 그것들은 예술의 영역에 머물러 있다. 리더십이란 예술의 가장 불가해한 영역으로 남아 있으며, 그러한 영역을 다루기 쉽게 만들 것으로 보이는 모든 요령에도 불구하고 여전히 그런 식으로 남을 것이다. 무엇이 사람들로 하여금 다른 사람의 말 한마디에 흙구덩이에서 일어나 죽음을 무릅쓰고 전진하게 하는지를 정확하게 알지 못하는 한 리더십은 가장 숭고하고 가장 이해하기 어려운 자질들 가운데 하나로 남을 것이다. 즉, 리더십은 예술로 남을 것이다.

참고문헌

De Gaulle, C. *The Edge of the Sword*. Translated by G. Hopkins. New York: Criterion, 1960.

Guedalla, P. *Men of War*. London: Hodder & Stoughton, 1923.

Longworth, P. *The Art of Victory*. New York: Holt, Rinehart & Winston, 1965.

Montgomery, B. *The Path to Leadership*. London: Collins, 1961.

Record, J. "The Fortunes of War." *Harper's*, April 1980, pp. 19-23.

Ridley, J. *Lord Palmerston*. London: Panther, 1972.

"Suvorov." In *Encyclopedia Britannica*, 26: 172-173. Cambridge: Cambridge University Press, 1911.

Williams, R. *Montrose: Cavalier in Mourning*. London: Barrie & Jenkins, 1975.

제5장 현실 리더십

존 찰스 쿠니치(John Charles Kunich)와 리처드 레스터(Richard I. Lester)

우리가 실제로 살아가는 방식과 살아야 하는 방식 사이에는 차이가 있기에 이상을 연구하기 위해 현실을 외면하는 사람은 구원이 아니라 파멸하는 법을 배울 것이다.

— *마키아벨리(Machiavelli),《군주론(The Prince)》*

리더십은 서로 다른 상황에 있는 사람들에 대한 차이점들을 의미하며, 이는 리더십의 선봉을 차지하려고 하는 불가해한 스펙트럼의 이론, 모형 그리고 방법론을 설명한다. 이러한 주제를 진지하게 고민해본 학생이라면 아직 글로 표현하지 않았더라도 리더십에 대한 개인적인 의견을 가지고 있을 것이다. 그러나 리더십은 최소한 이론적으로 신비롭지도 불가사의하지도 않으며, 이론가들은 실행과 집행의 혼란스러운 업무처리에도 방해를 받지 않는다. 누구나 빠른 해결책을 원하며, 이론적으로 이치에 맞으며 과학적이기보다 오히려 건전한 어떤 아이디어들을 적는 것은 그리 어렵지 않기 때문에 사람들은 리더십에 대해 그토록 많은 글을 썼다. 그러나 우리가 그럴듯한 포장지를 모두 벗겨내보면, 리더십은 차이를 만들고, 긍정적인 변화를 창출하며, 사람들이 해야 할 일을 하도록 만들고, 임무에 기여하지 못하는 다른 모든 것을 제거하는 것 이상을 포함하지 않는다. 이는 핵심 가치를 강화하고 뚜렷하고 강력한 비전을 제시하며, 더욱 개선된 방식과 더 나은 아이디어들을 개발할 수 있도록 사람들을 자유롭게 해주는 것을 의미한다. 물론, 대부분의 상투적인 말들은 사실이다. 리더십은 사람들을 신뢰하며, 우리가 말하는 대부분의 일을 실제로 수행하는 사람들에게 권한을 되돌려주는 것을 필요로 한다. 신뢰는 조직을 결속시키는 접착제 같은 역할을 하고, 권한 위임은 신뢰의 결실이다. 사실 실행하기보다 말하는 것이 훨씬 쉽다.[1]

상투적인 표현의 리더십은 진부한 이야기의 배후에 개인적 강점, 인격, 기술 그리고 성과가 없다면 작동하지 않을 것이다. 슬픈 진실은 담당 영역과 함께 오는 수많은 다루기 힘든 도전에 대처할 수 있는 리더가 되는 것이 결코 쉽지 않다는 것이다. 만일 쉬운 일이었다면, 훨씬 더 많은 사람이 그 일을 하려고 나섰을 것이다. 독서만으로는 대부분의 유용한 리더십 교훈들을 학습할 수 없다. 사실상 우리는 책이나 논문들을 통해 빠르고 별다른 노력이 필요 없으며 손쉬운 해결을 갈망하지만, 그런 수동적이고 고통 없는 과정은 거의 능력, 재능, 가정환경, 근면, 창의성, 기회, 성격, 경험, 용기, 비전, 동인, 가치관, 끈기, 행운 같은 작은 것들을 대체할 수 없다. 우리가 그런 달콤한 비밀들의 핵심을 한 페이지로 압축할 수만 있다면, 독자들이 수십 년 동안의 실수, 낭비된 시간, 나쁜 습관, 무기력함, 불운, 게으름을 즉시 만회할 수 있게 해줄 텐데! 만약 우리가 낡아빠진 진부한 이야기를 숨기기 위해 '여덟 가지의 오메가 리더십' 또는 '단번에 리더가 되는 법'과 같이 기억하기 쉽고 복잡하게 들리는 새로운 이름을 상상할 수 있다면, 그것은 순식간에 우리의 정전(停電)에 대한 만병통치약이 될 것이다. 유감스럽게도 끊임없는 만족, 초고속 인터넷, 그리고 결실이 없는 삶의 시대조차 즉각적인 리더십은 단지 환상에 불과하다. 퀴퀴한 냄새가 나고, 예전 같지 않으며, 그리고 중세의 관리방법들처럼 피상적인 속임수로 점철된 어떤 단장도 우리의 현실을 바꿀 수 없

---

1 Les T. Csorba, *Trsut: The One Thing That Makes or Breaks a Leader* (Nashville: Thomas Nelson, Inc., 2004), pp. 23-24.

을 것이다. 수많은 좌절을 경험한 관리자들이 그 모든 번득이는 공식들에서 기적을 억지로 끌어내는 데 실패할 때 낙담하는 자신을 발견하는 것처럼, 자조(自助) 컬트의 가상현실은 실재 현실을 위한 빈약한 대역 연습일 뿐이다. 현명한 사람은 성공적인 리더십이 하나의 사건이 아니라 하나의 과정이라는 것을 이해한다.

오늘날 현실 세계에서 리더의 역할을 맡는다는 것은 우리에게 잡낭—성공의 껍질을 열기 위해 벌이는 우리의 모든 노력에 대한 보상과 같이 더 정확하게는 막상 깨고 나면 뜻밖의 좋은 선물과 나쁜 선물이 동시에 담긴 피냐타(piňata)—을 보장한다. 직무 수행에 따르는 명백한 만족 및 혜택과 함께 거친 압박과 책임이 주어진다. 리더들은 무기력한 부하들에게 최선을 다하도록 격려하며, 인사 및 나쁜 태도 등의 문제를 쉽게 다루며, 아침식사 전에 어렵고 인기 없는 의사결정을 내리며, 높은 신뢰를 유지하며, 사방으로부터 오는 치열한 경쟁을 물리치며, 고위층의 이해하지 못할 입장을 부하들에게 설명하며, 그리고 논쟁적인 반론과 부당한 비판에 직면하여 평정심을 유지할 것으로 기대된다.[2] 리더가 약간의 도움을 바라는 것은 놀라운 일이 아니다. 우리는 경험에 근거하여 리더들이 그들의 역할에 고유한 도전을 안고 살아가도록 돕는 특별한 전략과 기법과 아이디어들에 대해 우리가 학습한 몇몇 교훈을 전달할 것이다. 이러한 팁들은 아마도 누군가 잠을 잘 때 호머 심슨(Homer Simpson)에서 알렉산더 대제(Alexander the Great)로 바뀌는 모핑(morphing)[3]과 같이 하룻밤 사이의 마법으로 작동하지는 않을 것이다. 마법 같은 리더십 효과를 기대하는 사람은 지금 이 책을 내려놓아도 좋다. 이것은 공상 섹션에 있는 것이 아니라 현실 리더십이라는 것을 명심하라.

---

2 Warren Blank, *The 108 Skills of Natural Born Leaders* (New York: AMACOM, 2001), pp. 13-14.

3 서로 다른 형상의 이미지를 변환할 때, 그 공백을 메우기 위해 사용되는 컴퓨터 애니메이션 기법

리더가 실제로 하는 일

훌륭한 리더들은 "내게 무엇이 최선인가?"라는 질문과 함께 시작하지 않는다. 오히려 그들은 "긍정적인 변화를 이끌기 위해 무엇을 할 수 있으며 무엇을 해야 하는가?"라는 질문을 던진다. 이러한 리더들은 자신과 부하들에게 끊임없이 묻기를, "조직의 임무와 목적은 무엇인가? 임무와 목적이 변경될 필요가 있는가? 우리가 예측할 필요가 있는 향후 예상치 못할 일은 무엇인가? 이러한 유동적인 환경에서 무엇이 성공적인 성과를 이끌어내는가?" 이러한 어려운 시기에 리더들은 조직이 변화할 수 있도록 준비하고, 조직이 그 시기를 힘들여 헤쳐나갈 때 적응할 수 있도록 도움을 준다. 리더들은 자원과 장애물, 트렌드와 충족되지 않은 욕구뿐만 아니라 숨겨진 잠재력과 경직화된 오해를 포함한 상황에 대해 가능한 한 모든 것을 알아야 하기 때문에 결코 알은체할 수 없으며, 그들이 취할 수 있는 지름길은 없다. 그럼에도 불구하고, 모두 것을 아는 사람이 최고의 리더가 되는 것이 아니라 모두 것을 이해하는 사람이 최고의 리더가 된다. 지금은 과거와 달리, 리더가 흔히 독재자처럼 행동할 수 없다. 팔로워들은 인간적 욕구를 가지고 있으며, 현대 사회에서 그리고 다방면에서 존엄이나 존경, 어쩌면 조심성까지 갖춘 대우를 받는 데 익숙하다.

오늘날 사람들은 리더가 직무를 완수하도록 돕기 위해 신경을 쓰고 최선을 다할 것이라는 사실을 알아야 한다. 보수주의자인 패튼(Patton) 장군처럼 되고 싶은 사람이 "내 말을 듣든지 아니면 떠나든지" 식의 리더십 모델을 오늘날의 사람들에게 강요하고자 한다면, 그는 곧 자신의 평판이 나빠지는 것을 발견하게 될 것이다. 유연성, 개인적 사정에 대한 민감성, 그리고 공감할 수 있는 결단력은 공포의 패러다임을 통한 구식의 리더십보다 21세기의 직장에 더 적합하다. 사람들이 뒤에서 이끌 수 없는 것처럼, 직원들의 등에 자신의 발바닥을 갖다 대는 것만으로 그들을 이끌 수 없다. 그리고 이는 값진 교훈이다. 수십 년이나 수백 년 또는 천 년 전에 작동한 기법들이 다음 주에도 마찬가지로 작동되리라는 보장은 없다. 우리가 그것들을 당대의 리더십 스타일에 접목하려면 그것들은 아마도 심각한 조정을 필요로 할 것이다. 결국, 리더십은 산술이나 뉴턴 물리학이 아니다. 오히려 카오스 수학과 불확실성 원리의 양자역학 세계가 더 가까운 유사물이다. 그것은 모두 사람들에 관한 문제이며, 사람들은 끊임없이 변하고 있다. 이 같은 사실을 알지 못하거나 알고자 하지 않는 리더는 아무도 자신을 따르는 사람이 없다는 것을 발견하기 쉽다. 왜 안 되는가? 훈족 아틸라(Attila the Hun)에게 그것이 통하지 않았는가?[4]

유효성이 증명된(그리고 진부한) 상투적 수법은 종종 오늘날의 직장에 있는 신입 사원들에게는 통하지 않는다. 그 이유는 현실 리더들이 지금 성공하기 위해 실제로 하는 일—그리고 실제로 할 필요가 있는 일—의 중심을 보면 알 수 있다. 오늘날 직장생활을 시작하는 사람들은 리더에게 불운과 행운이 뒤섞인 보물 뽑기 주머니를 제시하는 방식에서 심지어 수십 년 전의 신입 사원들과 다르다. 그들은 집중력이 더 떨어지고, 엄격한 기준에 덜 친숙하며, 길고 고된 과업들을 수행한 경험이 더 적을지 모른다. 오늘날의 젊은 직장인들—심지어 대학 졸업장과 석사 이상의 학위를 가진 사람들—은 예전에는 당연히 갖춰야 할 것으로 여겨진 기본적인 기술과 배경지식이 부족할 수 있다. 교육 제도가 크게 달라지면서—사실 학습, 단순 암기, 그리고 읽기, 쓰기, 수학, 철자법, 문법, 논리 및 기타 분야의 기본 원칙 등에 대한 강조를 크게 줄이고—우리의 졸업생들은 많은 직업에서 받아들일 수 있는 수준으로 수행하기 전까지 훨씬 더 비판적인 사고, 재교육 그리고 교육훈련을 필요로 한다. 리더는

---

4 James M. Kouzes and Barry Z. Posner, *The Leadership Challenge: How to Get Extraordinary Things Done in Organizations* (San Francisco: Jossey-Bass, 1987), pp. 15-16.

그러한 교육과 훈련을 제공해야 한다. 창의적인 사고가 교육의 근간으로 기능할 때만이 발전적인 지적 환경이 조성된다. 왜 그러한가? 학생들은 자신들이 배우는 핵심역량들을 통해 사고하는 법을 배울 때, 자신이 배운 바를 삶과 일상 업무에 적용할 더 좋은 위치에 있을 수 있기 때문이다. 사람들은 끊임없이 변하고 훨씬 복잡해진 세상에서 사람들은 경제적, 사회적, 정치적, 군사적 그리고 교육적 생존을 위해 창의적인 사고를 필요로 한다.

오늘날 사회 초년생들은 이전 세대의 신입 사원들보다 훨씬 뛰어난 기술적 소양을 갖추고 있으며 컴퓨터 이용 연구, 소프트웨어, 하드웨어, 그리고 더 많은 강력하며 현대적인 도구들에 대해 한 가지 또는 그 이상을 그들의 리더들에게 가르칠 수 있다. 그들은 모든 종류의 원격 통신과 초고속의 컴퓨터화된 방법들을 처리할 수 있는 능력을 지녔으며, 이는 많은 구식 리더들을 깜짝 놀라게 할 것이다. 현명한 리더는 심지어 젊은 동료들에게 몇 가지 기본적인 글쓰기와 사회 문화적 기초에 대해 주입시키면서도 이 디지털의 우위를 최대한 활용할 만큼 겸손하다.

가르치는 리더들은 지식, 기술 또는 태도의 관점에서 신입 사원들에 대해 어떤 것도 안전하게 추정할 수 없다. 그들이 사람이며 때로는 유쾌하게, 때로는 끔찍하게 자신들을 놀라게 할 것이라는 추정만이 가능하다. 말단 사원들(또는 고참 사원들조차)이 직업윤리가 부족하거나 무례하거나 예의 없어 보인다고 해서 당대의 어떤 아틸라(Attila)도 호통 치듯이 몇 가지 명령을 내리는 것만으로 그 모든 것을 바꿀 수는 없다. 사람들은 누구나 자신의 욕망을 성취하고 성공하고자 하는 확고하고 뿌리 깊은 욕구가 있으나, 현대의 리더는 개개인 안에 있는 보이지 않는 잠재력에 접근할 수 있는 올바른 방법을 찾아야 하며, 이는 종종 직장에서 세심한 가르침과 기본으로 돌아가는 기술 훈련을 필요로 한다. "당신 해고야!" 또는 "당신은 이 일에 적합하지 않아"라는 식의 고함, 위협, 그리고 시도 때도 없이 해대는 잔소리로는 리더가 부하들에게 원하는 것과 다소(또는 많이) 동떨어진 수십 년 동안의 문화변용과 교육적 우선순위를 보충할 수 없을 것이다. 오늘날 가르치고 배우는 것은 리더가 실제로 하는 일에서 여전히 중심을 이루며, 부하들과의 관계가 지속되는 동안 계속된다. (그것이 우리가 이 글의 후반부에서 평생학습의 개념에 대해 다루는 이유다.) 만약 리더가 가르침이나 평생학습을 간과한다면, 그의 지위는 금세 21세기 리더의 자리에 더 '적합한' 인물에게 제공될 것이다.

아킬레스건 치료하기

리더가 실패하거나 역량을 제대로 발휘하지 못하는 이유는 발견되지 않거나 치유되지 않는 아킬레스건(Achilles heel)을 가지고 있기 때문이다. 이는 그들이 갖춘 많은 긍정적인 태도가 모두 상쇄될 만큼 심각한 약점이다. 리더가 해야 할 가장 중요한 일들 가운데 하나는 자신의 미래를 위협하는 숨겨진 약점이라면 무엇이든 찾아내서 교정하는 것이다. 이것은 불쾌하고, 고통스럽고, 몹시 힘든 일이기에 대부분의 사람들은 결코 그것을 하지 않는다. 편안하게 기대어 쉬면서 임시방편의 리더십에 대한 글을 읽는 것만으로는 자신이 지닌 잠재적이고 오랫동안 곪은 취약점을 제거할 수 없다. 자신의 결점들에 과감히 맞서지 않는다면, 어느 날 그것들에 직면하게 될 위험을 안고 있는 셈이다. 단 하나의 해결되지 않은 이슈가 우리가 이룩한 모든 것을 위험에 빠뜨리는 순간, "오, 안돼!"라는 절규가 "잘한다"며 칭찬이 흘러넘치던 경력을 뒤엎을 것이다.

아킬레스건이라는 은유적 표현은 전설의 인물인 아킬레우스가 반신반인(反神反人)이었고, 실제로 혼자서 어떤 편에 서건 전쟁을 승리로 이끈 필적할 수 없는 능력을 가진 역사상 가장 위대한 전사였기 때문에 설득력이 있다. 그는 트로이의 헥토르(Hector) 같은 적진의 위대한 영웅을 손쉽게 물리칠 수 있었고, 가장 강력한 장애물도 정복할 수 있었다. 그러나 그의 유명한 아킬레스건은 그가 위대한 승전보를 울리는 동안에도 내내 그와 함께하고 있었으며, 트로이를 상대로 그가 거둔 승리의 절정에서 가장 열등한 적이 그를 죽일 수 있게 만든 원인이 되었다. 하찮은 약점이 권력의 절정에서 최고의 군사적 천재를 넘어뜨릴 수 있다면, 모든 리더는 자신의 성공에 위협을 주는 어떤 취약점이라도 신중히 살펴보는 것이 좋을 것이다.

그것은 자기성찰이 유쾌하거나 쉽다는 것을 의미하지 않는다. 아킬레우스 이래 사람들은 자신의 결점이 앞길을 가로막는 것을 좋아하지 않는데, 특히 완전한 실패를 촉발하기에 충분하리만큼 깊고 치명적인 약점들일수록 더욱 그렇다. 때때로 우리는 최소한의 의식적인 수준에서는 최악의 약점들에 대해 전혀 인식하지 못하는데, 그 이유는 치명적인 내적 위험과 싸우기보다는 모든 것이 좋은 듯 그것을 외면하는 것이 훨씬 더 편안하기 때문이다. 게다가 성격상의 어떤 결함은 이례적인 상황들이 어떤 특별하며 특정한 조합으로 합쳐질 때만 나타나며, 발생한다고 하더라도 평생에 한두 번 이상 발생하지 않는다. 종종 숨겨진 약점들을 찾아내기 위해 반짝이는 빛이 들어오는 거울 앞에서 자신을 오랫동안 면밀하게 빤히 보는 것은 종종 힘들고 불쾌한 일일 수 있다. 그것은 매우 순조롭지 못했던 사건들을 종종 끔찍하게 기억하는 것에 대한 체계적인 분석과 관련된다. 언제 그리고 왜 이것이 발생했는가? 재발한 것인가? 재발할 수 있는가?

우리 모두는 또한 별다른 노력을 기울이지 않고 많은 리더들—그들이 위대했건 위대하지 않았건, 고대의 사람이건 현대의 사람이건—을 비평할 수 있으며, 그들을 약화시킨 결점이나 일단의 결점들을 목록화할 수 있다. 율리우스 시저(Julius Caesar), 한니발(Hannibal), 알렉산더 대왕(Alexander the Great)부터 로널드 레이건(Ronald Reagan), 빌 클린턴(Bill Clinton), 조지 부시(George W. Bush)에 이르기까지 우리는 그들의 "약점 알아맞히기" 게임을 쉽게 하는데, 왜 그처럼 탁월한 인물들이 스스로 자신에게 해로운 약점들을 모두 찾아내어 적극적으로 뿌리 뽑지 않았는지 궁금하다. 어떻게 그들은 눈에 띄는 약점들을 볼 수 없었을까? 왜 그렇게 성공적이고 탁월한 경험을 가진 리더들이 큰 실수를 범했을까? 심지어 반복적인 실수를 저질렀을까? 안락의자에 앉아 회상에 잠긴 우리에게는 그 결과가 너무도 명확하고 예측 가능한데 말이다. 우리는 거물들의 실수에 몇 번은 쉽게 웃을 수 있다. 그러나 막상 우리가 말 그대로 우리 자신의 인격을 철저히 살펴봐야 하는 상황에 놓일 때, 그 게임은 갑자기 훨씬 더 어려워지고 확실히 덜 유쾌해진다.

우리의 가장 큰 약점이 오랫동안의 경험에서 형성되었을 가능성이 크다는 점을 감안하면, 그러한 약점을 완벽하게 제거하는 일은 아마도 불가능할 것이다. 하지만 최소한 우리는 약점을 무너뜨리고 그것으로 인해 우리의 몰락을 초래할 수 있는 잠재성이 있는 것으로 입증된 특정한 유혹, 상황, 전제조건, 주위 사정을 파악하고 피해야 한다. 우리는 자신이 가진 아킬레스건의 존재와 본질을 인식함으로써 다가오는 특별한 조합의 위험한 조건들에 대한 경고신호에 민감하게 반응하여 우리의 약점에 굴복하는 것을 대비하는 데 추가적인 주의를 기울일 수 있는 기회를 갖는다. 오스카 와일드(Oscar Wilde)는 《도리언 그레이의 초상(The Picture of Dorian Gray)》에서 "유혹을 없애는 유일한 방법은 유혹에 굴복하는 것이다"라는 유명하면서도 잘못된 말을 남겼다. 사실 가장 좋은 해결책이란 유혹의 실체와 무엇이 유혹을 초래하는지를 이해하고, 그러한 원인들로부터 벗어나기 위해 끊임없이 노력하고, 문제의 초기 징후에 경계를 늦추지 않으며, 그러고 나서 굴복하지 않도록 총력을 기울이는 것이다.[5] 이런 맥락에서 볼 때, 아무것도 하지 않는다면 언젠가 사람들은 우리 자신의 깜짝 놀랄 만한 실패에 대해 험담하고, 우리가 결코 휘말려

---

5 Oscar Wilde, *The Picture of Dorian Gray*, chap. 2. etext. no.174, *Project Gutenberg*, http://www.gutenberg.org/dirs/etext94/dgray10.txt.

서는 안 되는 다른 사람들에게 너무나 어리석고 또 너무나 명백한 어떤 일 때문에 전도유망한 경력을 망친 사실에 대해 고개를 저을 개연성이 훨씬 더 커지게 된다. 우리의 아킬레스건을 찾아내고 치료하는 일이 우리 자신, 우리의 국민, 그리고 우리의 조직을 위해 우리가 할 수 있는 가장 큰 선물들 가운데 하나가 될 수 있다.

자신이 아닌 봉사

어렸을 때 우리는 리더가 되는 것이 항상 내 뜻대로 할 수 있으며 실권을 쥐는 무조건적인 축복이라고 믿는 경향이 있었다. 그것은 갖가지의 공포와 무력으로 철권통치를 하는 포악한 독재자에 맞는 묘사일지 모른다. 비록 몇몇 과대망상증 환자들이 그들의 작은 소유지 내에서 자신들을 절대 권위의 왕족으로 상상할지도 모르지만, 그러한 폭군들은 폭력과 위협을 휘두르다가 죽으며, 그들의 방식은 현대의 자유사회에서 더 이상 통용되지 않는다. 역설적으로, 오늘날 자기중심적이고 개인의 가치를 우선시하며 나르시시즘과 자아존중감이 가장 중요한 현대문화에서 최고의 리더는 자신을 위해 일하기 전에 다른 사람들을 위해 일한다. 우리가 자신을 먼저 생각하는 사람들을 이끌기 위해서는 우리 자신의 자아를 확인하고, 우리의 팔로워들, 조직 및 문화에 최선인 것에 집중하는 것이 바람직하다.

이러한 서번트 리더십의 개념은 인류 역사만큼 오래되었지만, 우리는 모든 세대에서 그것을 다시 배워야 할 운명에 처해 있다. 그것은 마치 리더가 선두에 머물기 위해 지휘권의 특전 및 특권을 내려놔야 하는 것처럼 반대로 가는 느낌이다(그 지위를 지키기 위해 사임할 정도로). 그 지위를 유지하기 위해 모든 특권과 특전을 뒤로 미뤄야 하는 것처럼 보이며, 최고 지위를 지키기 위해서는 지위 자체가 주는 모든 것을 포기해야 하는 역설적인 상황처럼 보인다. 진성 리더십(authentic leadership)은 우리 자신을 돌보는 것을 포함하지 않으며, 자기권력의 확대(self-aggrandizement)는 진정한 리더에게 어울리지 않는다. 진정한 리더의 바람직한 목표는 자신의 사소하고 편협한 개인적 이해관계에 최선인 것이 아니라 공익에 최선인 것을 하도록 사람들을 움직이는 것이다. 리더들은 오직 다른 사람들—종업원, 동료, 고객 그리고 사회—의 폭넓은 이해관계를 중시함으로써 사람들이 일상적으로 최고가 되고자 기대하는 세상에서 성공할 수 있다. 물론, 시간이 지나면서 리더는 당연히 그의 부하들에게 어느 정도 타인을 중시하는 이타성을 알리고 조직 전체가 섬기는 형태가 되도록 움직이는 노력을 할 것이다. 그러나 이러한 계획은 불가피하게 리더 자신의 솔선수범하는 태도와 함께 시작된다.[6]

겸허(humility)는 자기 자신의 중요성에 대해 평범하게 여기는 감각으로 현실 리더십의 기초가 된다. 높은 자아존중감의 토대에서 영향을 받고 자란 사람들에게 겸허와 자기희생이 앞뒤가 맞지 않는 것처럼 보일지도 모른다. 그러나 그것이 바로 생산적인 리더십에 그렇게 중요한 이유다. 그것은 쉽지 않으며 명백하지도 않지만 효과적이다. 오로지 우리의 편협하고 이기적인 작은 세상에서 벗어나 남들을 위해 가장 좋은 것을 살핌으로써 그들을 위해 일할 수 있으며, 결국 우리 자신의 정당한 자격으로 성공할 수 있다. 독재자는 노예들을 시켜 광장에 자기의 커다란 동상을 세우라고 명령할 수 있겠지만, 어느 날 과대망상의 기념비는 어쩌면 그 동상을 세운 노예들의 손에 의해 철거될 것이다. 리더들에 대한 유일하고도 영속적인 기념비들은 그들 자신보다 더 위대한—그리고 어떤 한 사람보다 더 위대한—뭔가에 대한 정성들인 헌신(devotion)을 통해 가능하다.

---

6 Ronald A. Heifetz and Marty Linsky, *Leadership on the line: Staying Alive Though the Dangers of Leading* (Boston: Harvard Business School Press, 2002), pp. 208-209.

멋진 브랜드의 이타적인 리더십은 임신 이후 줄곧 과도한 자아존중감과 함께 응석을 부리고, 애지중지하며, 보호받고 자란 사람들에게 적합하다고 생각할지도 모르는 '가장 친한 친구' 또는 보모(babysitter) 리더십과는 사뭇 다르다. 조직의 기대성과 수준을 낮추거나 그러한 기대치를 달성하지 못한 실패에 대한 우리의 경각심을 마비시키는 것은 누구에게도 어떤 유익을 주지 못한다. 현실 리더십은 우리의 동료, 경쟁자, 고객 그리고 문화뿐만 아니라 우리 자신에 대한 진실을 인식할 것을 요구하며, 그렇게 얻은 진실이 우리 조직을 위해 작동하도록 만드는 협력적이며 협조적인 접근법을 주장할 것을 요구한다. 어느 누구도 부주의한 일처리, 낮아진 기준, 견딜 수 없는 태도에 대한 관용, 또는 용서할 수 없는 행위에 대한 관대함을 가지고 이타적인 리더십을 발휘할 수는 없다. 사람들은 모든 사람—리더로부터 가장 미숙한 신참에 이르는—으로부터 최상의 노력과 고품질의 생산 자체에 만족해하는 이타적인 리더에게 긍정적이고 적절하게 반응할 것이다.

응석받이로 제멋대로 자라 자아존중감에 심취한 사람들은 누군가 그들의 성과가 평균 이하라는 것을—어쩌면 그들 인생에서 처음으로—이야기할 때 아마도 처음에는 화를 낼 것이다. 하지만 일단 리더를 포함한 모든 사람이 예외 없는 철저한 생산을 고수해야 한다는 것이 분명해지면, 그들 역시 대개는 적응할 것이며, 심지어 엄격한 기준을 마침내 충족하고 초과하면서 자부심을 가질 것이다. 무엇보다 자아존중감은 그 배후에 본질이 있지 않는 한 이기적인 힘이 될 뿐이며, 우리는 결국 과분한 칭찬이 영혼에 해를 끼친다고 생각하게 된다. 신병 세대들이 신병훈련소의 혹독한 시련을 이겨내면서 값진 교훈을 배워왔듯이, 그들은 인생의 가장 험난한 도전을 극복하기 위해 열심히 노력함으로써 위대한 가치를 실현할 수 있다. 게다가 이렇게 개인적이며 조직적인 승리와 함께 오는 진정한 의미의 긍지와 동료애는 선의에서 우러나기는 하지만 지나치게 관대한 간병인들이 너무나 쉽게 나눠주는 어떤 거짓된 긍지보다 훨씬 더 빛난다. 우리 스스로 획득한 보상과 영예는 우리에게 거저 주어지는 것보다 훨씬 더 만족스럽다. 왜냐하면, 우리가 그것들을 얻기 위해서는 평상시보다 더 힘들게 일하고, 고민하고, 싸우고, 더 많이 노력해야 하기 때문이다. 그런 의미에서 모두에게 높은 기준과 높은 기대치를 제시하는 것이 현실 리더가 줄 수 있는 가장 위대하며 참된 선물들 가운데 하나다.

리더 개발을 위한 멘토링

사람들은 리더들이 태어나지도 수동적으로 만들어지지도 않으며, 오히려 그들은 개발되고 교육, 훈련 및 일련의 특별한 경험을 통해 스스로를 개발한다는 주장을 강하게 펼칠 수 있다. 그런 의미에서 멘토링은 시작할 수 있는 좋은 기회를 제공한다. 그것은 주로 어린아이에 대한 양육과 함께 시작되며, 조직 및 개인의 상호관계 속에서 생애주기를 통해 지속되는 교육과정이다. 여기서 핵심 원칙은 멘토링이 리더의 의무이자 특권이라는 점이다. 그것은 우리가 사람들에게 주는 것이다. 멘토링에 있어서 현실 리더들은 팔로워들이 지적이며 상세한 정보에 근거한 의사결정을 내리는 데 필요한 지침을 그들에게 제공한다. 멘토링을 통해 선임은 후임에게 지혜와 경험에서 비롯된 노하우를 전수한다. 이러한 과정은 원칙, 전통, 공유 가치, 자질, 그리고 습득한 교훈들을 전수하고 논의하는 것을 포함한다. 멘토링은 조직이 유능한 사람들의 전문성 개발을 고찰하는 방식으로 문화적 변화를 가져올 수 있는 틀을 제공한다. 오늘날 대부분의 조직에 몸담은 사람들은 정상에 오르기 위해 어렵고 힘든 과정을 거쳐야 한다. 그들은 쉽게 정상으로 떠오를 수 없으며, 아무도 그들을 정상까지 옮기지 못할 것이다. 멘토링은 사람들이 올바른 방향으로 움직일 수 있도록 도와주는 지도와 코칭을 포함한다. 분명히 멘토링은 우리가 원하는 목적에 도달할 수 있도록 도와주는 매우 중요한 방법이다.

아마도 직원들의 전문성 개발을 구체화할 수 있는 가장 강력한 방법인 멘토링은 하나의 유행어처럼 여겨져왔다. 멘토링은 그 자신을 현대적인 리더십과 관리에서 앞서 있다고 생각하는 사람들이 만든 비공식적이며 비문서화된 사전에서 유래된 수많은 다른 전문용어와 함께 종종 부주의하게 만연하고 있다. 제대로 이해한다면, 진정한 멘토링은 단순히 지난 주의 '딜버트(Dilbert)' 만화를 스크랩하는 것 그 이상의 의미를 갖는다. 그것은 멘토와 프로테제 양측의 독특한 요구사항과 상황을 멘토링 파트너십에 일치시키기 위해 사람들 자신만큼이나 탄력적이며 순응적으로 조정될 수 있으며 조정되어야 한다. 구식이며, 일률적이고, 진부한 정신력과 정반대되는 멘토링은 개인적인 상황에 순응할 수 있는 역량 때문에 오늘날과 같은 동반자적인 환경에 가장 적합하다. 그리하여 멘토링은 문자 그대로 우리가 오늘날의 소란과 단조로움을 넘어서 많은 시간 동안 큰 영향을 미칠 수 있게 하며 팔로워들의 삶에 커다란 변화를 가져올 수 있게 하는 타임머신이다.

멘토는 신뢰받는 조언자, 교사, 카운슬러, 친구, 부모이고, 대개는 도움을 받는 사람보다 더 나이가 많다. 조직에서 선임자인 멘토는 단지 일회성의 형식적 행위가 아니라 누군가 진행 중인 프로세스에서 도움을 필요로 할 때 의미가 있다. 폭넓게 인식되는 멘토링의 가치 때문에 많은 조직이 멘토링을 일상화해왔으며, 단지 몇 가지 해야 할 일의 목록을 수행하고 점검하기 위해 한 번 더 행하는 형식적인 의식 절차와 같이 멘토링을 겉치레의 아무 의미없는 활동으로 만들었다. 가장 중요한 본질이 빠진 멘토링은 몇 권의 패자를 위한 리더십 서적에서 아무 생각 없이 베낀 어떤 다른 임시변통의 리더십 '비법'만큼 효과가 없게 된다. 우리 사회 전반에 걸친 진솔한 멘토링은 다른 사람들을 통해 임무를 완수할 책임을 가진 모든 리더와 상관에게 적용될 수 있다. 그러나 그것은 형식적인 해결 이상의 무언가를 필요로 한다. 멘토링을 제대로 하기 위해 시간을 내는 멘토들로서, 우리가 언젠가 우리의 이전 프로테제들(protégés), 즉 멘토들에 의해 도움을 받은 개인들이 차례로 탈바꿈해 그들 스스로가 멘토로 활약하는 것을 목격할 때 최선의 검증이 이뤄질 것이다.

훌륭한 멘토링의 필수불가결한 요소인 적절한 행동의 모델링은 리더가 프로테제에게 자신이 원하는 것을 정확히 보여줄 때 가능하다. 그것은 대장놀이(follow-the-leader)[7] 게임 이론인 "내가 행하는 대로 하라(do as I do)"와 같은 것인데, 우리는 진정으로 이렇게 끝없는 게임을 한다. 우리는 너무도 많은 사례들을 통해 모든 사람에게 적용되는 규칙—심지어 법률—에서 리더 자신을 예외로 고려하는 것을 목격했다. 개인적 및 제도적 수준에서의 부패, 스캔들, 파멸은 리더의 특권적인 태도로부터 야기된다. 개인적인 부정직, 부도덕성 또는 무법성을 위선된 고결성이라는 가면 뒤에 감추고자 하는 리더는 필연적으로 정체가 노출되어 그 사실이 조직 전체에 퍼질 수 있기 때문에 사람들을 자신과 유사한 사기꾼이 될 수 있도록 멘토링할 수 있다. 진정한 멘토라면 시간, 장소 또는 사정에 대한 고려 없이 "내가 말한 대로 하라"와 "내가 행하는 대로 하라"가 완전히 구별될 수 없다는 사실을 입증해야 한다. 멘토-리더가 되어 부하들에게 요구하는 모든 것을 솔선수범하는 것이 항상 개인적으로 편리하거나 손쉬운 일이 아닐 수도 있으나, 진정한 리더십의 탁월함을 위해 타협할 수 없는 필요조건이다.

멘토인 우리가 단 한 명의 프로테제에게라도 영향을 미칠 수 있다면 그것은 리더가 경험할 수 있는 가장 보람 있는 일들 중 하나가 될 것이다. 극적이지도 화려하지도 않은 멘토링의 결과는 프로테제를 제외한 모든 사람에게 무의미할지 모르나, 프로테제에게는 심오한 의미를 갖는다. 이것은 많은 사람이 갈망하는 폭발적인 리더십 마술인 대형천막 마

---

7 대장이 하는 대로 흉내를 내다가 틀리면 벌을 받는 아이들의 놀이

술(marquee-magic)의 종류가 아니라, 그저 한 번에 조금씩 조용하고 개인적인 형태의 마법을 실제로 작동시키는 종류이다.[8]

평생학습

훌륭한 리더들은 리더 자신과 다른 모든 사람들이 성장하지 않으면, 조직이 성장할 수 없다는 것을 잘 알고 있다. 전문성 개발이나 평생학습은 우리가 이전에 할 수 없었던 것을 이제는 할 수 있게 되는 것과 관련된다. 그것은 우리 자신과 부하들에게 더 많은 능력과 자신감을 성장시키고 개발하는 것을 요구한다. 우리가 "리더가 하는 일"에 대한 섹션에서 언급한 바와 같이, 지금은 어느 때보다 리더들이 전문성 개발 활동을 지속적으로 유지할 수 있도록 보장해야 한다. 우리는 일생에 한 번만 학교에 가는 것이 아니며, 교육을 영원히 제쳐놓지 않는다. 즉, 우리는 평생 학교에 다닌다.

사람을 개발하는 일—필요한 모든 개인별 맞춤형 노력과 함께 그들을 개발하는 일—은 조직이 그 자체를 어떻게 바라보며 그리고 조직이 리더, 고객, 경쟁자 및 동료들에 의해 마찬가지로 어떻게 비치는지에 있어서 매우 중요하다. 조직은 모든 것에 앞선 팀 구조 위에서 평생학습, 모든 사람에 대한 내실 있는 향상, 그리고 동일한 내부 비법의 사용을 통해 그 능력을 구체화한다. 현실 리더들은 그들의 비전에 '지속적인 학습'을 가장 중요한 순위에 두는 것만으로도 부하들이 끊임없이 불안정한 상황에서 항상 바뀌기 쉬운 임무를 완수할 수 있도록 기회를 가질 수 있다. 오늘날과 같은 복잡한 세상에서는 부단한 학습과 적응이 전반적이며 장기적인 성공에 직접적으로 관련되고 절대적으로 필수적이라는

---

8 John C. Kunich and Richard I. Lester, *Survival Kit for Leaders* (Dallas: Skyward Publishing, 2003), pp. 71-73.

것에 대해 어느 누구도 의심하지 않는다.

리더십과 변화의 실행

당신이 다음의 농담을 이미 43회 이상 들었다면 읽지 않아도 된다. 백열전구를 바꾸기 위해 얼마나 많은 정신과 의사가 필요한가? 대답은 간단하다. 단 한 명이다. 그러나 그것은 가격이 매우 비싸고, 시간이 오래 걸리며, 백열전구를 교체할 이유가 있어야 한다. 하지만 그런 전설 속의 백열전구를 바꾸는 일과 달리 진정한 변화를 실행하는 일은 오래 걸리지 않는다. 변화는 어떤 때는 매우 빠르게 진행될 수 있는 반면, 어떤 때는 빙하 같이 감지할 수 없는 느린 속도로 천천히 진행된다. 좋든 나쁘든 이것은 모든 형태의 진화에 해당한다. 리더들의 중요한 기능은 전자를 극대화하고 후자를 최소화하는 것이다. 긍정적인 변화—운 좋게 우리의 머리 위에 떨어지는 유형보다는 우리가 진취적으로 만들어낸 유형—는 올바른 전략을 필요로 한다. 우리는 실행 가능하고 제도적으로 내재화된 과정을 포함하며, 희소식의 변화를 가져오고 멋진듯한 실패 유형을 식별하여 피할 수 있는 하나의 시스템이 필요하다.[9] 유용한 변화를 이끌 수 있는 유능한 리더가 없다면, 변화는 가만히 앉아 있는 동안에도 필연적으로 찾아올 것이며, 우리는 대개 그런 다양한 우발적인 변화를 기꺼이 받아들이지 않을 것이다.[10]

불안정성의 시대는 친숙하면서 이해가 잘되고 일상적인 것들이 제자리에 그대로 남아 있기를 바라는 사람들에게 불편한 시대가 될 수 있

9 Paul Hersey, Kenneth H. Blanchard, and Dewey Johnson, *Management of Organizational Behavior: Leading Human Resources*, 8th ed. (Upper Saddle River, NJ: Prentice Hall, 2001), p. 229.

10 Oren Harari, *The Leadership Secrets of Colin Powell* (New York: McGraw-Hill, 2002), p. 23.

다. 끊임없는 변화가 있기 때문에, 리더는 변화가 작동되도록 하고, 그 주변의 것을 최대한 활용하며, 그리고 변화가 올바른 방향으로 추진되도록 대책을 마련해야 한다. 우리가 미래를 예측하는 가장 좋은 방법은 미래를 창조하는 것이다. 그러나 자기개발서에서 가져온 공식을 기계적으로 적용하는 방식으로는 미래를 창조할 수 없으며, 이를 위한 비전문가용 세트도 존재하지 않는다. 우리의 방법들을 설명하기 위해 어떤 신조어를 만들든지, 그리고 수량화할 수 있는 정확성의 환상을 떠올리기 위해 얼마나 많은 차트와 과정의 리스트를 꾸며낼 수 있는지와 관계없이 우리는 여전히 미래를 희미하게 살짝 엿볼 수 있을 뿐이다. 그러나 우리는 지금 그리고 2년 후에 우리가 필요로 하는 것을 살펴본 후, 그것을 실현하기 위해 목표의식을 가지고 시작할 수 있다. 만약 우리가 다가올 미래에 대처하기 위해 아이디어를 브레인스토밍하려고 모든 계층에 있는 사람들과의 만남에 매일 상당한 양의 시간을 쏟는다면, 우리가 세상일에 정통하지 못하며 모든 좋은 질문을 독점하지 못한다는 우리의 의심을 해소할 수 있을 것이다. 우리는 더 이상 폭주열차에 탄 수동적인 승객이 아니라 삶의 여정에 영향력을 가진 엔지니어들이 될 수 있으며 실천이 공포심, 무기력함, 분노 그리고 불확실성을 완화시킬 수 있는 강력한 약효가 있다는 것을 알게 될 것이다. 시대의 조류에 편승하는 대신에 시대보다 조금은 앞서서 변하고 최적의 방향으로 변화를 이끌기 위해 우리가 할 수 있는 것을 해나가는 습관을 가져야 한다. 우리는 그러한 과정에서 건설적인 목적을 가지고 우리의 삶을 향상시킬 것이다.[11]

---

11 Rick Warren, *The Purpose Driven Life: What on Earth Am I Here for?* (Grand Rapids, MI: Zondervan, 2002), pp. 312-314.

결론

마지막으로 리더십의 복잡성에 대해 누구보다 신중하게 기술한 존 가드너(John W. Gardner)를 떠올려본다. 다음과 같은 그의 말들은 거의 리더십 신조에 가깝다.

> 우리는 우리 자신과 우리의 미래를 믿을 필요가 있으나 삶이 쉬운 것이라고 믿을 필요는 없다. 삶은 고통스럽고 비는 정의로운 자들에게 내린다. 리더들은 우리 스스로를 의심해서가 아니라 해결방법을 증진시키려는 이유로 우리가 실패와 좌절을 맛볼 수 있도록 도와주어야 한다. …… 우리가 마침내 우리의 문제들을 해결할 수 있는 날을 위해 기도하지 말라. 그 대신 앞으로도 결코 멈추지 않고 우리에게 던져질 문제들을 계속하여 다룰 수 있는 자유를 갖게 해달라고 기도하라.[12]

아마도 윤리에 기초한 현실 리더들이 되기 위해 우리가 할 수 있는 모든 일을 종합하여 요약해보면, 개인들의 집단을 응집력이 강하고 목적이 있는 문제해결 팀으로 발전시키기 위해서는 우리의 자유를 최대한 이용하고 우리가 할 수 있는 모든 것에 마음을 두는 노력이 필요하다.[13] 이는 필연적으로 우리가 이 글에서 다뤄온 모든 활동—리더십의 개념 이해, 진심어린 멘토링과 가르침의 실행, 우리의 아킬레스건 치유, 평생학습의 실천, 그리고 모든 수준에서의 우리 자신의 미래 개척—을 수반할 것이다. 만약 우리가 근본적으로 팀과 조직에 최선인 것과의 조화 속에서 사심 없이 그 팀의 구성원이 된다면, 리더십에 대한 많은 화려한 이론상의 개념들은 쓸모가 없어지거나 우리와 우리의 팀원들 스스로 그것

12 John W. Gardner, *On Leadership* (New York: Free Press, 1993), p. 195, xii.

13 Jeffery A. Zink, *Hammer-Proof: A Positive Guide to Values-Based Leadership* (Colorado Springs, Co: Peak Press, 1998), p. 5.

들을 쓸모없게 만들 것이다. 현실 리더십은 어떤 학술 교재의 공식에 잘 들어맞지 않거나 소설가에게 허구적인 불멸을 열광적으로 이야기할 영감을 주지 않을 수 있으나, 리더들이 매일 맞닥뜨리는 현실적인 일과 사건들을 전적으로 수용하기 때문에 우리의 기대에 부응한다.

면책조항

이 글에 표현된 결론이나 의견은 표현의 자유와 공군대학의 학문적 환경을 통해 장려된 저자들의 표현이다. 미국 정부, 미 국방부, 미 공군 또는 공군대학의 공식적인 입장을 반영한 것은 아님을 밝힌다.

제6장 파트너로서의 팔로워
기회가 올 때를 대비하라

얼 포터 3세(Earl H. Potter III)와 윌리엄 로젠바흐(William E. Rosenbach)

최전방에서 근무하는 군인이 종종 어려운 문제에 대한 최선의 해결책을 가지고 있다는 인식은 모든 구성원으로부터 최고의 아이디어를 얻기 위해 미군이 실행하는 시스템들의 근간을 이룬다. 이러한 시스템들은 새로운 아이디어를 찾아내고 모든 구성원이 그들의 리더들과 아이디어를 공유하도록 촉진하는 환경을 조성한다. 그 결과 미국의 납세자들은 수백만 달러의 세금을 절약하고, 일상 업무에서 효율성과 효과성이 개선되었다.

예를 들면, 제임스 레나츠(James S. Lennartz) 2등 중사는 43번째 LSS 터보 추진의 정비관으로 근무하던 어느 날, C-130 허큘리스(Hercules)의 오일 냉각기 플랩 액추에이터(flap actuator) 용 마운트 부싱(mount bushing)을 보급창에서 4,808.29달러짜리 부품을 구매하여 교체하는 대신 75센트를 들여 수리하는 아이디어를 생각해 냈다. 오일 냉각기는 C-130의 엔진오일을 냉각시키며, 플랩 액추에이터는 주기적으로 움직이면서 오일 냉각기에 공기를 공급하고, 마운트 부싱은 부품들을 연결하는 역할을 한다. 레나츠는 "기존의 마운트 부싱의 크기를 알아낸 다음 기계 공작소에 요청해서 부싱용 부품을 제작하도록 했으며, 그것이 제대로 작동하는지를 확인한 후 엔지니어들에게 보내 승인을 받았습니다"라고 말했다. 후에 그의 아이디어는 전 세계에 있는 모든 C-130 오일 냉각기 플랩 액추에이터에 도입되었다.

미 공군 뉴스를 통해 이 같은 일화가 소개되면서 다른 군인들도 독창적인 아이디어를 시도했으며 리더들은 부하들에게 좋은 아이디어를 찾도록 자극했다. 레나츠가 혁신의 대가로 1만 달러의 포상금을 받을 만했다는 주장에 대해 어느 누구도 반박하지 않을 것이며, 다른 사람들에게 좋은 아이디어를 제시하라고 장려한다고 해서 손해 볼 사람도 없을 것이다. 그러한 문제들은 객관적이다. 즉, 우수함을 평가하기 위한 명확한 기준과 평가를 위한 충분한 시간이 있다. 하지만 이는 위험도가 높고 작전속도가 빠른 상황에서는 일어나기 어려울지 모른다. 그럼에도 불구하고 부하에게 더 좋은 해결책이 있을 것이라는 생각은 여전히 사실일 수 있다.

미국에서 피난처를 찾는 쿠바인에 대한 미국의 정책은 지난 10년에 걸쳐 변화해왔다. 미 해안경비대는 난민들을 '구조'하여 미국 법률이 적용되는 항구로 이동시키라는 지시를 받았으나, 지금은 쿠바 난민들이 탈진하기 전에 미국 땅에 도달하는 것을 막아서 쿠바로 되돌려 보내라는 명령을 이행하고 있다. 쿠바 난민들도 이를 잘 알고 있기에 금지령을 피하기 위해 더욱 필사적인 방법에 의존하고 있다.

2004년 2월 4일, 11명의 쿠바인이 후미에 프로펠러를 부착하여 보트로 개조된 1959년형 뷰익(Buick)을 타고 플로리다 진입을 시도했다. 네 명의 여성과 다섯 명의 아이들이 자동차를 개조해 만든 배에 타고 있었다. 창문은 까맣게 칠해져 있었고, 문은 바닷물을 막기 위해 봉해져 있었으며, 남자들은 지붕 위에 앉아 있었다. 2년 전 마르시엘 바산타 로페스(Marciel Basanta Lopez)와 루이 그라스 로드리게스(Luis Grass Rodriguez)는 55갤런짜리 빈 기름통으로 만든 철주(pontoon) 사이에 매단 1951년형 시보레(Chevrolet) 픽업 차량으로 미국 상륙을 시도한 적이 있었다. 해안경비대는 로페스와 로드리게스를 체포했고, 결국 그들의 '보트'를 침몰시킨 후 쿠바로 돌려보냈다.

보통 상황이라면 경비대는 인명을 보호하기 위해 엔진을 무력화시키는 사격을 한 후 엔진이 멈췄을 때 보트에 올라 저지했을 것이다. 하지만 이번에는 상황이 달랐다. 선체는 차량 후드 밑의 V8 엔진에 의해 움직이고 있었다. 배 위의 사람들은 계속해서 상륙을 시도했고, 해안경비대는 무력을 사용하면 약한 선체가 가라앉을지도 모른다는 우려를 했다. 당시 미 해안경비대 키웨스트(Key West)의 지휘관이자, 작전책임자였던 해안경비대장 필 헤일(Phil Heyl) 대령은 어떻게 배를 멈추게 할 것인지에 대해 나름대로 생각이 있었다. 그러나 그는 명령을 내리기 전에 부하들에게 다른 아이디어가 있는지 의견을 물었다. 여러 가지 제안이 있었고, 그중 한 상사가 연료통에 설탕을 넣자는 제안을 했다. 헤일은 반신반의했지만 그 제안을 받아들여 배 위에 올라 연료통에 설탕을 부어 넣도록 지시했다. 그러자 보트의 엔진이 멈췄고, 배 안에 있던 모든 사람을 안전하게 이송하여 쿠바로 돌려보냈다.

리더십 전문가들은 오랫동안 상황이 허락한다면 리더와 부하들 간의 논의가 중요하다는 사실을 주장해왔다. 대개 문제가 복잡할 때는 집단 구성원들 사이에 전문적 지식이 널리 확산되며 숙고할 시간이 충분히 있다. 반면에 행동으로 옮기는 속도가 빠르고 긴급한 명령들이 요구될 경우도 있다. 요즈음은 일반적으로 작전 속도가 빨라지고 있다는 점이 당면과제다. 따라서 모든 상황에서 자문을 구할 시간이 없고 대안적 아이디어를 찾을 여지가 없다고 믿기 쉽다. 그렇지만 부하들이 대개는 작전 성공에 매우 중요한 정보나 아이디어를 가지고 있다는 사실에 대한 증거가 분명히 존재한다. 사실상 작전 수행에 필요한 모든 관점을 이끌어내는 데 실패한다면 비참한 결과를 초래할 수 있다.

1980년 1월 28일, 미 해안경비대의 소형감시선 블랙손호(Blackthorn)가 탬파 만(Tampa Bay)[1]에 입항하는 화물수송선과 충돌하여 침몰된 일이 있었다. 이 사고로 26명이 목숨을 잃었다. 조사관들은 그날 조타실에 있

1 미 플로리다 주 중서부에 위치

던 여섯 명이 제각기 배의 안전과 관련된 중요한 정보를 알고 있었지만, 그 같은 정보를 교환하지 않았다는 사실을 발견했다. 서로 정보를 교환하는 것을 장려하는 분위기가 조성되지 않았고, 함교에 있던 몇몇 사람은 업무를 태만하게 수행했다.

창조적 리더십센터(Center for Creative Leadership)의 로버트 지넷(Robert Ginnett)은 지휘관직에 있는 가장 유능한 조종사들의 행동치침을 밝히기 위해 승무원들을 연구했다. 지넷은 가장 유능한 리더들이 맡은 임무에 열정을 다해 집중한다는 연구결과와 함께 모든 승무원을 파트너로 여긴다는 사실을 발견했다. 더욱이 이러한 리더는 승무원들이 파트너로서 제공한 정보를 자유롭게 교환하며, 두려움 없이 대안적 관점을 제시하고, 언제든지 능동적으로 개선점을 찾을 수 있는 환경을 조성했다.

파트너들은 주어진 일을 수행할 수 있는 역량과 에너지를 가지며, 조직의 목적에 관심을 기울인다. 파트너들은 리더의 목적을 이해하며 그 이해를 바탕으로 그들 자신의 업무에 집중한다. 그러한 팔로워들은 리더의 의제와 전략을 파악하는 동시에 자신의 직무수행에 필요한 기술을 완벽하게 갖추고, 성과를 극대화하려고 모색한다. 파트너들은 작전 속도가 빠를 때에도 실행할 아이디어를 어떻게 획득하며 언제 수행해야 할지를 이해한다.

만약 조직이 주로 리더와 팔로워들 간의 강한 인간관계로 엮인 것이라면, 지휘의 목적과 방향은 지휘계통을 통해 전달된다. 목적은 모든 선택에 대해 정보를 제공하고 안내하는 역할을 하며, 관찰된 행동과 목적 간의 모순은 모두에게 명확하다. 구성원들이 목적을 벗어난 일탈을 볼 수 있을 때 문제들이 제기된다. 상급자들은 그러한 문제를 업무 개선을 위한 기회로 보거나 부하들이 임무를 수행하기 위해 명령을 더 잘 이해하는 계기로 보기 때문에 이러한 문제들을 환영한다.

가장 유능한 리더들은 팔로워들을 파트너로서 발전시키며, 이러한 역할을 어떻게 수행해야 하는지를 가르친다. 그러나 조직의 모든 구성원이 파트너가 아니며, 파트너가 될 필요도 없다. 조직의 큰 그림을 이해할 수 있는 경험과 몰입을 통해 고성과를 내는 성숙한 팀 구성원들에게 파트너의 역할이 주어진다. 그것은 모든 구성원이 갈망하는 역할이며 계급이나 지위에 의존하지 않는다. 파트너로서 함께 일하는 리더와 부하들은 현대의 군대 조직이 언제 어떤 상황에서든지 잘 기능할 수 있게 해준다.

어떤 군사작전들은 아직 파트너가 아닌 군인들에게도 허용되는 반면, 어떤 군사작전들은 모든 구성원이 파트너로서 기능할 수 있어야 한다는 것을 요구한다. 카타르(Qatar) 반도의 알 우데이드(Al Udeid) 공군기지 내의 제379 항공원정기지에 있는 여섯 명으로 구성된 정보국이 이러한 작전들 가운데 하나의 예가 될 수 있다. 이 부서는 안전한 컴퓨터 네트워크를 통해 여러 정부기관으로부터 들어오는 정보와 함께 매우 빠른 속도로 움직인다. 이곳에서 자유수호작전(Operation Enduring Freedom)을 지원하는 가장 크고 신속한 부처의 정보국장인 에드 폴라체크(Ed Polacheck) 중령에 의하면, "모든 정보 요원은 탐구적이고, 명백한 답변 이상을 제시해야 하며, 특정 정보가 더 큰 그림에 왜 중요한지를 물어야 한다."

만약 조직의 구성원들이 파트너로서 기능할 수 없다면 파트너의 가치를 공유할 사람을 모집하여 고용하라. 어떤 경우 리더들은 부대에 배치된 사람들을 파트너로 개발할 필요가 있을 것이다. 어떤 경우라도 파트너들을 고용하거나 개발해야 하는 리더들은 그들의 노력을 이끌어낼 수 있는 모델을 필요로 한다. 다음에서는 그러한 모델을 살펴본다.

파트너로서의 팔로워 평가모델

파트너와 다른 팔로워

가장 유능한 팔로워들은 파트너십을 가지고 일하지 않으면 임무를

〈그림 6-1〉 팔로워의 유형

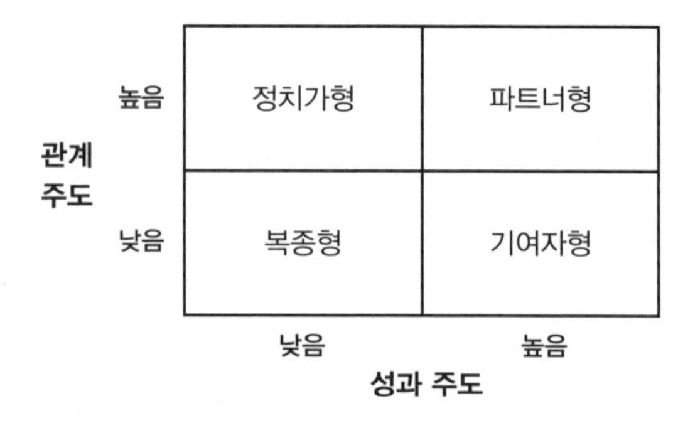

충분히 수행하지 못한다는 것을 알고 있다. 파트너십은 고성과에 대한 몰입과 (상급자를 포함한) 파트너들과의 효과적인 관계를 개발하려는 몰입 둘 다를 필요로 하며, 파트너들의 협력은 그들 자신의 업무 성공에 필수적이다. 이러한 팔로워들은 높은 성과를 추진하는 데 전념하며, 리더들과의 관계의 질에 대해 책임을 공유한다는 인식을 가지고 있다. 이러한 팔로워들은 파트너들이며, 파트너십을 결정짓는 두 가지 차원(성과 주도 및 관계 주도)은 군 리더들에게 익숙한 세 가지 다른 팔로워의 역할, 즉 복종형, 기여자형, 정치가형을 설명한다(〈그림 6-1〉 참조).

팔로워의 유형

복종형(subordinate). 복종형은 지시받은 것을 수행하는 '전통적인' 팔로워로서 만족스러운 수준의 능력을 갖추고 있으나 조직이 리더십을 기대하거나 도전적인 임무를 받는 사람이 아니다. 복종형은 직업을 유지하면서 연공 중심의 조직에서 승진할 수 있지만, 관계에 대한 민감성도 고성과에 대한 몰입도 나타내지 않는다. 복종형은 상명하복이 관례화된 위계적 조직에서만 그 가치를 인정받는 유형이다. 상명하복이 바람직한 행동으로 여겨지는 조직 환경에서 '훌륭한' 팔로워들은 이 분석의 다른 사분면에 기술된 개인들과 같은 행동을 충분히 할 수 있을 때조차, 심지어 그렇게 하고 싶을지라도 이러한 특징을 보일 것이다. 또한 이런 유형의 팔로워는 부여된 일 이상을 하는 데 관심이 없거나 자신의 직무를 최우선의 가치로 생각하지 않으며, 약간 또는 완전히 반감이 많다.

기여자형(contributor). 이 유형의 팔로워는 모범적으로 행동하고, 열심히 일하며, 일을 잘한다는 평가를 받는다. 하지만 이들은 리더의 관점을 이해하려는 노력을 좀처럼 하지 않으며, 일반적으로 새로운 도전에 관심을 갖기 전까지 지시를 기다린다. 그들은 직무수행에 필요한 자원, 정보, 기술을 획득하는 데 철저하고 창의적이다. 하지만 근무지의 대인관계 역동성은 우선적인 관심사항이 아니며, 그들은 자신의 전문적 기술이나 지식을 좀처럼 공유하지 않는다. 이러한 개인들은 관계 주도 차원에 대한 기술과 관점을 습득함으로써 완전한 파트너로 발전할 수 있다. 대안적으로, 그들이 탁월하고 편안하게 느끼는 업무에 집중하도록 허용하고, 상사와의 대인관계를 요구하는 직무 관점을 제거하거나 최소화함으로써 그들의 귀중한 성향이 수용되고 업무 가치가 극대화될 수 있다.

정치가형(politician). 정치가형은 성과를 극대화하기보다는 관계를 관리하는 데 주의를 더 기울인다. 이 유형은 종종 잘못 사용되거나 오해를 받지만 귀중한 대인관계 자질을 가지고 있다. 이러한 팔로워들은 남다르게 인간관계의 역동성에 민감하며, 대인관계의 어려움이 발생하거나 발생 가능성이 있을 때 그들의 능력을 발휘할 수 있기에 소중하다. 그들은 자진하여 집단 관계에 대한 통찰력을 제공할 수 있기 때문에 리더에게 소중한 지원을 제공할 수 있다. 하지만 종종 이런 팔로워들은 상사와의 관계에서 관계 지향적이거나 정치적인 측면을 위해 직무의 본질적인 측면을 소홀히 하곤 한다. 이는 다른 사람들이 직무 성과를 위해 이러한 유형의 사람들에게 기댈 때 나타나는 특별한 문제점이다. 정치가형은 직무 성과에 중점을 둠으로써, 그리고 이러한 두 가지 관심사에 어떻게 균형을 둘 수 있는지를 배움으로써 완전한 파트너가 될 수 있다. 그렇지 않으면 그들을 있는 그대로 받아들이고 그들이 지닌 기술과 성향을 근본적으로 필요로 하는 책임을 부여할 수 있다.

파트너형(partner). 파트너형은 높은 성과와 효과적인 인간관계를 위해 노력한다. 관계 발전에 쏟는 에너지는 미충족 욕구를 채우기 위한 새로운 방향과 기여를 예측하는 데 필요한 계획과 행동을 이끌어내는 그런 유형의 이해를 높인다. 글로벌 환경에서 변화를 예측하고 변화에 속도를 맞추는 조직들은 파트너십을 장려하는 리더들, 그리고 파트너가 되고자 추구하는 팔로워들로 특징지어진다.

부하들의 행동양식

이러한 네 가지 유형의 팔로워들은 성과 주도 차원과 관계 주도 차원 위에 그들의 행동을 기술함으로써 구분될 수 있다.

성과 주도

성과 주도(performance initiative)란 임무를 훌륭하게 수행하려는 팔로워들의 적극적인 노력을 말한다. 상당한 정도의 성과 주도성을 보이는 사람은 기술의 개선, 팀원과의 자원 공유, 그리고 새로운 전략의 시도와 같이 조직에서 자신의 성과를 개선시킬 수 있는 방법을 찾는다. 성과 주도성이 높은 사람은 자신의 미래가 조직의 미래에 달려 있다는 것을 이해하고 단순히 전날 지시받은 과업을 수행하는 데 만족하지 않는다. 성과 주도성이 낮은 사람은 여전히 평균적인 성과자들을 찾는 반면, 성과 주도성이 높은 사람은 자신의 분야를 이끎과 동시에 자신의 기여가 조직의 성과를 강화시키는 전문가들을 찾는다.

우리는 팔로워의 주도성 차원을 측정하기 위해 팔로워가 자신이 부여받은 임무를 달성하기 위한 방식을 고민하는 정도, 팔로워가 자신을 가치 있는 자원으로 여기는 정도, 팔로워가 동료들과 얼마나 협력을 잘 하는지, 그리고 팔로워가 조직적 및 환경적 변화에 대해 어떤 관점을 갖는지를 고려할 필요가 있다. 팔로워들은 다음에 기술하는 네 개의 각 영역에서 적극적으로 주도하는 정도가 다르다.

직무의 수행. 팔로워들은 그들이 해야 할 일을 잘할 수 있는 만큼이나 노력하는 정도가 다양하다. 이 연속체의 한쪽 끝에 있는 팔로워들은 마지못해 일하며, 그들의 직무를 유지하는 데 요구되는 최소한의 기준까지만 주어진 과업을 수행하고 더 이상은 하지 않는다. 이 연속체의 반대편 끝에 있는 어떤 팔로워들은 업무성과의 질에 대해 크게 신경을 쓴다. 그들은 조직이 제시하는 최저한도보다 더 높은 기준을 스스로 세우며, 정해진 기준을 간신히 충족하기보다는 성과를 효과적으로 달성하는 데 중점을 둔다. 이러한 팔로워들에게 일은 그들의 삶에서 중요하고 핵심적인 부분이다. 그들은 자신이 하는 일에 자부심을 느끼고, 높은 개인적 성과기준을 적용하며, 그로부터 개인적인 만족을 느낀다.

다른 사람과의 협력. 팔로워의 업무성과에서 또 다른 중요한 차원은 조직 내 다른 사람들과 함께 일하는 것이다. 양극단의 한쪽에는 다른 사람들과 잘 맞춰서 일하지 못하고 끊임없이 논쟁과 분란에 휩싸이며, 일하는 과정에서 모두를 짜증나게 하는 팔로워가 있다. 이런 팔로워들은 실제로 조직 내 다른 사람들의 성과에 지장을 준다. 이와 대조적으로, 어떤 팔로워들은 혼자서 일한다. 그들은 다른 사람들과 함께 일하는 데 곤란을 느끼지 않으나, 사실상 그들과 함께 일하지도 않는다. 그들의 성과는 전적으로 그들 자신이 무엇을 하느냐에 달려 있다(혹은 그들이 그렇게 생각한다). 그러나 정도의 차이는 있지만 많은 팔로워는 다른 사람들과의 협력을 십분 활용한다. 팔로워들이 다른 사람들과 효과적으로 일할 때, 그들 자신의 이익과 다른 사람들의 이익 사이에 균형을 맞출 수 있으며, 공동의 목적을 발견하고 그것을 달성하기 위해 일한다. 이는 경쟁보다 협력을 강조하며, 자기만의 성취 대신에 집단 전체의 성공을 통해 진정한 성공을 일궈내는 것을 의미한다.

자원으로서의 개인. 팔로워의 성과 주도에서 또 다른 중요한 관점은 사람들이 자신을 얼마만큼 가치 있는, 그러나 제한적인 자원으로 여기는지에 달려 있다. 어떤 팔로워들은 자신의 개인적 행복에 거의 관심을 기울이지 않으며, 정신적 · 육체적 · 감정적 건강에 신경을 쓰지 않는다. 그 팔로워가 많은 면에서 유능하다면 이것이 단기적으로는 조직에 득이 될 수 있지만, 장기적으로 그러한 무관심은 극도의 피로나 침체를 초래하기 쉽다(팔로워의 성과 주도의 다른 관점에 달려 있음). 장기간에 걸쳐 효과적일 수 있는 팔로워들은 자신을 가장 가치 있는 자원으로 여기며, 일과 다른 관심사(예를 들어, 가족과 친구, 지역 활동과 관계, 신체 및 영양 상태)의 균형을 유지함으로써 자신의 육체적 · 정신적 · 감정적 건강을 유지하기 위해 자신을 돌본다.

변화의 수용. 팔로워의 성과 주도에서 또 다른 중요한 차원은 변화에 대한 지향성이다. 많은 경우, 변화에 대한 팔로워의 반응은 변화를 무시하거나 외면하는 것이다. 변화는 위협적이고 혼란스러우며, 유서 깊고 익숙한 것들을 교체하는 것이다. 어떤 팔로워들은 적극적으로 변화에 저항하고, 일이 다른 방식으로 수행되는 것을 막을 방법을 찾는다. 이 차원의 긍정적인 한쪽 끝에 있는 팔로워들은 지속적인 질적 개선을 위해 몰입하고, 변화를 그들 자신과 조직의 지속적인 개선을 위한 수단으로 여기기 때문에 새롭고 더 좋은 방식을 찾는다. 그런 팔로워들은 변화를 예측하거나 추구한다. 그들은 '다름'이 '악화'를 의미하는 것이 아님을 본보기로 보여주면서 동료들에게 일을 다르게 하는 것이 주는 이점을 설명함으로써 효과적인 변화의 대리인이 될 수 있다.

관계 주도는 리더와의 업무관계를 개선하려는 팔로워의 적극적인 노력을 말한다. 높은 관계 주도성을 보이는 사람들은 "보스가 실패한다면 나도 성공할 수 없다"는 것을 알기 때문에 리더가 성공하는 데 도움을 줄 수 있는 방법들을 찾는다.

관계 주도

팔로워의 주도성에서 필수적이나 대체로 소홀하기 쉬운 차원은 리더에 대한 팔로워의 관계다. 관계 주도 차원에 대한 몇 가지 질문이 탐구될 필요가 있다. 팔로워는 조직에 대한 리더의 비전을 어느 정도까지 이해하고 파악하는가? 팔로워는 리더와의 상호 신뢰를 형성하기 위해 적극적으로 노력하는가? 팔로워는 어느 정도까지 리더와 허물없이 의사소통을 하고자 하는가? 팔로워는 리더와의 의견 차이를 조율하기 위해 얼마나 적극적으로 노력하는가? 이 차원의 낮은 한쪽 끝에 있는 사람들은 자신에게 주어진 관계를 유지한다. 높은 한쪽 끝에 있는 사람들은 파트너로서 자신의 선택들을 알릴 수 있는 관점을 얻기 위해 개방성과 이해력을 증진하는 노력을 한다. 다음의 하위 척도는 관계 주도를 설명한다.

리더와 동일시하기. 팔로워들이 리더의 관점을 이해하고 공감하는 정도는 매우 다양하다. 많은 팔로워는 정말로 그런 노력을 하지 않는다. 그들은 리더에 대해 뭔가 이상하고 인간답지 않다고 여기며, 리더의 관점에서 상황이 어떻게 보이는지, 또는 리더의 목적이나 문제점들이 무엇인지에 대해 생각하려고 하지 않는다. 위계질서가 명확하고 지휘체계가 비교적 엄격한 조직에서 평범한 팔로워들이 리더와 동일시하려는 모습을 보지 못하는 것은 매우 자연스러운 일이다. 심지어 팔로워들은 보통 사람들마저 이해하지 못할 정도로 그들의 리더(예를 들면 상사)를 충분히 다르게 생각하도록 장려될지도 모른다. 이와 대조적으로, 어떤 팔로워들은 그들의 리더들을 더욱 냉철하게 생각하며, 그들의 열망과 스타일을 이해하고, 그들의 열망을 자기 자신의 것으로 받아들일 정도로 리더에게 충분한 존경심을 나타낸다. 이런 팔로워들은 리더의 관점을 이해하며, 리더의 성공을 돕기 위해 그들이 할 수 있는 일을 하고, 리더의 성공으로 보람과 자부심을 느낀다.

신뢰의 구축. 또한 팔로워들은 리더가 자신들에 대한 신임과 신뢰를 쌓을 수 있는 방식으로 행동하기 위해 주도적일 수 있다. 그들은 리더에게 믿음직하고, 신중하며, 충성스럽다는 것을 확실하게 보일 수 있는 기회들을 찾고 이용한다. 그들의 리더에게 이러한 자질들을 보이는 팔로워들은 결국 새로운 아이디어들에 대한 자신의 의견과 반응을 요청받을 것이다. 신뢰를 쌓을 수 있는 기회들을 찾지 않고, 리더들과의 관계를 중요한 관점으로 이해하지 못하거나 받아들이지 않는 팔로워들은 그에 걸맞은 대우를 받을 것이며, 그들이 생각하는 만큼 리더를 도울 수 있는 자리에 있지 못할 것이다.

용기 있는 커뮤니케이션. 신뢰 구축이 가장 쉬운 일이 아닐 때조차 신뢰 구축의 일부로 정직함이 포함된다. 이러한 관계 주도의 관점은 그 나름의 존재가치를 고려할 정도로 충분히 중요하다. 어떤 팔로워들은 나쁜 소식을 전하는 사람이 되는 것을 두려워하며(종종 충분한 이유가 있어서) 불쾌한 진실을 말하는 것을 꺼린다. 이는 전형적인 예스맨에서부터 말하는 사람과 듣는 사람들이 불편해질까 봐 본심을 드러내지 않는 유형까지 다양하다. 그러나 리더들과의 관계에서 주도적인 팔로워들은 다른 사람들이 진실을 즐겨듣지 않을 때조차 조직의 목적 달성을 위해 기꺼이 진실을 말하려고 한다. 용기 있게 의사를 표현하는 팔로워는 솔직해지기 위해 위험을 감수한다.

차이의 협의. 관계 주도의 다른 측면은 리더들과 팔로워들 사이에 발생하는 차이에 대해 팔로워들이 어떻게 접근하는가와 관련이 있다. 리더와의 관계 개선을 지향하는 팔로워는 이러한 차이들을 협의하거나 중재할 수 있는 위치에 놓여 있다. 리더와 팔로워 사이에 의견 차이가 있는 경우, 팔로워는 리더의 의사결정에 대해 공공연하게 반대하거나 자신의 의견 차이를 마음속에 감추고 진정한 개인적 의견과 상관없이 재빨리 리더에게 동의하며 숨어서 반대할 수 있다. 반대로, 리더-팔로워 관계에 대해 우려하는 팔로워는 어느 한쪽 당사자를 설득하거나 만족스러운 타협을 이끌 수 있는 진정한 토론을 하기 위해 이러한 차이들을 말할 것이다.

파트너의 개발

리더들은 팔로워들이 파트너십을 갖는 조건을 만들기 위해 먼저 그들의 팔로워들에게 기대하는 것이 무엇인지를 알아야 한다. 앞서 설명한 모델은 이러한 그림을 제시한다. 다음으로 효과적인 팔로워십을 위한 올바른 조건을 만들기 위해서는 팔로워들이 파트너십을 갖도록 유인할 수 있는 실질적인 단계를 명확하게 이해하는 것이 필요하다.

부여된 책무 외의 이슈들에 대해 추천하는 원사들조차 부사관들의 아이디어가 가치 있다는 사실을 알지 못한다면, 부사관들은 생사가 걸린 임무를 수행하는 결정적인 시점에서도 기발한 제안들을 하지 않을 것이다. 필 헤일 선장은 의도적으로 그의 지휘부에 파트너들을 위한 공간을 만들었다. 해안경비대 키웨스트가 재조직되고 건물들 사이에 부서들을 이동시켰을 때, 48번 빌딩이 새 작전센터가 되었다. 헤일은 이전에 해군의 어뢰기지로 사용된 새 지휘센터 위에 'Coast Guard(해안경비대)'라는 글자를 볼드체로 써서 페인트칠을 하기로 결정했고, 한 갑판 수병에게 이 직무를 맡겼다. 그는 또한 수병이 직무를 수행하는 방법을 파악할 수 있도록 일주일 남짓 시간을 허락했다.

작업이 진행되는 과정에서 헤일은 그 수병이 자신이 생각했던 것과는 다른 접근법을 선택했다는 것을 알 수 있었다. 그는 3피트 높이의 글자들을 6피트 간격으로 떨어뜨려서 대형 건물의 전면에 'US COAST GUARD'가 펼쳐지도록 했으며, 건물의 반대편에는 'SEMPER PARATU(경비대 모토)'[2]라는 대담한 문구를 만들었다. 헤일은 젊은 청년의 시도를 수

2 *Semper Paratu*는 라틴어로 "항상 준비된(Always ready)"을 의미하며, 미 해안경비대의 공식적인 모토임

정할까 고민했으나, 한편으로 그렇게 하면 개인적 창의성을 좌절시킬 수 있다는 생각을 했다. 그는 수병이 시작했던 것을 마칠 수 있게 하기로 결정을 내렸다. 작업이 끝나고 몇 주가 지난 후, 지휘부는 페인트칠로 바뀐 새로운 외관에 대해 많은 칭찬을 들었다. 헤일은 자신이 원래 생각했던 것보다 작업결과가 훨씬 좋아졌다고 생각하게 되었다. 중요한 사실은 수병이 자신의 아이디어가 존중되었다는 것을 경험하게 되었다는 점이며, 더 중요한 사실은 헤일이 이번 사안에 대해 대원들과 생각을 나눴다는 점이다. 그 결과, 전 대원들은 선장이 훌륭한 업무수행과 창의성 그리고 팀워크에 대해 어떻게 생각하는지를 이해하게 되었다.

몇 달 후 해안경비대 사령관 톰 콜린스(Tom Collins) 제독이 방문했을 때, 그는 "마치 해안경비대가 도심 안에 있는 것 같군"이라고 말하면서 규격에 맞지 않은 "알림 문구"에 주목했다. 헤일은 제독의 말에 숨은 뜻을 알아채고는 키웨스트가 어떤 경위로 "허가되지 않은 알림 문구"를 만들 생각을 하게 되었는지 사령관에게 보고했다. 콜린스 제독은 그의 이야기를 듣고는 "음, 그것이 바로 우리 조직이 작동하는 방식이지. 그리고 왜 작동하는지를 보여주는 거야"라고 답변했다.

모든 군 리더는 팔로워들을 복종형이 아니라 기여자형으로 만들기 위해 노력한다. 그들은 훈련과 연습을 시키며, 기술을 개발하고 성과에 대해 자부심을 갖도록 칭찬하고, 새로운 방향을 제시한다. 하고 있는 일을 왜 해야 하는지에 대해 자신의 생각을 공유하고, 팔로워들로 하여금 일이 왜 그런 방식으로 작동되는지를 생각하도록 노력하는 리더들은 팔로워들이 파트너가 될 수 있도록 밀고 나간다. 작전에 대한 피드백을 권장하고 팔로워들이 하는 질문을 기꺼이 받아들이는 리더들이라면 파트너십을 성공적으로 이룰 가능성이 높다. 지넷(Ginnett)의 연구에 의하면, 책임을 맡은 최고의 조종사들과 다른 조종사들 간의 차이는 직접적으로 모든 승무원을 사로잡으며, 성공적인 임무수행을 위해 능동적인 파트너가 될 수 있도록 권한을 위임하는 데 있다. 최고의 파트너들은 그들의 리더들이 언제 의견을 말해야 하는지, 혹은 언제 말하면 안 되는지에 대한 가르침을 주기 때문에 그들이 보고 느끼는 것을 어떻게 공유하는지를 배운다. 매일 파트너들을 만들기 위해 노력하는 리더들은 필요할 때 준비된 그들을 찾을 수 있을 것이며, 이러한 역할을 기꺼이 받아들이는 파트너들은 리더가 자신들을 인정한다는 사실을 알게 될 것이다. 우리가 함께 복무하는 사람들과 우리가 섬기는 조국은 틀림없이 그럴만한 가치가 있다.

참고문헌

Ginnett, R. C. "Crews as Groups: Their Formation and Their Leadership." in E. L. Wiener, B. B. Kanki, and R. L. Helmreich, eds., *Cockpit Resources Management*. San Diego: Academic, 1990.

Heyl, P. J. Personal communication with the authors concerning the operation of Coast Guard Group Key West, February, 2004.

Kelleher, N. H. "Sergeant's Idea Earns Him $10,000." Air Force New Service, April 4, 2002.

McKenna, S. "Air Force Intelligence Plays a Key Role in OEF." Air Force News Service, April 26, 2002.

Pain, J. "Cubans in Floating Buick to Be Sent Home." *Oregonian*, February 5, 2004.

Rosenbach, W. E., T. S. Pittman, and E. H. Potter. *Performance and Relationship Questionnaire*. Gettysburg, Pa.: Gettysburg College, 1997.

제7장 리더, 관리자 그리고 지휘 풍토

월터 울머 주니어(Walter F. Ulmer Jr.) 중장

배경

현대에 이르러 조직을 향한 거대한 압박에도 불구하고 미군은 아프가니스탄(Afghanistan)에서 이라크(Iraq)에 이르기까지, 그리고 동시에 다른 수많은 위험지역에서 놀랄 만한 역량과 몰입을 통해 계속해서 임무를 수행하고 있다. 미국 국민을 대상으로 한 거듭된 여론조사 결과에서 모든 국가기관 가운데 군을 일등으로 꼽고 있는 것은 놀라운 일이 아니다. 앞으로 5년 후에도 이 같은 찬사 어린 평가가 이어질지는 불분명하다. 최첨단 부대들을 갖추기에는 불충분한 예산, 기술의 엄청난 발전, '규모의 적정화'와 '혁신'과 관련된 조직 재정비, 놀랄 만큼 많은 일련의 임무들, 군의 역할 및 원칙들에 대한 사회의 비판적인 정밀조사 등으로 인해 군은 지속적으로 엄청난 부담을 안고 있다.

지난 20년 동안 우리는 1991년의 극적인 걸프전 출격에서 시작하여 모가디슈(Mogadishu)에서의 혼란, 보스니아(Bosnia)의 평화 유지, 아프가니스탄까지의 극적인 세력 확장, 이라크에서의 지속적인 전술적 회복, 그리고 결코 소홀하게 다룰 수 없는 화재 및 수재 구호와 국토 안보에 이르기까지 작전상의 역량과 전통을 목격해왔다. 하지만 강인성과 전술적 우수성에 대한 수많은 지표, 그리고 최근의 모든 차원의 리더들의 수많은 창의적인 주도에도 불구하고 군대의 인적 잠재성을 활용하는 데 아직도 부족한 측면이 많다. 우리는 국가가 필요로 하는 믿을 만하고 효

율적인 군사 무기를 유지하기 위해 전 세계의 복잡하고 중대한 작전 수행과 동시에 조직 풍토의 재활성화에 훨씬 더 필사적으로 힘써야 한다.

리더십 및 경영 기법의 주입 교육에 미국의 군대보다 더 진지한 조직을 찾아보기 어렵다. 지금의 고위 지휘관들은 특히 리더십의 역할과 절박한 변화의 필요성에 민감한 것 같다. 여전히 우리는 전장에서의 우월성을 확보하기 위해 필요한 혁신, 공격성, 예측된 위험감수, 특수부대의 강인함을 촉진하는 풍토를 만들고 유지하는 데 부정확하고 연구되지 않은 개념을 가지고 있으며 지휘관심이 부족한 형국이다. 육군참모대학(War College)의 세미나에 참가한 학생들의 이야기를 듣거나 전문 학술지들을 읽다 보면, 서로 다른 장교들이 서로 다른 군에서 왔다는 결론을 내릴지도 모른다. 동기부여 기법, 리더의 우선순위, 조직의 가치, 교육훈련 저하요인(예: 중요한 교육훈련 임무로부터 벗어나게 하는 지휘관이나 부대의 어떤 활동), 그리고 멘토링에 대한 그들의 이야기는 매우 다양하다. 좋은 사례들은 적절한 지휘 풍토의 엄청난 힘을 보여준다. 다른 사례들은 최고가 아니면 살아남을 수 없는 세계 환경에서 피할 수 있으면서 동시에 궁극적으로 약화시키는 평범함을 양산하는 분별없는 관료체제의 좌절을 묘사한다.

풍토의 역할

이러한 조직의 질적인 변화들이 근본적으로 지리, 최신 장비, 또는 교육훈련 장비의 가용성 차이에서 기인한 것은 아니다. 또한 리더십 스타일에 따라 전적으로 결과가 달라지는 것도 아니다. 오히려 지원적이거나 역기능적인 조직 풍토를 함께 만들어내는 리더십 및 관리 역량 그리고 국가예산의 현실과 계획의 다양한 조합으로부터 비롯된다. 그렇다면 정신을 함양하고 '고성과 부대'를 만드는 '지원적인' 풍토의 본질은 무엇인가? 아마도 말로 설명하는 것보다 느끼는 것이 이해하기에 훨씬 쉬울 것이다. 경험이 풍부한 대부분의 사람들은 금세 이것을 가늠할 수 있을 것이다. 거기에는 임무에 대한 공감대가 널리 퍼져 있다. 임무의 최고 우선순위에 대한 합의가 있으며, 임무수행의 기준이 분명하게 제시되어 있다. 역량은 상을 받고 인정을 받는다. 정보를 공유하려는 의지가 있다. 정정당당하게 경쟁하려는 의식이 있다. 팀워크의 즐거움이 있다. 문제를 해결하고 시스템의 일탈을 개선할 수 있는 신속하고 편리한 방식들이 있다. 합리성 및 신뢰에 대한 확실한 감각이 있다. 그러한 풍토는 지속적인 가치관 속에 배태된 강인하고 통찰력 있는 리더십에서 생겨난 것이다. 지금은 전투지역의 작전행동들이 매우 꼼꼼하게 보도되기에 그러한 풍토는 종종 텔레비전 뉴스에서 접할 수 있다. 확실히 어떤 조직에서는 이러한 지원적인 풍토가 규범이거나 거의 그런 모습을 갖추고 있다.

하지만 최근의 연구나 최전방에서 복무하는 병사들의 수많은 이메일을 읽어보면 장교들 사이에 리더십의 질과 바람직한 지휘 풍토에 대해 상당히 다양한 견해가 존재한다는 것을 알 수 있다. 어떤 자료에 의하면, 단지 흠이 없고 정치적으로 공정한 행동이 '생존'을 보장하는 오늘날의 군대에서 대담하고 창의적인 장교는 성공할 수 없다고 주장한다. 자연스럽게 어떤 불만들은 이것이 불만족스러운 이상주의자들의 외침이거나 승진에서 제외된 이들의 투정에 불과하다고 반박할지 모른다. 나의 개인적인 경험과 최근의 관찰은 대담함과 진솔함에 대한 부적절한 제약이 존재하나, 또한 전투의 스트레스를 이겨내도록 만드는 괄목할 만하게 긍정적인 지휘 풍토가 우리와 함께한다는 혼란스러운 주장을 지지한다. 일부 젊은 장교들이 불만족스러운 환경에 환멸을 느끼고 전역하는 일도 있다. 하지만 성과가 낮거나 일정하지 않은 부대들과 함께 우수한 부대들이 존재한다는 사실은 고성과에 이르는 길이 오늘날의 몹시 바쁘고 스트레스가 많은 환경에서조차 발견될 수 있다는 것을 입증한다.

신뢰와 리더십

리더십이 풍토와 전투성과를 결정하는 유일한 요인은 아니다. 다른 비물질적인 요인들은 팔로워들의 정신적 · 육체적 능력, 리더들의 경영 기술, 조직 가치에 대한 충성도, 그리고 조직 내에서 정보를 처리하는 방법을 포함한다. 사기와 조직의 응집력을 결정하는 가장 중요한 요소는 신뢰라고 할 수 있으며, 신뢰의 부재나 부족은 특히 오랜 시간 동안의 스트레스 하에서 성과에 악영향을 끼친다. 신뢰는 마법 같은 작용을 한다. 회의적이고, 주기적으로 심리적인 심한 충격을 받으며, 그리고 종종 잘못된 정보를 전하는 자유로운 사회에서 온 현역 및 예비역 군인들에게 신뢰를 심어주는 것은 지속적인 도전이다. 천 가지 작은 행동이 모여야 완전한 신뢰를 이룰 수 있는 반면에, 작은 돌출사건 하나가 신뢰를 무너뜨리는 데 일조할 수 있다. 신뢰는 달성되거나, 그렇지 않으면 온갖 그릇된 방향으로 실패하거나 둘 중의 하나다. 우리의 미래성과는 상관이 우리에게 주는 신뢰에 의해 크게 영향을 받는다.

제1차 세계대전 당시 어느 날 동이 트기 전 한 보병부대와 함께 참호에 있었던 더글러스 맥아더(Douglas MacArthur) 준장의 일화를 상기할 필요가 있다. 그는 자신이 입고 있던 제복에 붙은 공훈약장 리본을 떼어 막 대대를 이끌고 공격하는 임무를 맡은 소령의 가슴에 꽂아주었다. 그러면서 그는 그 소령이 그날 영웅적인 임무를 수행할 것을 알고 있다고 말했다. 1990년대에 부대 지휘관이었던 한 장성은 정반대의 결과를 목격했다. 그는 "우린 가끔 우리가 주장하는 대로 실천하기도 하나, 대체로 팔로워들의 집단적인 불신에 사로잡힌다"고 말했다. 내 생각으로는 전형적인 지휘관들이 1990년대 초의 경우보다 풍토와 그것을 조성하는 데 좀 더 신경을 쓰고 있다는 것이다. 그러나 여전히 군인들 사이에 남아 있는 불신감은 책임을 분담하고 솔선수범하려는 지휘관들에게 방해가 되고 있다. 그렇기 때문에 모든 군 조직에서, 특히 지원병으로 이뤄진 군대에서 불신이라는 것이 매우 중요한 관심사로 다뤄진다.

미국의 관료제는 문제의 원인이 개인의 도덕적 결점이든지 아니면 시스템의 결함이든지 다른 일련의 규정들 또는 다른 감독관 집단을 기존의 상부구조에 접목시킴으로써 문제를 해결하려는 경향이 있다. 체크리스트를 통해 보안을 강화하려는 나사(NASA)의 노력, 획득과정에서의 고결성을 보장하기 위한 미 국방부의 억압적인 규정의 사용, 미 환경보호국(Environmental Protection Agency)의 홍수 환경 가이드라인, 그리고 9.11 위원회의 청문회 동안 일부 별난 관료제적 난센스의 노출은 윤리적 상식보다는 상세한 금지에 의존하는 우리의 성향을 부각한다. 불신은 지나친 감독과 중앙집권화를 이끄는 윤활제의 역할을 한다. (신뢰는 조직을 결속시키는 접착제임과 동시에 생산성을 유지하는 윤활제다!)

몇 해 전에 미 육군은 장군급 장교의 사전 허락 없이는 중대장을 해임시킬 수 없다는 정책을 시행했다(전술적 또는 생명의 위협을 받는 긴박한 상황을 제외하고). 이 지시는 두 가지 메시지를 던져주었다. 정책입안자들이 보내고자 한 메시지는 해임은 매우 중대한 조치이기에 대대 및 여단 지휘관들에 의한 임의적이며 변덕스러운 행동들로부터 중대장을 보호해야 한다는 것이었다. 두 번째의 의도하지 않은 메시지는 시스템이 대대장 및 연대장들의 판단을 신뢰하지 않았다는 것이다. 아이러니하게도 두 번째 메시지가 더 강했다. 그 지시는 심각하게 잘못되었으며, 그 정책입안자는 오늘날까지 아마도 그 피해를 인식하지 못하고 있을 것이다.

일부 군사학자들과 안보수립 사상가들이 '군사 문제에서 당대의 혁명(a contemporary revolution in military affairs, RMA)'이라는 개념을 개발해왔다. 머리글자인 RMA가 군사 저널들과 미 국방부(Department of Defense) 비망록의 여기저기에 등장하기 시작했다. RMA의 기본적인 가정은 마이크로프로세서와 기타 기술적인 혁신들이 창의적인 원칙에 의해 운영되는 소규모 부대로 하여금 냉전시대의 크고 둔한 대형을 대체할 수 있게 하는 것이다. 이라크에서의 작전은 이미 이 같은 추측의 보편적인 적용에 대해 문제를 제기하고 있는지도 모른다. 국방비 지출이 부족한 시기에 너무도 편안하게 들어맞는 구조적 및 교리적 변화를 둘러싼 논의에서 혁명이나 혁신을 수반하는 리더십과 리더 개발을 바탕으로 한 진지한 도전들에 대한 언급이 턱없이 부족했다. 특히 국방부 수뇌부의 기술, 재정, 지정학에 대한 집착은 인적 문제를 계속해서 뒷전으로 미루게 하고 있으며, 1990년대 말부터 2000년대 초까지 임금과 주택을 훨씬 강조하던 시기조차 사정은 마찬가지였다. 미래의 부대 효과성은 여전히 사이버 공간을 활용하는 것보다 전투의지를 유지하는 데 더 의존할 것이다.

일상적으로 협력하는 조직 풍토를 조성하기 위한 도구들이 이용 가능하다. 풍토 조성에 대한 체계적인 접근법을 개발하고 실행하는 것이 전투준비태세를 극적으로 개선하는 명확한 방법이다. 그리고 그렇게 하는 데는 비용이 많이 들지 않는다. 문제는 리더십 대 경영이 아니다. 즉 그것은 좋은 리더십 대 나쁜 리더십, 좋은 경영 대 나쁜 경영, 그리고 적절한 풍토를 형성하기 위해 정통한 리더십과 합리적인 경영을 통합하는 문제다. 유능한 경영자는 유능한 리더가 될 수 없다는 생각은 터무니없다. 이와 반대로, 리더십과 경영은 고성과 부대들이 나타날 수 있는 풍토를 형성할 수 있도록 서로 보완되어야 한다.

리더의 평가와 개발

만약 리더들을 식별하고 개발하는 데 진지한 입장을 갖고 있다면, 우리는 리더십을 평가하는 모델을 제공해야 한다. 이런 맥락에서 우리는 '리더십'을 "본질적으로 리더의 직위 권한에 과도하게 의존하지 않고, 부하들의 신뢰와 존경을 얻어 그들이 목표를 향하여 움직이도록 하는 영향 과정"으로 정의한다. (직책상의 권한 행사가 당연히 합법적이며 필요하나, 공식적인 권한에만 의존하는 것은 우리가 사용하는 용어인 '리더십'에 해당하지 않는다.) 성과평가의 표준 방식이 단지 상관이 부하를 평가하는 것이라는 점을 감안하면, 선발과 개발을 잘하고 있다는 것이 믿기 어려울 정도다. 그보다 부하들이 상급자에 대한 주기적인 평가로 시스템을 강화하는 편이 훨씬 나을 것이다. (그리고 이 모델에 대한 실험은 현재 1개 이상의 부대에서 계속 진행 중이다.) 가끔 목격할 수 있듯이, 장군이 오만하거나 변덕스러운 행동으로 창피한 꼴을 당할 때, 그의 상관은 종종 놀라거나 실망하게 된다. 아마 부대원들도 당연히 실망할지 모르나, 그들은 결코 놀라지 않는다.

1970년대 초 육군참모대학(Army War College)[1]의 한 연구는 자신/동료, 상급자, 부하의 세 가지 관점에서 리더의 행동을 조사했으며, 3만 부가 넘는 설문지 의견을 포함했다. 자료는 우리가 이미 직관적으로 알고 있었던 것을 확인해주었다. 즉, 리더십의 효과성에 대한 자기망상이 일반적이라는 것이다. 동료, 상급자, 부하들은 종종 한 장교의 자기인식과 다른 방식으로 그 장교를 인식한다. 이 자료는 창조적 리더십센터의 연구원들이 15년 후 기업 부문에서 수집한 자료와 유사하다. 여러분이 어떤 리더십 정의를 사용하든 리더십이란 리더에게 발생하거나 리더 내부에서 일어난 일을 말하는 것이 아니라 부하 집단에 발생하거나 부하 집단 내에서 일어난 일을 말한다. 부하들만이 리더가 얼마나 지휘를 잘하고 있는지를 확실하게 안다. 이는 진솔함, 몰입, 보살핌(caring) 같은 리더의 행동들을 평가할 때 특히 그렇다. 어떤 공식적인 조직에서, 특히 군 전통의 긴 그림자가 드리워진 가운데 우리의 부하들이 리더의 성과에 대한 가장 훌륭한 평가자라는 사실을 받아들이기는 어렵다. 그러한 수

1 미 육군참모대학교(U. S. Army War College)는 1901년 11월 27일 미국 펜실베이니아 주 칼라일에 설치됨

용은 우리가 성공하고, 대부분 좋은 소식을 듣고, 시간에 따른 재능을 갖게 되면서 훨씬 더 위협적이고 직관에 반하게 된다.

왜 어떤 리더는 다른 모든 사람이 그 직무에 적합하지 않다고 알고 있는 사람을 승진시키는가? 정실인사나 리더의 행동에 대해 무관심하기 때문이라는 대답은 거의 드물다. 군 리더는 승진 대상자의 리더십 평판에 대해 매우 무지하다. 대령 또는 준장들에 대한 상관들의 평가는 종종 드물거나 간헐적인 개인적 접촉에 근거하거나 몇몇 눈에 띄는 사건들에 의해 왜곡되는 경향이 있기 때문에 특히 어렵다. 유용하고도 건설적인 피드백은 대령, 장군 또는 제독들에게 거의 제공되지 않는다(1990년대 말보다 지금이 더). 성과 피드백을 필수 요소로 사용하는 성공적인 성인 학습의 중요한 모델이 우리의 주요 리더십 교재와 군사학교 교육과정에서 간과되고 있다. (2004년 현재, 모든 부대에서 이러한 현실에 대처하기 위한 노력이 있다. 특히 스트레스가 많은 시기에 그러한 이슈들이 진지하게 논의되며 장려되고 있다. 하지만 지속적으로 시행된 군 또는 민간 조직 고위급 리더 개발의 역사를 살펴보면 그렇지 않다.)

만약 조직이 리더십을 식별하고 보상하며 개발하고자 한다면, 상급자 혼자서는 부하들의 리더십 능력을 신뢰적으로 측정하기 어렵기 때문에 동료와 부하의 의견을 필수적으로 평가시스템에 포함해야 한다. 특히 리더십의 강점 및 약점 그리고 윤리적 결점이 종종 경험이 풍부한 상관에게조차 쉽게 노출되지 않는다는 점을 상기해볼 때, 다른 대안은 없다. (흥미롭게도, 행동적 피드백을 받을 필요성이 가장 적은 리더들이 보통 그것을 받는 데 가장 관심이 많은 사람들로 보인다.)

동료와 부하의 평정(rating)은 동료들 간의 경쟁과 지각된 권위에 대한 도전이라는 감정적 쟁점들을 제기하며, 종종 인기와 역량 사이에서 이론적인 혼란을 불러일으킨다. 그러한 평정은 각 군 사관학교, 다른 장교 훈련 프로그램, 유격학교, 그리고 몇몇 특별한 상황에서 사용되었다. 부하와 동료들의 의견은 비교적 감정이 개입되지 않은 지원적인 형식으로 패키지화되고 관리될 수 있으며, 위계적 조직이라는 제약에서조차 건설적인 피드백으로 제공될 수 있다. 리더의 효과성을 평가할 때 의사결정자가 부하와 동료들의 관점에 접근하는 것이 필수이지만, 그러한 의견이 지휘관의 의견이나 의사결정을 대체할 수도 대체해서도 안 된다. 상관이 "나는 이 사람이 훌륭한 리더가 될 수 없다는 것을 압니다. 하지만 나는 어쨌든 그 직무에 그가 필요합니다"라고 말할 때 정당하다고 인정되는 경우가 있을 것이다. (결정적인 요소는 상관이 실제로 안다는 것이다.) 리더의 강점과 약점에 대한 통찰력을 제공하는 두 번째로 강력하면서 충분히 활용되지 않은 메커니즘은 행동 평가(behavioral assessment)다. 우리의 군사대학들은 제한된 일련의 심리적 테스트를 사용하여, 개인의 성격 성향에 대한 몇 가지 인식을 제공한다. (ICAF[2] 모델이 아마도 가장 강력할 것이다.) 장교 경력의 초기에는 더욱 길고 광범위한 평가 세션이 보장된다. 평가는—어떻게 그리고 왜—정상적인 일련의 승진, 학교교육, 임무할당에 통합되고, 우리 프로그램의 공식적인 부분이 되어야 한다. 결과는 임관 전의 선발과 중년기의 자기개발을 위해 사용되고, 선발위원회가 대령급의 핵심 참모와 지휘관 직위의 선발에 이용할 수 있도록 해야 한다.

더욱이 우리는 마이크 말론(Mike Malone) 육군 대령이 제안한 터무니없어 보이는 개념을 진지하게 고려해야 한다. 그는 장교가 여단장이나 그에 상응한 직책에 지원하면, 그 지원자의 지휘관 시절 함께 근무했던 동료들과 부하들이 그의 리더십에 대해 익명으로 평가하고 그것을 지원과정에 포함하기를 제안한다. (나는 장교들이 고등군사대학들[3]에 지원

2 ICAF(Industrial College of the Armed Forces)는 미 국방대학교(National Defense University)의 일부로 미국의 6개 군사대학 가운데 하나이며, 2012년 9월 Eisenhower School로 개명됨

3 고등군사대학(Senior Service College)은 육군전쟁대학(Army War College), 공군전쟁대학(Air War College), 해병대전쟁대학(Marine Corps War College), 해군전쟁대학(Navy War College), 합동작전기획전문가과정(Joint Advance Warfighting School) 등을 말함

해야 한다고 제안한다.)

부대의 전투성과에 대한 단기적인 변화를 정확하게 평가할 수 없기에 리더십 성과를 평가하는 과정은 더욱 복잡해지고 있다. 평가하기에 어려운 사기와 자긍심 그리고 강한 정신력 같은 속성들이 중요할 뿐만 아니라, 군수품 상태나 전술적인 능숙함 같은 좀 더 유형적인 전투준비태세 요소들이 정확한 평가를 할 수 없게 만든다. 부대의 효과성을 평가하는 데 따른 내재된 어려움은 군사교육시스템에서 그러한 주제를 생략함으로써 더욱 악화된다.

풍토와 자질

풍토와 문화에 대한 조사는 결코 새로운 것이 아니다. 군에서 체계적이나 중단된 조직 효과성 계획들과 산업계의 유사한 노력들은 환경과 생산성 사이의 상호작용에 관심을 불러일으켰다. 굿이어(Goodyear), 프록터앤드갬블(Procter & Gamble), 제너럴일렉트릭(General Electric), 포드(Ford) 같은 거대 기업들은 동기를 부여하는 업무 환경을 재형성하는 데 지속해서 큰돈을 투자해왔다. '자기주도' 또는 '자기관리' 팀들(self-managing teams, SMTs)은 개념적 단계를 거쳐왔으며, 우리는 그들의 강점과 한계를 알고 있다. 팀의 역할은 이론가 및 실무자들로부터 주목을 받고 있으나, 이미 우리는 팀의 존재가 리더들에 대한 모든 필요성을 줄이지 않는다는 사실을 발견했다. 전사적 품질경영(total quality management, TQM)[4]은 경영사전에 포함되었다가 제외되었다. 두 개념 모두 기업세계에서 어정쩡한 성공의 기록을 남겼다. 이러한 오래되거나 새로운 경영 방식들 중 어떤 것도 정부 부문에서 더 좋은 성과를 내지는 못했을 것이다.

4 TQM은 1960년대 이후 크게 발전한 개념으로, 제품 및 서비스의 지속적인 개선을 통해 높은 품질을 제공하고 경쟁력을 확보하기 위한 전 종업원의 체계적인 노력을 말함

생산성을 높이고 인력의 이직을 낮추는 데 있어서 그들의 성공 요인은 궁극적으로 지원적인 조직 풍토의 맥락 내에 있었을 것이다. 최고 지도자들이 어떻게 지휘하고 관리하는지를 알 때, 혁신적인 시스템으로 놀라운 결과를 얻을 수 있다. 지도자들이 조직의 풍토 및 문화에 대한 지식이 부족할 때, 대담하고 새로운 경영 책략들은 바로 뿌리내리지 못한다. 분권, 신뢰, 조직 비전의 명확성, 그리고 책임 있는 부하들에게 권한을 위임하는 것이 미국인의 주도권을 이끌고 좋은 타이어, 종이 타월, 배전반을 생산하는 직로가 될 것으로 보인다. 엄격하고 중앙집권화된 통제를 행사하는 것보다 분권화하고 권한을 위임하기 위해서는 더 강한 에너지와 자신감을 가진 리더십이 필요하다. 명확한 목표와 우선순위를 지키는 범위 내에서 '자신의 일을 할 수 있는 자유'(직무수행상의 자유를 의미함)는 생산성에 대한 자극제다. 일터의 환경적 요인들은 혁신적 해결책을 제시함에 있어서 인력의 개인적 자질—뛰어난 인지 능력을 포함한—보다 훨씬 더 강력하다. 빈약하게 표현된 목적 및 우선순위와 부족한 신뢰를 가진, 숨 막힐 듯 과도한 압력의 풍토는 조직 구성원 또는 군인이 최소한의 자원을 가지고 불가능한 목표를 달성하고자 할 때 도덕적 비행(非行)을 저지르게 하는 근본적인 자극제가 된다.

아서리틀사(Arthur D. Little Inc.)[5]는《혁신에 대한 경영 관점(*Management Perspectives on Innovation*)》에서 "우호적인 풍토의 조성이 혁신을 장려하는 가장 중요한 단일 요인이다"라는 결론을 내린다. 그리고 '혁신'은 RMA의 존재 여부와 상관없이 우리 부대의 모든 전투 요소에서 필요한 지적인 위험감수 및 창의적인 문제해결이라는 사고방식으로 빠르게 전환된다. 우리는 독특하면서도 거대한 미국인의 인적 창의력의 보고를 만들고 집중하는 데 진지하게 임해야 한다. 너무 많은 부분이 가차 없는 관료주의의 무게에 짓눌린 채 묶여 있으나, 다행스럽게도 그중 일부는 관

5 아서리틀(Arthur D. Little)은 1886년에 설립된 국제경영컨설팅회사임

료주의의 무게를 벗어나 우리가 최근 전투에서 목격한 것 같은 대담하고 창의적인 전술을 만들고 있다.

조직 풍토의 고양

우리는 어떻게 조직 풍토를 변화시킬 수 있는가? 효과적인 풍토 조성의 단계들은 우리의 수많은 대령과 장군들이 그들의 관리 및 리더십 습관들을 바꾸는 것을 의미할 것이다. 무엇보다 지휘부가 그것을 지지하고 주시해야 한다. 장군급 장교 수준의 리더십에서 매우 중요한 사항은 다음과 같다. 이상적인 미래를 구축하기 위한 분명한 비전에 대해 어떻게 의사소통하는가? 지지적이며, 협조적이며, 내적인 운영체계를 어떻게 만들 수 있는가? 개인 및 부대를 평가하기 위한 방법들을 어떻게 현대화할 수 있는가? 그리고 개인적 귀감을 통해 어떻게 전통적인 가치를 강화할 수 있는가?

우리가 고성과 부대들을 만들고 유지하는 환경을 조성할 때, 관리 역량의 중요성이 인식되어야 한다. 관리상의 역량과 관행의 감소는 무능력한 리더십만큼이나 조직 효과성에 위협적이다. 열악한 관리 관행은 많은 에너지를 빼앗아 감으로써 리더들이 너무 지치고 좌절해서 지휘를 할 수 없게 만든다. 그리고 탄약과 수리품들을 곧바로 보급하지 않는다. 예를 들면, 부대의 전투준비태세를 평가하고, 예산의 지출을 추적하며, 보급품을 적시에 받을 수 있어 합리성을 보장하는 현재의 시스템들은 긍정적인 풍토를 만들려는 어떤 노력도 마비시킬 수 있는 행정적인 난국을 초래한다. 이라크 자유작전(Operation Iraqi Freedom)의 초창기에 야전 장교들이 경험한 수많은 좌절은 그들이 선의로 계약한 지역 프로젝트들에 대해 적시의 대금 지급을 약속했으나 그들에게 현금을 주지 않고 시간을 지체한 관료주의의 무능력에서 비롯되었다. 또한 우리의 군사학교들은 지원적인 풍토의 중요성이나 그것을 어떻게 조성하고, 유지하며, 측정하는지에 대해 우리를 가르치지 못하고 있다. 부대 발전을 측정하는 우리의 시스템들—종종 단기적인 성과를 강조하며, 사기를 저하시키며, 우선순위들을 왜곡하며, 통계에 집착하는 시스템들—은 또 다른 관리상의 당면과제들을 보여준다. 그것은 비전을 정확히 기술하고 분권화하는 동시에 높은 기준을 유지하고, 성의 있는 이견을 개발하고, 신뢰를 생성하며, 시스템의 난센스를 제거하는 도전들과 함께 작동한다.

상대적인 관점에서 볼 때, 기관으로서의 미군은 지구상에서 최고다. 동료애가 돈독한 부대들에서만 찾아볼 수 있는 이타적인 몰입과 놀라운 전우애의 특별한 기운이 여전히 대다수의 부대에 스며 있다. 그러나 만약 다가올 미래의 위험한 시기에 생존하고자 한다면, 우리는 더 나아져야 한다. 그것은 오로지 전 부대에 걸쳐 강한 인격과 빠른 지성을 가진 개인들을 유인하고 개발하고 유지함으로써 가능하며, 첫 번째의 경우에는 임의대로 우리의 막대한 인적 잠재성을 배양하고 자극할 수 있는 조직 풍토를 조성함으로써 가능하다. 훌륭한 개인들은 조직의 어리석음과 흔들거리는 리더십에 점점 견디지 못한다. 열악한 조직 풍토는 뛰어난 사람들의 의욕을 꺾을 것이다. 우리는 고위급 장교들이 자신들의 지휘권에 기운을 북돋우거나 마비시킬 때 그들의 특별한 성공 및 실패를 분석하여 배울 필요가 있다. 지원적인 풍토는 희망을 유지하며 전장에서 지속적인 승리에 필요한 감성적인 힘을 만들어낼 것이다. 이는 사실 가장 비용이 적게 들면서 효과를 증대시키는 방법이라고 할 수 있다. 그리고 일상적인 좋은 의도가 일상적인 최선의 관행으로 움직이게 할 책임은 명확하게 우리 군의 이전, 현재 또는 미래의 고위 리더들에게 달려 있다.

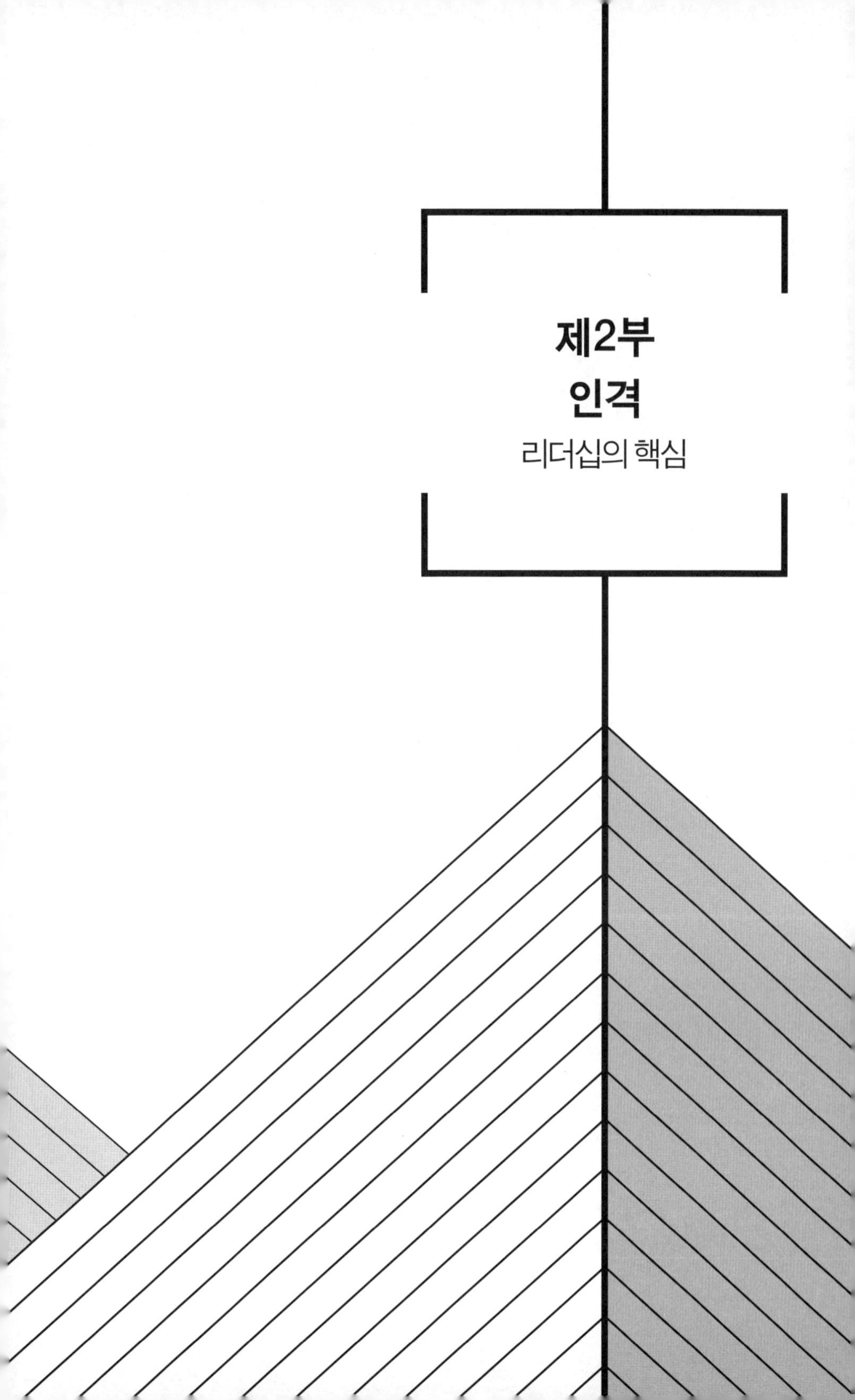

제2부 인격

리더십의 핵심

리더라는 위치는 인격(character)의 호된 시련의 장이다. 군 리더들이 겪는 가장 어려운 시험들은 그들의 실력(skill)만큼이나 그들의 인격을 문제삼는다. 리더들은 그들의 경력을 통해 여러 차례의 시련을 겪고 시험을 당하는데, 인격을 시험하는 이러한 시련으로부터 얻은 자기지식(self-knowledge)이 바로 리더십의 핵심이다. 지휘는 개인적인 책무와 책임의 의미에 대한 깊은 이해를 필요로 한다. 인격은 동기부여, 성숙함, 비전, 창의성, 윤리, 문화, 몰입, 용기, 풍모(presence), 자신감, 겸허, 자신에 대한 충성심, 자기인식을 포함한다. 윤리는 고결성, 도덕성 그리고 원칙이다. 고결성(integrity)은 개방성, 진실성, 투명성(transparency)을 포함하며, 이들 모두가 신뢰를 얻는 바탕이 된다. 신뢰성(credibility)은 리더가 믿을 만하다는 것을 의미하며, 리더가 부하들에게 영향력을 주기 위해서는 신뢰할 만한 사람으로 인식되어야 한다. 용기는 리더십의 근간을 이루며 다른 모든 가치를 강화시킨다. 심리학자 하워드 가드너(Howard Gardner)에 따르면, 한 개인이나 조직의 윤리적 근성에 대한 진정한 시험은 잠재적인 압박이 있을 때 나타난다. 리더들은 윤리적으로 행동하는 것이 조직이나 부대의 이익에 필수적이라는 것을 믿고 스스로에게 어려운 질문들을 던짐으로써 자신의 도덕적 잣대를 유지한다. 그러한 질문들에 대해 정답을 말하는 것보다 더 중요한 것은 예리한 통찰력을 제공할 수 있는 올바른 질문을 던지는 일이다. 상황이 리더들에게 자신의 도덕적 기준을 위반하고 싶은 마음이 생기게 할 때, 그들은 스스로 엄격하게 정직을 실천하고 진정성을 지키기 위해 전념한다. 진정성 있는 리더들은 끊임없이 자신의 임무와 비전에 대한 열정을 보이며, 그들의 리더십 스타일과 성격을 반영하는 가치를 발휘한다. 인격을 수양한다는 것은 모든 군인에게 결코 끝나지 않는 일이다.

잭 울드리치(Jack Uldrich)는 '리더십의 진솔함'(8장)에서 넓은 관점에서의 리더십과 팔로워십[1]을 동시에 설명한다. 부하이자 리더로서의 조지 마셜(Geroge C. Marshall) 장군에 대한 통찰은 자기지식과 자신감의 중요성을 강조한다. 마셜 장군은 비전, 고결성, 겸허의 강한 특징을 지녔다. 그는 정치인이었으나 자신을 홍보하지 않았다. 노벨 평화상 수상자인 마셜은 육군참모총장, 국방장관, 국무장관을 역임했으며 크게 다른 맥락이나 환경에서 성공했던 몇 안 되는 리더 가운데 한 사람이다.

웨슬리 클라크(Wesley Clark) 장군은 '설득의 힘'(9장)에서 권력을 거래적인 것으로 기술한다. 그는 가공되지 않은 힘을 사용하는 것보다 더 효과적인 것이 리더십이며, 이는 설득의 예술이라고 주장한다. 클라크에 의하면, 사람은 교육, 참여, 공동 선택의 아이디어를 통해 다른 사람들이 자신을 따르도록 설득한다. 그는 위협하기 이전에 공통의 관심사를 갖는 커뮤니티를 구축하려는 노력을 하라고 말한다.

제임스 쿠제스(James M. Kouzes)는 '리더십이 충성심과 충돌할 때'(10장)에서 배리 포스너(Barry Z. Posner)와 함께 수행한 연구결과를 통해 사람들은 리더가 선견지명이 있으며 영감을 줄 것이라 기대한다고 주장한다. 리더와 부하들은 상대방이 실력 있고 유능하기를 바란다. 또한 그들은 서로를 신뢰하고 의지할 필요가 있으며, 조직을 위해 개인적인 문제를 차치할 필요가 있다. 그러나 선견지명이 있으면서 영감을 불러일으킨다는 것은 종종 협력적이며 의존적인 특성과 공존하기 어려운 성격을 띠고 있기 때문에 딜레마를 낳을 수 있다. 양자의 특성을 가진 리더라면 이끌어야 할 때와 따라야 할 때 사이에서 종종 선택을 해야 한다.

사라 스월(Sarah Sewall)은 '장기전에서 전사들을 지휘하는 일'(11장)에서 이라크전에서 나타난 군인들의 도덕적 해이와 이것이 임무에 미친 영향을 설명한다. 이러한 직업적이고 법적인 위반행위들에 대한 데이비드 퍼트레이어스(David H. Petraeus) 장군의 의견도 다루고 있다. 이라크에 있는 부대들에게 보낸 장군의 편지를 통해 리더가 윤리적 리더십을 발

---

1 팔로워십(followership)은 리더를 적극적으로 따를 수 있는 특정한 개인들의 역할 또는 역량을 말함

휘하기 위해 어떤 기대와 기조를 설정하는지에 대한 예가 제시된다. 독자들에게 스웰의 논문에 대한 부가적인 배경지식도 덧붙인다.

브라이언 프리엘(Brian Friel)은 '지휘 풍모'(12장)에서 강한 리더를 만드는 것은 무엇을 말하느냐뿐만 아니라 그것을 말하는 방식이라고 말한다. 러셀 오노레(Russel Honoré) 육군 소장에 따르면, 리더들이 다른 사람에게 영향을 미칠 만한 능력을 개발하기 위해서는 다른 사람들이 그들을 보기 원하는 방식으로 행동해야 한다. 여기서 중요한 점은 부하들이 리더의 말보다 보여지는 모범에 의해 더 영향을 받는다는 것이다.

크레이그 채플로(Craig Chapperlow)는 '영향력을 발휘해 지휘하는 전장의 군인'(13장)에서 한 예비역 장교가 이라크에서 군법무관으로 근무하면서 겪은 신뢰성과 관련된 리더십의 도전을 설명한다. 흥미롭게도 그가 민간 세계에서 직면한 주요 리더십의 당면과제는 이라크에서 군법무관으로 근무할 때 겪은 어려움과 비슷하다. 이러한 갈등이 우리에게 주는 가르침은 민간인으로서의 경력과 주 방위군 및 예비역 장교로서의 군 복무 사이에는 상당한 호환 가능성이 있다는 것이다. 이것이 우리가 리더십에 대해 알게 된 또 다른 교훈이다.

제8장 리더십의 진솔함

잭 울드리치(Jack Uldrich)

랠프 왈도 에머슨(Ralph Waldo Emerson)은 언젠가 "훌륭한 사람이 존재하기에 더 훌륭한 사람이 탄생할 수 있다"고 말한 바 있다. 위대한 인물들이 육군 대장이며 국무장관을 지낸 조지 마셜(George C. Marshall)에 대해 언급한 바를 바탕으로 생각해볼 때, 어쩌면 20세기에 그보다 더 위대한 리더는 없었을지도 모른다. 윈스턴 처칠(Winston Churchill)은 그를 두고 '승리의 기획자'라고 불렀다. 아이젠하워(Eisenhower) 대통령은 그에 대해 "우리 국민이 어떠한 군인에게도 이렇게 은혜를 입은 적이 없다"고 칭송했다. 트루먼(Truman) 대통령은 그를 '시대의 영웅'이라고 언급했다.

그의 예사롭지 않은 삶의 궤적을 보면 왜 이러한 찬사들이 여전히 타당하게 들리는지 잘 알 수 있다.

- 마셜은 1939년부터 1945년까지 미 육군참모총장으로 재임하면서 17만 5,000명의 형편없던 육군 조직을 역사상 가장 강력한 군대로 탈바꿈시켰다.
- 그는 전시에 국제 전략가로서 이해관계에 놓여 있던 다섯 개 전구(theater)의 요구사항을 균형 있게 조정하여 프랭클린 루스벨트(Franklin Roosevelt), 윈스턴 처칠, 더글러스 맥아더(Douglas MacArthur), 조지 패튼(George Patton)의 자존심을 세웠다. 그는 또한 연합군을 단일 지휘체제로 만들었다.

- 그는 1947년에 국무장관으로서 '마셜 플랜(Marshall Plan)'으로 알려진 유럽부흥계획을 도입하여 전쟁으로 분열되고 재정적으로나 정치적으로 거의 파산 직전에 놓였던 유럽 대륙을 재건했다. 많은 사람은 그를 '평화를 쟁취한 사람'이라고 생각한다.
- 그는 대통령의 중국 특사, 미국 적십자사 회장, 국방장관을 역임했다. 〈타임(*Time*)〉 지는 조지 마셜을 '올해의 인물'로 두 번이나 선정했다.
- 1953년, 그는 군인으로서는 최초로 노벨 평화상을 수상했다.

그럼에도 불구하고 조지 마셜이 우리에게 주는 교훈은 기억 속에서 멀어지고 있다. 역사적인 간과는 마셜 개인의 손실이라기보다는 오히려 우리의 손실이다. 콜린 파월(Colin Powell)이 "우리는 조지 마셜로부터 인격, 용기, 온정(compassion), 인류에 대한 헌신(commitment)에 대해 많은 것을 배울 수 있다"고 말한 바와 같이 역사적인 교훈이 크기 때문이다.

네 가지 리더십 원칙

이 짧은 글에서 나는 마셜의 리더십 원칙 네 가지를 강조한다.

1. **가르침.** 1926년, 마셜은 제1차 세계대전에서 여러 가지 고위직을 거친 후 육군보병학교에서의 직무를 수락했는데, 그 이유는 차세대 전쟁은 훨씬 성격이 다를 것이며 미국이 더욱 융통성 있고 혁신적인 감각을 가진 새로운 세대의 리더들을 육성해야 한다고 믿었기 때문이다. 무엇보다 마셜은 학생들에게 "차세대 전쟁의 처음 여섯 달을 연구하라"고 촉구했다. 이것은 마셜에게 배운 후 나중에 제2차 세계대전에서 장군이 된 200명의 다른 장교들과 더불어 드와이트 아이젠하워(Dwight D. Eisen-

hower), 조지 패튼, 그리고 오마르 브래들리(Omar Bradley)에게 매우 소중한 교훈이 되었다.

2. 진솔함. 1938년 11월, 당시 육군참모차장이던 조지 마셜은 루스벨트 대통령과의 첫 번째 회의에 참석했다. 그 후 35년 뒤 마셜은 평생 꿈이었던 육군참모총장이 될 가능성이 매우 높은 상황에 놓여 있었다. 육군항공대(Army Air Corps, AAC)의 전력을 강화하기 위해 1만 대의 전투기를 생산할 루스벨트의 계획을 논의하는 자리에 소집된 마셜은 대통령이 정비나 교육훈련에는 예산을 할당하지 않고, 비행기를 생산하는 데 충분한 예산만을 의회에 요청할 것이라는 사실을 알고는 깜짝 놀랐다. 루스벨트는 각각의 참석자들에게 자신의 아이디어에 대한 의견을 구했다. 그들은 대통령의 계획에 지지의사를 보였다. 그러나 마셜은 "각하! 죄송합니다만, 저는 절대 동의할 수 없습니다"라고 대답했다. 루스벨트는 놀란 눈으로 마셜을 바라보고는 회의를 중단했다. 다른 참석자는 그가 워싱턴으로 돌아가기 어려울 것이라고 말했다.

하지만 6개월이 지난 후 루스벨트는 솔직한 조언을 한 마셜을 차기 참모총장으로 임명했다.

3. 이타성. 1943년 말, 마셜이 고집 센 루스벨트와 처칠을 설득하여 독일을 공격해야 할 필요성을 확신시킨 후, 과연 누구를 사령관으로 앉혀 공격을 이끌 것인가의 문제가 대두되었다. 연륜, 지식, 경험, 기술 등 모든 면에서 마셜은 자신이 사령관으로 선택될 가능성이 높다고 기대할 만했다. 루스벨트도 마셜이 그 일에 적임자라는 것을 알고 있었다. 하지만 결정할 때가 왔을 때, 루스벨트는 마셜이 전쟁을 전반적으로 지휘하는 데 없어서는 안 될 존재라고 생각했기에 그를 임명하는 걸 망설였다.

그럼에도 불구하고 루스벨트는 마셜이 원하기만 한다면 그에게 지휘관직을 주기로 결심했다. 하지만 마셜은 너무나 큰 의무감에 그런 요구를 할 수 없었다. 그는 "대통령 각하, 당신이 제게 명령을 내린 곳이라면 어디에서든지 열심히 하겠습니다. 국익에 가장 도움이 되는 방향으로 편하게 결정하십시오"라며 짧게 말했다.

그리하여 마셜의 "가장 뿌리 깊은 갈망" 가운데 하나였으며, 역사상 가장 확실한 승리의 기회 가운데 하나였던 노르망디 상륙작전의 지휘권은 드와이트 아이젠하워(Dwight D. Eisenhower)에게 돌아갔다. 헨리 스팀슨(Henry Stimson)[1] 전쟁장관(Secretary of War)은 "마셜이 결코 자신을 생각하지 않음으로써 가장 높은 자리에 오르게 되었다"고 말했다.

4. 비전. 조지 마셜은 전쟁에서 미국을 승리로 이끈 후, 은퇴하여 편안하게 여생을 보낼 수 있었을 것이다. 하지만 그는 그렇게 하지 않았다. 왜냐하면 아직 자신이 할 일이 많이 남아 있다고 생각했기 때문이다. 마셜은 제2차 세계대전의 발단이 된 조건들, 즉 빈곤과 혼동과 굶주림이 경감되지 않는 한 지속적인 평화가 유지되기 어렵다고 판단했다. 그리하여 그는 국무장관으로서 전쟁에 지친 미국 국민과 주저하는 국회에 유럽의 경제적 재건에 필요한 자금을 요청했다. 마셜은 그렇게 하는 것이 옳은 일이라고 믿었기 때문에 그렇게 행동했을 뿐이다.

어쩌면 이것이 마셜이 우리에게 주는 가장 큰 교훈일지 모른다. 위대한 리더들은 그저 위대한 행동을 하는 데만 그치지 않는다. 그들은 세상을 더 살기 좋은 곳으로 만듦으로써 세상에 족적을 남긴다. 그들은 다음 세대의 리더들을 육성하며, 자신의 행동을 통해 귀감을 보이고, 미래의 번영을 위한 여건들을 조성함으로써 이 일을 수행한다. 조지 마셜은 여전히 모든 리더의 귀감이 될 인물로 남아 있다.

행동: 이러한 네 가지 원칙을 실천해보라.

1　제47대 미 전쟁장관(재임기간: 1911. 5. 22~1913. 5. 4)

제9장 설득의 힘

웨슬리 클라크(Wesley Clark)[1] 대장

당신은 매우 힘겨운 협상 중에 있다. 테이블 저쪽에는 한 남자가 측근들에 둘러싸인 채 태연히 앉아 당신을 맞을 준비가 되어 있다. 당신 곁에는 법률 자문을 구할 만한 사람이 하나도 없다. 당신에게는 힘, 그것도 진짜 힘이 필요하다. 예를 들면, 다음과 같이 말할 수 있는 힘이다. "대통령 각하, 밖에서 잠시만 따로 뵐 수 있을까요?" 슬로보단 밀로셰비치(Slobodan Milosevic)[2] 세르비아 대통령은 그 특유의 독재자다운 잘난 척하는 태도로 "물론이죠"라고 대답했다. 1998년, 나는 그의 눈을 똑바로 쳐다보며 침착한 목소리로 말을 시작했다. "대통령 각하! 잘 이해가 안 되시나 본데, 유엔은 당신에게 당장 코소보(Kosovo) 지역에서 과도한 군대를 철수하라는 지시를 내렸습니다. 그렇지 않으면, 나토(NATO)는 내게 당신 나라에 폭격을 가하라고 지시할 것이고, 난 거기에 따라 폭격을 할 것입니다."

그것은 가공되지 않은 힘, 파괴할 수 있는 힘, 그리고 내가 바라는 대로 강제할 수 있는 힘이었으며, 이는 세계 최강의 공군이 완벽한 정확도로 수천 톤의 폭탄과 로켓들을 발사할 수 있다는 지식에 근거를 두었다.

이러한 종류의 힘이 있거나 그것을 행사할 수 있는 사람은 많지 않

---

1 웨슬리 클라크(1944. 12~현재)는 미 예비역 육군 대장이며, 민주당 대통령 후보 역임

2 밀로셰비치(1941. 8~2006. 3)는 정치가이며, 1999년 코소보 알바니아계 주민 학살 혐의로 기소됨

다. 권력이란 본질적으로 다른 사람들에게 영향력을 행사할 수 있는 능력을 말한다. 국가들과 마찬가지로 개인들도 그것을 위해 노력한다. 권력은 자비롭거나 이타적인 이익을 도모하는 데 도움이 된다. 고용주들은 종업원들에게 권력을 행사하고, 자선가들은 수혜자들에게 권력을 행사하며, 규제 당국은 사업에 대해 권력을 행사한다. 미국은 수년 동안 소련 연방의 공격을 저지하는 수단으로 핵무기를 보유했으며, 국가의 법체계와 시민권을 통해 전 세계로부터 존경을 얻었고, 국가의 부를 사용하여 국제기구를 지원하고 영향력을 행사했다.

권력은 특별한 자질이나 능력을 기반으로 하지만, 권력 그 자체는 현실적이든지 인지적이든지 간에 거래적이며 관계 사이에서 흘러나온다. 나는 직업군인, 베트남전의 지휘관, 코소보(Kosovo) 전쟁[3] 당시 나토 사령관, 대통령 후보, 그리고 현재는 투자은행의 회장으로서 협박과 칭찬의 힘, 충격과 놀라움의 힘, 공유된 가치관에서 비롯되는 힘 같은 다양한 종류의 권력을 보았다. 때로는 위협이 효과가 있겠지만, 그것은 대개 원한이나 어떻게 해서든 복수하겠다는 욕망 같은 부작용을 수반한다. 사람들은 힘이나 지위에서 자신이 열등하다는 사실을 기억하고 싶어 하지 않는다. 그러므로 사업에서는 공유된 목적, 공유된 목표, 공유된 기준의 힘을 통해 동기를 부여하는 것이 중요하다.

수십년 전에 아이젠하워 장군은 "리더십은 당신이 다른 동료가 해주었으면 하는 일을 그가 하고 싶어 하도록 설득하는 예술"이라고 말했는데, 이는 내가 알고 있는 한 권력을 쌓아 올리는 데 가장 교훈이 되는 말로 자리 잡고 있다. 그렇다면 과연 다른 사람들이 따르도록 어떻게 설득할 수 있을까? 나는 그렇게 할 수 있는 세 가지 방법을 찾았는데, 교육을 통해, 참여를 통해, 그리고 영입(co-option)의 아이디어를 통해 가능하다.

---

3 코소보 전쟁(1998. 2. 28~1999. 6. 10) 또는 코소보 충돌은 1998년 무장으로 갈등 중인 세르비아 몬테네그로의 코소보에서 벌어진 전쟁

먼저 교육훈련이 필요하다. 약간의 노력으로 미리 교육하는 것은 나중에 많은 수고를 해야 하는 위협보다 낫다. 이러한 이유로 작은 기업이나 대기업 모두 고위층에 이르기까지 신입 사원과 관리자들에 대한 훈련과 교육에 수백만 달러의 돈을 투자한다. 직원 교육은 기업이 할 수 있는 비용 대비 효과가 가장 큰 투자 중 하나다. 그러나 그것만으로 충분하지 않다. 즉, 직원들은 참여를 통해 자신의 업무에 몰입할 필요가 있다. 예를 들면, 팀장들은 종종 예산집행 과정에서 본질적인 수익을 창출하고 비용을 낮출 수 있는 계약을 체결하기 위한 계획을 제출하도록 요구받는다. 이러한 훈련은 직원들의 능력을 키우는 데 매우 중요하다. 세 번째 단계인 영입은 실체가 명확하지 않다. 이것은 팀워크, 충성심, 신뢰의 정서적 유대관계를 형성하고 유지하는 일을 포함한다. 본질적으로 리더들은 영향력을 행사하기 위해 자신과 추진하는 프로그램을 팀원들에게 납득시켜야 한다.

밀로셰비치를 예로 들자면, 그는 위협에 따르기는 했지만 그것을 달가워하지는 않았다. 그가 군대를 철수시켰으나 그것은 일시적이었다. 얼마 후 그는 인종청소를 다시 시작했으며, 우리는 그에게 경고한 대로 유고슬라비아를 폭격했다. 우리는 외교적 노력과 함께 공격개시로부터 78일이 지난 후 밀로셰비치를 굴복시키고 그의 통치를 종식시켰다. 밀로셰비치는 2006년에 전쟁범죄자로 유죄판결을 기다리다가 교도소에서 사망했다. 그러나 오늘날까지도 나는 그때 우리가 그를 성공적으로 설득하여 우리의 생각에 동조하도록 했다면, 얼마나 더 많은 생명을 구할 수 있었을지를 종종 생각해보곤 한다.

위험부담이 그리 크지 않다고 해도, 동일한 교훈이 사업에 적용되어야 한다. 당신이 협박하고 싶은 유혹을 느끼기 전에, 공통의 이해관계를 가진 공동체의 구축을 모색하라. 그렇다면 당신은 미 공군을 부를 필요가 없을 것이다.

제10장 리더십이 충성심과 충돌할 때

제임스 쿠제스(James M. Kouzes)

좀 더 효과적인 리더십을 찾으려는 절박한 외침에도 불구하고 우리는 리더십 없이 지내는 것에 상당히 만족해한다는 확신이 든다. 우리는 리더십보다는 부하들의 충성심을 더 요구하는 경향이 있다. 제너럴모터스(General Motors)의 전직 이사였던 로스 페로(H. Ross Perot)[1]와 의장이었던 로저 스미스(Roger B. Smith) 사이에 일어났던 싸움을 회상해보자. 이 사건은 기업의 총수가 아닌 다른 사람이 회사의 전략적 전망에 대해 목소리를 높이고자 했을 때 일어났다.

또 하나는 대형 포장제품회사의 수석 부사장이었던 내 친구의 사례를 살펴보자. 수년 전 그는 심각한 리더십 문제에 직면했다. 신기술로 인해 그의 회사가 생산하던 식품의 대체재 도입이 가능한 상황이었다. 그가 실시한 시장조사를 통해 그의 회사가 속한 산업의 미래가 새로운 대체재에 달려 있다는 것이 명확하게 드러났다. 그는 자신의 회사가 기존의 장기 계획을 수정하고 새로운 시장에 진입할 방법을 개발하지 못한다면 불행한 결과로 인해 고통을 받을 것이라고 확신했다.

그러나 이사회는 그의 생각에 동의하지 않았고, 유명한 두 개의 경영컨설팅회사에 의뢰하여 자체 조사를 실시하기로 결정했다. 그러나 자체 조사 결과는 놀랍게도 안건을 낸 수석 부사장의 의견과 일치하는 것으

1 미국의 기업인이며 정치인. 1992년 미 대통령 선거에 무소속 후보로 출마

로 나타났다. 이사회는 여전히 미심쩍어하며 새로운 시장에 진입하는 것이 독점금지조항을 어기는 일은 아닌지 두 개의 로펌으로부터 자문을 구했다. 두 개의 로펌 모두 문제가 없다는 것을 확인해주었다.

명백한 증거에도 불구하고 이사회는 세 번째 로펌의 자문을 구하기로 했다. 이 팀은 이사회가 원한 답변을 주었고, 이사회는 결국 새로운 제품을 폐기했다.

수석 부사장은 자신의 신념을 굽히려 하지 않았고 곧 회사를 떠났다. 그 이후 그는 다른 업계에서 회사를 차리고 사업성과를 비약적으로 발전시킴으로써 자신의 리더십 재능을 유감없이 발휘하고 있다. 또한 그가 전에 몸담았던 회사에 대한 그의 판단은 옳은 것으로 드러났다. 그 회사는 심각한 재정 손실과 엄청난 구조조정을 겪었으며, 여전히 근시안적인 전략에서 완전히 벗어나지 못하고 있다.

이 중요한 사건은 회사 임원들이 종종 수행해야 하는 엄청나게 어려운 선택의 문제를 여실히 보여준다. 내가 이끌 것인가 아니면 따를 것인가? 대부분 직장에서 리더와 부하의 역할을 동시에 수행하지만, 임원(executive) 경력에서는 둘 중 한 가지 역할만 선택해야 할 때가 있다. 왜냐하면 우리가 부하들에게 기대하는 것과는 분명한 차이가 있기 때문이다. 이러한 역할기대는 엄청난 갈등 상황에 처하기 마련이다.

한 권의 책을 집필하기 위해 조사하는 과정에서 공동저자인 배리 포스너(Barry Posner)와 나는 최고경영자들에게 리더십과 관련하여 그들이 가장 원하고 칭찬하는 특성들에 대한 체크리스트 작성을 요청했다. 연구결과에 따르면, 대다수의 고위경영자들은 정직하고, 유능하며, 선견지명이 있으며, 영감을 주는 리더들을 칭찬했다.

우리는 비슷한 임원 그룹을 대상으로 별도의 연구를 수행했는데, 그들이 부하들에게 가치를 부여하는 자질이 무엇인지에 대해 조사했다. 이 연구에서 대다수의 임원들은 정직, 유능함, 의존 가능성, 협동심을 부하들의 중요한 자질로 꼽았다.

미국에서 우리가 시행한 모든 설문조사에서 '정직'과 '역량(competency)'은 리더와 부하들이 원하는 기대 목록에서 1위와 2위를 차지했다. 만약 우리가 누군가를 기꺼이 따르고 싶다면, 우리는 먼저 그 사람이 우리의 신뢰를 얻을 만한 사람인지 알고 싶어 한다. 마찬가지로 한 리더가 프로젝트의 진행상황에 대해 물어볼 때, 그는 정보가 과연 완벽하게 정확한지를 알고 싶어 한다.

또한 우리는 리더와 부하 모두 능력 있고 효과적으로 일하기를 바란다. 리더는 과업을 위임할 때 자연스럽게 그 일이 정확하고 완벽하게 시행될 수 있는지에 대해 확신을 얻고자 한다.

하지만 동시에 우리는 리더들이 정확한 방향감을 지니며 조직의 미래에 대해 관심을 갖기를 기대한다. 리더들은 그들이 어디로 가고 있는지 알아야 한다. 우리는 리더들이 열정적이며, 힘차고, 미래에 대해 긍정적이기를 기대한다. 리더는 단지 꿈을 가지는 것에 그쳐서는 안 되며, 부하들이 그의 비전을 공감할 수 있도록 사기를 고양하고 격려하는 방식을 통해 그것을 전달할 수 있어야 한다.

리더들은 구성원들이 팀플레이어로서 믿을 수 있는 사람인지를 알고 싶어 한다. 리더들은 그들이 능동적으로 함께 일할 수 있는지, 그리고 타협할 줄 알며 개인적인 욕구보다 공동의 목적을 우선으로 여길 수 있는지를 알고 싶어 한다.

이러한 자질들은 조직의 가장 일상적인 과업에서조차 절대적으로 필요하다. 우리는 서로를 의지하고, 서로를 신뢰하며, 조직의 목적수행을 위해 자신의 문제를 무시할 수 있어야 한다. 상호 의존과 협력이 없다면 아무 일도 해낼 수 없으며, 정치적인 행위들만 난무할 뿐이다.

그러나 두 가지 필수적인 리더십 자질인 선견지명과 영감 부여는 종종 협력적이며 믿을 수 있다는 성향과 조화되기 어려운 측면이 있다. 이 같은 경우가 바로 앞서 말한 포장제품회사의 수석 부사장의 예에 해당한다. 그의 진정성은 자신의 생각을 굽히지 않게 했고, 그 결과 회사는 그를 팀플레이어가 아니라고 인식했다.

만약 직원이 가진 미래에 대한 비전이 상급자의 비전과 대립된다면, 비록 그의 관점이 옳다고 하더라도 비협조적이며 충성심이 부족하다고 인식될 가능성이 크다. 끝까지 자신의 관점을 관철하려고 노력하다 보면 오히려 이런 부정적인 인식만 강화되고 조직 내에서의 지지를 더욱 잃게 될 수도 있다. 더 나쁘게는 변절자라는 낙인이 찍힐 수 있으며, 결국 해고당하거나 전출 아니면 '자발적인' 퇴사를 종용받을 수 있다.

협력과 상호 의존성이 매우 중요하긴 하지만, 이런 성향들은 조직 변화에 방해가 될 수도 있다. 이러한 성향들이 지나치게 강조되다 보면 현재 상태를 충실히 따르게 되고 조직의 노선에 대한 맹목적인 충성을 야기할 수 있다. 그러한 성향들은 오늘날의 기업들이 요구하는 리더십 역량 개발에도 방해가 될 수 있다.

선도적인 리더와 믿을 만한 부하 사이에는 또 다른 엄청난 차이가 존재한다. 두 가지 모두 개인의 신뢰도에 따라 성공이 좌우되긴 하지만, 리더십은 미래에 대한 독특하고 이상적인 비전의 실현을 요구한다. 반면에 추종은 그러한 공동의 비전에 대한 협력적이며 신뢰할 수 있는 충성을 필요로 한다. 한 개인의 비전이 기존에 존재하는 조직의 전략적 비전과 충돌할 때, 그는 한 가지 선택을 해야 할 것이다. 과연 주도할 것인가, 아니면 따를 것인가?

쉬운 방법이란 없다. 조직이 참신한 미래의 전략적 비전에 대한 솔직한 표현을 금지한다면, 결코 성장하고 발전할 수 없을 것이다. 그러한 조직은 결코 리더십을 육성하는 풍토를 조성할 수 없다. 한편으로 만약 개인이 자신보다 공유된 목적을 더 우선시하는 것을 배우지 못한다면 조직에는 커다란 혼란이 난무할 것이다.

경영혁신이 끊임없이 요구되는 요즘 시대에 임원들은 과거에 허용되었던 것보다 더욱더 격려하는 자세로 내부적인 갈등을 수용하는 것이 바람직하다. 현대의 기업들이 겪는 극심한 어려움을 해결하는 과정에서 부하들이 좀 더 진취성을 발휘해주기를 바란다면, 그들의 헌신(devotion)에 대한 기대치를 조금 낮추는 것이 좋다. 그 대신에 조직이 직면하는 문제점들에 대한 해결책을 찾을 수 있도록 정직하고 유능한 부하들이 기울이는 노력을 인정하고 지지해주어야 한다. 요컨대, 우리는 모든 사람 가운데서 리더를 개발할 수 있어야 한다.

제11장 장기전에서 전사들을 지휘하는 일

사라 스월(Sarah Sewall)

현대의 군 리더십에 대한 도전의 본질은 윤리에 있다. 특히 반군진압작전(Counterinsurgency, COIN)이 군사작전에서의 무력 사용에 대한 도덕적 딜레마를 심화시키지만, 오늘날 지속되는 모든 전투 상황은 전장윤리(battlefield ethics)를 핵심적 관심사로 드러낼 것이다. 그리고 가까운 미래에도 미국의 군대는 테러리즘에 맞설 것이며, 전세계가 감시하는 가운데 수행되는 전 세계의 계속된 군사작전을 통해 지구촌의 안정을 증진하고자 할 것이다. 그렇기에 '끊임없는 분쟁', '장기전', '국제적인 테러와의 전쟁'과 같이 현재와 미래의 안보 문제를 표현하는 여러 별명들은 앞으로 윤리적 리더십의 역할이 더욱 중요해지고 복잡해질 것임을 시사한다.

전장윤리는 일반적으로 전쟁에서의 무력 사용에 대한 규율과 관련이 있다. 단기간의 강렬한 전투작전에서는 실시간으로 발생하는 이러한 윤리적 이슈들을 고려하는 것을 회피한다. 평시나 평화작전 동안 군 리더들은 주로 재정관리 부실, 교제 또는 음주 문제를 중심으로 전개되는 다른 영역의 윤리적 문제들에 중점을 둔다. 반군진압작전은 고대의 전쟁 형태를 따르지만, 미군의 전쟁방식에 있어서 중대한 패러다임의 전환을 일으키는 전조 역할을 한다. 놀랄 것도 없이, 군은 여전히 적응 중인 더 복잡한 리더십에 대한 도전을 제공한다. 반군진압작전과 관련된 도덕적 해이는 결국 군대뿐만 아니라 더 넓은 범위의 시민에 대한 관심을 촉구할 것이다.

재래식 전쟁과 달리 민간인 보호가 반군진압작전 임무의 핵심이기 때문에 반군진압작전은 더 심오하며 우리를 당황하게 만드는 윤리적 딜레마를 불러일으킨다.[1] 반군진압작전의 전략적 목표는 반군을 진압하고, 군사 주둔국 정부의 힘을 증강시키면서 민간인을 보호하는 것이다. 이러한 목표는 일반적으로 알려진 것보다 더 근본적인 도전을 제기한다.

군 과업으로서의 보호 임무는 간단해 보이지만 매우 힘든 일이다. 반군이 선별적으로 파괴를 일삼는 것보다 반군진압작전 부대가 민간인을 보호하는 일이 훨씬 더 어렵다. 게다가 민간인 보호에 무게중심이 실려 있기 때문에 반군진압작전은 민간인을 위해 미군이 더 많은 위험을 감수할 것을 요구한다. 그리고 만일 반군진압작전 부대들의 일부일지라도 이러한 작전을 '이해하지' 못한다면, 그들의 행동은 작전의 더 큰 정치적 목표를 순식간에 훼손시킬 수 있다.

그뿐 아니라 미국의 반군진압작전 부대들은 법과 명예 그리고 국가적 가치관에 부합되는 방식으로 싸워야 한다. 반면에 반군들은 민간인을 목표로 삼으며, 군복을 입지 않고, 민간인 속에 숨고, 그리하여 진압작전 부대를 지속적으로 약화시키는 윤리적 난제를 야기함으로써 무력충돌법과 국제규범을 자유롭게 어긴다.

군 내·외부의 옵서버들은 오랫동안 반군진압작전을 내면적으로 가장 진을 빼는 전쟁 형태로 여겨왔다. 따라서 국가의 위험부담이 매우 크다. 1950년대의 알제리가 대표적인 사례다. 고문과 무차별적인 무력 사용에 휘말린 프랑스 군대의 추락은 결국 군을 약화시켰고, 그 여파로 프랑스의 정치적 질서의 핵심을 뒤흔들었다. 이 같은 윤리적 곤경은 특히

1 For a more comprehensive discussion, see Sarah Sewall, "Introduction: A Radical Field Manual." *US Army and Marine Corps Counterinsurgency Field Manaul FM3-24* (Chicago, IL: University of Chicago Press, 2007)

국가의 가치와 군의 전문성을 자랑스럽게 여기는 민주 국가에서 강하게 나타난다.

베트남 전쟁에서 패배한 미국에 대한 불만이 계속 제기되는 근본적인 이유는 바로 윤리적인 딜레마 때문이다. 무력 사용에 대한 정치적인 제재행위 때문에 결국 패배했다는 것이 피상적인 주장이지만, 실제로는 반군진압작전에서의 무력 사용에 따른 도덕적 불균형에 대한 불만이었다. 왜냐하면 재래식 전쟁과 달리 상대방은 당연히 그러한 세부사항에 의한 제약을 거의 받지 않았기 때문이다. 현실적으로, 미국인은 여전히 반군진압작전의 윤리적 딜레마들을 받아들이지 못하고 있다. 그렇기 때문에 군 리더십의 가장 어려운 도전이 이러한 이슈를 중심으로 전개되는 것은 놀라운 일이 아니다.

문제의 고찰

전장윤리와 도덕적 고결성을 유지하는 데 대한 미군의 관심은 미군과 적 사이의 근본적인 차이를 반영한다는 것을 인식하는 것이 필수적이다. 그럼에도 불구하고 군 전체적으로 봤을 때 반군진압작전의 도전을 인식하고 대응하는 데 신속하지 못했다.

"전쟁은 지옥이고 사람은 죽는다", "개인들은 무력 사용에 실수할 것이다", "모든 조직에는 썩은 사과 같은 무리가 있다"와 같은 재래식 전쟁의 진부한 이치(truism)는 반군진압작전에도 똑같이 적용된다. 전투에서 미군의 윤리적 성과를 비교하여 측정하는 것은 쉽지 않은데, 이는 전쟁 수행에서 정확성과 규율의 조합을 견줄 대상이 없기 때문이다. 주어진 특정 상황에 적정한 민간인 피해 수준을 정의할 수 있는 능력이 제한되기에 단지 절대적인 수치들 가운데 하나의 문제가 아니다. 대신에 문제는 미군이 반군진압작전에서 역효과를 낳는 것으로 밝혀진 폐해를 최소화하면서 민간인 보호의 임무를 완수하기 위해 모든 노력을 하고 있는지에 관한 것이다. 요컨대, 미군은 효과적으로 운영되고 있는 것인가?

유효성에 대한 하나의 중요한 측정치는 미군의 작전 수행과정 중에 보호받지 못하고 부주의하게 다친 민간인의 숫자다. 기록에 의하면, 고위 지휘관의 리더십 발휘가 상당한 영향을 미치는 것으로 나타났다. 2005년, 이라크 주둔 다국적군의 지휘관이었던 존 바인스(John R. Vines)[2] 중장은 검문소와 호송작전 중에 발생한 민간인 피해 사고를 추적하기 시작했다. 다음 해에 부임한 그의 후임 피터 치아렐리(Peter W. Chiarelli)[3] 중장도 예하 지휘관들에게 민간인의 심각한 부상이나 사망을 야기하는 모든 '무력의 단계적 확대' 사건들을 조사하여 바그다드 사령부에 결과를 보고하라는 지시를 내렸다.[4]

이러한 정보는 고위 지휘관들의 상황보고에 일상적인 부분이 되었고, 반군진압작전에 기울인 노력에 대한 평가를 구체화했다. 문제의 심각성은 검문소 전술, 기법, 절차를 표준화하고 이러한 표준들에 대한 교육훈련을 포함하는 대응책들을 촉발시켰다. 2006년 6월까지 미군은 미 검문소에서 사망하거나 미 호송차량에 의해 총에 맞아 숨진 이라크 민간인의 수를 전년도의 주당 약 7명에서 주당 약 1명으로 감소시켰다.[5] 또한 개별 병사와 해병들은 무력의 단계적 확대에 대한 보고규정 때문에 전구에 있는 고위 지휘부가 이 문제에 대해 관심을 쏟고 있다는 것을 알게 되었다. 그리하여 실시간의 민간인 사상자 자료는 야전에서 윤리적 행동을 감시하고 관리하며, 임무완수를 지원하기 위한 유용한 리더십 도구를 제공하였다.

---

2 미 육군 중장으로 제18공수군단장과 제82공수사단장 역임

3 미 육군 대장으로 육군참모차장 역임

4 Greg Jaffe, "U. S. Curbs Iraqi Civilians' Deaths in Checkpoint, Convoy Incidents," *Wall Street Journal*, June 6, 2006.

5 Ibid.

그러나 2006년에는 더 깊은 도전이 분명하게 부각되었다. 이라크 주둔 다국적군의 총사령관이었던 조지 케이시(George W. Casey)[6] 장군은 전장에서 발생하는 지상군의 윤리적 행동에 대한 질문들을 정신건강 설문에 포함하도록 지시함으로써 새로운 지평을 열었다. 대략 1,600명의 육군 및 해병대를 대상으로 한 2006년 가을의 설문조사는 민간인에 대한 부대의 태도 및 행동에 대한 질문들을 포함했다.[7] 대부분의 장병들은 가장 혹독한 상황에서 명예롭게 임무를 수행했지만, 상당수의 장병들은 민간인의 "마음과 정신"이 반군진압작전을 통해 얻고자 하는 경쟁의 목적물이 되었다며 민간인에 대한 경멸을 분명히 드러냈다.

설문조사에 응한 미군의 절반 이상은 비전투원들이 존엄과 존경심으로 대우되어야 한다는 주장에 동의하지 않았다. 약 10%는 민간인을 발로 차거나 그들의 재산에 필요 이상의 손해를 입히는 학대행위를 했다고 보고했다. 많은 군인이 그런 행위를 금지하는 지시를 받은 적이 없다고 주장했다. 설문조사에 응한 해병대의 3분의 1과 육군의 4분의 1에 의하면, 그들의 지휘관들은 민간인을 학대하지 말라고 지시한 적이 없었다. 게다가 절반도 안 되는 부대원들만이 동료의 비윤리적인 행동을 보고하겠다고 응답한 사실은 놀라운 일이 아닌가?

핵심은 조사에 응한 상당수의 미군이 눈에 덜 띄는 방식으로 생각하고 행동함으로써 전문직업윤리(전쟁법을 언급하는 것이 아님)를 어겼으며 임무수행을 약화시켰다는 점이다.

이와 같은 행동을 야기한 책임의 일부는 베트남 전쟁 후의 군 지도부가 다시는 이런 형태의 전쟁에 개입하고 싶지 않아서 반군진압작전을 간과한 데 있다. 육군과 해병대는 모든 측면에서 반군진압작전을 특수

---

6 미 육군 대장으로 육군참모총장 역임

7 Office of the Surgeon, Multinational Force-Iraq, and Office of the Surgenon General, U. S. Army Medical Command, Mental Health Advisory Team (MHAT-III), Operation Iraqi Freedom 04-06, May 29, 2006. Available at www.armymedicine.army.mil/news/mhat/mhat_iii/MHATIII_Report_29May2006-Redacted.pdf. Last viewed July 8, 2008.

작전 영역으로 격하시켰다. 그 결과 이라크에 배치된 정규군들은 근무 중에 새로운 업무를 배워야 했다. 하지만 게릴라들은 겪을 수 있는 최악의 윤리 교관들이었다. 그들은 군인들의 도덕적 갈등을 불러일으키는 가장 강력한 적들이었다. 그들을 상대하는 육군의 4분의 1 이상과 해병대의 3분의 1 정도가 어떻게 대응해야 할지 모르는 윤리적 난관에 직면했다는 것은 놀라운 일이 아니다. 이로 인해 육군 및 해병대 지휘부는 유의미한 방법을 사용하는 데 실패했으며, 동시에 야전 지휘관들은 익숙하지 않은 형태의 전쟁을 치르는 데 절대적으로 필요한 임무와 도덕적 책무에 대한 의사소통에 실패했다.

조직은 좀처럼 자체의 치명적인 약점들에 대해 조사하는 것을 원하지 않는다. 또한 훌륭한 기관들의 핵심을 손상시키는 문제점들을 드러내는 것은 경력에 좋을 것이 없다고 여겨진다. 미군은 반군진압작전의 어두운 단면에도 불구하고 적극적으로 나서고 있다는 점에서 칭찬받을 만하다. 2007년 이후에 실시한 정신건강 설문조사에서도 이라크 파병부대의 윤리적 문제점이 드러나는 유사한 결과가 나왔지만, 적어도 최근 육군에서 시행된 설문조사 결과는 군인들의 보고 태도나 행동에 긍정적인 변화가 있음을 보여주고 있다.[8] 결론은 반군진압작전의 윤리 문제 해결이 이제 시작에 불과한 지속적인 도전이라는 것이다.

대응책의 고려

부대가 의도적으로 전쟁법을 위반하는 것과 의도치 않게 민간인 사

8 Office of the Surgeon, Multinational Force-Iraq, and Office of the Surgeon General, U. S. Army Medical Command, Mental Health Advisory Team (MHAT-IV), Operation Iraqi Freedom 05-07, November 17, 2006. Available at www.amrymedicine.army.mil/news/mhat/mhat_iv/MHAT_IV_Report_17NOV06.pdf. Last viewed July 8, 2008.

망을 초래하는 은밀한 개인적 판단 사이에는 엄청난 차이가 존재한다. 두 가지 상황은 서로 다른 평가과정(법적 조사 vs. 작전상의 사실 조사)과 상이한 제도적 대응[형사법 절차 vs. DOTMLPF(교리, 조직, 훈련, 자료, 리더십 및 교육, 인사 그리고 시설)[9]의 적용]을 필요로 한다. 그러나 때때로 두 가지 경우가 혼재될 수 있으며, 반군진압작전은 중첩될 가능성이 상당히 높은 영역이다.

2005년 11월, 이라크 하디타(Haditha)[10] 지역에서 발생한 민간인 대량학살은 해병대 고위 지휘부에 큰 고민을 안겨주었다. 이 사건의 여파로 지휘관들은 전구에 있는 해병들에게 '보수교육'을 시키라고 명령했다.[11] 그러나 이 같은 조치는 실질적 대응이라기보다는 상징적 대응으로 보인다. 그 사건이 일어나기 전에 시행된 동일한 교육훈련의 상당수가 거의 확신을 주지 못했다. 또한 하디타가 만연한 문제를 대표하는 지역인지도 확실하지 않았다. 하지만 그렇다고 신속하고 단순한 해결방법도 없었다. 해병대가 사건의 원인을 찾고 있는 와중에도 사건은 법적인 절차라는 방패에 재빠르게 숨어버렸다.

통상적인 군사작전 수행 중에 발생한 부주의한 민간인 사망에 대한 확실한 데이터, 그리고 사건 후 실시된 부대원의 행동에 대한 광범위한 설문조사는 더 많은 시스템적인 도전들을 드러냈으며, 육군 및 해병대가 좀 더 광범위하게 언급하기 시작한 법적, 윤리적, 작전상의 문제들을 제기했다.

미국 국방부가 전장윤리에 대한 설문조사 결과를 발표했을 때, 데이

---

9 DOTMLPF는 Doctrine, Organization, Training, Material, Leadership and Education, Personnel, and Facilities 각각의 첫 글자임

10 하디타는 이라크 서부 안바르 주에 위치한 도시이며, 2005년 미 해병대가 하디타에서 포탄공격을 받은 후 여성, 어린이, 휠체어에 앉아 있는 한 남성을 포함한 24명의 민간인을 학살함

11 Hamza Hendawi, "US Troops in Iraq to Get Ethics Training," Associated Press, Jine 2, 2006.

비드 퍼트레이어스(David H. Petraeus)[12] 장군은 이라크 주둔 다국적군의 총사령관으로서 막 현장에 도착했다. 퍼트레이어스는 반군진압작전에서 리더십, 윤리 그리고 작전 성공 사이의 연결을 강조하는 새로운 반군진압작전 야전교범의 주요 옹호자였다.[13] 육군연합군센터에서 근무하던 시절 그는 큰 노력을 요구하고, 교묘하며, 그리고 명백히 좌절감을 주는 반군진압작전의 실제에 대한 부대의 사고와 관행을 재조정하는 데 중점을 두었다. 퍼트레이어스는 설문조사의 심각성을 바로 받아들였다. 설문조사 결과에 의하면, 전구에 있는 많은 부대들은 바그다드로 유입되는 부대의 급증과 새로운 반군진압작전 교범이 내세우는 신조를 통해 새로운 활기를 불어넣으려고 한 그의 계획을 적극적으로 약화시키고 있었다. 설문조사는 또한 리더십이 제대로 발휘되었다면 부대들이 이러한 규칙을 더 잘 따랐을 것이라는 것을 보여주었다.

퍼트레이어스는 모든 부대에 공개서한을 보내 교육할 기회를 가졌다(〈그림 11-1〉 참조). 그는 적의 전술에 대해 분노가 치미는 것은 당연한 일이지만 "우리의 가치관을 지키는 것이 우리를 적과 구별하게 한다"는 것을 설명했다. 퍼트레이어스는 또한 윤리적 공백을 메우기 위해서는 야전에 있는 초급 리더들의 도움이 절실하다는 것을 알게 되었다. 그는 "리더들은 특히 이러한 이슈들을 부대원들과 논의할 필요가 있다. 그리고 항상 그렇듯이 올바른 모범을 보이고 올바른 행동을 이끌어내기 위해 분투할 필요가 있다. 우리는 훌륭한 리더십의 중요성과 그것이 만들 수 있는 차이를 결코 과소평가해서는 안 된다"고 서한에 적었다.[14] 퍼트레이어스는 개인적으로 이라크의 부대들에 제공하고자 한 개방성과 책임감의 긍정적인 지휘 풍토를 불어넣는 것이 가장 실전적인 단기 전략

---

12 미 육군 대장이며 CIA 국장을 역임함

13 David Petraeus and James Amos, *US Army and Marine Corps Cointeinsurgency Field Manual FM3-24* (Chicago, IL: University of Chicago Press, 2007)

14 Ibid.

이 될 수 있음을 깨달았다.

부대들은 친숙한 테두리 내에서 즉각적으로 반응하기 시작했으며, 리더들을 준비시키고 육군 및 해병대를 훈련시키기 위해 오랫동안 의존해온 수단 및 과정들을 변경했다. 부대들은 군사학교 교과과정과 전장 윤리 및 전쟁법 교육훈련을 최신화하고 개정하는 일에 착수했다. 각 부대에 배치하기 전에 실시하는 정신건강 교육훈련과 스트레스가 의사결정 및 팔로워십에 미치는 영향에 상당한 주안점을 두었다. 해병대 소속 정신과 군의관은 이렇게 소견을 밝혔다. "지금까지 우리는 이러한 수많은 사안에 대해 오랫동안 연구해왔기 때문에 무언가 새로운 일을 하도록 우리를 촉발시키는 연구가 많다고 생각하지는 않습니다. 나는 이 연구결과들이 그러한 사안들의 중요성을 강화해왔다고 생각합니다."[15]

육군 및 해병대 모두 무력충돌법과 전장에서의 윤리적 행동에 대한 기대를 상기시키는 메시지에 의해 강조되는 리더십에 상당한 비중을 두는 것이 올바른 해결책이라는 생각을 가지고 있다. 그러나 모두에게 익숙한 상투적인 어구들은 사람을 과도하게 안심시켜 리더십 개발에서 기존의 접근법을 그대로 적용하거나 기존의 규칙 및 기대에 안주해도 충분할 것이라고 착각하기 쉽다. 사실상 육군 및 해병대가 인식하기 시작한 바와 같이 반군진압작전의 도덕적 도전들은 더 깊은 수준에서의 상당한 관심을 필요로 한다.

---

15 Assistant Secretary of Defense for Health Affairs S. Ward Casscells, DoD News Briefing, May 4, 2007. Available at www.defenselink.mil/transcripts/transcript.aspx?transcriptid=3958 Last viewed July 8, 2008.

〈그림 11-1〉

사령부

다국적군–이라크
이라크 바그다드
APO AE 0932–1600

2007년 5월 10일

이라크 다국적군에 복무하는 육 · 해 · 공군, 해병대 그리고 해안경비대 여러분!

군사행동을 규정하는 우리의 가치관과 법률은 인간의 존엄성을 존중하고, 우리의 고결성을 유지하며, 옳은 일을 하도록 우리를 가르치고 있습니다. 우리의 가치관에 대한 고수가 적과 우리를 구별되게 합니다. 이번 전투는 인명의 보호에 달려 있으며, 사람들은 적이 아닌 우리가 도덕적으로 우월한 위치를 차지하고 있다는 사실을 이해해야 합니다. 이러한 전략은 최근 몇 달간의 결과에서 잘 나타나고 있습니다. 예를 들면, 알카에다(Al Qaeda)의 무차별적 공격은 마침내 이라크 국민의 상당수가 그들에게 등을 돌리게 하는 원인이 되기 시작했습니다.

이런 관점에서 나는 이라크에서 지난 가을에 실시한 설문조사 결과에 나타난 사실에 대해 우려를 금치 못하겠습니다. 조사를 통해 몇몇 미군 요원들이 부대의 동료들에 의해 일어난 불법적인 행동에 대해 보고하지 않으려 했다는 사실을 발견했습니다. 또한 조사 대상자들 중 일부가 비전투원들을 학대했다는 사실도 밝혀졌습니다. 이러한 설문조사는 우리의 전투행위에 대해 숙고하는 자극제가 되었습니다.

나는 이라크에서 대원들이 겪는 감정을 충분히 인식하고 있습니다. 나는 또한 '근접전투의 전우애'를 가진 동료들 사이의 유대감을 직접 겪어봤기에 잘 알고 있습니다. 야만적인 적에 의해 목숨을 잃은 동료를 보는 것은 좌절과 분노 그리고 즉각 복수하려는 욕망을 불러일으킵니다. 하지만 아무리 어렵더라도 우리는 이런 감정들로 인해 우리나 우리 전우들이 성급하게 불법적인 행동을 하도록 해서는 안 됩니다. 또한 우리가 그러한 행동을 목격하거나 들은 경우에 우리의 유대감이 거리낌 없이 밝히는 것을 방해해서도 안 됩니다.

어떤 사람들은 우리가 적에게서 정보를 얻기 위해 고문을 허용하거나 다른 비윤리적이지만 신속한 수단에 의존한다면 좀 더 효과적일 수 있다고 말할 수 있으나 그들의 말은 옳지 않습니다. 그와 같은 행동은 불법적일 뿐만 아니라 역사를 통해서도 알 수 있듯이 유용하지도 꼭 필요한 일도 아닙니다. 물론 육체적인 위해를 가함으로써 누군가를 '말하게' 할 수 있지만, 그가 한 말들은 의심스러운 가치를 지닐 것입니다. 사실상, 지난해에 출간한《인간정보수집작전》에 대한 육군 야전교범(2-22.3)에 있는 심문기준을 적용한 경험에 의하면, 교범에 제시된 심문기법은 억류자들로부터 정보를 끌어내는 데 효과적이며 인도적으로 작동하는 것으로 보입니다.

우리는 진정한 전사들입니다. 우리는 적을 죽이기 위해 훈련합니다. 우리는 전투에 가담하고 적을 끝까지 추적해야 하며 때로 폭력을 휘둘러야 합니다. 하지만 이 전투에서 우리의 적과 우리를 구별하는 것은 우리가 어떻게 행동하느냐에 있습니다. 우리가 하는 모든 일에서 우리는 비전투원들과 억류자들을 인간적인 존엄과 존중으로 대우할 것을 지시하는 기준과 가치관을 지켜야 합니다. 우리는 전사이지만 동시에 인간이기도 합니다. 장기화된 부대전개와 전투에서 비롯된 스트레스는 나약함의 상징이 아니라 그저 우리가 인간이라는 증거일 뿐입니다. 여러분이 그런 스트레스를 느낀다면, 지휘계통이나 군종 또는 군의관에게 말하는 데 주저하지 마십시오.

우리는 설문조사 결과를 활용하여 현재의 우리의 모습을 만들고 이러한 이슈들에 대해 재조사하도록 자극을 주는 가치관과 기준에 대한 우리의 의지를 회복해야 합니다. 특히, 각 부대의 지휘관들은 이러한 이슈들을 부대원들과 논의할 필요가 있으며, 여느 때처럼 올바른 본보기를 보이며 적절한 행동을 하도록 하기 위해 노력할 필요가 있습니다. 우리는 결코 훌륭한 리더십의 중요성과 그것이 만들 수 있는 차이를 간과해서는 안 될 것입니다.

임무수행의 노고에 감사합니다. 여러분 각자와 함께 복무할 수 있어 영광입니다.

David H. Petraeus

데이비드 퍼트레이어스
미 육군 대장 사령관

더 깊은 리더십 도전

윤리적 이슈는 그 핵심을 보면 위험에 초점을 둔다. 특히 부대원이 민간인을 위해 얼마나 많은 위험부담을 감수해야 하며, 사실상 누가 반군진압작전 임무의 중심에 있는가? 이것이 미군이 안고 있는 도덕적 딜레마의 핵심이다. 육군 및 해병대가 추가적인 전장윤리 훈련과 교육에 착수했고, 리더들로 하여금 윤리적 도전들에 대해 좀 더 주의를 기울이며 대응할 것을 요구하고 있음에도 불구하고 해결되지 않고 있다. 결국 이러한 이슈가 영원히 해결되지 않을지도 모르지만 더 깊이 이해되어야 한다.

수십 년 동안 전통적인 미군의 교전원칙과 훈련은 작전에서 화력 및 기술에서의 탁월함을 강조했으며, 그 후 부대보호 대책의 중요성을 지속적으로 강조해왔다. 또한 부대보호는 발칸 반도 안정화 작전과 같이 긴박하지 않은 군사작전에서 우선순위를 두어왔다. 미국 사회의 위험에 대한 매우 광범위한 혐오가 위험으로부터 보호받아온 정치-군사적 문화를 만드는 데 일조해왔다.

여기에 전통적인 군사적 이해에 관한 초기의 논의를 더하면, 당신은 민간인과 더 큰 무형의 정치적 목표를 위해 위험을 감수하라는 반군진압작전의 요구에 직면하여 최악의 상황이 만들어지는 것을 볼 수 있다. 간단히 말해, 반군진압작전의 절대적인 위험 수준과 임무의 목표들은 미군이 베트남전 이후에 겪은 상황과는 크게 다르다.

반군진압작전의 작전계획은 실전에서 훨씬 큰 위험을 감수해야 하기 때문에 추가적인 장애요인을 제기한다. 성공적인 작전 수행을 위해서는 하급부대 지휘관들이 현지의 조건과 기회에 적응할 수 있도록 그들에게 최대한의 유연성을 부여해야 한다. 분권화된 작전을 위해서는 분권화된 책임이 필요하다. 그러나 이렇게 원치 않는 방식으로 위임된 권한은 소부대 리더의 긴장감을 한층 고조시킨다. 임무 달성과 인명보호 사이의 균형은 대대장이 감당하기에는 충분하지만 위관장교에게는 더 가혹하며 더 밀접한 일이다. 이는 임무 달성을 위해 위험을 재할당한다는 명목하에 부대를 보호해야 한다는 주장을 가로막는 추가적인 심리적 장애를 만들 수 있다.

그러므로 초급 장교들의 리더십은 반군진압작전에서 매우 중요하다. 윤리적인 행위에 대한 투쟁에 승리하느냐 실패하느냐의 문제가 이들의 리더십에 달려 있다. 퍼트레이어스와 치아렐리가 보여준 것처럼 고급 지휘관들은 상당한 차이를 만들 수 있다. 그리고 수많은 방식에서 반대의 경우도 쉽게 찾아볼 수 있다. 하디타에서 군의 윤리적 붕괴를 묵인한 지휘 풍토를 생각해보라. 죽은 민간인에게 총을 쏘거나, 확실한 신원확인 없이 무차별 사격을 하거나, (어쩌면 더 중요하게는) 그러한 윤리적 과실을 보고하지 않는 의사결정은 많은 경우 초급 간부들의 인격에 따라 결정된다.

더욱이 전장에서 가장 큰 영향을 미치는 사람은 장교들만이 아니며 종종 부사관들이다. 부사관들은 사람의 목숨과 임무의 상쇄관계에서 미묘한 차이가 있는 일련의 압박에 직면한다. 그들의 경력은 근무한 부대를 중심으로 쌓여가며, 그들의 미래는 함께 싸우는 부하들과 밀접한 관련이 있다. 장교들은 진급 및 영전을 기대하는 반면에, 부사관들은 부대의 핵심을 유지할 것으로 기대된다. 궁극적으로 규율과 훈련을 책임지고 있는 부사관들은 윤리라는 창의 '뾰족한 끝'을 효과적으로 떠받든다. 그렇기에 그들이 반군진압작전의 원칙들, 그중에서도 특히 단기간의 더 큰 위험이 장기적으로는 더 나은 부대보호와 임무완수를 가져온다는 신조를 받아들이는 것이 중요하다. 그렇지 않으면, 부사관들이 부하들에게 점점 더 윤리적인 면을 요구하는 것이 그들의 핵심적인 직업적 책임과는 상반되게 직관에 반할 뿐만 아니라 모독적인 일이 될지도 모른다.

그러나 훨씬 큰 위험의 감수가 가져오는 즉각적이고 구체적인 이익이 명확히 없다는 점에서 당연히 문제가 증폭된다. 간단히 말해, 반군진압작전의 성공은 손에 잡히지 않으며 측정하기도 어렵다. 성공은 근본적이며 지속되는 전술적인 군사적 승리 또는 정치적 승리 대신에 단순히 비생산적인 효과(반칙을 피하는 것)를 완화시킬 수 있는지 여부에 달려 있다.

발생한 손실에도 불구하고 결국 고지가 명확히 점령될 때 의사결정을 정당화하는 것은 훨씬 쉽다. 더 커진 위험이 단순히 전반적인 작전목표에 해를 끼치는 것을 피하기 위함이고 주목할 만한 진전이 없다면, 위험감수를 계속 감내하기는 어려울 것이다. 이와 같은 상황은 더 큰 그림을 파악하기 어려운 부대의 지휘관들이 분산된 작전을 수행할 때 특히 심각하다. 엄격한 군사적 환경에서 계산된 부대보호에 대한 비용편익분석은 더 큰 정치활동의 목적을 가장 효과적으로 충족시키지 못하는 균형상태를 초래할 수 있다.

이러한 모든 이유 때문에 기관으로서의 육군 및 해병대가 부대원들의 이해 및 행동에서 필수적인 변화를 유도하는 데 필요한 위험감수 요건을 과장해서 말하는 것처럼 보이는 것이 필요할지도 모른다. 그러나 기관으로서의 군 또는 전장의 초급 리더들이 실제로 그런 일을 할 수 있는가? 반군진압작전은 다른 방향으로 움직이는 제도적 역사, 관행, 그리고 일련의 가정들에 직면해 있다. 위험감수에 대한 지나친 강조가 신중한 부대보호에서 벗어나는 것으로 인식될 수 있다는 우려가 항상 존재한다. 이는 군사적인 관심사가 아니라 필수적인 정치적 관심사들이다. 미국의 교전규칙은 자기방어권을 거듭 강조하고 있으며, 심지어 무력의 확대가 더 엄격하게 통제된다고 할지라도 반군진압작전 위험에 대한 재교육은 무엇이든지 자기방어의 중심적인 역할을 강조하는 일이 될 수 있다. 하지만 민간인 보호가 반군진압작전의 핵심목표가 된다는 것은 무엇을 의미하는가? 만약에 민간인 보호가 핵심 임무라면, 자기방어가 민간인의 희생으로 얻어질 경우 군인의 자기방어는 어디에 적합한 것인가?

임무가 먼저다. 임무달성에 수반되는 절대적 자기희생이 복무의 핵심이다. 미군은 역사 연구와 고유한 작전 경험을 통해 무엇이 임무를 구성하는지에 대한 이해를 발전시켜왔다. 임무가 항상 전차를 파괴하거나 고지를 점령하는 것만은 아니다. 군은 유형적이며 즉각적인 군사적 이득이 있어서가 아니라 임무성공으로 간접적인 기여를 하는 우회행동(diversion)의 가치를 가르친다. 군은 전투에 대한 기여가 불명확할지라도 전구에서 일하는 외교관이나 국회의원을 보호할 필요성을 인정한다. 군은 사막의 폭풍작전(Operation Desert Storm) 당시 이라크의 스커드미사일을 제거하는 것이 필요하다고 인식했는데, 이는 군사적으로 스커드미사일이 중요해서가 아니라 미국의 주요 동맹국이라는 정치적 중요성, 더 나아가 간접적 측면에서 연합군의 단결에 중요했기 때문이다. 이는 모두 일반적으로 받아들여지는 군사적 임무들로서 위험감수를 필요로 한다.

그러나 반군진압작전에서 민간인은 개념적으로가 아니라 위험감수에 대한 구체적이며 전술적인 예측에서 볼 때 여전히 힘겨운 전투에 직면하고 있다. 반군진압작전을 하는 동안 지속적인 변화가 일어나기 때문에 임무성공에 대한 위험감수와 반군진압작전 출구전략의 관계를 폭넓게 이해할 필요가 있다. 이는 무력확대 수단을 정의하고 실행하기 위한 긴급한 노력에서 나타난 논리적인 결론이다. 교전 중인 적들보다 더 많은 새로운 적을 만들어내지 않기 위해, 미군의 직업정신과 도덕적 차별성 및 몰입을 보여주기 위해, 그리고 비미국인 및 비전투원들이 반군진압작전 노력에 대해 궁극적인 책임을 지도록 하기 위해 군대는 반군진압작전이라는 군사행동을 수행함에 있어서 더 높은 수준의 위험을 감내해야 한다.

군대는 이러한 이슈들과 관련하여 어떠한 메시지를 보내는가? 육군과 해병대는 군사학교에 최신의 학습 자료를 제공하기 위해 전투묘사를 갱신해왔다. 이러한 반군진압작전 사례연구들은 위에서 언급한 전장의 긴장감을 더욱 정확하게 반영하고 있으며, 군사학교의 토론 문제들은 올바른 이슈들을 확실하게 짚어내고 있다. 하나의 다른 답변이 나왔을 때 제도적인 동의가 없다면, 전통적이며 원론적인 답변만 나올 가능성이 크다. 토론은 대안적 접근법에 대한 필요성을 암시하지만, 결국 사람의 목숨과 임무 사이의 균형점을 찾으려는 표준화된 방식으로 귀결될 것이다. 민간인 보호 임무는 수뇌부의 실질적인 추진과 강조 없이는 내면화될 수 없다. 필연적으로, 그것은 적절한 대응에 관한 관점을 제공하는 것을 의미한다. 지금까지 군대는 이러한 결정적 고비에서 상당히 물러나 있었다.

야전에서 어림짐작으로 하는 의사결정을 꺼리는 오래되고 이해할 만한 태도는 패러다임이 이해된다면 이치에 맞지만, 좀 더 깊은 개념적 전환이 요구되는 때는 바람직하지 않을 수 있다. 미 육군과 해병대의 반군진압적전 교리는 더 좁은 맥락에서 "해석방식(mindset)으로서 차별적인 비례적 군사력의 사용이 교전 규칙 고수의 범위를 넘어선다"고 제시한다. 다시 말해서, 정답이 규칙이나 일반적인 관행이 요구하는 최소치와 다를 수 있다.

교전 법이나 규칙과 달리, 윤리는 더 깊은 문화적 및 제도적 풍조를 반영한다. 윤리는 '도전적인 상황'에서 부대가 '무엇을 할지를 이해하는데' 도움을 줄 수 있는 내적인 나침반을 제공한다. 반군진압작전에서 요구하는 윤리는 특히 당황스럽고 복잡하다. 반군진압작전에서 민간인 보호의 중요성을 강조하는 것은 동료 해병 및 육군 병사에 대한 충성을 강조하는 군복무의 가치관과 사뭇 충돌하는 것으로 보인다. 그리하여 법이나 규칙에 기반을 둔 이슈들은 본질적으로 거의 드물다는 것이 가장 극복하기 어려운 딜레마다. 이는 경쟁적인 관계에 있는 개인적 가치관과 복무 가치관 사이의 싸움이며, 부대보호와 임무완수 사이에 일어나는 다툼이다.

반군진압작전 야전교범은 도덕성과 명예가 밀접하게 연관되어 있다고 언급한다. 명백한 딜레마들을 복무의 전통과 일치되도록 조정하는 손 쉬운 방법은 전장윤리를 전적으로 법적이거나 윤리적인 문제로서가 아니라 복무 가치관의 문제로서 강조하는 것이다. 한 모범적인 해병대 리더는 이라크 복무 초기에 부하들이 반군진압작전의 임무와 그것이 갖는 불편한 함의를 해결할 방법을 함께 고민했다.

토드 데스그로세일리어스(Todd Desgrosseilliers) 중령은 야전에서 그의 젊은 부하들에게 행동 원칙을 주지시키기 위해 직관적으로 해병대의 가치관에 눈을 돌렸다. 그가 이름 붙인 '미덕 윤리(virtue ethics)' 포켓카드에 명예, 용기, 몰입을 자세히 설명했다. 그는 용어와 복무 정체성의 규정 측면에서 익숙하지 않은 새로운 요구들을 근본적으로 재구성했다. 강력한 인간적 리더십과 연계된 데스그로세일리어스 중령의 접근법은 그 당시 미군이 운영한 반군진압작전 훈련 및 교육의 공백을 메우는 데 도움을 주었다.

각 군이 해당 문화에 상응하는 반군진압작전의 윤리를 주창하고, 가르치고, 지키는 데는 시간이 걸릴 것이다. 이러한 과정은 일시적인 임기응변이나 제도적인 조작이 아니라 그러한 가치관을 진정으로 발전시켜야 한다.

이 역시 또 다른 보완적인 발전을 필요로 하며, 전투에서의 명예가 무엇을 의미하며 그것이 어떻게 보상받을 수 있는지에 대한 의미의 확장이다. 오늘날의 해병대 또는 육군 전사들의 정신은 현대전에 적합해야 한다. 이를 위해서는 영웅적 행위가 자제의 문제, 실행으로 옮기지 않은 행동의 문제, 단지 동료 전우가 아닌 현지 민간인을 위해 감수된 위험의 문제로서 인식되어야 한다. 그다음 단계는 야전에서 군이 요구하는 행동을 지원할 수 있는 제도적인 약속을 입증하는 것이다. 그리고 이는 또 다른 종류의 리더십 도전으로서 제도적 책임을 요구하는 이슈들이다.

진정으로 반군진압작전 리더십에 포괄적으로 접근하기 위해서는 초급 장교들과 부사관들에게 중점을 두는 리더십을 근간으로 해야 한다.

식별된 문제들을 평가하고 대응할 수 있도록 설문조사와 사상자 통계 같은 도구들을 지속적으로 개발해야 한다. 부대보호와 임무 사이에서 야기되는 긴장감과 가치관 간의 갈등에 대처하기 위해서는 더욱 심도 깊고 탁월한 노력이 필요하다. 그리고 여기에는 리더십을 재정의하려는 고위층 수준에서의 제도적인 지원이 필요하다. 이러한 리더십 도전의 밑바탕에는 반군진압작전이 제시하는 윤리적 도전에 대한 더 깊은 이해가 필요하다.

제12장 지휘 풍모

브라이언 프리엘(Brian Friel)[1]

강한 리더를 만드는 것은 무엇을 말하는지뿐만 아니라 어떻게 말하는지에 달려 있다.

2005년에 일어난 허리케인 카트리나(Hurricane Katrina) 재해 1주년을 맞아 정부가 어떻게 대응했는지에 대한 회고 보도를 보면서 대중 앞에서 울부짖던 수많은 리더를 지켜보는 것은 인상적이었다.

루이지애나 주지사 캐서린 블랑코(Kathleen Blanco)가 카메라 앞에서 울부짖었으며, 뉴올리언스 시장 레이 내긴(Ray Nagin)이 그러했다. 뉴올리언스 경찰서장인 에드윈 컴퍼스(Edwin Compass), 제퍼슨 패리시(Jefferson Parish) 회장인 애런 브루사드(Aron Broussard)도 마찬가지로 울부짖었다. 미시시피 주지사 헤일리 바버(Haley Barbour)는 폭풍 직후 부시 대통령과 만났을 때 대통령이 울부짖었다고 말했다.

눈물은 저항할 수 없는 재해의 본질과 그에 대응하기 위해 노력한 리더들의 어려움을 보여준다. 일부 사람들은 소리치거나, 입을 삐죽대거나, 저주하면서 그들의 분노와 좌절감을 나타냈다.

합동 태스크 포스 카트리나(Joint Task Force Katrina)의 지휘관이었던 러셀 오노레(Russel Honoré)[2] 육군 중장이 구조 및 복구 작전의 지휘를 맡기

---

1 브라이언 프리엘은 아일랜드의 극작가이며, 필드 데이 극단(Field Day Theatre)의 설립자

2 미 제1군의 33대 지휘관

위해 뉴올리언스에 왔을 때 감정의 물결이 폭발했다.

그는 최소한 대중 앞에서 소리치지 않았다. 그가 뉴올리언스에 도착하자, 내긴은 그를 "존 웨인(John Wayne) 같은 사람"으로 묘사했다. 오노레 장군이 도심에 들어온 지 얼마 되지 않아서 군 및 법 집행관들을 향해 시민에게 총부리를 겨누지 말라고 소리치는 것이 카메라에 잡히면서 일약 유명해졌는데, 그의 외침은 군이 뉴올리언스에 도움을 주는 것이 아니라 치안을 유지하는 데만 급급한 것으로 보이고 싶지 않은 데 있었다. "여보게! 무기를 내려놓게!" 오노레는 교차로를 걸어서 건너면서 소리쳤다. "무기를 내려놓아! 무기를 내려놓아, 빌어먹을! 너희들의 무기를 내려놓으라고!"

군 및 법 집행 영역에서 '지휘 풍모(command presence)'는 리더들이 지휘하는 육체적 방식을 말하는데, 리더들의 몸짓, 목소리 톤, 서 있는 자세, 어떻게 눈을 마주치는지와 같은 것들을 포함한다. 허리케인 카트리나로 인해 붕괴된 도시의 복구노력을 하는 결정적 시기에 오노레의 지휘 풍모는 뉴올리언스에서의 통제력을 회복하는 데 도움을 주었다. 그의 걸음걸이, 처신하는 태도, 목소리를 내는 방식, 심지어 그가 시가를 자주 피운다는 사실 등 그의 지휘 풍모에 대한 모든 요소가 리더십 메시지를 전달했다. 그가 강한 군사적 대응을 전달하는 데 실패했다면, 그 모든 것이 의미가 없었을 것이다. 그러나 그의 지휘 풍모는 매우 강력해서 그가 취한 행동에 대해 적절한 의사전달자 역할을 했다.

군에서 지휘 풍모는 교육훈련의 일부분이다. 단순한 예로서, 군 장교들은 지휘를 하기 위해 자신들의 목소리를 어떻게 사용할지를 배운다. 그들은 다양한 목적에서 목소리 크기, 높이, 톤을 어떻게 사용해야 하는지를 배운다. 하지만 그러한 육체적 훈련은 민간 세계에서 종종 간과되고 있다. 민간 관리자들도 그러한 기술들을 배워야 하며, 그러한 훈련에 신경을 써야 한다.

경영이 종종 컴퓨터를 통해 이뤄지는 세계에서 경영자들은 육체적 풍모가 문제될 수 있다는 것을 잊어서는 안 된다. 모든 리더가 "존 웨인 같은 사람"은 될 수 없겠지만, 모든 사람이 말뿐만 아니라 여러가지 수단으로 의사소통을 한다. 오노레는 《밀리터리 리뷰(*Military Review*)》에 실린 2002년의 한 저널에서, 대인관계 기술이 지휘의 핵심요소라고 주장했다. 그는 "리더십은 사람들에게 영향을 미치는 데서 시작한다"고 밝혔다. 리더들이 사람들에게 영향을 미칠 수 있는 능력을 개발하기 위해서는 다른 사람들이 기대하는 방식으로 행동하는 데서 출발해야 한다.

제13장 영향력을 통해 지휘하는 전장의 군인

크레이그 채플로(Craig Chappelow)

변호사, 총 그리고 돈을 보내라…….
— *워런 제본(Warren Zevon)*

빌 다이어(Bill Dyer)는 성공적인 법조 경력에서 상당한 진전을 이루고 있다. 미국에서 가장 크고 저명한 지적자산 기업들 가운데 하나인 피네건, 헨더슨, 파라보, 가렛 앤드 더너(Finnegan, Henderson, Farabow, Garrett & Dunner)의 변호사인 다이어는 특허 및 상표 소송에서 자신의 전문성을 확고하게 유지하고 있다. 그러나 현재 다이어는 매일 아침 출근 준비를 할 때, 서류가방에 서류 파일들을 꾸리지 않는다. 또한 애틀랜타의 러시아워나 붐비는 통근열차와 싸울 필요도 없다. 다이어는 자신의 일상적인 업무 도구들을 사막위장복, 방탄복, 케블러(Kevlar)[1] 헬멧, 베레타(Beretta) 9㎜ 권총으로 바꿨다. 그는 미 육군의 예비역 소령이며, 민간인으로 생활하다가 '이라크 자유작전(Operation Iraqi Freedom)'에 투입되었다. 다이어는 41세로 나이에 비해 젊어 보이며, 반듯한 자세와 매우 짧게 깎은 머리칼은 버지니아군사학교(Virginia Military Institute, 전자공학 전공으로 학사학위를 받은 곳)의 단과대학 및 공군 장교로서의 병역을 포함해 그의 군사적 배경을 보여준다.

1 나일론보다 가볍고 강철의 5배 강도를 지닌 합성섬유

의회가 육군의 군의관 예비군부대의 설치를 승인한 1908년 이후 미군은 다이어 같은 시민군에 의존해왔다. 그때 이래로 예비군은 미국이 개입한 모든 군사적 분쟁에서 핵심적 역할을 해왔다. 육군 예비군들은 현재 의료뿐만 아니라 공병, 헌병, 정비, 어학, 법률 등 다른 분야에서도 핵심적인 기능을 수행하고 있다.

최근까지 전투태세를 갖춘 현대 육군에 대한 나의 정신적 이미지에는 변호사들이 포함되지 않았다. (결국, 그들의 빛나는 날개 끝은 야간임무를 수행하는 부대의 위치를 드러내지 않는가?) 하지만 전장에는 수많은 법률업무가 산재해 있다. 다이어는 폭행 및 약물남용 같은 범죄 문제를 다루며, 군인들에게 전쟁법 및 교전규칙 같은 법률적 이슈에 관해 알려주고, 군인들이 자신의 의지를 다지는 데 도움을 주고 있다.

다른 세상

이라크에서 다이어는 15명으로 구성된 공병설계부대의 법무관('변호사'의 군사용어)이다. 다이어의 설명에 따르면, 그가 속해 있는 예비군 팀은 현역 전투공병부대가 갖고 있지 않은 전문지식을 제공하며, 장애물 파괴 및 교량 폭파 같은 과업들에 특화되어 있다. 다이어의 공병부대는 대규모의 건설 프로젝트 관리자, 건축가 그리고 배전 전문가들로 구성되며, 현재 이라크에서 가장 필요한 형태의 부대다.

다이어의 전자공학에 대한 기술적 배경은 현행 업무를 처리하는 데 상당한 장점이 되고 있다. 그는 자신이 법률과 공학 업무 사이를 넘나들며 일을 하고 있다는 것을 알게 되었다. 이라크에 처음 도착했을 때, 그는 이라크가 전기 생산에 사용하는 가스 터빈과 관련된 지식을 제공하는 몇 안 되는 미국인 가운데 한 사람이었으며, 이라크 엔지니어들이 발전기들을 전선망에 연결하는 데 도움을 줄 수 있었다. 또한 그는 법무관으로서 건설, 서비스, 조달 계약의 법률적 관점과 파괴된 이라크의 민간 자산 같은 이슈들을 주로 다루고 있다.

나는 다이어와 이메일로 인터뷰하면서, 멋진 이야기를 집중력 있게 전달하는 그의 능력 덕분에 성공적인 변호사에서 전쟁통에 놓이게 된 그의 삶의 어떠했는지 생생히 접할 수 있었다. 그가 작성한 공문서들은 이라크에서의 일상이 애틀랜타 교외에서의 생활과 대부분 정반대라는 것을 보여준다.

다이어는 아내 질(Jill)과 어린 두 딸이 기다리는 언덕 위 아담한 집으로 귀가하는 대신에, 이전에 사담 후세인의 바스당 관료 숙소로 사용된 티그리스 강 언저리에 있는 바그다드의 한 빌딩에서 잠을 청했다. 저녁이면 더 크게 들리는 강 건너의 총소리는 일상이었다. 그는 찌는 듯한 더위는 참을만했지만, 악취에 적응하기는 무척 힘들었다고 말한다. 그 냄새는 주변에서 야영하는 부대와 티그리스 강에 버려진 미처리 하수, 그리고 오래된 차량이나 디젤 발전기에서 나오는 검은 연기와 유독가스가 원인이었다.

공통점

다이어의 삶이 미국과 이라크에서 극명한 차이를 보이고 있음에도 불구하고 그가 분명하게 유사한 한 가지 관점을 가지고 있다는 것을 알 수 있는데, 바로 그의 리더십 본분이다. 그는 군인의 역할을 수행하면서 직면하는 주요 리더십 도전이 그가 법률회사에서 일하면서 고객들과 직면했던 문제와 같다고 말한다.

그는 한 이메일에서 "의심할 여지없이 가장 어려운 리더십 도전은 본질적으로 맡은 책임 없이 지휘하는 것"이라고 적었다. "내게는 지휘책임이 없으며, 전장의 지휘관이 고지를 탈취하기 위해 자신의 부하들에게 지시한다는 의미에서 보면 나는 어느 누구도 지휘하지 않는다. 나는 참모의 일부이나, 참모들이 서열상 동일한 지위를 갖고 있다고 하더라도 그들이 제안하는 모든 의견이 동일한 비중을 갖는 것은 아니다.”

다이어는 법률회사에서 겪은 경험에는 현저한 평행선이 있다고 말한다. “많은 경우에 고객은 자신의 변호인들이 리더십을 발휘해주기를 기대한다. 누군가가 그들에게 반드시 무엇을 하라고 말하는 것은 아니지만, 경험과 지혜 그리고 사심 없는 동기를 가진 누군가는 그들이 무엇을 해야 할지 명료하게 말해주지 않더라도 회사에 적절한 행동을 하도록 그들을 이끌 수 있다.”

하버드 경영대학의 교수이며 리더십과 관련한 수많은 베스트셀러의 저자인 존 코터(John Kotter)는 ‘영향력을 통한 리더십’이라는 주제에 대해 폭넓게 글을 써왔다. 그는 효과적인 리더들이 지휘-통제 접근법보다 영향력을 사용하는 데 있어서 다음의 세 가지를 잘한다고 주장한다. 그들은 다른 사람들의 이성에 호소하기 위해 정보를 사용하며, 어떤 행동이 그들이 추구하는 목적들과 일치하는지에 대한 확신을 준다. 그들은 다른 사람들의 다양한 말, 이벤트, 환경, 이야기 등에 어떻게 반응할 것인지를 감지하며, 그들의 감정에 호소하기 위해 이러한 상징들을 사용한다. 또한 다른 사람들이 바라는 유형의 행위와 조치들을 보여주기 위해 역할모델링을 사용한다.

다이어가 겪은 이라크에서의 최근 사건을 보면, 나는 그가 마음속에 코터의 리더십 모델을 가지고 있지는 않았다고 확신한다. 하지만 그와 다른 세 명의 군인이 바그다드 국제공항에서 그들의 주둔지로 함께 돌아가는 길에 그가 취한 행동은 코터의 리더십 이론에 근거한 것이었다. 그들은 안절부절못했는데, 그들이 선택한 길은 ‘매복 골목길(Ambush Alley)’로 잘 알려져 있었으며 그 길을 따라 미군부대에 대한 수차례의 공격이 있었기 때문이다. 10마일 정도의 직선코스에 있는 안전장소인 마지막 참조점(checkpoint)을 2마일 정도 지난 지점에서 그들이 탄 험비가 멈춰 섰다. 연료계는 바닥을 가리키고 있었다.

> 우리에게는 무전기나 여분의 연료가 없었다. 우리 중 한 사람은 심하게 다리를 삐었고, 다른 두 사람은 사담(Saddam)의 복수에 사투를 치렀다. …… 한 사람은 열이 있었고, 둘 다 심한 위경련 증상을 보였다. 시간은 정오였으며 기온이 46℃나 되었고, 아군 차량이 다가왔을 때 우리에게는 별다른 묘책이 없었다. 나는 그룹에서 상급자의 위치에 있었기에 다른 세 사람을 차량 주변의 방호지점에 배치했고, 무기와 장비(방탄조끼, 방탄헬멧 등)를 갖추고 마지막 참조점으로 갔다. 참조점에 있는 에이브럼스(Abrams) 탱크의 시야에 들어갔을 때, 나는 그곳의 움직임을 감지하였다. 기관총사수가 내게 총열을 겨눴고, 누군가 탱크 포탑으로 기어올랐다. 나는 누군가가 도와주기를 기대했다. 그들은 내가 미국인이라는 걸 알았으며, 탱크 포탑에 있던 젊은 중위가 뛰어내려서 내게로 왔다. 내가 상황을 설명하자 그는 무전으로 도움을 요청했으며, 우리는 잠시 후 연료를 얻었다. 그날 오후 늦게 우리가 멈춰 섰던 곳에서 반 마일 정도 떨어진 곳에서 또 다른 공격이 있었다.

이러한 사건으로 인한 육체적 · 정신적 스트레스는 다이어의 이라크에서의 생활과 민간세상에서의 생활 간의 차이를 극명하게 보여준다. 그를 가장 힘들게 한 일상이라고는 때때로 하는 점심 운동과 "오래된 사브(Saab) 자동차의 창문을 손으로 돌리는 것"이라고 고백한다.

건전한 선택

다이어는 인력 선발 지침에 대한 전략을 개발했는데, 처음에는 법률사무소에서 그리고 최근에는 이라크에서의 문제점들을 분류하면서 더욱 발전시켰다.

이라크에서의 내 입장에선, 일어나서 내게 답이 있으며 다른 생각들은 틀렸다고 분명히 말할 수 없었다. 최소한 신뢰를 완전히 잃게 됨으로써 안아야 할 고충 없이 말이다. 그 대신에 나는 차츰 시간이 흐를수록 리더십의 기초를 제시했다. 이라크인이든지 내 부대원이든지 상관없이 지식이 있으면 제공했고, 없을 때는 침묵했으며, 고객에게 최상이 되는 행동방책이라면 무엇이든 몰입했다. 시간이 흐르면서 나의 의견과 조언이 지금의 내 위치에서 처리될 수 있는 것보다 훨씬 비중있게 처리된다는 것을 알게 되었다.

다이어는 민간 세계에서 직면하는 주요 리더십 과제가 이라크에서 직면하는 것과 매우 비슷하다고 적고 있다.

고객 가운데 누군가 충고와 자문을 구하기 위해 찾아 왔을 때, 나는 법 및 사업적 측면에서 건전한 선택을 할 수 있도록 그들의 의사결정 과정에 영향을 줄 의무를 갖는다. 일류기업으로서의 위상을 유지하는 회사들은 고문변호사에게 이런 유형의 리더십을 기대하지만, 실제로는 자신이 맡은 경계를 뛰어넘지 못한 채 이러한 리더십의 도전을 이행할 수 있다는 것은 많은 변호사가 알지 못하는 개인의 능력과 자원들에 대한 엄청난 시험이다. 그것은 내 경우 오랜 시간이 걸렸고, 여전히 공들이고 있다. 내 경험으로는 많은 고문변호사들이 자신의 고객에게 무엇을 하라고 말하는 것과 단순하게 문제들에 대한 방향 없는 법률주의적 해답을 제공하는 것 사이의 절충안을 찾는 데 어려움을 겪는다. 고객을 이끄는 당신의 방식은 변호사와 고객 모두에게 훨씬 많은 만족을 주지만, 힘겨운 균형을 요구한다.

최상을 만드는 것

나는 다이어가 민간인 생활에서 만나는 고객은 물론 이라크에 있는 군 동료들에 대해 그러한 균형을 취하고 영향력을 발휘하는 자신의 능력을 이해하고 있다는 인상을 받는다. 나는 피네건 헨더슨(Finnegan Henderson)의 애틀랜타 사무실의 업무 집행 사원인 로저 테일러(Roger Taylor)와 이야기를 나눴는데, 그의 소견이 나의 느낌을 더욱 분명하게 해주는 듯하다. 테일러는 "빌(Bill)이 우리 회사 내에서 존경과 사랑을 받고 있다"고 말했다.

> 지적자산 업무는 매우 복잡하며 시간 압박을 받는다. 우리는 젊은 변호사들의 업무를 총괄하고 검토할 능력을 가진 빌을 신뢰한다. 그는 또한 고객과의 관계에서 핵심적인 연결고리로서의 역할을 하며, 우리는 아무나 보내서 그들과 직접 일할 수는 없다. 그의 스타일과 전문지식은 고객과의 신뢰를 확고히 한다.

다이어는 자신의 리더십 접근법에 달관한 듯 보인다. 그의 이메일 가운데 하나는 리더십의 패러다임이 바뀌고 있는 것처럼 보이는 환경에서 일하는 다른 사람들에게 몇 가지 통찰력을 준다. 그는 "내가 토미 프랜스(Tommy Frans) 장군이라면 지휘하는 것이 훨씬 쉬웠을 것이다. 현재는 아니지만"이라고 적었다.

> 나는 내 주변의 사람들과 사건들에 영향을 미치기 위해 내가 가진 지위와 경험 등을 최대한 활용한다. 모든 사람이 CEO나 지휘하는 장군이 될 수는 없다. 내 생각에는 당신이 책임을 맡고 있지 않을 때 지휘하는 것이 진정으로 리더십을 시험하는 것이다. 그리고 나는 지금도 계속 배우는 중이다.

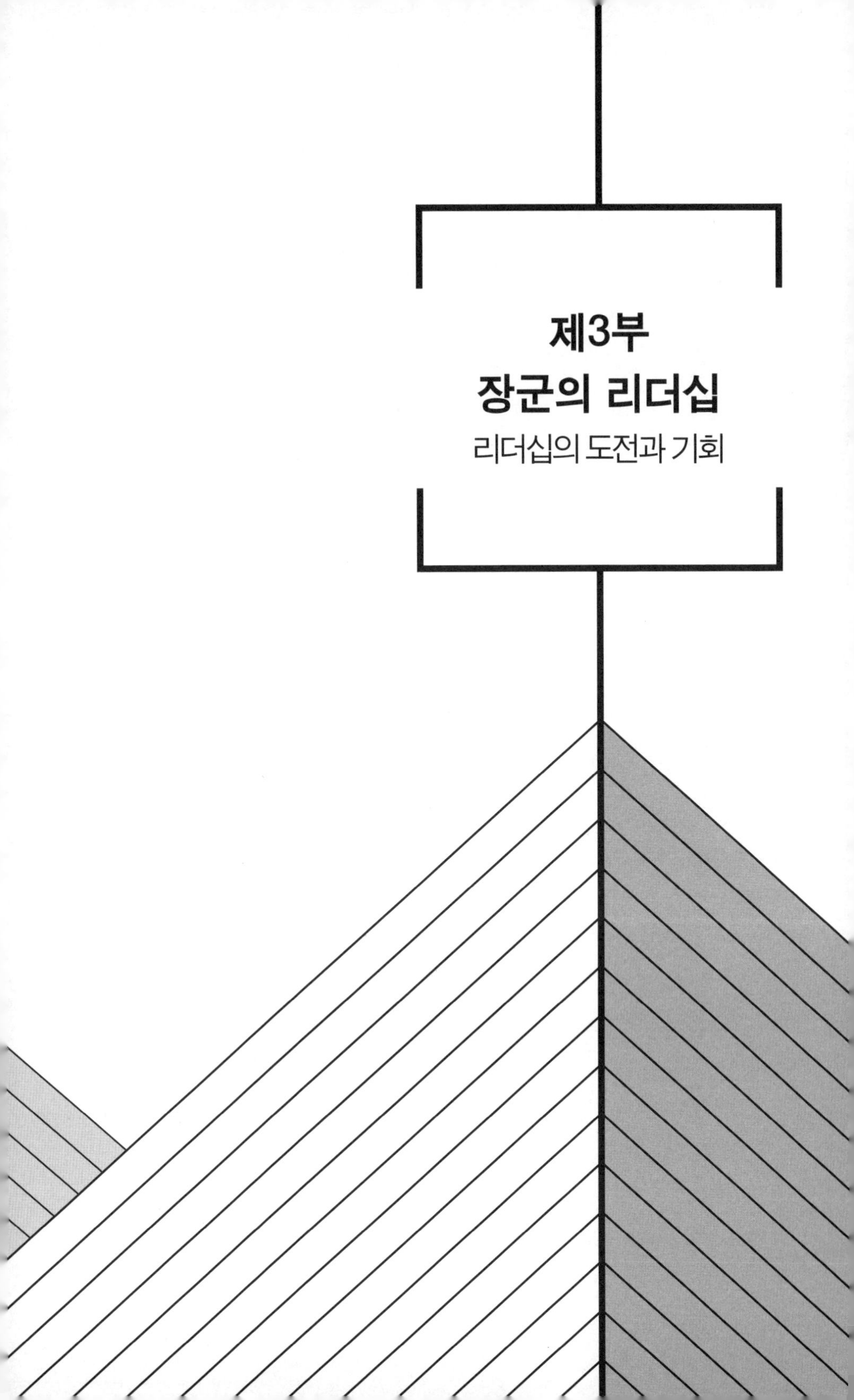

제3부
장군의 리더십
리더십의 도전과 기회

영화나 문헌들에는 맥아더(MacArthur), 패튼(Patton), 슈와츠코프(Schwartzkopf) 등과 같이 용기와 박력을 갖춘 명석한 장군들의 이미지가 가득하다. 그들은 부대원들의 정신을 하나로 모아 불가능한 일들을 가능케 하고, 적들을 물리친다. 이러한 이미지들이 군 리더십에 대한 미국인의 관념을 형성시켰고, 베트남 전쟁 이후 군의 리더들이 미국에서 가장 존경받는 전문 직업군 중 하나에 포함되는 일관된 여론조사 결과의 토대가 되었다. 조지 워싱턴(George Washington)은 미국에서 가장 높은 지위에 오른 첫 번째 퇴역 장군이며, 이와 같은 인물의 출현이 드와이트 데이비드 아이젠하워(Dwight David Eisenhower)에서 끝나지는 않을 것이다.

그렇다면 무엇이 이러한 전설적인 장군들을 만들었을까? 그동안 많은 학자 및 전문가가 고위급 장교의 성공요인들을 분석해왔다. 이들이 수백 년 전에 도달한 결론 중 일부는 오늘날에도 그대로 적용될 수 있다. 예를 들어, 많은 사람이 고위급 장교는 특별한 지적 능력과 어떠한 형태의 용기를 지녀야 한다는 점에 동의한다. 하지만 전장의 특성, 그리고 군과 민주사회와의 관계가 변화함에 따라 이전에 장군들에게 기대됐던 것들이 점점 더 복잡해지고 있다. 장군들은 군사적 전술 및 전략을 고안해내야 함은 물론, 민간 지도자들과 의회에 이라크나 아프가니스탄 같은 지역에 대한 정책 목표의 전망 또는 실행 가능성에 관한 조언도 제공할 수 있어야 한다.

본서의 이전 부분에서 우리는 효과적인 군 리더가 지녀야 할 특징과 특성에 관해 살펴보았다. 제3부에서는 고위급 리더들, 그중에서도 주로 군 리더들과 오늘날 그들이 직면하는 도전들에 대해 좀 더 자세히 살펴보고자 한다. 장군들은 고위급 리더로서 각자의 영역에서 최소한 이론적으로라도 군 리더십의 정수를 보여줘야 한다. 제3부는 이러한 고위급 장교들의 리더십을 그 기초에서부터 살펴보고자 한다. 이를 위해 먼저 고위급 장교 리더십의 핵심 신조들에 대해 자신들의 관점을 제시한 장교들의 글들을 살펴본다. 이 부분에서 오늘날의 장군들이 직면하는 도전들을 검토하고, 미래의 군대가 요구하는 장군 상에 관한 내용으로 결말을 맺는다.

풀러(J. F. C. Fuller) 소장은 '제너럴십: 병폐와 치유책'(14장)에서 제너럴십과 관련된 문제점에 대한 개인적 견해를 소상히 밝히고 그 치유책을 제시했다. 풀러 장군은 자신이 쓴 책에서 '제너럴십의 핵심'이라 여기는 세 가지 요소에 대해 강조하고 있다. 그중 한 부분이 본서에서 소개된다. 풀러 장군이 이 책을 쓴 것은 1936년이며, 제1차 세계대전 참전을 통해 그가 배운 리더십의 교훈들이 책 속에 녹아들어가 있다. 리더십 본질에 대한 그의 분석에 있어 전쟁의 위험성은 큰 의미를 지닌다. 예를 들어, 그는 "영웅적 행위(heroism)는 리더십의 전형이다", "용기는 전쟁이라는 시스템 내에서 매우 중요한 도덕적 덕목이다"라고 주장한다. 그러나 용기 하나만 가지고 위대한 장군이 될 수는 없다. 뛰어난 전공을 세운 장군은 '창의적인 지능'을 함께 지녀야 한다. 적이 예상하지 못하는 무언가를 할 수 있는 정신적 역량과 창의적으로 생각하는 지능이 전투에서 승리를 가져다준다. 마지막으로 풀러는 "리더는 항시 맑은 정신을 유지해야 하므로 성공적인 장군은 지휘를 위해 건강한 신체를 유지할 것"을 당부한다.

1998년부터 1999년까지 보스니아 안정화 작전의 지휘관이었던 몽고메리 메이그스(Montgomery C. Meigs) 장군은 '제너럴십: 자질, 직관, 인격'(15장)에서 제너럴십의 핵심적 특성에 대해 좀 더 동시대적인 시각을 가지고 살펴본다. 그러나 그 역시 풀러처럼 많은 부분을 그랜트, 리지웨이, 아이젠하워 등과 같은 과거 리더들의 역사적 분석에서 출발한다. 메이그스는 제너럴십 모델을 구성하는 네 가지 특성으로 지성의 힘, 에너지, 이타심 그리고 인간애를 제시했다. 먼저 그는 성공적인 장군들은 결정과 실행 요소들의 토대가 되는 강력한 지성의 힘을 가지고 있다고 주장한다. 또한 똑똑한 장군들은 문제점들을 그 근원에서부터 살펴보며, 함께함을 통해 부대의 전투의지를 강화시키는 에너지를 가지고 있다.

한편 메이그스는 용기의 중요성에 관해 풀러와는 다른 시각을 가지고 있다. 그는 용기란 부하들의 상충되는 조언들 가운데서 의견의 일치를 이뤄갈 수 있도록 도와주는 이타심에 기반을 둔다고 믿는다. 결론적으로, 메이그스는 위대한 부대정신의 초석인 부하들의 충성심을 개발하기 위해 인간애를 강조한다.

그런데 21세기의 탁월한 고위급 군 리더는 꼭 남성이어야 하는가? 브로드웰(Paula D. Broadwell) 소령은 '황동 천장 깨뜨리기: 군 여성 리더'(16장)에서 여성이 군대의 높은 지위에 오르는 데 사회적 또는 문화적 장벽이 있다는 우려에 대해 살펴본다. 그의 글은 '황동 천장(brass ceiling)'을 극복하고 현재 육군의 높은 직위에서 근무하는 여성 장군들의 리더십 역량을 탐구한다. 브로드웰은 국방부가 미래의 여성 리더들을 양성하기 위해 더 많은 일을 할 수 있으며, 또 그렇게 해야 한다고 주장하고 있다.

전시에 고위급 군 리더들의 책임은 그 정도와 복잡성 측면에서 더욱 커지게 된다. 그렇다면 미국의 장군들은 이라크 전쟁을 어떻게 준비하고 실행해왔을까? 잉링(Paul Yingling) 중령은 '제너럴십의 실패'(17장)가 있어왔다고 주장한다. 잉링의 글은 2007년에 처음 출간되자마자 미국 장군들의 역량과 그들의 판단에 대한 격렬하면서도 논란의 여지가 있는 논의들을 촉발시켰다. 잉링은 군의 고위급 리더들이 최소한 세 가지 측면에서 "베트남에서의 실수를 반복했다"고 주장한다. 첫째, 군의 리더들이 냉전 이후 미래의 군사작전과 전쟁을 예측하는 데 실패했다. 미군은 저강도 분쟁(low-intensity conflicts)에 대비해 장비가 갖춰지지 않았고, 인원이 편성되지 않았으며, 훈련되지 않았다. 둘째, 장군들은 후세인 이후의 이라크를 안정화시키는 데 필요한 수단과 방법을 잘못 계산했으며, 반군진압작전(counterinsurgency warfare)의 요구들을 충족시키는 데 실패했다. 마지막으로, 대부분의 고위급 군 리더들은 이라크의 안보상황을 대중과 정책입안자들에게 정확하게 알리지 않았다.

군의 초급 및 중견 간부들이 고위급 군 리더들이 내린 결정에 대해

이의를 제기할 경우, 그들은 좋은 보상을 받지 못했다. 군대의 성공은 조직의 명확성과 규율에 달려 있다. 그러나 고위급 군 리더들은 잉링 같은 하위 장교들의 비판에 어떻게 대응해왔는가? 캐플런(Fred Kaplan)은 그가 쓴 '장군들에게 도전하기'(18장)에서 고위급 군 리더들을 향한 비판에 육군이 어떻게 대응했는지를 살펴본다. 캐플런은 육군의 많은 장군이 자신들의 리더십과 관련된 비판을 초급 장교들과 공개적으로 솔직하게 토의했다고 말한다. 그러나 세간의 이목을 끄는 고위급 군 리더들에 대한 비판의 반향이 미래의 리더 모델에 어떠한 영향을 미칠지는 불확실하다. 일부 육군 장성들은 자신들의 경력을 답습하는 장교들을 진급시키길 원하는 반면, 일부는 퍼트레이어스(David Petraeus) 장군의 틀에서 만들어진 지적인 리더들에게 좀 더 개방적이다. 도전은 분명해졌다. 군대는 전술적 지식, 분석적 능력, 그리고 정책입안자들에게 조언을 해줄 수 있는 '도덕적 용기'를 지닌 미래의 장군들을 양성할 필요가 있다.

고위급 군 리더들은 민간인 의사결정자들에게 그들이 세운 정책이 군사적으로 미치는 영향에 대해 조언하는 것과 자기 부하들의 이익을 대변하는 두 가지 역할 사이에서 균형을 맞춰야 한다. 이라크 전쟁으로 인해 베트남 전쟁 이후 내재해왔던 고위급 군 리더들과 국가안보 정책입안자들과의 긴장관계는 더욱 깊어졌다. 데시(Michael C. Desch)는 '부시와 장군들'(19장)에서 이러한 긴장관계가 부시 대통령으로부터 시작된 것이 아니라 민간인 정책입안자들이 군사적 전문성을 하찮게 여기고 전술과 작전의 세세한 부분까지 관리하려 했기에 더욱 악화되었다고 설명한다. 데시는 전직 국방장관인 럼스펠드(Donald Rumsfeld)가 군으로부터의 불신을 확고하게 자리 잡게 했으며, 작전이나 전술적 사안에까지 관여하고자 하여 군대와의 마찰이 심해졌다고 주장한다. 장군들과 정책입안자들 간의 관계에서 적절한 균형을 유지하기 위해서는 정치적 결정에서의 권한은 민간인 리더들에게 주되, 임무를 완수하기 위한 작전적인 의사결정의 자유는 군에 주어야 한다.

제14장 제너럴십

병폐와 치유책

풀러(J. F. C. Fuller) 소장

"도덕이 3이면 육체는 1"이라는 문구는 앵무새처럼 수백만 번 반복해온 선전구호임에도 불구하고 아직도 일부 장병들은 전쟁에서 도덕성이 진정 무엇을 의미하는지에 대해 전혀 관심을 갖고 있지 않다. 도덕성은 다른 무엇보다 영웅적 행위(heroism)를 의미한다. 한 사람이 개인적 이익보다 신념을 우선시하여 자신을 이끌거나, 동료의 생명을 구하기 위해 목숨이 위태로움을 감수하거나, 자신의 조국이 싸워야 하는 명분을 얻을 수 있도록 돕는 영웅적 행위가 바로 리더십의 정수다. 제너럴십은 두 가지 형태 모두 필수적인데, 이는 자기 스스로를 지휘하는 것을 배우기 전까지는 다른 사람을 지휘하여 이득을 얻기는 어렵기 때문이다.

전쟁이란 어떻게 정의되건 결국 영웅적인 일이다. 왜냐하면 영웅적 행위가 없다면, 전쟁은 사람을 어떠한 이상을 추구하는 존재로 끌어올리는 대신 야만성으로 격하시켜 동물들의 싸움과 마찬가지가 되기 때문이다.

존 러스킨(John Ruskin)[1]은 위와 같은 내용들을 미국 남북전쟁이 끝난 해인 1865년,[2] 울리치(Woolwich)에 있던 왕립사관학교(Royal Military Acad-

1 존 러스킨(John Ruskin, 1819~1900): 영국의 비평가, 사회사상가. 예술미의 순수감상을 주장하고 "예술의 기초는 민족 및 개인의 성실성과 도의에 있다"는 자신의 미술원리를 구축해나감

2 *The Crown of Wild Olives*, John Ruskin, 1900 edition.

emy)의 강의에서 언급했다. 필자는 왕립사관학교에서 가장 많이 언급되었고, 오늘날에도 공부해볼 만한 가치가 있는 러스킨의 강의를 인용하고자 한다. 그 이유는 러스킨이 주제의 본질을 잘 파고들어 지휘에서 개인적 요소가 없다면 전쟁은 인간의 가장 좋은 것이 아닌 가장 나쁜 것을 드러내는 영혼 없는 분쟁으로 악화되어간다는 것을 보여주었기 때문이다. 예술가이자 평화를 사랑했던 그는 젊은 청중에게 다음과 같이 말했다.

> 여러분은 여러분의 일이 완전히 이질적이고, 나의 일과는 분리되어 있는 것이라고 생각할지 모릅니다. 하지만 그러한 생각과는 다르게 모든 순수하고 고귀한 예술작품들은 전쟁에서 발견됩니다. 일찍이 어떤 위대한 예술도 아직까지 지구상에 생겨나지 않았지만, 군인들의 나라에서는 생겨납니다. 평화로운 상태에 있다면 유목민들 사이에 예술은 없습니다. 평화로운 상태에 있다면 농경민들 사이에 예술은 없습니다. 무역은 정교한 예술과 간신히 일치하지만, 예술을 생산할 수는 없습니다. 생산은 예술을 만들어낼 수 없을 뿐만 아니라 존재하는 예술의 모든 씨앗을 파괴해버립니다. 하나의 국가에 가능한 위대한 예술은 없으나, 전투에 기반을 둔 국가에는 가능합니다.

러스킨에게 전쟁은 "모든 예술의 토대"다. 왜냐하면 전쟁은 인간이 지닌 모든 고귀한 미덕과 능력의 토대라고 생각하기 때문이다. 이어서 그는 말한다.

> 이러한 사실을 발견했다는 것이 나에게는 매우 이상했고, 또한 매우 무서웠습니다. 그러나 나는 그것이 부정할 수 없는 사실임을 알았습니다. 평화와 시민생활의 미덕(virtues)이 함께 번성한다는 평범한 인식은 완전히 옹호될 수 없음을 알게 되었습니다. 평화와 시민생활의 악(vices)이 오로지 함께 번성합니다. 우리는 평화와 학습, 평화와 풍요

로움, 그리고 평화와 문명을 이야기합니다. 그러나 나는 그러한 것들이 역사의 뮤즈(Muse of History)[3]가 함께 연결한 단어들이 아니라는 것을 알게 되었습니다. 여신 뮤즈의 입술을 통해 나온 단어들은 평화와 음탕, 평화와 이기심, 평화와 죽음이었습니다. 간단히 말해 모든 위대한 국가들은 전쟁에서 단어의 진실과 사고의 힘을 배웠습니다. 전쟁에서 영양분을 공급받았고, 평화에 의해 낭비되었습니다. 전쟁을 통해 배우고 평화에 속았습니다. 전쟁에 의해 훈련되고 평화에 의해 배신당했습니다. 한마디로 말해 전쟁 중에 태어났고, 평화 중에 끝났습니다.

그런데 러스킨은 여기서 어떠한 형태의 전쟁을 말하는 것인가? 적어도 "야만적인 늑대 떼의 격렬한 분노"는 아니다. 금융인들, 티격태격 싸우는 상인들, 또는 시기심 많은 정치인에 의해 야기된 전쟁이 아니라 자기방어의 전쟁을 의미한다. 러스킨은 "이와 같은 전쟁에서 모든 인간이 태어난다. 그러한 전쟁 하에서 어떠한 인간도 행복하게 죽을 수 있다. 그리고 이와 같은 전쟁으로부터 지난 세대들을 거쳐 가장 높은 수준의 신성함과 인류의 미덕들이 생겨났다"고 말한다. 그러고는 청중 쪽으로 돌아서며 이렇게 말했다.

만일 이 왕국 또는 다른 왕국의 신사인 당신이 시합하는 취미를 갖기를 선택한다면 그렇게 하십시오. 그리고 환영합니다. 그러나 숲과 들판의 체커(chequer)[4]에 불행한 소작농 조각들을 놓지는 마십시오. 만일 그 내기가 죽음에 이르는 것이라면, 그것을 그들이 아닌 당신의 머리 위에 내려놓으십시오. 올림픽경기장의 먼지 속에서 겨루는 선의의 투쟁, 비록 무덤의 먼지가 되겠지만 신들은 지켜볼 것이고 당신 안에 함께할 것입니다. 그러나 만일 당신이 지구의 산들이 계단이며, 계곡

3 학예 · 시가 · 음악 · 무용을 관장하는 아홉 여신의 하나

4 서양장기

들이 경기장인 원형극장의 가장자리에 앉아 당신의 수백만 백성을 검투사의 전쟁에 내몬다면, 신들은 당신과 함께하지 않을 것입니다.

그러고는 다음과 같이 이야기를 이어나간다.

먼저 이 게임의 기막힌 정당화는 잘만 이뤄진다면 이 게임이 진실로 누가 가장 좋은 사람인지를 결정해준다는 것입니다. 즉 누가 가장 잘 자랐고, 가장 이기심이 없고, 가장 두려움이 없으며, 가장 냉정하며, 눈과 손이 가장 빠른지를 결정해준다는 것입니다. 죽음에 이르는 투쟁의 결말에 대한 명확한 가능성이 존재하지 않는 한 당신은 그들의 자질을 완전히 시험해볼 수는 없습니다. 그 사람의 정신과 육체의 완전한 시도는 그러한 조건을 향하고 있을 때 발휘됩니다. 당신은 위켓(wickets), 허들 또는 카드 같은 게임으로 갈 수도 있고, 당신 안에 있는 어떠한 부정행위도 시종일관 의심 없이 받아들여질 수 있습니다. 그러나 만일 그 플레이가 긴 창 찌르기에 의해 한순간에 끝날 수 있다면, 그 사람은 아마도 그 행위에 들어가기 직전에 그에 대한 설명을 만들 것입니다. 무엇이건 썩기 마련이며, 그 사람 속의 악은 당구 큐대의 균형을 맞출 때보다 칼자루를 잡을 때 그의 손을 더 약하게 만들 것입니다. 그리고 전체적으로 보아 가벼운 마음으로 사는 습관은 매일 일어나는 죽음 앞에서, 정직한 사람을 만들거나 시험하는 것 모두에서 항상 힘을 가져왔으며, 또 그래야 합니다.

위에 제시된 인용구들 안에 진정한 제너럴십의 정수가 담겨 있다. 진정한 장군은 전쟁 단계의 양끝에서 단순히 대사를 상기해주는 사람이 아니라 전쟁이라는 장대한 드라마의 출현진이며, 그들이 지닌 예술(art)에 부여된 가치는 "죽음에 이르는 투쟁의 결말에 대한 명확한 가능성이 존재하지 않는 한" 시험해볼 수 없다. 만일 그가 이러한 위험을 경험하려 하지 않거나 명령체계가 이를 하지 못하게 한다면 비록 그는 부하들을 느낄 수 있으나, 부하들은 그가 위험을 공유하려 할 때만큼 그에게 공감을 느끼지 못할 것이다. 도덕적으로 전투는 곡조를 벗어나 이뤄진다. 왜냐하면 전쟁에서는 죽음이 악단 지휘자이기 때문이다. 그리고 지휘자가 휘두르는 지휘봉의 박자를 따르지 않는 한 모든 하모니는 결국 불협화음이 된다. 현대의 전장에서 죽음은 병사에게 하나의 곡조로 울리며, 종종 현대의 장군은 지휘봉을 보지도 않은 채 다른 곡조를 연주한다. 과거 시대의 위대한 전사 중에서 그토록 주제넘은 전사는 단 한 명도 없었다.

용기는 클라우제비츠(Clausewitz)가 설명한 전쟁의 시스템에 있어 중추적인 도덕적 가치다. "전쟁 작전들이 수행되는 기반은 위험이다. 모든 도덕적 자질 중에서 위험한 순간에 가장 중요한가? 그것은 바로 용기"[5]라고 클라우제비츠는 기술했다. 그리고 "전쟁은 위험한 분야다. 그러므로 용기가 모든 것을 우선하며 전사의 첫 번째 자질이다"[6]라고 했으며, "전쟁에서 위험은 보편적 요소이므로 판단에 상이한 영향을 주는 것은 주로 자기 자신의 힘에 대한 느낌이라 할 수 있는 용기에 의해서다. 위험은 어찌 보면 모든 형상이 인식되기 전에 거쳐가는 우리 눈의 수정체라 할 수 있다"[7]라고 말했다.

장군이 지속적으로 위험한 영역 밖에서 살다 보면 나중에 부하들의 위험에 동참하라는 요청을 받았을 때, 의사결정에 있어 높은 도덕적 용기를 보인다 하더라도 렌즈는 흐릿해지고, 부하들이 경험하는 도덕적 영향을 거의 경험하지 못할 것이다. 그러면 그의 용기가 부하들의 가슴에 미치는 영향력에는 중대한 결핍이 생기게 된다. 깎이는 것은 그의 인품, 즉 위신이다.

나폴레옹은 "장군다운 인품(personality)을 반드시 갖춰야 한다"라고

---

5 *On War*, Karl von Clausewitz, English edition, vol. 1, p. 20 (1908).

6 Ibid., vol. 1, p. 47.

7 Ibid., vol. 1, p. 101.

말했다. "장군은 부대의 머리이며, 모든 것이다. 갈리아인(Gauls)은 로마의 군단이 아닌 시저(Caesar)에 의해 정복당했다. 로마를 떨게 만든 것은 카르타고 병사들이 아니라 한니발(Hannibal)이었다. 인도를 뚫고 들어간 것은 마케도니아의 팔랑스(phalanx)가 아니라 알렉산더(Alexander)였다. 베저 강(the Weser)과 인 강(the Inn)에 도달한 것은 프랑스 군대가 아니라 튀렌(Turenne)이었다. 프러시아가 7년 동안 막강한 유럽의 허세국들(European Posers)을 방어한 것은 프러시아의 병사들이 아닌 프리드리히 대왕이었다."[8]

잭슨(Robert Jackson)은 유사한 어조로 기술한다. "서로 다른 시대에 세상을 놀라게 한 정복자와 군 리더들 중에서 알렉산더 대왕과 스웨덴의 찰스 12세(Charles the Twelfth)가 가장 뛰어난 사람이다. 찰스 12세는 역사가 기록을 남긴 인물들 중에 가장 영웅적이고 비범한 인물이다. 알렉산더 대왕이나 찰스 12세와 함께했던 군대는 그 자체로서 예전과는 달랐고, 리더의 정신을 흡수하여 위험에 무감각하고 극도로 영웅적으로 변모했다."[9]

부하 장수이건 최고 장군이건 지휘관이 부하들과 개인적인 접촉을 하지 않으면, 이러한 열정이 일깨워지지 않으며 영웅적 행위(heroism)는 일어나지 않음을 보게 된다. 왜냐하면 칼라일(Thomas Carlyle)이 말한 것처럼 영웅적 행위는 "모든 시대의 위대한 인물을 다른 사람들과 일체가 되게 하는 신성한 관계"이기 때문이다.

마음과 관련된 요소들 외에 또 다른 요소들이 존재한다. 색스(Saxe)

---

8 *Memoirs écrits a Sainte-Helene*, Montholon, vol. 2, p. 90 (1847).

9 *A Systematic View of the Formation, Discipline and Economy of Armies*, Robert Jackson, pp. 218-219 (1804). Jackson (1750~1827), military surgeon and medical writer, was concerned mainly with the study of fevers. Driven from the Army, Jackson "pursued private practice in Stockton and published works discussing principles for Army discipline and for organizing medical departments. His book on Army discipline, *A Systematic View of the Formation*, Discipline and Economy of Armies, was the fruit of this period. It was the only work republished after his death."

원수는 "장군이 지녀야 하는 첫 번째 자질이 용기이고 용기 없이는 다른 모든 것의 가치가 거의 없어지지만, 두 번째는 두뇌이며, 세 번째는 신체적 건강이다"[10]라고 말한다. 라이니 대공(the Prince de Ligne)은 "장군은 육체적으로 활발한 만큼 정신적으로 활발해야 한다"고 말한다.[11] 위대한 군인들은 정신과 육체에 대해 어떻게 말했는지 살펴보도록 하자.

골츠(Baron von der Goltz)는 "장군의 가장 중요한 재능 중 하나라고 주장할 것은 '창의적 정신(creative mind)'일 것이다"라고 기술한다. 왜냐하면 그것을 '독창적 능력(inventive faculty)'이라고 하기엔 너무 가벼워 보이기 때문이다. 관습존중(conventionality)이 아닌 독창성(originality)은 제너럴십의 주요 기둥 중 하나다. 적이 예측하지 못하거나 준비하지 못한 어떤 것, 적을 놀라게 하고 무장해제시킬 무언가를 하는 것, 항상 앞서 생각하고 모퉁이에서 훔쳐보는 것, 상대방의 마음을 정탐하고 상대방을 깜짝 놀라게 하며 혼란스럽게 하는 방식으로 행동하는 것이 바로 제너럴십이다. 부하들의 눈에 적의 장군을 우스꽝스럽게 비치도록 만드는 것이 성공의 기초다. 그렇다면 무엇이 제너럴십의 건부병(dry rot)[12]인가? 앨버트 대공(the Archduke Albert)은 다음과 같이 말하며 이 문제에 주목한다.

> 그들은 이런 식으로 부당한 평판을 얻고, 복무를 무거운 짐으로 만든다. 그러나 무엇보다 그들은 개성의 개발을 저해하고, 독립적이며, 유능한 정신의 발전을 지연시키는 피해를 입힌다. 전쟁이 일어났을 때, 사소한 일에 신경 쓰느라 소진된 좁은 시야로는 제대로된 노력을 할 수 없으며 비극적 실패를 경험하게 된다. 그렇게 세상은 흘러간다.[13]

10 *Mes Reveries*, Marshal Saxe (1757).

11 *Oeuvres Militaires*, Prince de Ligne (1806).

12 나무에 생기는 심각한 질병으로, 균에 의해 발생하며 나무를 썩게 만든다.

13 *Les Methodes de la Guerre*, Pierron (1889~1895).

프리드리히 대왕은 예상하는 것처럼 좀 더 비판적이다. 장군들의 회합에 앞서 그는 다음과 같이 말했다.

> 점검을 함에 있어 여러분과 같은 장교들이 저지르는 가장 큰 실수는 사소한 일들에 집착하여 실제로 중요한 일들에는 거의 주의를 기울이지 않는다는 것이다. 이것이 심각한 분쟁인 경우 위험에 빠질 수 있는 어리석음의 원천이다. 차라리 구두 만드는 사람들과 재단사들을 데리고 가서 그들을 장군으로 만들라. 적어도 그들은 더 어리석은 바보짓을 하지는 않을 것이다![14]

이러한 불필요한 꼼꼼함(meticulous-mindedness)은 어떤 사태를 초래하는가? 색스 원수가 우리에게 그 답을 준다.

> 많은 장군은 전투가 벌어지는 날 부대의 행군을 통제하고, 전속부관을 앞뒤로 재촉하고, 끊임없이 질주하느라 바쁘다. 그들은 모든 것을 하기 원하지만 결과적으로 아무것도 하지 못한다. 만일 장군이 부대의 선임하사가 되기를 바라고 모든 곳에 있기를 바란다면, 마차를 움직이게 하는 것은 바로 자기라고 생각하는 우화 속의 파리처럼 행동한다. 왜 이러한 일이 발생하는가? 그 이유는 조금 더 큰 그림에서 전쟁을 이해하지 못하기 때문이다. 과거 그들의 삶이 온통 부대를 훈련시키는 데 집중했기에 단지 이러한 방식만이 전쟁의 기술을 구성한다고 믿기 쉽다.[15]

마지막으로 세 번째 요소인 육체적 적합성(physical fitness)인데, 이 요소는 좀 더 쉽게 육성되고 통제될 수 있다. 왜냐하면 장군이 그것들을

---

14 Quoted from *Battle Studies*, Ardant de pieq, American edition, p. 10 (1921).

15 *Mes Reveries*, Marshal Saxe (1757).

가미하는 동안 그에게 용기와 지성을 부여하는 것은 불가능하지만, 지휘를 하는 데 적합한 인원이나 적합한 상태를 유지할 젊은 사람을 고르는 것은 가능하기 때문이다. 골츠는 이렇게 말한다.

> 양호한 건강상태와 튼튼한 체질은 장군에게 필수적이다. 아픈 몸에서 정신이 지속적으로 생생하고 명료한 상태로 남아 있기란 거의 불가능하다. 건강하지 못한 육체는 위대한 일에 전적으로 몰입하는 데 커다란 방해요소가 된다.[16]

용기, 창의적 지성, 그리고 육체적 적합성, 이 세 가지가 제너럴십의 기둥들이다. 이러한 특성들은 중년층보다는 젊은이들의 속성이다.

---

16 *The Nation in Arms*, Colmar von der Goltz, English edition, p. 75 (1906).

제15장 제너럴십
자질, 직관, 인격

몽고메리 메이그스(Montgomery C. Meigs) 장군

위대한 군사적 아이디어들은 실제로 매우 간단하다.
위대함은 압박과 위기의 순간에 지성과 정신의 자유,
그리고 위험을 감수하고자 하는 의지에서 나온다.
— 한스 델브뤼크(Hans Delbruck),
《역사와 전쟁술(History and the Art of War)》, 1900[1]

전투는 일생 동안 장교로서 지향해야 할 최종 목표다.
전역할 때까지 전투를 경험하지 않을 수도 있다.
그러나 장교는 마치 전투가 발생할 그날의 시간을 알고 있는 것처럼
항상 전투에 대비해야 한다.
그리고 그 시간이 늦게 오건, 일찍 오건 싸우려는 의지가 있어야 한다.
아니 싸워야 한다.
— 스미스(C. F. Smith) 소장[2]

군을 포함한 모든 조직에서 고위 관리자의 성공적인 리더십은 중간

---

1 Justin Wintle, *The Dictionary of War Quotations* (New York: The Free Press, 1989), p. 98.

2 Bruce Catton, *This Hallowed Ground: The Story of the Union Side of the Civil War* (New York: Doubleday, 1956), p. 72. General Smith made these remarks to then-Colonel Lew Wallace, who in finding he was about to be promoted to brigadier general came to Smith to ask his advice on whether to accept the commission.

관리층에서 필요로 하는 기술들과는 현저하게 다른 특성들을 기반으로 한다. '제너럴십(generalship)'은 조직과 국가를 위해 독특한 가치를 부여해주는 리더십의 측면이기에 아마도 군 리더들과 관련하여 가장 중요한 주제일 것이다. 장군으로서의 의무는 이전과는 다르다. 장군들은 눈에 잘 띈다. 부하들은 장군의 계급 때문에 경의를 표하거나 장황하게 말을 늘어놓을 수 있지만, 그것이 반드시 그가 지닌 생각의 질에 근거한 것은 아니다. 고위급 수준에서 이뤄지는 결정들의 요소는 좀 더 추상적이다. 장군은 종종 상충되는 지침을 받는다. 장군은 일어나는 일들에 대해 일반적으로 더 적은 통제력을 가지고 있다. 그러한 모든 것에도 불구하고 고위급 리더들은 하위 리더들에 비해 더 완전하게 책임을 져야 하며, 결과에 대해 더 많은 개인적 책임을 진다.

무엇이 훌륭한 장군을 만드느냐에 대해 확실한 논리는 없어 보인다. 따라서 하나의 시작점으로서 장군들의 리더십 특성에 대한 과거와 현재의 연구들을 분석하는 것은 유용할 것이다. 일반적으로 역사가들과 해설가들은 공통적으로 고위급 리더십, 특히 군 리더들의 고위급 리더십의 핵심적 요소로서 리더의 인격(character)을 이야기한다. 인격의 정수에 대해 더 깊게 들어가 보면, 인격은 "한 개인을 만드는 평소의 정신적 및 도덕적 특성과 습관적으로 나타나는 윤리적 특성의 복합체"로 정의됨을 알 수 있다. 그러나 그 사람에게 그러한 특성을 드러내도록 강요하는 본질은 무엇인가? 그리고 영감을 불러일으키는 군의 리더들은 그러한 종류의 특성을 어떻게 개발하는가?

역사책을 읽고 피로 얼룩진 전장에서 벌어진 지휘의 딜레마를 재조명하기 위해 학자들과 함께 전적지를 답사하고, 수많은 좋은 장군과 나쁜 장군의 예를 살펴보면, 성공적인 제너럴십을 정의해주는 몇몇 공통적인 특성이 나타난다. 군인이 해야 할 가장 중요한 일 중의 하나는 국가의 부름을 받거나 자신이 내린 결정과 작전을 이끄는 능력이 국가의 이익에 영향을 미치는 상황에 내던져졌을 때를 대비해 스스로를 준비시키는 일이다. 하나의 집단으로서 장병들은 자기 자신의 전문능력 개발에 관심을 갖는다. 만일 자기개발(self-development)이 군 리더들의 개인적 성장의 핵심 측면임을 인정한다면, 제너럴십 특성에 대해 올바르게 이해하는 것이다. 평시이건 전시이건 고위급 군 리더에게 결정적인 시험이 닥친다면, 그때 준비하기에는 이미 너무 늦다. 장군들은 생명을 위협하는 것이 아니라면 자신의 경력 그리고 국익과 함께하는 국가의 보물을 위협할 만한 의사결정들에 직면하게 된다. 역사가들이 '인격'이라고 정의하는 것과 수년간의 군 복무를 통해 배양되는 직관(instincts) 간의 연관관계를 더 잘 이해하는 것이야말로 고위급 리더들에게 스미스 장군이 말한 "전투가 당신에게 닥치는", 다른 말로 "그날의 시간"에 승리할 수 있도록 해주는 특성들을 밝혀줄 것이다.

제너럴십의 핵심적인 특성 목록은 결심과 실행의 요소인 역량과 직관, 의지의 바탕이 되는 지성의 힘(force of intellect)으로 시작한다. 지성의 힘과 더불어 훌륭한 장군들은 에너지를 가지고 있다. 그들은 존재 자체로 전투에 영향을 미친다. 최고의 장군들은 적절한 시기에 결정적 장면에 등장하는 신기한 능력이 있다. 도덕적 그리고 육체적 용기는 자기희생(self-abnegation)에서 나오는 것이기에 이타심(selflessness) 또한 훌륭한 장군이 되기 위한 필수요건 중 핵심이다.

마지막으로, 리더에게 인간성(humanity)이 없다면 소금 역할을 할 수 없다. 리더의 인간성은 개인적인 희생의 필수요건으로서 승리를 가져다주는 리더와 부하들의 결속을 불러일으킨다. 이러한 네 가지 특성인 지성, 에너지, 이타심 그리고 인간성이 우리의 연구에서 가치 있는 것들이다. 과거에 이러한 특성들이 나타난 예에는 어떠한 것들이 있었는지 살펴보도록 하자.

지성

지성의 힘을 보여주는 한 예로 그랜트(Ulysses S. Grant) 장군이 바로 떠오른다. 그는 모범생은 아니었다. 그는 웨스트포인트를 중간 정도의 성적으로 졸업했다. 생도 시절과 초급 장교 시절에 그를 돋보이게 한 특성은 승마술에서의 깜짝 놀랄 만한 소질이었다. 멕시코전쟁에서 촉망받으며 연대 근무를 마친 그랜트 대위는 전방 근무의 따분함과 그로 인한 우울증으로 군을 떠났다. 이후 일리노이 집으로 돌아간 그는 민간 경제에 투신했다. 그는 사업과 농사에 여러 번 실패했다. 이어진 남북전쟁에서의 도전은 그를 위대한 대위로 만든 특성을 일깨워주었다. 그랜트의 제너럴십과 관련된 두 가지 예가 눈에 띄는데, 하나는 실로(Shiloh)[3]에서 있었던 일이고, 하나는 빅스버그(Vicksburg)[4]에서 있었던 일이다.

실로 전투를 통해 그랜트는 연대 지휘소에서 군 지휘소로 영전했다. 멕시코 전쟁, 그리고 벨몬트(Belmont), 헨리(Henry), 도넬슨(Donelson) 요새에서의 전투 경험은 그에게 작전 의사결정의 토대가 된 기본적인 전술적 역량과 자신감을 심어주었다.

실로에서 그랜트는 혼란에 빠진 전장에 도착했다. 남북전쟁 당시 남군의 장군이었던 존슨(Albert Sidney Johnson)은 공격을 감행하여 미처 준비가 안 된 북군 사단들의 캠프에 도달했고, 북군 사단들은 뒤로 물러나 재편성을 시도하고 있었다. 많은 북군 병사가 자신들의 연대를 버리고 북군의 우익이 있던 강 끝에서 절벽을 방패막이 삼아 웅크리고 있었다. 그랜트는 그날 늦게 상황이 나쁘게 흘러가고 있는 전장에 무사히 도착했다. 발목을 삔 그는 말에 오를 수 있게 도움을 받고, 안장에 묶인 목발

---

3 실로: 미국 테네시 주 남서부 지역. 실로 전투는 남북전쟁 당시 서부 전역(미시시피 강 동쪽이자 애팔래치아 산맥 서쪽)에서 벌어진 최초의 주요 격전 중 하나

4 빅스버그: 미국 미시시피 주 서부의 미시시피 강에 면해 있는 도시. 남북전쟁 당시에 남군이 북군의 그랜트 장군에게 포위되어 항복한 땅(1863)

에 의지했다. 그는 말을 타고 사단 지휘소에서 사단 지휘소로 전열 재정비, 탄약 재보급, 지역 사수 등의 명령을 하달했다. 사단들이 형성한 전선의 위쪽 중간에서 멈춘 그랜트는 강 아래쪽으로의 증강병력을 통제하고 있던 뷰얼(Buell)에게 편지를 썼다.

> 우리 부대들에 대한 공격은 오늘 아침 일찍부터 매우 치열하게 진행되어왔소. 지금 전장에 새로운 부대가 출현한다면 아군을 고무시키고 적군을 낙담시킴으로써 강력한 효과를 보게 될 것이오. 만일 당신 부대가 모든 군장을 강의 동쪽 둑에 남겨두고 전장으로 출발할 수 있다면 우리에게 힘이 될 것이며, 예측컨대 오는 데 하루를 절약할 것이오. 반란군의 규모는 10만 명이 넘는 것으로 추정되오. 우리 본부는 언덕 꼭대기의 통나무 건물에 있을 것이고, 거기에서 참모 장교가 배속되어 전장에서 당신이 가야 할 곳을 안내할 것이오.[5]

전투의 한가운데서도 그랜트는 뷰얼에게 분명한 지휘관의 의도를 전달하는 정신적인 단련(mental discipline)이 되어 있었다. 지휘관의 의도에는 전투에 성공적으로 개입하기 위해 필요한 일들이 정확하게 나열되어 있었다. "치열한 공격 …… 10만 명 …… 새로운 부대의 출현 …… 강력한 효과 …… 군장으로 인해 지체됨 없이 …… 우리에게 오는 것을 하루 단축 …… 본부는 도착지점 위쪽의 언덕 위에 위치 …… 거기에 가서 최종 명령 접수." 엄청난 스트레스 하에서 급하게 적은 이러한 단편적인 명령은 정신적인 명료성과 단련을 보여준다.

그랜트는 증원 병력이 늦어짐에도 불구하고 그날 하루 종일 자신의 지휘소를 말을 타고 다니며 흩어진 병력들을 다시 규합했다. 사안들이 작전 한계점에 도달하자, 그랜트는 도착지점 위의 고지대에 걸려 있는

5 John Keegan, *The Mask of Command* (New York: Viking Penguin, 1987), p. 226.

좌측면을 보호하기 위해 포병 부대들을 중심 대 중심으로 배치토록 감독했다. 남군의 공격은 약해지기 시작했다. 그날 밤, 그랜트의 사단들이 상황을 안정시키고 남군의 기세가 고착된 이후, 셔먼(Sherman)[6]은 남군 본부 근처의 나무 아래에서 그랜트를 만났다. 그랜트는 잠을 이룰 수 없었다. 그랜트가 본부를 설치한 오두막집은 병원이 되었다. 그랜트는 계속된 수술로 인한 부상병들의 선혈과 극도의 고통을 차마 볼 수 없어 오두막집을 나왔다. 비가 내리고 있었다. 그랜트는 발목에 통증을 느꼈으며, 몸은 젖어 있었고 피곤했다. 그는 하루 종일 총격을 받았다. 입에 시가를 물었다. 그는 완전히 신경과민 상태로 달려와 엄청난 노력을 쏟은 이후에 찾아오는 일시적인 무기력 상태에 빠졌다.

셔먼: "우린 정말 지독한 하루를 보냈죠. 그렇죠?"

그랜트: "맞아. …… 맞아, 그래도 내일은 그것들을 해치워버리자고."

그랜트는 나중에 "전진하라. 그리고 우리의 캠프를 재탈환하라"[7]는 명령을 하달했다. 이후 서부 전역에서 그랜트는 빅스버그 앞에서 저지당했다. 그는 여섯 차례에 걸쳐 그 도시를 공격했다. 그는 치카소 절벽(Chickasaw Bluff), 야주 통로(Yazoo Pass), 프로비던스 호수(Lake Providence) 같은 장소에서 실패를 맛봤다. 예기치 않게 올 미스 강(the Ole Miss)의 수위가 올라가는 바람에 도시 서쪽에 수로를 건설해 자신의 소함대에게 빅스버그에 위치한 포병 사거리를 벗어난 남쪽의 이동 경로를 제공하려던 그의 시도를 망쳐버렸다. 게다가 그랜트의 부하이자 정치적인 장군이었던 맥클러넌드(McClernand)는 그랜트를 제거하고자 워싱턴에 있는 친구들에게 로비를 하고 있었다. 그의 노력으로 링컨만이 그랜트의 유일한 지지자로 계속 남겠다고 언급했다. 그랜트의 손에는 엉망진창인

---

6 셔먼(William Sherman, 1820~91): 미국 남북전쟁 당시 북군의 장군. 조지아로 진군하며 총력전의 선구가 되었음

7 Brooks D. Simpson, *Ulysses S. Grant: Triumph Over Adversity, 1822~1865* (Boston: Houghton Mifflin, 2000), p. 134.

상황이 쥐어져 있었다.

그의 대응은 증기선 매그놀리아(Magnolia)호의 예전 여성 객실에 틀어박혀 지도들을 자세히 살피고 상황을 곰곰이 생각해보는 것이었다. 그는 쾌활한 부하들과 함께 있는 것을 거부하고 대안을 연구했다. 그 결과 나온 계획은 해군으로 하여금 빅스버그의 포병 부대들을 상대하게 하고, 동시에 육군은 서쪽으로 진군한 후 포터(Porter) 제독의 배들을 타고 도하가 가능한 도시의 남쪽 지점으로 남하하는 것이었다. 이는 적의 병참선을 차단하고 후방으로부터 빅스버그를 점령하게 해주는 계획이었다. 그랜트는 자신의 부대가 자체의 병참선에서 벗어나 빅스버그를 지키는 펨버튼(Pemberton)과 지역 사령관인 존스턴(Johnston)의 부대들 사이에서 강을 건너는 위험을 기꺼이 감수했다. 그는 현실적인 상황, 위험, 그리고 적군의 능력에 대한 구체적인 검토를 거쳐 이를 실행했다.

이러한 형태의 행동은 19세기의 장군들에게는 특별한 것이 아니다. 작전에서의 탁월함보다 인간적 자질과 강인함으로 더 주목받는 브래들리(Omar Bradley) 장군은 유사한 특성을 보여주었다. 1944년 7월, 그의 부대는 노르망디의 해변과 삼림지역 사이에 교착되어 있었다. 영국 8군단의 도착은 더디게 이뤄졌다. 브래들리의 사단들은 통합됐으나 베테랑 독일군 부대들이 서로 얽혀 있는 상륙방어 장애물(hedgerow)에 막혔다. 상륙거점으로부터 빠져나와야 한다는 엄청난 압력이 있었는데, 독일군의 빈틈없는 방어는 미국 사단들에게 극도의 어려움을 경험하게 했다. 브래들리가 큰 텐트와 바닥에 깔 널빤지, 큰 탁자를 준비하라고 했을 때, 그의 참모들이 얼마나 놀랐을지 상상해보라. 기억하라! 브래들리는 '군인 중의 군인'이라는 명성을 가지고 있었다. 왜 이러한 시련의 시간에 그는 대저택 같은 텐트를 설치하려고 한 것일까?

하지만 브래들리의 다음과 같은 요구가 부하들의 혼란을 없앴다. 그는 큰 지도를 실제 지형이 위치한 방향대로 놓으라고 했다. 그러고는 부하 지휘관들을 모두 불러 지도를 연구하고, 가능성들을 평가하여 새로운 작전 개념을 고안하도록 했다. 그 결과가 바로 돌파를 위한 '코브라 작전(Operation Cobra)'이었다. 사단과 여단이 독일군 베테랑들이 노르망디의 상륙방어 장애물 시스템 내에서 운영하는 연이은 매복들을 돌파할 완전히 새로운 전술을 개발하는 동안 브래들리와 군단 지휘관들은 융탄 폭격으로 가능해진 군단들의 기동을 결합시킬 돌파 개념을 도출해냈다. 브래들리는 다시금 역경과 반전을 겪으며 그랜트가 그랬던 것처럼 기본으로 돌아가 자신의 일에 몰두했으며, 지성과 의지를 활용해 불리한 형세를 극복했다.

우리는 미국의 장군들이 이러한 활약을 펼치는 것을 되풀이해서 보아왔다. 트렌튼(Trenton)에서의 워싱턴(Washington), 인천에서의 맥아더(MacArthur), 미8군의 리지웨이(Ridgway), 그리고 베트남에서 미국 군사전략의 새로운 방향을 설정한 에이브럼스(Abrams). 장성급 장교들은 엄청난 압박에서도 혁신적 해결책을 도출하는 자신만의 방법을 생각해내는 능력을 보여주었다. 그들은 이러한 해결책들에 내재되어 있는 위험을 계산해내고 수용했으며, 인품을 발휘해 조직이 자신의 의도를 수행하도록 훈련시켰다. 기억하라! 위대한 군대의 발상들은 실제로 매우 간단하다. 그러나 이러한 능력이 단지 지성과 의지만을 요구하는 것은 아니며, 충분한 에너지와 투지 또한 필요하다.

에너지

어떤 사람이 있다는 것만으로 전투에 영향을 미치는 것은 오늘날까지 제너럴십의 핵심적인 측면으로 남아 있다. 사건이 막 발생하려고 하는 장소에 있다는 것은 활력(stamina)과 상당한 노력을 요구한다. 필자는 게티즈버그 전장을 여러 번 걸어봤다. 이 전투의 다른 어떤 부분보다도 2일차 오후의 사건들이 눈에 띈다.

첫째 날, 포토맥(Potomac) 강[8]의 북군 군대는 지연 전투를 수행했고, 가까스로 핵심 지역인 도시 위 산등성이를 고수했다. 둘째 날은 남군의 리(Lee) 장군이 측면 또는 돌파구를 확보하려 하면서 엎치락뒤치락하는 전투들이 벌어졌다. 둘째 날 오후, 북군의 시클스(Daniel Sickles)가 피치 오처드(Peach Orchard) 쪽으로 그의 군단을 전진시키는 바람에 북군의 전선에 간격이 발생했다. 시클스의 무능으로 남군은 생각지 못한 이득을 얻었다. 그러나 북군의 미드(George Gordon Meade)[9]는 매우 우수한 전술 지휘관이었다. 기억하라! 피의 프레데릭스버그(Fredericksburg)에서 가장 위대한 진전을 이룬 것은 그의 군단이었나. 미드는 어떻게 전투해야 할지를 알았다. 전투가 일어나는 동안 미드는 말을 타고 전선을 다니다가 시클스를 방문했다. 그는 즉각적으로 실수를 알아챘고, 시클스를 추궁했다. 부대를 되돌릴 시간이 없다는 것을 인식한 미드는 그대로 있으라는 명령을 하달하고, 간격을 메워줄 증원 병력을 데려오기 위해 말을 타고 돌아갔다. 연대와 여단 병력들은 말 그대로 뛰어서 겨우 시간에 맞춰 도착했다. 바크스데일(Barksdale)[10]의 미시시피인으로 구성된 남군은 돌파에 실패했다. 가까스로 롱스트리트(Longstreet)[11]의 남군 여단들도 저지했다. 전투는 바로 위의 리틀 라운드 톱(Little Round Top)[12]으로 옮겨졌다. 이번에는 시간에 맞춰 유리한 위치에 있는 언덕에 여단을 투입한 워런(Gouverneur Warren)[13]이라는 지휘관이 있어 그날의 전투를 승리로 이끌었다.

게티즈버그 전투 2일차의 사건들을 분석해보면, 포토맥군과 유사한

---

8 미국 워싱턴 시를 흐르는 강

9 미드(George Gordon Meade, 1815~72): 게티즈버그 전투 당시 북군의 지휘관

10 바크스데일(James Barksdale, 1821~63): 게티즈버그 전투 당시 남군의 장군

11 롱스트리트(James Longstreet, 1821~1904): 게티즈버그 전투 당시 남군 1군단장

12 게티즈버그 남쪽의 두 바위 언덕 중 작은 언덕

13 워런(Gouverneur Warren, 1830~82): 게티즈버그 전투 당시 북군 미드 장군의 공병참모

패턴을 발견하게 된다. 핸콕(Hancock), 미드(Meade), 스코필드(Schofield) 그리고 워런(Warren)까지 모두 남군의 상대들보다 훨씬 적극적이고 활동적이었다. 그들은 전투의 전술적 템포를 통제했다. 정확하게 말해 그들의 에너지, 적절한 시간에 적절한 장소에 위치하는 것, 그리고 전술적 의사결정의 우수성 때문에 적보다 더 뛰어난 전투를 할 수 있었다. 그들의 이러한 행동은 셋째 날의 운명적인 사건들을 만드는 여건을 마련해주었다.

우리는 이와 유사한 예들을 유럽의 군사사에서도 찾아볼 수 있다. 한 예로 영국의 말버러(Marlborough) 공작을 살펴보자. 라미이(Ramillies)[14]에서 그는 전투의 결정적 시점에 전선의 중앙을 차지하기 위해 프랑스군과 일진일퇴의 전투를 수행하고 있었다. 그는 기병대를 이끌고 프랑스의 메종 두 로이(the French Maison du Roi), 즉 근위기병대에 해당하는 부대에 돌진했다. 그의 부하 장군 중 한 명의 말에 따르면, "말버러는 말에서 떨어졌다. 그러나 그가 이끌던 다른 기마대들은 성공했다. 말버러에게 다른 말을 건네주려고 말버러의 등자를 움켜쥐고 있던 빙필드(Bingfield) 소령은 말버러의 다리를 관통한 포탄에 맞고 말았다. 실제로 그들은 부족함이 없었다."[15]

두 달 뒤 말버러는 오데나드(Oudenarde)에서 다시 한 번 아수라장의 한복판에 섞였다. "다른 전투 지역으로 기동시킨 예하 영국군 부대인 로텀(Lottum)과 럼리(Lumley)로부터 순차적으로 자신을 분리시킨 말버러는 흔들거리고 진동하는 보병 전선에서 불과 몇백 야드 뒤에 위치해 직접 전투에 참여하였다. 모든 것이 전체적인 전투를 위해서였다. 그것은 좌절과 스트레스를 받는 가운데서도 고요함을 유지하며, 그 자신이 참여한 국지적 사건으로 인해 편견을 갖지 않는 종합적인 판단이었는데, 지

---

14 벨기에 중부의 마을로, 1706년 영국군의 말버러 공작이 프랑스군을 격파한 곳

15 Winston S. Churchill, *Marlborough: His Life and Times* (New York: Scribner and Sons, 1968), p. 520.

칠 줄 모르는 에너지와 완벽한 이타심으로 전체적인 문제를 고쳐나가는 태도다 …….”[16]

말버러는 블렌하임(Blenheim)에서와 마찬가지로 이러한 전투들에서 직접 창끝을 겨누지 않고도 프랑스 군대가 물러나는 동안 전투의 가장 격렬한 한가운데 있었다. 말버러는 주도권을 잡기 위한 결정적 시점이 된 전장의 모든 장소에서 직접 안장에 올라 전투를 수행했다.

오늘날의 전쟁에서 우리는 한두 개의 유리한 선점을 통해 전투를 바라보는 능력을 갖지 못한다. 전역은 광대하게 트인 영토를 포함한다. 그러나 우리는 지난 세기의 역사 속에서 병력들에게 리더의 에너지와 출현이 가지는 효과에 관한 좋은 예들을 볼 수 있다. 아이젠하워는 디데이(D-day) 침공을 개시하는 결정을 내리기 전에 부대들의 특성을 확실히 이해했다. 그는 1944년 5월의 일기에 다음과 같이 적었다.

> 최근의 순시는 그들이 강하고 잘 훈련되었으며, 양호한 심신 상태에 있다는 것을 보여주었다. 나는 대략 20개의 비행장, 20개의 사단, 그리고 4개의 미국 해군 부대들을 방문했다. 나는 이 모든 부대가 효과적으로 운영될 것이라고 믿는다. …… 돌아오는 주에는 더 많은 순시 일정으로 가득 차 있다.[17]

아이크(Ike)[18]는 그가 할 수 있는 만큼 부대들의 사기에 영향을 미치고 있었고, 부대들의 준비 여부를 평가하고 있었다.

리지웨이(Mathew Ridgway)도 한국에서 지휘를 맡았을 때, 이와 유사한 역할을 수행했다. 당시 미8군은 남하하는 중공군의 공격에 큰 타격을 받았다. 제2차 세계대전의 기록이 보여주듯 리지웨이는 랜트, 미드, 그

16 Ibid., p. 615.

17 Robert H. Ferrell, ed., *The Eisenhower Diaries* (New York: W. W. Norton, 1981), p. 117.

18 아이젠하워(Dwight D. Eisenhower)의 애칭

리고 말버러처럼 전술적으로 뛰어난 장교였다. 리지웨이는 지휘를 맡자 48시간 이내에 전투 현장에서 더 가까운 북쪽의 본부로 이동했고, 모든 여단 및 사단 지휘관들을 방문했다. 그들과 함께함으로써 적절한 전술이 사용되도록 요구했다. 그는 지휘관들과 현장을 다니며 어떻게 싸울지 가르쳤고, 자신감을 주입했으며, 더 이상 적극적인 공격 행동을 할 수 없는 리더들을 발견해냈다. 그는 부대원들에게 따뜻한 음식을 보장하고, 군수 절차를 개선했다. 그는 지켜야 할 기준들을 요구했고, 부대 방문으로 얻은 개인적 지식을 통해 취약하고 기진맥진한 리더들을 제외시켰다. 그의 부하 중 한 사람은 다음과 같이 말했다.

> 그는 작전을 수행함에 있어 인간애(humanity)가 가득했다. 그는 장병들의 정신을 고양시켰고, 장병들이 따뜻하고 배불리 먹으며 적절한 지휘를 받고 있는지 자신의 눈으로 직접 확인했다. 분명히 일부 인원은 떠나야 했다. 그들 대부분은 우수한 사람들이었지만 지쳤고, 너무나 오랜 기간 동안 전쟁을 수행했으며, 기진맥진한 상태였다. …… 그는 공세적 정신, 총검의 정신 등 뭐라고 부르건 그러한 정신을 유지시켰다.[19]

그러나 리지웨이가 보여준 제너럴십의 결정적 측면은 그가 전 부대에 걸쳐 함께함으로써 강화시킨 표준들에 있다. 그에 말에 따르면 "부대 리더십의 기초적 요소는 위기가 발생하려고 하는 장소에 지휘관이 있어야 한다는 책임감이다."[20] 이러한 종류의 지휘 존재감(command presence)이 매일같이 이뤄지면 엄청난 활력과 에너지를 가져오게 된다. 이것이 오늘날 커다란 조직에서 발생하는 사건들에 지휘관의 의지를 부여할

---

19 Matthew B. Ridgway and Walter F. Winton Jr., "Troop Leadership at the Operational Level: The Eighth Army in Korea," *Military Review* 70 (April 1990), p. 68.

20 Ibid., p. 60 (emphasis added).

수 있는 유일한 방법이라는 것은 과거 시대에 비해 더욱더 타당한 이야기다.

이러한 관행은 전쟁이나 군대에만 적용되는 특별한 것이 아니다. 클레이(Lucius Clay)는 퇴역 이후에 컨티넨털 캔 회사(Continental Can Corporation)의 CEO를 맡았다. 초기에 그는 회사 내의 모든 공장을 방문하여 작업장의 밑바닥에서 일어나는 현실과 작업의 최전선에 있는 사람들을 이해하고자 노력했다. 오늘날의 경영 관련 문헌에서 어떤 이는 이를 '현장배회경영(management by walking around)'이라고 적고 있다. 사업현장 혹은 전장의 중심부에서 어떤 일이 일어나고 있는지를 직접 느끼려면, 정확하고 적절하면서도 상황에 근거한 인식에 도달할 만큼 충분한 시간을 함께해야 한다. 이러한 종류의 함께함은 엄청난 시간, 에너지 그리고 땀을 투자해야 한다. 또한 일정한 압력으로부터 벗어나 조직의 인간적인 요소에 초점을 맞출 것을 요구한다.

이타심

지성과 에너지는 결정적인 사건이 발생할 장소에 있어야 할 능력으로, 전쟁을 성공으로 이끄는 데 필요한 결심과 실행의 바탕을 이룬다. 훌륭한 제너럴십에 매우 긴요한 또 다른 특성이 있는데, 그것은 바로 이타심(selflessness)이다. 말버러는 스스로 라미이와 오데나드에서 위험한 적진 속으로 들어가면서 자신의 안위에 대해 조금도 염려하지 않았다. 피치 오처드에서 말 위에 앉았을 때, 미드 역시 그러했다. 두 사람 모두 사건을 통제하는 일에 정신적 및 육체적으로 집중했다. 이타심은 육체적 용기의 바탕을 이루지만, 두 개념 모두 동일하게 중요하다. 이타심은 연일 사건이 일어나는 정치군사적 무대에서 너무나 중요한 도덕적 용기의 토대다. 훌륭한 장군들은 힘든 의사결정을 함에 있어 자신을 걱정하지 않는다.

1944년 5월의 아이젠하워를 생각해보라. 그는 영국 전투, 미드웨이, 스탈린그라드, 그리고 1943년 봄의 대서양 전투와 함께 제2차 세계대전의 중대 전환점 중 하나가 될 만한 디데이(D-day) 공격을 감행했다. 그러나 그날 밤의 결과는 확실하지 않았다. 기상 상태는 단지 짧은 시간 동안만 작전에 적합해 보였다. 연합군의 전략적 기만이 독일군 최고 사령부의 전략적 평가에 얼마나 영향을 미칠지 아무도 알 수 없었다. 어느 누구도 히틀러의 개인적 의견이 상륙작전에 반격을 가하고자 하는 베어매크트(Wehrmacht)[21]의 능력을 얼마만큼 저해할지 알 수 없었다. 결과는 불확실했으며 실패할 경우 세세한 설명이 이뤄져야 한다는 것을 안 아이크는 잘못될 경우를 대비해 다음과 같은 짧은 메시지를 작성했다.

> 셰르부르(Cherbourg)[22]-르아브르(Le Havre)[23] 지역에서의 우리의 상륙작전은 만족할 만한 발판을 확보하는 데 실패했고, 나는 부대들을 철수시켰다. 이번의 공격 결정은 가용한 최선의 정보를 바탕으로 이뤄졌다. 육군과 해군의 부대들은 임무를 위해 할 수 있는 한 최대의 용기와 혼신을 기울였다. 이 시도에 어떠한 비난이나 책임이 따른다면, 그것은 나 혼자만의 것이다. —7월 5일[24]

아이크는 자기 자신에 대해서는 염려하지 않았다. 그는 만일 패할 경우 책임을 지고 지휘에서 물러나야 한다는 만일의 사태에 대비하고 있었다. 아이크의 일기는 강력하지만 자기를 내세우지 않는 그의 제너럴십을 이해하는 데 매우 유용하다. 1942년 아이크는 연합군 총사령관에

---

21 제2차 세계대전 시의 독일군

22 프랑스 서북부의 도시. 1944년 6월, 미군이 나치스로부터 탈환함

23 프랑스 북부 센(Seine) 강 어귀에 있는 항구 도시

24 Steven Ambrose, *The Supreme Commander: The War Years of General Dwight D. Eisenhower* (New York: Doubleday, 1968), p. 418.

새롭게 임명됐다. 그는 1942년 북아프리카에서 벌어진 사건들과 이 전역에서 자신의 기여에 대한 영국 언론들의 평가에 대해 골똘히 생각해 보았다. 대담함이나 진취성이 아닌 단지 연합된 팀을 결합시키는 데서의 친절함. 아이크는 자신에게 다음과 같은 글을 썼다.

> 진실을 말하면 지중해에서 용감했던 영국 장군들은 커닝햄(Cunningham) 제독과 테더(Tedder)였다.(영국 지상군 지휘관들이 아니었다.) 1943년 1월의 혹독한 날씨에 나는 독단적으로 전진비행장 유지를 명령해야 했으며, 나는 미 군단과 전선에서의 전진비행장 사용에 대한 통합을 명령해야 했다. 또한 판텔레리아(Pantelleria)에 대한 공격명령을 내려야 했다. 그리고 마침내 영국의 지상군 지휘관들(앤드루 경과 테더는 아님)은 모든 지상군을 이탈리아의 발가락 부분에 진입시키기를 원했다. 그들은 살레르노(Salerno)[25]를 좋아하지 않았다. 그러나 수일간의 작업 후에 나는 그들이 받아들이게끔 했다. 한편으로, 영국의 지휘관은 일단 작전명령이 내려지면 어느 누구도 뒤로 물러서지 않았다. 우리는 행복한 가정을 가졌다. 그리고 작전의 가장 큰 공은 모든 사령관(C-in-C's)에게 돌아가야 한다. 거의 미친 짓이라고 할 수 있을 만큼 위험한 일들을 해왔음에도 불구하고 스스로 소심하다고 여겨지는 것은 나를 피곤하게 만든다. —Oh hum[26]

마지막의 'Oh hum'은 연합군 총사령관으로서 그의 독특한 기여를 이해하게 해준다. 그는 사리사욕이 전혀 없었기에 의견의 일치를 이끌어냈고, 자국에 많은 추종자를 거느렸기에 주저하는 장군들이 위험한 행동을 정확하게 감행할 수 있도록 명령할 수 있었다. 아이크는 미국과 영국의 전략적 관점 간의 위태로운 균형과 개성들을 잘 관리했다. 이는 그

---

25 이탈리아 서남부에 있는 항구 도시. 제2차 세계대전 중 미군에게 점령당함(1943)

26 Ferrell, p. 111.

가 사안의 장점, 적대감 또는 개인적 취향이 아닌 작전 측면에서 옳은 것과 효과가 있을 것들을 지지했고, 사안을 간파할 수 있는 인내심을 지녔기 때문이다.

이러한 역학은 우리가 가진 문제들에서 매우 자주 작용한다. 팔머 주니어(Bruce Palmer Jr.) 장군의 《25년간의 전쟁(*The 25-Year War*)》을 읽어보라. 이 책에서 그는 에이브럼스(Creighton Abrams)의 강한 리더십을 소개하고 있다. 에이브럼스와 벙커(Ellsworth Bunker) 대사는 백악관 및 국방장관으로부터 주기적으로 상충되는 안내를 동시에 받았다. 백악관은 당시 국가안보회의에 참석한 키신저(Henry Kissinger)의 대행이자 젊은 초급 장군이었던 알 헤이그(Al Haig) 장군의 군사적 평가를 에이브럼스나 벙커의 평가보다 중요하게 받아들였다. 매우 급박하게 돌아간 베트남의 작전 및 외교 상황에서 이러한 분쟁은 엄청난 어려움을 만들어냈다. 팔머는 "워싱턴으로부터 매일 도착하는 불가피하고 긴급하면서도 때로는 모순되는 메시지들"로 인한 에이브럼스의 좌절에 대해 기술하고 있다. 수년 뒤 팔머는 에이브럼스에게 그가 가지고 있는 기억들을 "대신 간단하게" 글로 남겨달라고 당부했다.

> 그의 대답은 명확했다. "절대(Never)." 그리고 내가 이유를 묻자, 그는 두 가지 이유를 제시했다. 기억들이 '위계적인 대명사(vertical pronoun)'를 많이 쓰기 때문이며, 베트남 근무의 특정 관점을 결코 드러내고 싶지 않았기 때문이다.[27]

에이브럼스의 대답은 그에게 이기적인 마음이 전혀 없음을 보여준다. 가장 힘든 시기에 내린 가장 현명한 결정들은 자신에 대한 사심 없이 주어진 상황에 내재되어 있는 현실, 기회 및 위험에 초점을 맞추는 사람

---

27 Bruce Palmer Jr., *The 25-Year War: America's Military Role in Vietnam* (New York: Simon and Schuster, 1984), p. 133.

들에 의해 이뤄진다. 일이 잘못됐을 경우, 남들이 나를 어떻게 볼까를 염려한다면, 어느 누구도 결정적인 작전 및 전략적 의사결정과 관련된 엄청난 위험을 떠안으려 하지 않을 것이다.

마지막으로, 장군들은 종종 자신이 완전하게 동의하지 않는 일련의 행동을 수행해야 한다. 누군가는 더 나은 방법을 알지도 모른다. 누군가는 그러한 대안을 상관에게 제공했을지도 모르며, 더 나아가 그것을 강력하게 주장했을지도 모른다. 그렇지 않다면 에이브럼스 장군이 그러했듯이 군사적 효과를 떨어뜨리고, 위험을 증가시키는 정치적 리더십에서 나온 지휘에 강요되는 자신을 발견할지도 모른다. 상관의 입장이 되어 생각하고자 하는 시도는 언제나 좋다. 그가 처리해야 할 제한사항들은 무엇인가? 당신이 놓쳤거나 과소평가한 것 중에 그가 의사결정의 요소로 고려한 것은 없는가? 당신 자신이 계획한 자유범위 내에서 아직 제안되지 않은 창의적 행동과정을 통해 그의 의도를 충족시킬 방법은 없는가? 우리 중 누구도 항상 옳을 수는 없다는 사실을 받아들이는 것은 결코 해로운 것이 아니다.

마지막 분석과정에서 어떠한 명령이 불법적이거나, 부주의하거나, 혹은 성공에 완전히 해가 된다면, 누군가는 심지어 교체를 요구하는 선까지 반대해야 할 수도 있다. 그러나 당신은 단지 부하들의 지휘관이라는 이유만으로 부하들로부터 받는 만큼의 믿음을 당신의 지휘관에게 빚지고 있다는 것을 기억해야 한다. 최적이라고는 할 수 없는 결정을 접했을 때도, 특히 당신의 지휘관이 신뢰를 불러일으킬 만한 인간적인 느낌을 가지고 있지 않은 경우에도 일단 토의가 종료되고 결정이 이뤄지면 우리 각자는 충성심을 발휘해야 한다. 셔먼과 그랜트의 관계는 빅스버그 전투 이후에 그랜트에게 보낸 편지를 통해 충분히 엿볼 수 있다.

그랜트가 빅스버그 주변의 남쪽으로 기동을 결정하고 있을 때, 셔먼은 다른 방책을 주장하는 편지를 썼다. 셔먼은 작전회의를 간곡히 요청하면서도 "당신이 어떠한 계획을 채택하든 마치 그 계획은 내가 생각해낸 것처럼 열성적인 협조와 활발한 지원을 받게 될 것입니다"[28]라고 약속했다. 명령이 내려지자 셔먼은 자신의 지휘관에 대해 완전한 충성심을 가지고 이를 수행했다. 작전이 종료되자, 셔먼은 그랜트의 계획이 너무 위험한 것이 아닌가 염려했음을 시인하고, 결과에 대한 모든 공을 그랜트에게 돌렸다. "지금 이 순간까지도 나는 당신의 모험이 성공할 것이라고 생각하지 않았습니다. 나는 결과를 명확하게 예측할 수 없었습니다. 그러나 우리가 그 도시를 결코 점령하지 못한다 하더라도 이것이 바로 전쟁이며, 이것이 바로 하나의 성공입니다."[29] 당신은 상관을 지원하는 데 있어 상관에게 언제나 완전하게 동의해야 할 필요는 없다.

국가의 운명에 영향을 미치는 결정들이 코앞에서 일어나는 전시는 고사하고, 심지어 평화적인 시기에도 정책 및 자원 제공과 관련된 의사결정들이 국가적 사건들이라는 태풍의 눈 안에 있을 경우 그 압력은 실로 엄청나다. 자신의 사리사욕을 제거하도록 훈련받은 사람만이 그러한 딜레마, 추상적 개념 그리고 불확실성에 성공적으로 마주할 수 있으며, 스트레스를 다스릴 수 있을 것이다. 그리고 이를 통해 가능한 최선의 결정에 대한 틀을 잡거나 최적의 조언을 제공하기 위해 자신의 지적 능력을 적용할 수 있을 것이다. 평화적인 시기에 자신의 명성에 영향을 미치는 위험과 전투에서의 육체적 위험에 평정심을 가지고 마주하기 위해 자신의 사리사욕을 던져버릴 수 있는 사람만이 올바른 일을 할 수 있다.

인간성

제너럴십이라는 것은 많은 것이 요구되는 상황에서 사람들을 이끄

28 Simpson, p. 183.

29 Ibid., p. 202.

는 것이기에 동기부여와 의견의 일치, 그리고 개인적인 희생을 이끌어낼 수 있는 능력을 포함한다. 요컨대 제너럴십은 기본적인 인간성(humanity)을 필요로 하는데, 이로부터 위대한 부대정신의 근간을 이루는 리더에 대한 부하의 충성이 생겨난다. 전투와 평화유지 작전은 언제나 실패의 위험을 내포한다. 가장 좋은 계획과 훈련에도 불구하고 결과는 언제나 무작위적인 요소들과 실수에 영향을 받으며 불확실한 상태에 놓인다. 승리 여부는 종종 리더에 대한 믿음, 그리고 적의 의지를 분쇄시키는 마지막 공격까지 인내심을 가지고 함께 견뎌낼 수 있는 능력으로 결정된다. 그러한 믿음을 이끌어내기 위해 장군은 인간미(human touch)와 병력에 대한 감각을 지니고 있어야 한다.

위관급 장교 초기에 모든 사람이 싫어하고 두려워했던 사단장이 기억난다. 베트남전 이후 1970년대 중반은 군대로서는 힘든 시기였다. 군대는 속이 빈 것 이상이었는데, 여러 부분에서 매우 부패해 있었다. 우리는 상당한 수준의 개선을 해야 했다. 우리 사단에서 중대지휘를 맡고 있던 많은 사람은 두세 번 중대지휘 경험이 있는 전투 베테랑들이었다. 지휘를 맡고 있던 장군이 부대를 방문하면, 상황이 어떻게 전개될지 전혀 알 수 없었다. 그 장군은 우선순위와 명확한 기준에 대해서는 잘 말해주었다. 그러나 장교, 부사관 그리고 병사들 모두가 느낀 그의 신뢰할 수 없고 적대적인 접근방식, 그리고 병력들 앞에서의 감정적 폭발은 부대가 필요로 하는 에너지와 신뢰를 창조하는 데 아무런 도움이 되지 않았다. 그는 도착해서 자신이 지시한 것들만 확인하려 했고, 아무리 사소한 것이라도 명령대로 되어 있지 않으면 성질을 부렸는데, 가끔 주차장에 물건을 집어던지거나 병사와 부사관들에게 고함을 지르기도 했다. 우리 중 어느 누구도 그가 전투에서 우리를 잘 이끌 수 있으리라 기대하지 않았다.

나는 또한 예전에 우리 군단장이 부대를 방문했던 날을 기억한다. 그는 매우 군인적인 풍모를 지니고 있었고, 차분한 신뢰감이 물씬 풍겼다.

그는 기준을 강조했지만, 군인으로서 우리의 지위를 인정해주는 방식으로 말했다. 그가 떠나고 나서 나에게 다가온 박격포 선임하사를 결코 잊지 못할 것이다. 집합했던 병사들이 떠나는 것을 바라보며 그는 조용하지만 강력하게 말했다. "이제 장군이 존재한다." 내가 생각하기에 그는 그런 날이 올지는 확실치 않지만, 내가 장군이 된다면 그 군단장처럼 되기를 바란다는 조언을 하고 있었던 것이다. 시간이 지나 나는 다른 직책에서 그 장군을 식당으로 에스코트한 적이 있다. 그는 자신의 가방을 직접 들었는데, 나는 그런 모습이 좋았다. 그러한 경험은 나에게 장군이라면 다른 사람들이 자신을 어떻게 보고 있는지 자주 생각해보아야 한다는 것을 가르쳐주었다.

병사들로부터 존경받는 장군은 전시와 평시에 모두 대단한 힘을 발휘한다. 윌더니스(Wilderness) 전투 2일차, 남군 장군인 롱스트리트(Longstreet)의 군단은 돌파당하기 일보직전이었다. 윌코스(Wilcos) 전선은 산산조각이 났다. 남군인 북버지니아군의 배후로 향하는 길도 열려 있었다. 리(Lee) 장군은 결정적인 시점에 마차 행렬을 철수토록 명령한 후, 직접 전투의 화염 속으로 나아갔다. 새로운 부대들이 조금씩 도착하기 시작했고, 반격을 위해 신속하게 대형을 전개했다. 리 장군은 포와 포병을 엄호하는 참호들이 있는 선상을 지나 가장 선두에 있는 후드(Hood)의 텍사스인(Texans) 부대로 박차를 가했다. 그들은 "리 장군님, 돌아오십시오! 돌아오십시오!" 하고 외쳤다. "당신이 돌아오지 않으면 우리도 가지 않을 것입니다."[30] 리 장군의 부관이 그를 위험으로부터 벗어나게 했는지, 아니면 텍사스인 중 일부가 그의 말고삐를 잡고 제지했는지, 당시에 어떤 일이 일어났는지는 확실치 않다. 분명한 것은 전투에서 결정적인 시점에 위험을 마다하지 않는 '올 마스 로버트(ole Marse Robert)'[31]의 이미지

---

30 Douglas Southall Freeman, *Lee at the Wilderness* (New York: Scribner and Sons, 1961), pp. 375-376.

31 부하들이 리(Lee) 장군에게 지어준 별명

가 후드의 부대원들에게 충격을 주었고, 공격을 감행해 북군의 진격을 격퇴하고 상황을 안정시켰다.

이러한 종류의 감정은 단지 전투에서만 중요한 것은 아니다. 그것은 평화시기에도 중요하다. 우리 공화국의 역사에서 가장 가슴 아픈 순간들 중 조지 워싱턴이 미군 장교들과 함께 서 있는 모습은 군사적 힘을 정치적 의지에 자발적으로 굴복시킨 우리의 혁명이 얼마나 특별한 것인지를 미국인에게 각인시켜주었다. 미국의 독립전쟁은 끝났다. 독립전쟁 당시의 미군 장교들은 가장 응집력이 높고 가장 국가적인 단체를 형성시켰다. 거기에는 세금징수 시스템도 없었고, 이렇다 할 연방정부도 존재하지 않았다. 혁명적 실험이 태동하고 있는 시점임에도 그러한 실험이 불행한 결말로 끝날 수도 있다는 상당한 우려가 있었다. 미국을 건설한 선조들이 따를 수 있는 성공적인 민주주의의 역사적인 예가 없었다. 독립주의자들(nationalists)은 군사 쿠데타를 주장했다. 좀 더 공화주의적(republican) 사고를 지닌 사람들 중 많은 사람은 억제수단(restraint)을 주장했다.

워싱턴은 이러한 논쟁의 중간에 있었고, 양 진영으로부터 압력을 받았다. 그는 끼어들지 않겠다고 결심했다. 미군 장교들은 예민해지고 선동적이 되어 비밀 회합을 소집했다. 처음에 워싱턴은 참가하기를 거절했다가 나중에는 알리지 않고 참가하여 회의장에 있던 사람들을 놀라게 했다. 그는 장교들에게 절제해야 한다고 말했다. 그러나 장교들의 화는 풀리지 않고 계속 동요했으며, 그의 말을 안 좋게 받아들였다. 기억해야 할 것은 그들이 워싱턴과 함께 근무했던 사람들이고, 많은 수가 뉴욕 시의 브루클린(Brooklyn)에서 시작해 뉴저지 주의 트렌턴(Trenton)에 이르기까지 함께 했던 이들이다. 그들은 포지(Forge) 계곡을 거쳐 마침내 요크타운(Yorktown)에서 마무리 지은 수많은 패배와 승리들을 무사히 견뎌냈다. 사형 집행인의 올가미에 걸릴 수도 있는 위험을 무릅썼다. 또한 결과를 예측할 수 없던 7년간의 힘든 군대생활 동안 워싱턴을 따랐다.

워싱턴은 한 하원의원으로부터 받은 편지를 기억해내고, 자신의 주장을 뒷받침하기 위해 그 편지를 읽어주기로 결심했다. 그는 편지를 꺼내 잠시 응시했는데, 겉으로 보기에는 상황파악을 하지 못하는 것처럼 보였다. 이어서 그는 주머니에서 안경을 꺼내들었는데, 대부분의 장교들은 그가 안경을 사용하는 것을 본 적이 없었다. 그는 나직하게 말했다. "여러분, 저에게 안경을 쓰는 것을 허락해주십시오. 왜냐하면 조국을 위한 봉사에 오랜 세월을 바쳤을 뿐만 아니라 눈도 거의 보이지 않기 때문입니다."[32] 이러한 단순한 인간적 행동이 그날의 분위기를 바꿨고, 참석한 장교들의 기분을 전환시켰다. 미군은 해산하여 집으로 돌아갔으며, 그들이 그토록 힘들게 싸워 발전시키려 한 공화주의 정부의 진화에 더 이상의 위협이 되지 않았다. 뉴버그(Newburgh)[33] 연설과 미군 장교들에 의한 어떠한 정권 찬탈에도 반대한다는 워싱턴의 입장표명이 미국 역사의 매우 중요한 순간임과 동시에 시민군(Citizen Army)에 대한 지각을 형성시켰다는 것에 의문의 여지가 없다. 중재 노력이 효과를 거두게 만든 것은 바로 워싱턴의 인간미와 힘들게 얻어낸 장교들의 감정적인 충성이다.

완전한 패키지

이제까지 제시한 모든 예에서 네 가지 자질이 중첩되는 것처럼 보인다. 이타심(selflessness)은 국가적 의사결정이라는 엄청난 압박감에서 강력한 지적 능력(intellect)이 오로지 결정이 미칠 인과적 측면과 성공을 얻기 위해 감내해야 할 위험에만 초점을 맞출 수 있도록 도와준다. 최선의

32 Dave R. Palmer, 1794: *America, Its Army, and the Birth of a Nation* (Novato, Calif.: Presidio Press, 1994), p. 19.

33 미국 뉴욕 주 동남부, 허드슨 강에 면한 도시

방책을 탐색하고, 위험을 평가 및 최소화하여 그것을 받아들이는 것은 지성과 사리사욕을 버릴 자세를 요구한다. 병력들이 원할 때 그들과 함께 함으로써 성공적 결말을 위한 임무수행을 강요하기 위해서는 엄청난 에너지와 투지가 요구된다. 게다가 엄청난 감성, 재능 그리고 자아를 지닌 사람들의 의견 일치를 이뤄내기 위해서는 자기 자신의 자아를 통제해야 한다. 또한 의견 일치를 이루게 하기 위해서는 상대방을 기분 나쁘게 하지 말고, 반대자가 예상하지 못하는 논리를 제시하는 방식으로 상대방을 확신시킬 수 있는 지적 및 감정적 끈기(stamina)가 필요하다. 리지웨이의 말대로 끈기와 에너지는 전투를 이해할 수 있는 능력을 길러준다. 지성의 힘, 에너지, 이타심 그리고 인간미. 이 네 가지 특성을 어떻게 개발할 수 있는가?

이러한 특성들은 어느 정도 우리 모두에게 내재되어 있다. 제너럴십에 도달하는 경로는 성공적인 지휘관이 된다는 것이 무엇을 요구하는지를 이해하는 데서 시작된다. 그것은 아마도 어떤 장군은 동기부여자의 역할을 하는 반면에, 어떤 이는 어려운 의사결정에 던져질 수도 있다는 것을 이해하는 것이다. 일부 장군들은 다른 이들에 비해 더 큰 장래성을 부여해주는 선천적 능력을 가지고 태어난다는 사실에도 불구하고 장군들은 운동선수와 마찬가지로 만들어지는 것이지 타고나는 것이 아님을 이해하는 것이 도움이 된다. 그러나 우리 모두는 최대 잠재력 수준까지 우리의 역량과 인품을 높이기 위해 개발 노력을 기울일 필요가 있다. 무엇이 요구되며, 자신의 결정과 행동의 여파로 왜 더 잘하지 못했는가에 대한 자기성찰적인 요구를 이해한다는 것은 자신의 특성을 측정하는 도구를 개발하고, 본능을 연마하는 데 도움을 줄 수 있다. 이러한 본능들이 행동과 행동을 일으키는 내적 자아 사이의 핵심적인 균형 고리다. 수년간 함께 근무한 어떤 동료가 복잡하고 어려운 의사결정에 직면했을 때, 자신의 육감과 본능에 따라 올바른 과정을 거쳐 지향하던 균형점에 도달하는 것을 보고 감명을 받은 기억이 있다. 사람은 내재된 동기를 변화시키기 어렵다. 그러나 자신이 지닌 본능과 객관적 실재에 접근하면서 다른 이들이 성과를 달성하도록 이끄는 방식은 훈련하고 개선시킬 수 있다.

그러한 생각은 각자 우리 안에 있는 특성들을 개발해야 한다는 전제로 이어진다. 역사와 리더십 기술 및 과학을 개인적으로 공부함으로써 무엇이 효과가 있었고 무엇이 없었는지를 이해할 수 있다. 패튼(George S. Patton)은 디데이(D-day) 전날 자신의 아들에게 보낸 편지에 "성공적인 군인이 되려거든 역사를 알아야 한다. 역사를 객관적으로 읽어라. …… 네가 반드시 알아야 하는 것은 인간이 어떻게 반응하느냐다. 무기는 변한다. 그러나 그것을 사용하는 인간은 절대 변하지 않는다"[34]고 썼다.

콜린스(J. Lawton Collins) 장군은 마셜(George Marshall)이 보병학교 교장이었을 때, 베닝(Benning) 요새 기관총위원회의 위원장으로 근무했다. 그는 매일 훈련 준비를 감독하여, 모든 것이 잘 진행되는지를 확인했고, 그런 뒤에는 직업적인 것들을 읽고 공부하기 위해 관람석으로 자리를 옮겼다. 그렇다고 해서 잠시라도 콜린스가 아마추어였을 것이라고 생각하진 말라. 기관총위원회에 소속된 장교들은 직업적인 기준에 따라 해당 과정에서 배우는 기관총들을 최소한 부사관 교관들만큼 잘 다뤄야 했다. 콜린스의 말에 따르면 울프(Wolf) 병장만큼 빠르게 기관총을 조립할 수 있다는 데 자부심을 가졌으며, 위원들은 기관총에 대해 울프가 아는 만큼 알기를 원했으며, 그렇게 할 수 있다면 자신들이 하는 일이 무엇인지를 아는 것이라 생각했다.[35] 콜린스에게 감명을 받은 마셜은 그의 독서 습관을 메모하고, "대화, 독서 그리고 낭송"을 위한 주간 모임에 초대했다. 마셜 그룹은 제2차 세계대전에 참전한 많은 장군을 훈련시켰다.

---

34 Edgar F. Puryear Jr., *American Generalship: Character Is Everything: The Art of Command* (Novato, Calif.: Presidio Press, 2000), pp. 158-159.

35 J. Lawton Collins, *Lightning Joe: An Autobiography* (Baton Rouge, La.: LSU Press, 1979), p. 51.

우리 직업의 역사 속에서 강도 높은 전문적인 학습은 군인들이 군대의 기술과 제너럴십을 개선시키기 위해 사용해온 핵심적 수단들 중 하나였다. 콜린스와 그의 부하들이 그러했던 것처럼 지적 역량의 발전이 기술적 숙달의 손을 마주잡고 따라왔다.

어려운 직무들을 추구하는 것은 자기개발의 또 다른 수단을 제공한다. 장군으로서 참모총장이 어려운 임무를 부여할 경우 의문을 달지 않고 열정적이고 자발적으로 수용하는 것은 이해되는 일이다. 그러나 임무가 떨어지기 전에 의견을 표현할 기회가 공식적으로 주어지는 경우도 있다. 일부 선택들은 다른 선택들에 비해 상대적으로 편안하다. 내 생각에는 힘들고 독립적인 임무를 받아들이는 장교가 누구의 부하로서 수행하는 임무을 선호하는 사람보다 훨씬 앞서 있다. 인간은 독립적 역할이 제공하는 더 큰 도전으로부터 많은 것을 배우며, 그것이 제공하는 담금질의 특성을 띠게 된다. 기회가 된다면 독립적인 지휘와 직접적인 권한을 추구하라. 더 위험한 일을 하라고 하면, 그것을 잡아라. 그리고 그 일을 하는 동안 당신의 부하는 물론 지휘관에게 그 일을 어떻게 더 잘할 수 있는지 묻는 것을 두려워하지 말라.

끝으로, 조언 한마디. 자신의 지적능력을 개선할 수 있고, 실행으로 옮기는 데 필요한 기본적인 에너지를 유지할 수 있으며, 지속적으로 자아를 통제할 수 있고, 인간미를 개발할 수 있다고 생각한다면, 두 가지 더 기억할 것이 있다. 장군으로서의 임무를 수행하도록 선발된 장교들은 이미 이러한 네 가지 특성을 어느 정도 보여준 이들이다. 무엇이 당신을 그렇게 춤추게 했는가를 잊지 말라. 당신의 게임 방식을 바꾸지 말고, 단지 더 나아지리라 결심하라. 그리고 마지막으로 군대에서 일하며 정신없이 바쁘게 임무를 수행할 때, 즐거움은 도달하는 데 있는 것이 아니라 과정에 있다는 것을 명심하라.

제16장 황동 천장 깨뜨리기
군 여성 리더

폴라 브로드웰(Paula D. Broadwell) 소령

유리 천장을 깨뜨리려면 해야 할 일이 많이 있다.
각 시대는 전 시대보다 조금 나아졌고,
우리는 우리 뒤에 오는 여성들을 위해
계속해서 상황을 개선해야 할 책임이 있다는 것을
결코 잊어서는 안 된다.[1]
— *여성 장군, 2008년 5월*

군 여성인력에 대한 다수의 연구들은 여성 장교들의 고위직 진출에 대한 우려를 분명히 보여줘왔다. 많은 연구가 군의 가장 높은 직위에 도달하기 위한 여성들의 노력에 제도적, 사회적 그리고 문화적 장벽이 있는지에 대해 의문을 제기한다.[2] 군의 여성 리더들은 먼 길을 거쳐왔다. 그러나 아직도 개선의 여지는 많이 있다. 여성들은 온전히 군에 기여한다. 그럼에도 불구하고 여성 장교들은 남성들과 동일한 비율만큼 고위

1 Interview with GOR4, May 20, 2008.

2 These include Defense Advisory Committee on Women in the Service, Office of Management and Budget, Air Force Manpower and Innovation Agency, USMC Manpower and Reserve Affairs, and others. For research on the Marine Corps and Air Force, see A. F. Evertson and A. M. Nesbitt, "The Glass-Ceiling Effect and Its Impact on Mid-Level Female Military Officer Career Progression in the United States Marine Corps and Air Force" (master's thesis, Naval Postgraduate School,March 2004), available at www.academywomen.org/resource/research.

직에 오르지 못하고 있다. 무엇이 이러한 낮은 숫자를 낳게 했는가? '황동 천장'은 실제로 존재하는가, 아니면 오해인가?

이 장에서는 '황동 천장'을 거쳐 제도적 또는 사회문화적 장벽들을 극복해내고 군의 최고 계급에서 근무하는 여성 장군들(주로 육군)의 리더십 역량에 대해 살펴본다. 이 장에서 사용된 설문은 여성 리더들의 진급을 방해한 장애요소들(예: 스스로 자초한 제한사항, 지휘 임무의 부족, 가정적 책임)과 촉진요소들(예: 명성, 멘토링, 임무 대비 경력에 임하는 자세)을 강조하고 있어 육군 정규군 및 예비군, 해군 그리고 공군의 대령과 장군들을 통해 군 리더십에 관한 특별한 관점을 제공해준다. 필자는 성공적인 여성들이 스스로 지니고 있다고 기술한 리더십 특성들을 검토하여 몇몇 '주옥 같은 말들(pearls of wisdom)'을 제안하고자 하는데, 이는 미래 세대 리더들을 위한 학습 요점을 제공해줄 것이다.

군 리더십에 있어 왜 이 문제가 중요한가? 세계적으로 유명한 하버드대학 교수이자 사회학자인 캔터(Rosabeth Moss Kanter)와 이스크라(Darlene Iskra)의 군 여성 엘리트에 관한 다수의 논문 자료에 따르면 "조직에서 한 개인을 위한 기회의 인식은 그 개인의 성과와 행동에 영향을 미친다."[3] 경영, 리더십, 그리고 심지어 성 관련 교육학 이론들은 고위직으로 승진할 수 있다는 기대가 낮은 이들이 엘리트의 직위에 오르길 열망하지 않으며, 그러한 목표를 달성하게 해주는 방식으로 일하지도 않는다고 주장한다. 한 현역 장군은 이 연구에서 "4성 장군이 남성만 진급시키지는 않겠다고 확실하게 공언하지 않는 한, 여성의 고위급 리더 진출은 제한을 받을 것이다. …… 그리고 제한을 받는다면, 그들을 조직에 남게 할 동기부여 방법은 무엇인가?"[4]라고 말했다.

---

3 R. M. Kanter, *Men and Women of the Corporation* (New York: Russell Sage Foundation, 1977). See also D. M. Iskra, "Breaking Through the 'Brass' Ceiling: Elite Military Women's Strategies for Success" (PhD diss., University of Maryland, College Park, November 2007).

4 Survey question 18, respondent 4 (GOA8).

비록 이러한 평가가 다소 암울하기는 하지만, 대부분의 설문 응답자들은 '리더십 파이프라인'에 있는 여성의 숫자와 자질에 대해 긍정적이었고, 시간이 지나면 수치도 개선될 것이라고 생각했다. 대부분은 민간 영역에서와 마찬가지로 고위급 리더를 열망하는 남성 및 여성은 그렇게 하기 위해 선택과 희생을 해야 한다고 느끼고 있었다. 직장과 가정에서 여성의 역할에 영향을 미치는 사회적 규범들은 제도적인 변화보다 오히려 현상유지에 더 많은 영향을 미치고 있는지 모른다. 한 여성이 언급한 것처럼 "성에 대한 선입관(gender preconceptions)에 대한 일부 재정의는 적절해 보인다. 결국 자신이 관심을 가지는 것을 보호하고 지키길 원하는 것보다 더 여성스러운 것이 무엇이겠는가?"[5]

평가표

1970년 6월 11일, 육군 간호대 사령관(chief of the Army Nurse Corps)이었던 헤이스(Anna Mae Hays) 대령은 미 육군 역사상 여단장의 직위에 오른 최초의 여성이 되었다. 1977년에는 케네디(Claudia Kennedy)가 육군으로서는 처음이자 미군 전체에서 세 번째로 중장 계급장을 달았다. 단지 두 명의 여성이 육군 중장의 자리에 올랐고, 전군을 통틀어 4명만 중장이 되었다(지난 10년 내에서는). 2008년 6월 부시(George W. Bush) 대통령은 던우디(Ann E. Dunwoody) 중장을 육군 군수사령관(head of the Army's supply arm)에 임명했다. 그녀는 4성 장군의 직위에 임명된 최초의 여성 장교였으며, 법에 의해 여성은 군 대장 자리에 오르는 전형적인 경로인 직접전투 직위에서 제외되었기에 매우 기념비적인 사건이었다.

국방의 영역에서 더 많은 개척자가 나올 여지는 있는가? 육군, 해군

5 Survey question 16, respondent 13 (GOA10).

또는 공군 참모총장을 지낸 여성은 없었다. 국방부장관이나 보훈처장을 역임한 여성 또한 없었다.

필자가 태어난 1972년 당시 여성은 군에서 1.8%를 차지하고 있었다. 지난 35년간 그 숫자는 크게 증가했으나, 고위급 요직에 있는 여성의 비율은 그렇지 못하다. 전군의 여성 비율은 14%를 차지하고 있지만, 단지 5%의 현역 육군 장군만이 여성이다. 22만 641명의 현역 장교단 중 (국토안보부 소속인 해안경비대는 제외) 901명이 여성 장군이다.[6] 덧붙여, 여성은 예비군 장군의 9%를 차지하고 있다.

국방부는 전통적으로 전투 지휘, 합동작전 또는 특수작전에서의 경험부족을 이유로 여군이 높은 계급에 오르는 것을 배제해왔다. 전망이 좋은 것은 던우디 중장의 대장 진급이 국방부 방침에서 변화의 징조일 수 있다는 것이다. 현재 국방부 방침에서 여성은 전투 병과에서 근무할 기회를 가지지 못한다. 그들은 소총소대를 이끌거나 보병여단을 지휘할 수 없다. 그러나 전략을 설계하고 조직을 관리하는 수준 —특별히 국가 재건, 평화유지 또는 지원 및 안정화 작전에 연관된 수준— 에서는 고위급 여군들이 남성 동료집단과 동일한 기능적 및 리더십 기술들을 가지고 있다.

모든 후보생 및 장교를 대상으로 한 기본 훈련 과정들은 동일한 리더십 개발 수업활동을 운용하는데, 그러한 수업활동들은 장군들을 위한 육군의 전략적 리더십 개발 과정과 마찬가지로 성에 있어 중립적이다. 그리고 보스니아, 코소보, 아프가니스탄, 이라크의 전투 환경에서 실질적으로 근무하는 여성들로 인해 야전 경험에 있어 남녀의 간격은 훨씬 좁혀졌다. 지금까지 아프가니스탄에서의 항구적 자유작전[7]과 이라크 해방작전[8]에서 100명 이상의 여군이 전사했고, 수천 명의 여군이 적과 직

6 Department of Defense Active Duty Military Personnel by Rank/Grade, as of March 31, 2008.

7 항구적 자유작전(Operation Enduring Freedom): 미국의 대아프간 작전명

접적으로 접촉했다. 한 여성 장군은 “시민이 신문을 통해 여성들은 전투 임무를 수행하지 않는다고 알게 된다면, 그것은 사기를 심하게 약화시키고 진실을 희석하는 것이다”라고 말했다.[9]

장군들은 견장에 박혀 있는 별의 숫자와 상관없이 단어가 의미하는 대로 ‘제너럴리스트(generalist)’ 리더들이다. 그렇다면 왜 고위급 여군 장교들이 교육사령부(Training and Doctrine Command) 또는 육해공군 참모총장 자리에 표면상으로 자격심사를 받을 수 없는가?

각 군 장관이나 미국 대통령이 “어떻게 하면 군 고위직에 있는 여성들을 유지하거나 더 늘릴 수 있는가?”에 대해 질문해본 결과, 다수의 설문 응답자들은 두 가지 방안을 지지했다. 첫째, 군은 전투 지휘 역할에 대한 여군 제외 원칙을 개정해야 한다. 둘째, 장군으로 진출하기 위한 핵심요건인 전투부대 재직 시스템의 가치를 평가해봐야 한다. 기타 경력 진출을 개선하기 위한 주목할 만한 응답들로는 여성 예비역들에 대한 처우 개선, 참모와 지휘관 근무 기간의 동등한 인정, 고위급 학습과정의 균등한 기회 부여, 그리고 여행을 위해 일시적 의무(TDY: temporary duty)를 줄이기 위한 협조적 수단들의 조달과 광범위한 활용 등이 있었다.

긍정적인 것은 응답자들 모두 국방부가 올바른 방향으로 가고 있으며, 다른 정부 기관이나 민간 영역보다 앞서 있다고 확신하고 있었다는 점이다.

개척자들: 그들은 어디서 시작했는가?

통계적 수치들을 머릿속에 그리며 현재의 여성 ‘장군들’이 어디서 임

8 이라크 해방작전(Operation Iraqi Freedom): 미국의 대이라크 작전명

9 Survey question 25, respondent 3.

관했으며, 그들의 경력 발전에 어떠한 영향을 미쳤는가를 살펴보는 것은 가치 있는 일이다. 여성들이 우리 시스템이 허용하는 군 리더십의 최고 계급까지 오르기 위해 군은 먼저 여성을 모집하고 훈련시켜 임관해야 한다.

웨스트포인트(West Point)는 지난 30년간 여성 리더들을 개발하기 위해 노력해왔다. 17명의 현역 육군 여성 장군 중 2명이 웨스트포인트 졸업생이다. 1976년 200년의 역사를 자랑하는 군사학교에 여성이 처음으로 입학했다. 첫 기수로 129명의 여성이 들어왔지만 단지 60명이 졸업했다. 현재 3,000명이 넘는 여성 졸업생들이 있으며, 대략 입학생의 80% 정도가 졸업하고 있다.[10] 미 육군사관학교 공보실에 따르면 2011년 입학 기수는 가장 많은 여생도가 포함되어 있으며, 장차 미래의 육군 장교가 되려는 1,314명의 생도 중 17%가 여성이라고 한다.

웨스트포인트의 남성 중심적인 전통 또한 진화하기 시작했다. 일례로 2008년 여름 웨스트포인트 교장은 생도대에서 사랑받는 여러 노래의 가사에 포함된 '남자(men)'와 '아들(sons)'을 좀 더 성 중립적인 가사로 바꿨다. 학교장인 프랭클린 '버스터' 하겐베크(Franklin 'Buster' Hagenbeck) 중장은 의회 감독위원회에서 "이러한 변화는 여성 생도들의 압력에 의한 것이 아니라, 오늘날의 군대에서 여성이 수행해야 할 역할을 고려한 상식의 변화다"라고 증언했다.[11]

육군 ROTC(Army Reserve Officers' Training Corps)는 시타델(Citadel),[12] 버지니아 주립사관학교(Virginia Military Academy) 또는 노위치(Norwich)[13]에

---

10 Department of Defense Active Duty Military Personnel by Rank/Grade, as of March 31, 2008.

11 Lieutenant General Franklin "Buster" Hagenbeck, "USMA Chief Wants Gender-Neutral West Point Songs," *The Advocate*, May 29, 2008, available at www.advocate.com/news_detail_ektid54496.asp.

12 미국 사우스캐롤라이나 주립 사관학교. 정식 명칭은 Military Academy of South Carolina이며, 1842년 설립됨

13 노위치대학교(Norwich University)는 버몬트(Vermont)의 노스필드(Northfield)에 위치한

서 훈련받는 여성들을 포함하여 현역 육군, 육군 주방위군(the Army National Guard), 그리고 육군 예비군에 합류하는 소위들 중 60~70% 정도를 임관시킨다. 현재 모든 현역 육군 장군의 40% 이상은 학군사관후보생(ROTC)을 통해 임관했다. 동시에 현재 17명의 육군 여성 장군 중 8명(47%)이 ROTC 임관 사령장을 받았다. 전반적으로 볼 때, 여성은 전통적으로 생도대의 20% 정도를 차지하며, 15% 정도가 임관한다.[14] ROTC 출신 첫 여성 기수는 1975~1976학년도에 임관했다.

현재 장군 계급에 적합한(복무기간에 근거) 여성 세대의 대부분(1940~1970년대 초반에 출생한 집단)은 현지임관(DA: direct appointment) 또는 다양한 분야의 여군 장교 훈련학교들을 통해 임관했다. 오늘날 17명의 여성 장군 중 7명(41%)은 현지임관한 이들이다. 오늘날은 현지임관 사령장을 받은 여성 장군들 역시 군사 정보 및 유지단에 소속되지만, 간호, 의무, 의정, 치의 또는 법무 장군단을 포함하는 '직업적(professional)' 또는 기술적 배경을 가진 장교들은 보통 현지임관 사령장을 받는다.

군 여성 리더들이 직면하는 장애물

출신 구분에 상관없이 여군 장교들은 현존하는 직업적 장애에 대해 다양한 의견을 표현한다. 한 여성 장군은 여성이 군의 최고 계급에 도달하는 것을 방해하는 '구조적 장벽'은 없다고 주장했다. 그리고 "우리 모두는 정신적 · 육체적 · 대인관계적 도전을 받고 있으며, 그러한 것들을 우리 나름의 방식으로 처리한다"[15]고 말했다. 이러한 정서에 공감하여 많은 여군 장교들은 "단지 그 자리에 계속 있다 보면 더 많은 여성이 요

사립 군사대학

14 See www.princetonreview.com/cte/articles/military/rotchist.asp.

15 Interview with GR10, May 28, 2008.

직으로 진출할 것"이라고 믿는다. 그러나 대부분의 다른 여성 장군들은 일부 개인적 그리고 제도적 장애물이 존재한다는 데 강하게 동의한다.

이러한 실재적 및 인지적 장애물은 늘 그렇듯이 여성에 대한 오늘날의 문화적 및 사회적 규범들을 포함한다. 분명히 장애물은 존재한다. 그러나 한 여성 장군이 낙천적으로 말했듯이 "이제까지 복무한 모든 군인이 도전과 시험을 받았다. 우리는 스스로를 증명해 보이고, 가속도를 내기 위해 이러한 도전들을 기회로 볼 필요가 있다. 만일 우리가 도전에서 살아남는다면 대단한 것이다. 만일 그렇지 못하다면 개인적인 부족함을 채우기 위해 노력을 기울임으로써 자신을 증명하라. …… 훈련하는 데 개인적 시간을 투자하고 능숙함을 증명해 보여라." 그녀가 말하는 도전은 많은 부분이 성 중립적인 것들이나, 일부는 야전에 근무하는 여성들에게 특별히 적용되는 것이다.

개인적 장벽

자신감 부족과 가사에 대한 책임은 다양한 영역에 있는 고위직 여성들이 좋지 않은 평가를 받는 이유다. 종종 '야망의 격차(ambition gap)'로 표시되는 수치들이 많은 영역에서 여성의 야망이 남성의 야망과 균등한 수준에 이르지 못하고 있음을 보여준다. 또한 이러한 수치들에 있어 주목할 만한 변화가 없다는 것은 가슴 아픈 현실이다. 수천 명의 기업 리더, 교육가 그리고 정치적 활동가들을 대상으로 설문을 실시한 연구에서 "여성들, 심지어 직업적 성취에 최고의 수준에 있는 여성들은 선출직 직위에 도전하겠다는 야망을 드러낼 확률이 남성보다 상당히 낮다는 증거가 있다"[16]는 주장이 제기되었다. 이 연구에 참여한 대다수의 여성은

16 Richard Fox and Jennifer Lawless, "Why Are Women Still Not Running for Public Office?" Brookings Institution,May 30, 2008, available at www.brookings.edu/papers/2008/05_

여성 스스로 자초한 제약들, 가사 책임, 그리고 증대된 책임을 감수할 의지력 부족 등과 같은 장벽들에 직면해 있음을 보여주었다. 또 다른 이들은 계층이 존재하는 차별(예: 성별, 피부색, 예비군 대 현역, 졸업학교 또는 기타 이유로 불공정한 대우를 받고 있는지를 인식하기 어려움)과 가족 또는 배우자의 경력에 더 집중하겠다는 개인적 결정을 또 다른 장애요소로 제시했다.

한편 240명이 넘는 육 · 해 · 공군의 여성 장군들을 대상으로 한 연구에서 23%의 현역 장교들과 6%의 예비군 장교들은 결혼한 적이 없는 것으로 나타났다. 남편의 직업에 대해 응답한 사람들 중 82%가 군에 근무했던 남성과 결혼한 것으로 나타나 군인 배우자 또는 단순히 배우자의 인정과 지지의 가치를 보여주었다. 이스크라(Iskra)의 연구에 따르면 98명의 응답자 중에서 3분의 1 이하만이 자녀가 있었다. 대부분의 연구들은 자녀가 없는 독신 또는 군에 복무했거나 여군 장교보다 계급적으로 높은 남편을 배우자로 가진 여군이 장군으로 진급하는 데 더 유리함을 보여주고 있다.[17]

동일인들을 대상으로 한 설문에서 상당히 많은 수의 여성(자녀가 있는 기혼 여성)은 군이 가정 복지를 위해 특별히 민간 영역에 비해 매우 많은 지원을 해주었다고 응답했다. 특히 대부분의 응답자들은 일과 삶의 균형(work-life balance)에 군이 책임을 져야 한다거나 그렇게 할 수 있다고 느끼지 않았다. 참여자들은 개인 및 가족들이 선택해야 하며, 일하는 부모들에게 방해가 되는 가사에 대한 책임을 외부에 위탁할 방법을 찾아야 한다고 말했다. 대부분의 설문 참여자들은 공공 또는 사적 영역에 상관없이 여성이 높은 지위에 오르기 위해서는 늘 이러한 선택에 계속적으로 직면한다고 느꼈다. 국방부 내 최고 지위에 오른 여성 장교조차 "아이가 있었다면 군 경력을 추구해나갈 수 있었을지 확신이 서지 않는

---

women_lawless_fox.aspx.

17 Iskra, "Breaking Through the 'Brass' Ceiling," p. 159.

다"고 시인했다.[18]

2007년 육군 인구통계 보고서에 따르면, 여군은 남군에 비해 결혼할 확률이 낮은 것으로 나타났다. 남군의 경우는 48%, 여군의 경우는 29%가 현역 복무 중에 결혼했다.[19] 고위급 여성들은 배우자들이 자신들의 성공에 질투심을 느껴 힘이 되어주지 않거나, 계급이 올라감에 따라 '중압감 요인(intimidation factor)'으로 작용하여 배우자를 선택하는 것이 감소한다고 응답했다.[20] 설문에 참여한 모든 기혼 여성은 지원을 아끼지 않는 배우자를 찾는 일과 가사에 대한 책임을 관리하는 일이 중요하다고 생각했다. 자신들의 의무를 다하는 한 가정을 갖는 것이 그들의 직장생활에 해가 된다고 말하는 응답자는 거의 없었다. 그러나 한 해군 장교는 자신의 지휘관이 인지하는 공정성에 대해 다음과 같이 말했다. "중위였을 때, 한 지휘관은 나의 남자 업무 상대에게 서열 1등의 평정을 주며, 그는 부양해야 할 가족이 있고, 나에게는 가족을 부양할 남편이 있기 때문이라고 말했다. 그는 진심으로 그렇게 말했다. 나는 파견을 가야 할 경우 언제나 자원해서 바다로 나갔다. 나는 그렇게 하지 않은 일부 여성들을 알고 있으며, 아마도 그들은 그로 인한 불이익을 받았을 것이다. 나는 나의 가족보다 내가 부여받은 명령들의 내용이 진급하지 못한 것에 더 큰 영향을 주었다고 생각한다." 또 다른 응답자는 이렇게 경고한다. "성과를 내지 못하는 이유로 가족이나 자식을 핑계대지 말라. 그것이 상관들을 짜증나게 하고, 당신의 직장생활에 부정적 영향을 미치는 첫 번째 요소다."[21] 대부분의 여성은 모든 것을 관리한다는 것이 너무나도 어렵다는 것을 인정하면서도 "오로지 독신 여성만이 최고의 자리에 오를 수

18 Survey question 10, respondent 12 (GOA1).

19 Defense Manpower Data Center, HQ Department of the Army, Deputy Chief of Staff of Personnel Human Resources Policy Department,May 2008.

20 Iskra, "Breaking Through the 'Brass' Ceiling," p. 151.

21 Survey question 11, respondent 12.

있다"는 인식을 부정한다. 그러나 그것은 수많은 영역에서 활동하는 많은 직장 여성이 해야 할 선택이다.

다수의 고위급 여성들은 현역 복무에서 떠나는 대신 예비군에 근무하는 것을 하나의 생존 방식으로 여기고 있었다. 이러한 여성들의 대부분은 잔류를 지원해주는 '유지 환경(holding environment)'으로서 이와 같은 예비군 기회를 만들어줄 새로운 입법을 지지했다. 거의 모든 응답자는 경력상 중간(3년차 또는 4년차)에 멘토링 중재가 필요한 결정적 시점을 언급했는데, 이는 이 시기에 많은 여성이 가정을 이루기 시작함과 동시에 '건너뛰면(skipped)' 그들의 직장 경력에 부정적인 영향을 미칠 수 있는 지휘관 또는 주요 참모 직책을 수행하게 된다는 것을 알기 때문이다.

특히, 여군은 일과 개인적 삶의 균형을 맞추는 자신들의 도전에서 결코 혼자가 아니다. 정치를 하는 여성을 대상으로 한 2008년 연구에 따르면, 여성은 남성에 비해 결혼을 하거나 자식을 가질 가능성이 적은 것으로 나타났다. 결혼한 사람들 중에서 남자는 단지 4%인 반면, 여성은 61%가 본인이 자녀 양육과 관련하여 대부분의 책임을 진다고 응답했다. 이는 '차별이 없는' 세대에서 직업을 가진 어머니로서 느끼는 딜레마를 반영한다.[22] 여성의 고위직 진출 장애요인에 관한 또 다른 기업 설문에서도 가사에 대한 책임이 인력 유출의 압도적인 첫 번째 이유였다.[23]

공식 및 비공식 제도적 장벽

이와 관련된 설문조사에서 여성들은 공식적인 제도적 장벽이 사회

22 Fox and Lawless, www.brookings.edu/papers/2008/05_women_lawless_fox.aspx.

23 S. Manning, program director, women's programs, National School of Government. United Kingdom. The National School of Government conducted a short survey on the theme of women and leadership during its 2006 conference to mark International Women's Day. Available at www.nationalschool.gov.uk/downloads/WomenAndLeadershipSurvey3.pdf.

적 장벽보다는 낮다고 말했다. 여성들이 분명하게 강조하는 가장 널리 퍼져 있는 이슈는 주로 전투와 관련된 직책에서 지휘한 기간에 근거한 시대착오적인 진급 시스템이었다. 다수의 참여자들은 여성이 육군참모총장, 육군 전력사령관, 육군 교육사령관 등과 같은 직위로 진출할 기회를 얻기 위해서는 여성의 전투 참여 제한 원칙을 없애야 할 필요가 있다고 강하게 주장했다. 여성들은 더 높은 계급에 오르기 위해 추가적인 경력 경로(전투근무지원 또는 전투근무 병과를 통한)를 만드는 데 지지를 보냈다. 일부 여성들은 지휘경험과 종종 동일하게 요구되는 고위급 참모 직위 기간 임무에 따른 추가적인 가점을 부여할 것을 제안했다. 여성 할당에 동의하는 참여자는 아무도 없었으며, 자신의 경력보다 임무를 우선시하는 이타심 있는 군인에게 최고 계급을 달아주는 것이 남녀평등보다 더 중요하다는 데 모두가 동의했다.

여군은 또한 비공식적인 제도적 장벽에 직면해 있음을 두 연구가 보여주었다. 이와 같은 장벽에는 "동료의 지지와 멘토링 부족이 포함되며, 그들의 상징적 지위는 높은 가시성, 고립, 성적 선입관, 성추행, 봉쇄된 이동 가능성 등을 초래한다."[24] 또 다른 연구는 직장에서 수적으로 열세임을 인식한 여성들이 종종 상위 관리직으로 이끌어주는 비공식적 네트워크에 참여하기 위해 힘겨운 노력을 한다는 것을 보여주었다.

이 설문에 참여한 대부분의 여성은 전반적으로 낙관적인 전망을 그리고 있었다. '졸업생(old boys)' 또는 웨스트포인트 네트워크가 존재할 수 있겠지만, '여성 네트워크'를 주장하는 이들은 아무도 없었다. 그 대신에 많은 여성이 고위급 장군 리더 간의 더 큰 결속과 폭넓은 네트워킹에 대한 강한 욕구를 표현했다. 군대에서 열심히 일하고, 개인의 경력보다 임무를 우선시하며, 과정을 충실히 유지하면 미래에 보상을 받게 된

---

24 S. A. Davies-Netzley, "Women Above the Glass Ceiling: Perceptions on Corporate Mobility and Strategies for Success," *Gender and Society* 12, no. 3 (June 1998): 339-355.

다는 것에 대해서는 거의 만장일치로 동의했다.

여성이 지닌 개인적 리더십 특성

가장 높은 수준으로 진급하는 데는 실재적 또는 인지된 장애요소들이 존재할 수 있다. 그렇다면 어떠한 개인적 특성이나 요소들이 여성 장군들로 하여금 이러한 도전들을 극복하게 해주는 것일까?

이러한 설문조사에서 특별히 하나의 특성이 원동력으로 두각을 나타내지는 않았다. 자기통제와 의지력, 책임감, 지구력, 판단력, 주도성, 가치, 대인관계 기술, 팀을 구성하고 의견일치를 이끌어내는 능력, 그리고 여러 과업을 동시에 할 수 있는 능력이 모두 높게 평가됐다. 개인 참여자들은 넘치는 에너지, 기술적 및 전술적 능숙함, '장애물을 점검'하는 직책이 아닌 자신의 기술적 역량을 충족시키는 직무의 추구, 자신의 성취에 결코 만족하지 않기, 그리고 팀 또는 자신의 이익에 초점을 맞추는 계획적 노력을 꼽았다. 한 응답자는 "동료같은 대화와 360도 리더십이 매우 중요하다. 그리고 그것들이 좋은 조직과 위대한 조직의 차이점을 만든다"[25]고 말했다.

"어떠한 요소가 성공에 가장 큰 영향을 미쳤는가?"라는 질문에 대해서는 가장 많은 응답자가 "단지 개인적 업적이 아닌 복무에 전념"하는 것이라고 응답했다. 많은 여성은 남성의 지원과 멘토링 또한 중요하다고 응답했다. 거의 모든 사람이 환영하는 경험인 멘토십은 개인의 경력 전체에 걸쳐 중요한 요소이지만, 특히 초급 장교 시절에 매우 결정적인 요소다. 흥미롭게도 여성 멘토가 있었다는 응답자는 하나도 없었는데, 대부분은 멘토십에 있어 성별은 중요치 않다고 상술했다. 많은 사람에

---

25 Survey question 1, respondent 4.

게 가장 중요한 요소는 역할모델이며, 이러한 역할모델이 원칙에 입각한 가치 시스템, 인격의 강도, 군에 대한 기여, 그리고 리더십을 향한 열정과 관련된 예를 설정해준다. 많은 여성 리더는 개인적 투지, 힘든 임무의 추구, 강력한 의사소통 기술, 자기수양, 신념, 그리고 임무가 요구하는 것을 달성하고자 하는 헌신적 자세의 중요성 또한 강조했다.

결론

한 해군대학원 논문에 따르면, "남성의 이데올로기에 의해 지배된 오래된 직업문화에서 여성의 생존은 장애물들에 맞서려는 그들의 의지에 달려 있다"[26]고 한다. 이 연구에 등장하는 여성 장군들은 항상 이러한 장애물들에 맞섰고, 다른 이들이 모방할 수 있도록 새로운 길을 개척했다. 다행스럽게도 "어떤 이가 높은 계급에 오를 능력이 있다고 믿는 것" 같은 주관적 장벽은 객관적인 제도적 도전들보다 변화시키기 용이하다. 이러한 모습을 염두에 둔다면, 더 많은 여군의 계급이 올라갈수록 다른 이들도 이를 따라갈 것이라는 공유된 희망이 존재한다. 군의 우수성을 확보하기 위해 최고의 재능을 지닌 이들을 영입하여 높은 직책에 오르게 하는 것이야말로 국가안보에 이득이 될 것이다.

'모든 것을 원하는' 다른 'X세대'와 '새로운 천년 세대'를 생각한다면, 군대는 미래에 이러한 여성들을 유치하기 위해 추가적인 메커니즘을 만들어야 할지 모른다. 만일 이러한 세대들이 제한된 진급 가능성에 대해 지각하게 된다면, 군은 동기부여 정도가 매우 높은 여성들이 군에 지원하는 것을 꺼리거나, 잠재적으로 직업군인의 경력을 지속할 여성들이

26 Evertson and Nesbitt, "The Glass-Ceiling Effect," p. 14.

이직하지 않도록 열심히 노력해야 할 것이다.[27] 오늘날 빠른 작전 속도로 인해 중간 경력의 장교들은 자녀양육 시기와 맞물려 가족과의 시간을 갖기 위해 군을 떠나 돌아오지 않고 있다. 여성들의 최근 두 가지 경향은 군을 떠나는 것과 자녀가 있는 맞벌이부부의 어려움을 이해해주는 민간 경력을 좇는 것이다. 그들은 여전히 공공 또는 사적 영역에서 위대한 일들을 할 수 있을 것이다. 그러나 이러한 경향은 군의 중요한 리더십에 공동(空洞) 현상을 초래하게 된다.

여성이 더 훌륭한 전사를 만든다거나, 미군을 더 효과적으로 운영한다는 주장을 지지하는 것은 아니다. 하지만 최소한 가장 높은 계급에서는 여성 전사들의 진급을 방해하는 '황동 천장'에 대해 미국이 더 큰 관심을 가져야 한다고 주장할 수 있을 것이다. 더 많은 역할모델이 생겨나고, 군 리더에 대한 어려움을 강조할 더 많은 멘토가 생겨나며, 더 많은 직책이 여성에게 개방될수록 여성 인재 중에서 더 많은 인원이 장기적 직업으로서 군을 선택하게 될 것이다.

전망이 좋은 것은 2009 회계연도의 국방 수권법(the National Defense Authorization Act)이 여성들이 언급한 경력 진출의 명백한 장애물 중 일부를 다루는 것을 도와줄 새로운 시험용 프로그램을 승인할 수도 있다는 것이다. 이 법안은 현역 군인이 남녀를 불문하고 3년까지 휴직을 하고 동일한 계급과 복무기간으로 돌아오는 것을 허용한다.[28] 빈번한 배치로 인해 일과 가정의 균형을 맞추는 데 어려움을 겪는 중간 경력의 여성 또는 남성들에게는 6개월에서 12개월간의 휴직을 선택할 수 있게 하는 것이 군 생활을 지속케 하는 인센티브로 작용할 수 있다. 이 법안으로 현

---

27 B. R. Ragins, B. Townsend, and M. Mattis, "Gender Gap in the Executive Suite: CEOs and Female Executives Report on Breaking the Glass Ceiling," *Academy of Management Executive* 12, no. 1 (February 1998): pp. 28-42.

28 Completion of Markup for the National Defense Authorization Bill for Fiscal Year 2009; Press Release and Summary: US Senate Committee on Armed Services, Washington, D. C., May 1, 2008.

역 군인들은 예비군이나 국가 서비스에 계속해서 근무할 수 있을 것이다.

결론적으로, 이 설문조사를 통해 응답자들은 초급 및 중간 수준의 장교들을 멘토링하기 위한 다음과 같은 "보석 같은 삶의 지혜"를 제안했다.

① 자기 자신에게 충실하라.

② 높은 도덕적 기반 위에 서라. 정당한 이유를 위해 정당한 일을 하라.

③ 모든 직무에 있어서 할 수 있는 최선을 다하라.

④ 계급장을 달기 위해 "생각한 뒤에 행동"하지 말라. 만일 당신이 윤리적, 법적 그리고 도덕적으로 옳은 일을 한다면 진급은 자연스럽게 따라오는 것이다. 장병들을 위해 옳은 일을 하고 자기 자신에게 충실한다면 당신이 있어야 할 곳에 당신을 데려다 놓을 것이다.

⑤ 당신의 일에 재미를 느껴라. 일을 즐겨라. 그러면 나머지는 따라올 것이다.

⑥ 일과 삶의 균형에 어려움을 느낀다면, "모든 것을 동시에 할 수는 없다"는 것을 깨닫는 것이 중요하다. 그러나 이러한 타협은 남녀 모두에게 하나의 도전이다. 당신의 가족과 함께 보낼 시간을 내기 위해 외부의 도움을 받아 집안일을 해결하라.

⑦ 당신이 약한 부분에 강점을 가진 사람들을 주위에 두어라. 그리고 당신을 위해 일하는 사람들을 보살펴라.

⑧ 성과를 인정해주고 자주 보상해줘라. 인사 관련 행동을 적절하게 하고 당신의 임무에 집중하라. 그리고 목표 관리를 위한 당신의 행동을 설명하라.

⑨ 힘든 작전 및 지휘 임무를 추구하라. 당신을 이끌어줄 멘토를 찾아라. 항상 긍정적이며 과정을 즐겨라!

제17장 제너럴십의 실패

폴 잉링(Paul Yingling) 중령

미국은 한 세대가 흐르는 동안 내란 개입에 따른 두 번째 패배를 예측하고 있다. 1975년 4월, 미국은 월맹 공산주의자들의 손아귀에 우리 동맹의 운명을 던져버리고 베트남에서 철수했다. 2007년 이라크의 상황은 미국이 승리하리라는 희망을 약화시키고 있으며, 더욱 폭넓고 파괴적인 지역 전쟁의 징후를 보이고 있다.

이러한 낭패는 개인적 실패에 기인한 것이 아니며, 오히려 전체 조직이 지닌 위기 때문이라고 할 수 있다. 그것은 바로 미국의 장군단이다. 미국의 장군들은 우리의 군대를 준비시키고 정책 목표 달성을 위한 무력을 적용함에 있어 민간 당국에 조언하는 데 실패했다. 이어지는 주장은 크게 세 부분으로 구성된다. 첫째, 장군들은 정책입안자들에게 전략적 가능성에 대한 올바른 예측치를 제공해야 할 사회적 책임이 있다. 둘째, 베트남과 이라크에서 미국의 장군들은 이러한 책임을 이행하는 데 실패했다. 셋째, 제너럴십의 위기를 치유하는 것은 의회의 개입을 요구한다.

제너럴십의 책임

군대가 전쟁을 수행하는 것이 아니라 국가가 전쟁을 수행한다. 전쟁은 군인에 의해 수행되는 군사 활동이라기보다 국가 전체를 수반하는 사회적인 활동이다. 프러시아의 군사 이론가인 클라우제비츠는 열정, 가능성 그리고 정책이 전쟁에서 각각의 역할을 한다고 말한다. 전쟁에 대해 논할 때 이러한 요소 중 어느 하나라도 무시하는 해석이 있다면 그것은 본질적으로 결함이 있는 것이다.

전쟁에 내재된 희생을 견뎌내기 위해서는 사람들의 열정이 필요하다. 정부 시스템에 상관없이 사람들은 전쟁 추진에 요구되는 피와 재화를 공급한다. 국가운영자는 대중의 희생에 부합하는 수준으로 이러한 열정을 자극해야 한다. 정책 목적이 작은 경우 국가경영자는 대중에게 커다란 희생을 요구하지 않고도 물리적 충돌을 추진할 수 있다. 제2차 세계대전 같은 세계적 분쟁은 성공적인 전쟁 수행에 필요한 인원과 물자를 공급하기 위해 전체 사회의 총동원을 필요로 한다. 국가경영자가 범하는 가장 큰 실수는 대중의 열정을 동원하지 않은 채 큰 분쟁을 수행하는 것이다.

성공적인 전쟁 수행을 위해서는 대중의 열정이 필요하나, 이것이 충분조건은 아니다. 장군들은 승리를 위해 정책입안자들과 대중에게 전략적 개연성에 대한 정확한 예측치를 제공해야 한다. 장군은 정책 목표 달성을 위한 무력 사용의 성공 가능성을 예측할 책임이 있다. 장군은 성공적인 전쟁 수행을 위한 수단들, 그리고 국가가 이러한 수단들을 이용하는 방법 모두를 기술하게 된다. 만일 정책입안자가 장군이 제공하는 수단으로 달성할 수 없는 목표를 바란다면, 장군은 이러한 불일치에 대해 정책입안자에게 조언해줄 책임이 있다. 그러고 나서 국가경영자는 정책 목표를 축소하거나 더 큰 수단을 제공하기 위해 대중의 열정을 동원해야 한다. 만일 국가경영자가 불충분한 수단을 가지고 전쟁을 수행하는 동안 장군이 침묵을 유지한다면, 장군은 결과에 대한 과오를 공유해야 한다.

열정과 가능성에 아무리 많은 영향을 받는다 할지라도 전쟁이란 결국 정책 도구이며, 이를 수행하는 것은 정책입안자들의 책임이다. 전쟁이란 국가를 위해 수행되는 사회적 활동이다. 오거스틴(Augustine)은 전쟁의 유일한 목적은 더 나은 평화를 달성하는 것이라고 조언한다. 더 나은 평화를 위해 전쟁을 하겠다는 선택은 본질적으로 국가경영자가 그러한 이익과 믿음을 위해 국민을 죽이거나 그럴만한 가치가 있는 것인가를 결정해야 하는 하나의 가치 판단이다. 그러한 판단을 함에 있어 군인은 일반시민에 비해 더 나은 자격을 갖추고 있지 않다. 그러므로 군인은 자신의 조언을 자신이 가진 전문적 지식 영역인 전략적 가능성의 예측에 한정해야 한다.

전략적 가능성의 예측은 전쟁 준비와 전쟁 수행이라는 두 가지로 더욱 세분화할 수 있다. 전쟁 준비는 군의 편성, 무장, 장비 그리고 훈련으로 구성된다. 전쟁 수행은 그러한 군의 이용 계획과 작전에서의 지휘로 구분된다.

전쟁을 위해 군을 준비시키려면, 장군은 미래의 전투 상황을 상상해 보아야 한다. 장군은 적절하게 군대를 편성하기 위해 다음 전쟁에 필요한 군의 질과 양을 마음속에 그려보아야 한다. 장군은 군대를 무장시키고 장비를 갖추게 하기 위해 미래의 교전들에 필요한 물질적 요건들을 생각해보아야 한다. 장군은 군대를 적절히 훈련시키기 위해 미래 전장의 인적 요구를 마음속에 그려보고, 평시의 훈련에 그러한 조건들을 그대로 대입해야 한다. 물론 유능한 장군이라 할지라도 미래에 전쟁이 어떻게 전개될지 정확히 예측할 수는 없다. 영국의 군사사학자이자 군인인 하워드 경(Sir Michael Howard)에 따르면 "전쟁을 위해 군을 구조화하고 준비시키는 데 있어 정확히 올바르게 할 수 없다는 것을 안다. 그러나 중요한 것은 신속하게 바로잡을 수 있도록 지나치게 많이 틀리지 않는 것이다."

장군이 범하는 가장 비극적인 실수는 오랜 심사숙고 없이 미래의 전쟁이 과거의 전쟁과 매우 비슷할 것이라고 추정하는 것이다. 프랑스 장군들은 제1차 세계대전을 지켜보면서 이러한 실수를 범했는데, 다음 전쟁이 화력과 요새화에 의해 지배되는 정적인 전투양상으로 전개될 것이라 생각했다. 프랑스 장군들은 양차 대전 사이의 전 기간에 걸쳐 과거의 전쟁을 수행하기 위해 군을 편성하고, 장비를 갖추게 하고, 무장하고 훈련시켰다. 독일 장군들은 이들과는 극명한 대조를 이루며 양차 대전 사이의 시간을 화력과 요새화에 의해 생성된 교착 상태를 깨부수는 데 사용했다. 그들은 기동성, 화력, 그리고 분권화된 전술을 통합하여 새로운 형태의 전쟁인 '전격전(blitzkrieg)'을 개발했다. 독일군은 이 새로운 형태의 전투방식을 정확히 올바르게 실천하지는 못했다. 1939년의 폴란드 침공 이후 독일군은 전격전 운용에 관한 비판적인 자기점검을 시행했다. 그러나 독일 장군들은 너무나 심하게 틀리지 않았으며, 1년도 지나지 않아 프랑스 침공에 적합하게 자신들의 전술을 조정했다.

장군은 민간인 정책입안자들에게 미래의 전투 상황을 머릿속에 그리고 난 후 미래의 전투에 필요한 요구사항들과 그러한 요구사항들을 충족시키지 못했을 경우에 수반되는 위험에 대해 설명할 책임이 있다. 민간인 정책입안자들은 먼 미래의 전략적 가능성에 대해 깊이 생각할 만한 전문적 지식도, 의향도 가지고 있지 않다. 정책입안자들, 특별히 선발된 대표자들은 대중에게 직접적인 우려가 될 만한 단기적인 도전에 집중하는 강력한 유인에 직면하게 된다. 군사적 역량을 건설하는 것은 수십 년간 기울인 노력의 결과물이다. 만일 장군이 목소리를 내기 전에 대중과 대중에 의해 선발된 대표자들이 국가적 안보 위협을 직접적으로 걱정하게 된다면, 이는 너무 오래 기다린 것이다. 국가가 평화로운 상태에 있을 때 전쟁을 준비하라고 너무 크게 말하는 장군은 그의 직책과 지위를 위험한 상태에 처하게 한다. 반대로 너무 부드럽게 말하는 장군은 국가 안보를 위험한 상태에 빠지게 한다.

미래 전장의 가시화에 실패했다는 것은 직무 역량이 부족함을 의미하지만, 그러한 전장을 분명히 보고서도 아무런 말도 하지 않는 것은 직업적으로 훨씬 심각한 일탈이다. 도덕적 용기는 종종 인기와 반비례하는데, 이러한 현상은 다른 어떤 영역보다도 무기를 다루는 직업군에서 더욱 두드러진다. 군사 혁신의 역사는 늘어나는 위협을 정확히 판단하고 변화를 대담하게 지지한 개혁가들의 경력으로 채워져 왔다. 직업군인은 전투의 위험에 맞서는 '육체적 용기'와 대중의 경멸을 견뎌낼 수 있는 '도덕적 용기'를 모두 지녀야 한다. 용기는 지휘자가 전장의 안팎에서 가장 우선적으로 지녀야 할 덕목이다.

베트남에서의 제너럴십의 실패

베트남에서의 미국의 패배는 미군 역사상 가장 지독한 실패다. 미국의 장군단은 비재래식 전쟁에 대한 준비가 요구되는 충분한 조짐들이 있었음에도 불구하고 비재래식 전쟁에 대비하여 미군을 준비시키기를 거부했다. 그러한 전쟁에 대비하는 데 실패한 미국의 장군들은 일관된 승리 계획도 없이 병력을 전장으로 내보냈다. 준비되어 있지 않고 일관된 전략이 부족했던 미국은 전쟁에서 졌고, 5만 8,000명 이상의 군인이 목숨을 잃었다.

제2차 세계대전을 치르고 나서 미국의 적들이 미군이 지닌 화력과 기동성의 우위를 무력화시키기 위해 게릴라전으로 전환할 것이라는 충분한 징후들이 있었다. 인도차이나와 알제리에서의 프랑스의 경험은 비재래식 적들에 직면해 있는 서방 군대들에게 교훈을 제공해주었다. 상대적으로 영악한 미국의 정치인들은 이러한 교훈들을 잊지 않았다. 1961년 케네디 대통령은 "기원은 오래되었으나 새로운 형태의 전쟁, 즉 적과 교전하는 대신에 적을 회피하고 소진시킴으로써 승리를 추구하는 게릴라전, 파괴활동, 내란, 암살에 의한 전쟁, 전투 대신 매복에 의한 전쟁, 공격 대신 침투에 의한 전쟁" 등을 경고했다. 이러한 위협들에 대응하기 위해 케네디는 미군에게 대반란전에 대비한 포괄적인 프로그램을 수행했다.

동맹국들의 경험과 대통령의 경고에도 불구하고 미국의 장군들은 자신들의 군대를 대반란전에 준비케 하는 데 실패했다. 육군참모총장인 데커(George Decker) 장군은 "어떤 훌륭한 병사도 게릴라들을 다룰 수는 없다"고 젊은 대통령에게 장담했다. 케네디가 상반된 시각을 가지고 통치했음에도 불구하고 군은 베트남에서의 분쟁을 재래식 방식으로 보았다. 1964년이 되어서야 합참의장인 휠러(Earle Wheeler) 장군은 "베트남에서 문제의 본질은 군사적인 것이다"라고 단호하게 말했다. 군이 대통령의 주장에 대해 조직상 약간의 조정은 했지만, 장군들은 크레핀네비츠(Andrew Krepinevich)가 말한 적의 무력을 말살시키는 데 초점을 맞춘 전쟁 비전인 '육군 개념(the Army Concept)'에 매달렸다.

베트남에서의 전투 상황을 정확히 가시화하는 데 실패한 미국의 장군들은 재래식으로 전쟁을 수행했다. 미군은 월맹이 협상된 평화를 받아들이게끔 강요하기 위해 고안된 등급별 소모 전략을 채택했다. 미국은 베트남에서의 혁신을 위해 평범한 노력을 기울였다. 국무부의 '화염토치(Blowtorch)'였던 크로머(Bob Kromer)가 진두지휘한 민사작전 및 혁명개발지원(CORDS: Civil Operations and Revolutionary Development Support)은 내란의 정치적 및 경제적 원인들을 언급한 진지한 노력이었다. 해병대의 연합행동계획(CAP: Combined Action Program)은 주민 안보에 대한 혁신적인 접근이었다. 그러나 이러한 노력들은 너무나 미약했고 너무 늦게 만들어졌다. CORDS나 CAP 같은 혁신들은 큰 규모의 차이를 만들어내는 데 필요한 자원들을 결코 지원받지 못했다. 미군은 대중의 분쟁에 대한 헌신도가 떨어지기 시작한 이후인 전쟁 말미에야 마지못해 이러한 혁신들을 받아들였다.

미국의 장군들은 승리를 위한 전략을 세우는 데 실패했을 뿐만 아니라, 민간 정치인들에 의해 개발된 전략이 패배를 초래하는 동안에도 전반적으로 침묵을 유지했다. 맥마스터(H. R. McMaster)가 《직무유기(*Dereliction of Duty*)》라는 책에서 언급했듯이, 합동참모부는 군별 파벌주의로 갈라져 있었고, 대통령에게 성공적 결과를 얻기 위한 전쟁 수행에 대해 통합되고 일관성 있는 권고를 해주지 못했다. 1965년에 육군참모총장이었던 존슨(Harold K. Johnson)은 승리를 위해서는 5년간에 걸쳐 70만여 명의 병력이 필요할 것으로 예측했다. 해병대 사령관이었던 그린(Wallace Greene)은 병력 수준에 있어 비슷한 예측을 했다. 존슨 대통령이 전쟁을 점점 더 확대해나감에 따라 두 사람 모두 대통령 또는 국회에 자신의 견해를 피력하지 못했다. 존슨 대통령은 베트남전의 비용과 결과를 대중에게 숨기기 위해 혼신의 노력을 다했다. 그러한 이중성은 미국 장군들의 암묵적 동의를 필요로 했다.

전쟁 동안 미국 국민을 속이는 일에 참여한 군대는 전쟁 후에는 군대 스스로를 기만하는 선택을 하였다. 네이글(John Nagl)은 《나이프를 가지고 수프 먹는 법 배우기(*Learning to Eat Soup with a Knife*)》라는 책에서 "군이 패배를 통해 교훈을 얻는 대신에 베트남전 이후의 군은 이기는 방법을 알았던 형태의 전쟁, 즉 하이테크 재래식 전쟁에 에너지를 집중했다"고 주장했다. 이러한 부인 전략에 결정적으로 기여한 것은 서머스(Harry Summers) 대령이 집필한 《전략에 관하여: 베트남전의 비판적 분석(*On Strategy: A Critical Analysis of the Vietnam*)》이라는 책의 출간이었다. 미 육군대학원 교수인 서머스는 미군이 베트남에서 재래식 전쟁에 충분히 집중하지 않은 실수를 범했다고 주장했고, 이러한 교훈은 미군 입장에서 듣길 원했던 교훈이었다. 최근 내란으로 인해 패배를 경험했음에도 불구하고 미군은 대내란전에 부여된 훈련 및 자원들을 대폭 삭감했다.

1990년대 초반, 재래식 전쟁 수행에 투입한 미군의 집중은 정당성이 입증되는 것처럼 보였다. 1980년대에 미국 군대는 역사상 평화 시기에 가장 큰 군비증강을 통해 이익을 창출했다. 하이테크 장비들은 지상군의 기동성과 치사율을 현격하게 증가시켰다. 육군의 국가훈련센터는 재래식 전쟁 수행 기술들을 체계적으로 연마했다. 1989년 베를린 장벽의 붕괴는 소비에트 연방의 종말과 더불어 미국과 직접적으로 대치하는 것의 무용성을 상징했다. 미국이 소비에트 연방의 붕괴를 재촉하기 위해 아프가니스탄, 니카라과 그리고 앙골라에서 반군활동을 지원했다는 사실에도 불구하고 미군은 1990년대 전 기간에 걸쳐 대반군작전에 대해 거의 아무런 생각을 하지 않았다. 미국의 장군들은 충분한 심사숙고 없이 미래의 전쟁은 과거의 전쟁들과 매우 비슷한 양상, 즉 재래식 군대에 의한 국가와 국가의 분쟁 양상이 될 것이라고 추정했다. 1991년 세계에서 네 번째로 큰 이라크 군대를 미국이 신속하게 물리친 것은 베트남전 이후 미군의 개혁이 올바른 선택이었다는 것을 확인해주는 것처럼 보였다. 그러나 군대는 사막의 폭풍작전(Operation Desert Storm)에서 잘못된 교훈을 얻었다. 군은 계속해서 과거의 전쟁을 준비했고, 미래의 적들은 새로운 종류의 전쟁을 준비했다.

이라크에서의 제너럴십의 실패

미국의 장군들은 이라크에서 베트남에서의 실수를 반복했다. 첫째, 1990년대를 거치는 동안 미국의 장군들은 미래의 전투 환경들을 가시화하고 그에 따라 군대를 준비시키는 데 실패했다. 둘째, 미국의 장군들은 이라크 전쟁을 시작하기 전에 정책 목표를 달성하기 위해 필요한 수단과 방법 모두를 정확히 예측하는 데 실패했다. 마지막으로, 미국의 장군들은 의회와 대중에게 이라크 분쟁에 대한 정확한 평가를 제공하지 않았다.

1990년대에 걸쳐 '변혁'에 대해 입에 발린 말을 했음에도 불구하고 미국 군대는 1991년 걸프전 종료 이후 의미 있는 방식으로 변화하지 못했다. 하메스(T. X. Hammes)는 《투석기와 돌(*The Sling and the Stone*)》이라는 책에서 국방부의 변신 전략은 거의 오로지 하이테크 재래식 전쟁에만 초점을 둔다고 주장했다. 미군의 교리, 조직, 장비 그리고 훈련은 이러한 지적을 확인시켜준다. 미군은 처음 5년간 레이건 행정부에서 마지막으로 수정된 대반란전 교범을 가지고 전 세계적인 테러와의 전쟁을 수행했다. 1990년대에 걸쳐 수많은 안정화 작전에 참여했지만, 미군은 도시 재건 및 보안군(security force) 개발을 위한 역량을 거의 강화시키지 못했다. 1990년대의 조달 우선순위는 냉전 모델을 그대로 답습하여 새로운 전투기와 포병 시스템에 막대한 자금이 투여되었다. 학교와 훈련소 모두 일상적으로 사용된 전술 시나리오들은 고강도 국가 간 분쟁을 그대로 따랐다. 21세기 초엽에 미국은 아프카니스탄과 이라크에서 잔인하고 환경에 잘 적응하는 내란군들과 싸워야 했음에도 불구하고 이전의 10년 동안 그러한 분쟁들에 대한 준비를 거의 하지 못했다.

엉뚱한 전쟁 수행을 준비하느라 10년을 보낸 미국의 장군들은 이라크에서의 성공을 위해 필요한 수단과 방법 모두를 잘못 계산했다. 이라크에서의 가장 근본적인 군사적 오산은 이라크 국민에게 안전을 제공해 줄 충분한 병력을 확보하는 데 실패했다는 점이다. 미 중부사령부(Central Command: CENTCOM)는 1998년의 전쟁계획에서 이라크를 침공하는 데 38만 명의 병력이 필요할 것이라고 예측했다. 육군의 한 연구는 요구 병력 예측에서 보스니아와 코소보 작전을 모델로 삼아 47만 명의 병력이 필요할 것으로 예측했다. 미국의 장군들 중에서는 오직 에릭 신세키(Eric Shinseki) 육군참모총장만이 사담(Saddam) 이후의 이라크를 안정화시키기 위해서는 "수십만의 병력"이 필요할 것이라고 공개적으로 언급했다. 전쟁 이전에 부시 대통령은 야전 지휘관들에게 승리에 필요한 모든 것을 제공하겠다고 약속했다. 개인적으로는 많은 현역 및 예비역 장군이 이라크전을 위한 병력의 부족함에 대해 심각한 불안감을 표현했다. 이들은 나중에 《대실패와 코브라 II(*Fiasco and Cobra II*)》와 같이 진실을 폭로하는 책들에 이러한 우려를 기술하고자 했다. 그러나 미국이 승리를 위해 필요한 전력의 절반도 준비되지 않은 상태에서 이라크전에 뛰어들었을 때, 이들은 공개적인 반대를 표하지 않았다.

병력이 턱없이 부족한 상태에서는 제 아무리 영특한 장군이라 할지라도 사담 이후의 이라크를 안정화시킬 방법을 찾아내지 못했을 것이다. 그러나 전후 이라크에 대한 서투른 계획은 병력 부족으로 인한 위기를 불러왔고, 그 위기는 급속하게 큰 낭패로 이어졌다. 1997년 미 중부사령부의 '사막 횡단(Desert Crossing)' 연습은 군이 전후의 수 많은 안정화 임무에 실패할 수 있음을 보여주었다. 미국 정부의 나머지 기관들도 이라크에서 요구되는 규모의 임무를 수행할 역량이 부족했다. 이러한 결과들에도 불구하고 중부사령부는 국무부가 전후의 이라크를 관리할 것이라는 가정을 받아들였다. 군은 전후 이라크 안정화에 투입해야 할 관리 규모를 대통령에게 설명하지 않았다.

미국의 장군들은 이라크의 전투상황을 가시화하는 데 실패한 후, 대반란작전에 대처하는 데도 실패했다. 대반란작전 이론은 이라크 국민에게 지속적인 안보를 제공하는 것을 규정한다. 그러나 대부분의 경우 이라크에 주둔한 미국 군대는 이라크 국민으로부터 고립된 대규모 전방작전 기지들과 반란군들을 포획하고 사살하는 데 집중했다. 대반란작전 이론은 현지국가의 기관들이 국민에게 안보 및 다른 필수적 서비스들을 제공할 역량을 강화시킬 것을 요구한다. 미국의 장군들은 지역 치안부대를 구축할 인수위원회와 필수 서비스를 개선하기 위한 지방 재건팀 개설에 대한 노력을 뒤로 미뤘고, 양과 질 측면에서 성공에 필요한 인력을 제공하지 않았다.

미국 장교단은 너무나 적은 부대와 전후 안정화 작전에 대한 일관된 계획도 없이 이라크에 투입된 후, 미국 대중에게 내란의 강도를 정확하게 기술하지도 않았다. 이라크 연구회(ISG: Iraq Study Group)는 "이라크에서 일어나고 있는 폭력에 대해 중대한 축소 신고가 있었다"라는 결론을 내렸다. 또한 이라크 연구회는 "2006년 7월 어느 날에는 93건의 공격 또는 중대한 폭력이 보고되었다. 그러나 그 하루에 대한 보고서를 좀 더 자세히 살펴보면 1,100건의 경미한 폭력행위가 있었다. 정책수립을 위한 정보가 정책과 정책목표의 차이점을 없애는 방식으로 수집되다 보면 좋은 정책을 만들기 어렵다"고 언급했다. 주민치안은 대반란작전 효과성의 가장 중요한 측정수단이다. 3년이 넘는 기간 동안 미국의 장군들은 이라크에서 미국이 효과적으로 대응하고 있다는 주장을 계속했다. 그러나 이라크 시민이 느끼는 치안상태는 2003년 이후 매년 악화되고 있었다. 아직까지도 명확히 밝혀지지 않은 이유들로 인해 미국의 장군들은 적의 강점은 과소평가하고, 이라크 정부와 치안군의 역량은 과대평가했으며, 의회에 이라크의 치안 상황에 대한 정확한 평가를 제공하는 데 실패했다. 게다가 미국의 장군들은 그토록 많은 지상 전력을 단일 작전지역에 투입하는 것에 대한 위험성을 명확하게 설명하지 않았다.

베트남과 이라크에서 미국 장교단에 공통적으로 나타난 지성 및 도덕적 실패는 미국 장군들의 리더십에 위기를 조성했다. 개인들의 과오를 지적하는 어떠한 설명도 충분하지 않다. 민간인이건, 군인이건 베트남 또는 이라크에서 한 사람의 리더가 실패를 초래한 것은 아니다. 군과 민간의 리더들이 유사한 결과를 초래했다. 두 군데 분쟁 모두에서 정책입안자들에게 조언하고 부대를 준비시키며 작전을 수행하는 임무를 띤 장교단은 의도된 기능들을 수행하는 데 실패했다. 어떻게 한 세대에 두 번이나 상대적으로 약한 내란군 적에게 패배당했는지를 이해하기 위해서는 우리의 장교단을 만들어낸 구조적인 영향력을 살펴보아야 한다.

우리가 필요로 하는 장군들

실패한 리더십에 대한 가장 식견 있는 설명은 풀러(J. F. C. Fuller)의 《제너럴십: 병폐와 치유책(*Generalship: The Diseases and Their Cure*)》에서 찾

아볼 수 있다. 풀러는 제1차 세계대전 당시 기갑장비를 갖춘 전장에서 최초로 시도했던 작전들을 목격한 영국군 소장이다. 그는 위대한 장군들에게 나타나는 세 가지 특성으로 용기, 창의적 지능 그리고 육체적 적합도를 발견했다.

지적이고 창의적이며 용감한 장군들이 필요하다는 것이다. 전쟁의 더 큰 측면을 이해하는 것은 위대한 장군의 리더십에 필수적이다. 그러나 3성 및 4성 장군을 대상으로 한 연구에 따르면, 단지 25%만이 민간기관에서 사회과학 또는 인문학 고급 학위를 보유하고 있었다. 대내란 작전 이론은 능숙한 외국어가 성공에 필수적이라고 주장한다. 그러나 고위급 장군 네 명 중 한 명만이 외국어를 구사한다. 미국 장군들의 육체적 용기에 대해서는 의심의 여지가 없으나, 도덕적 용기에 대해서는 그만큼의 확신이 없다. 전문 직업군인은 거의 꿈속에서의 언어로 민간인 상관의 위협적이고 솔직하지 못한 관리 스타일을 비난한다. 이라크에서의 위기가 대중들과도 직접적인 관련이 있기에 장군들 중 일부는 자신들의 의견을 피력하고 있다. 이렇게 되기까지 장군들은 너무 오래 기다렸을지도 모른다.

행정부나 군대 모두 자발적으로 미국 장교단의 결점을 치유할 것 같지는 않다. 실제로 온순한 팀플레이어를 고위급 장군으로 앉히려는 행정부의 경향이 문제의 일부다. 군대 역시 마찬가지로 비난받아야 한다. 장군들을 양성하는 시스템은 창의성과 도덕적 용기를 보상하는 데 거의 아무런 기능도 하지 못하고 있다. 장교들은 놀랍게도 유사한 경력 과정을 거쳐 장군급 지위에 오른다. 현역이든 예비역이든 고위급 장군들은 장교의 장군계급 진출 가능성을 결정하는 가장 중요한 인물들이다. 부하와 동료들의 견해는 장교의 진급에 아무런 역할도 하지 못한다. 즉, 위로 올라가기 위해서는 상급자를 기쁘게 해야 한다는 것이다. 고위급 장군들이 자신들과 비슷한 장교들을 진급대상자로 선발하는 시스템에서 장교들은 순응하고자 하는 강력한 유인이 존재한다. 제도적인 기대에 순응하며 25년을 보낸 장교가 40대 후반에 혁신적인 사람이 되기를 기대하는 것은 이치에 맞지 않는다.

만일 미국이 장군단에게 창의적 지성과 도덕적 용기를 염원한다면, 이러한 특성들을 보상해주는 시스템을 만들어야 한다. 의회는 세 영역에서 적절한 감시기능을 수행함으로써 그러한 인센티브들을 만들 수 있다. 첫째, 의회는 장군 선발시스템을 수정해야 한다. 둘째, 감시 위원들은 이에 필요한 수단들을 생성하고 미국의 군사력을 사용하는 적합한 방법들을 추진하는 데 대해 더욱 세밀한 조사를 실시해야 한다. 셋째, 상원은 인준 권한을 통해 수용할 수 있는 인명 및 재산상 정책목표 달성에 실패한 장교들이 책임을 지도록 해야 한다.

의회는 장군들의 창의적 지능을 향상시키기 위해 적응과 지적인 성취를 보상하는 방식으로 장교 진급 시스템을 변화시켜야 한다. 의회가 영관급 장교 및 장군을 평가하는 데 군이 360도 평가를 사용하도록 요구해야 한다. 초급 장교들과 부사관들은 실패한 전술로 인해 가장 직접적으로 큰 타격을 받게 되므로 종종 첫 번째 적용 대상이 된다. 또한 그들은 조직의 규범에 덜 경도되어 있고, 조직적 금기의 영향도 덜 받는다. 초급 리더들은 자신의 상관이 발휘하는 리더십이 얼마나 효과적인지에 대해 깊은 식견을 가지고 있음에도 불구하고 현재의 진급 시스템은 이러한 판단을 배제하고 있다. 부하와 동료들의 견해를 고위급 리더들의 진급 의사결정에 통합함으로써 변화하는 환경에 적응하고자 하는 의지가 더욱 강해지며, 시대에 뒤떨어진 관행에 순응하지 않는 장교들을 양성할 수 있을 것이다.

의회는 또한 지적인 성취를 보상하는 방식으로 진급 시스템을 수정해야 한다. 상원은 인준과정의 일부로서 3성 또는 4성 장군 후보자들의 교육과 전문적 글쓰기를 조사해야 한다. 상원은 법학대학원을 다니지도 않았으며 법률적인 의견을 기고하지 않은 후보자를 결코 대법관에 인준하지 않을 것이다. 하지만 상원은 관례적으로 사회과학 또는 인문학 학위가 없고 외국어 구사능력도 없는 이들을 4성 장군으로 인준하고 있다. 고위급 장성들은 미래의 분쟁이 어떠한 모습을 지닐 것이며, 이러한 분쟁에서 우위를 확보하기 위해 미국이 어떠한 역량을 요구하는가에 대한 비전을 가지고 있어야 한다. 그들은 외국의 문화를 이해하고 상호작용할 수 있는 역량을 지녀야 한다. 지적 성취 및 외국어 실력에 대한 기록은 고위급 리더십을 감당할 수 있는 장교의 잠재력을 보여주는 효과적인 지표들이다.

의회는 장군들의 도덕적 용기를 보상하기 위해 의회가 지닌 감독 책임의 일부로서 전쟁의 수단과 방법에 관한 어려운 질문들을 던져야 한다. 어떠한 대답들은 매우 충격적일 수도 있는데, 그것이 아마도 의회는 질문하지 않고 장군들은 대답하지 않는 이유일 것이다. 의회는 기나긴 전쟁에서 승리하기 위해 다음 세대까지 이어질 수도 있는 자금과 인력에 대한 솔직한 평가를 요구해야 한다. 승리에 요구되는 자금은 대중의 관심이 쏠린 국내의 우선순위들에 재정적인 어려움을 가중시킬 수도 있다. 요구되는 인력의 양과 질에 따라 전원 자원입대 방식의 군 운용 가능성에 의문이 제기될 수도 있다. 의회는 현존 자원들에 대한 할당을 재검토하고, 획득 우선순위가 당면한 가장 큰 위협들을 반영하도록 요구해야 한다. 또한 의회는 전쟁방식이 분쟁 종료와 국가정책 목적에 확실하게 기여하는 데 철저해야 한다. 만일 우리의 작전이 더 많은 새로운 적을 만들어낸다면 어떠한 양의 무력도 승리에 충분하지 않다. 현재의 감독 노력은 부적절한 것으로 증명되었고, 이것이 때로는 행정부, 군대 그리고 로비스트들이 불완전하고 부정확하거나 자기 잇속만 차리는 정보들을 제공하는 것을 가능케 했다. 의회 구성원들은 적절한 감독 수행을 위해 올바른 질문들을 던지는 데 필요한 전문성을 길러야 하고, 진실이 어떤 곳으로 이끌건 진실에 따를 용기를 보여주어야 한다.

마지막으로, 의회는 현재 거의 사용되고 있지 않는 권한을 사용하여 전역 시 계급을 결정하는 책임소재를 개선해야 한다. 법에 따라 의회는

3성 또는 4성 장군으로 전역하는 장교들을 인준해야 한다. 과거에 이러한 요구조건은 대부분 형식적이었고, 일부밖에 없었다. 심각한 인권 스캔들 또는 상당한 안보 저하를 초래한 장군은 탁월하게 근무한 사람보다 한 단계 낮은 계급으로 전역해야 할 것이다. 마찬가지로 의회에 전략적 승산에 대해 정확하고 솔직한 평가를 제공하지 못한 장군은 처벌을 받아야 한다. 지금은 소총을 잃어버린 이등병이 전쟁에서 패한 장군보다 훨씬 큰 처벌을 받는다. 의회는 장군들의 전역 계급을 결정하는 권한을 행사함으로써 고위급 군 리더들의 책임소재를 회복시킬 수 있다.

치명적 위험

본 논문은 부하 장교들에게 전쟁의 더 큰 측면들에 에너지를 집중하라는 프리드리히 대왕의 책망으로 시작되었다. 군주의 혁신으로 프러시아 군대는 유럽을 공포로 떨게 만들었으나, 그는 자신의 적들이 발 빠르게 학습하여 적응하고 있다는 것을 알았다. 프리드리히는 장군들이 계속 변화하는 전쟁의 속성에 대해 깊이 생각하지 않은 채 자신의 전쟁 시스템을 이해하고, 그로 인해 프러시아의 안보가 위태해지지 않을까 염려했다. 이러한 두려움은 정확한 예언이었음이 입증되었다. 1792년 발미(Valmy) 전투[1]에서 프리드리히의 후계자들은 프랑스의 오합지졸 농민군에 의해 제지되었다. 그로부터 14년 후 프러시아의 장군들은 충분한 심사숙고 없이 미래의 전쟁도 과거와 매우 유사할 것이라 가정했다. 1806년 프러시아 군대는 예나(Jena)에 있는 나폴레옹이 구축한 패배와 재앙 속으로 걸어들어갔다. 프리드리히의 예언은 실현되었고, 프러시아는 프랑스의 속국이 되고 말았다.

1 1792년 9월 프랑스 상파뉴아르덴 주 마른 현 발미에서 프로이센-오스트리아 연합군과 프랑스 사이에 벌어진 전투. 농민군이 귀족 군대를 격파한 최초의 전투

이라크는 미국의 발미(Valmy)다. 미국의 장군들은 미처 준비하지 못했고 이해할 수 없는 형태의 전쟁에 제지당했다. 1991년 걸프전 이후 그들은 끊임없이 변화하는 전쟁의 속성에 대한 깊은 고민이 결여된 전쟁 시스템을 연마하느라 시간을 보냈다. 그들은 심사숙고 없이 미래의 전쟁도 과거의 전쟁과 매우 유사할 것이라 가정하고 이라크로 진격했다. 내란 전술에 취약함을 분명하게 인식한 소수의 사람들도 그러한 위험들을 준비하기 위한 말이나 행동을 거의 하지 않았다. 발미에서와 마찬가지로 이러한 하나의 실패가—굴욕감을 주기는 했지만—그 자체로 국가적인 재앙의 징후를 나타내지는 않는다. 좀 늦기는 했으나, 장기적인 전쟁의 도전들을 준비할 수 없을 정도로 늦지는 않았다. 우리에게는 여전히 미래의 분쟁들을 가시화할 수 있는 지적인 능력과 민간 정책입안자들에게 안보에 필요한 준비사항들을 조언할 수 있는 도덕적 용기를 지닌 장군들을 선발할 시간이 있다. 그러한 장군들을 식별할 권한과 책임은 의회에 있다. 만일 의회가 그 역할을 제대로 수행하지 못한다면, 제2의 예나(Jena)가 우리를 기다리고 있을 것이다.

제18장 장군들에게 도전하기

프레드 캐플런(Fred Kaplan)

2007년 8월 1일, 미 육군참모차장인 코디(Richard Cody) 장군은 대위 경력과정에 입소한 장교들과 이야기를 나누기 위해 켄터키의 녹스 기지(Fort Knox)로 날아왔다. 이들은 육군의 엘리트 초급 장교들이다. 5주 과정을 이수한 127명의 대위 중 119명은 대부분 중위로서 이라크 또는 아프가니스탄에서 한두 번 복무한 경험을 가지고 있었다. 거의 모든 장교들이 중대장으로 복귀할 예정이었다. 최근 이라크의 특공여단 전투 팀에서 16개월을 보낸 위그널(Matt Wignall)이라는 대위가 육군에서 두 번째로 계급이 높은 장군인 코디에게 잉링(Paul Yingling) 중령이 쓴 〈제너럴십의 실패(*A Failure in Generalship*)〉에 대해 어떤 생각을 가지고 있는지 질문했다. 이라크를 포함해 널리 유포된 일종의 통렬한 비난문인 이 글은 군의 장군들이 전문적 특성, 창의적 지능 그리고 도덕적 용기가 부족하다고 비난하고 있다.

2007년 5월 〈암드 포시즈 저널(*Armed Forces Journal*)〉에 실린 잉링의 글은 장군들의 핵심적 역할이 정책입안자들과 대중에게 전쟁 승리를 위한 수단들을 조언하는 것이라고 주장한다. 덧붙여 "만일 국가경영자가 불충분한 수단을 가지고 전쟁을 수행하는 동안 장군이 침묵을 유지한다면, 장군은 결과에 대한 과오를 공유해야 한다"고 말한다. 오늘날의 장군들은 "미래의 전투 환경들을 가시화하고 그에 따라 우리의 군대를 준비시키는 데 실패했다". 그리고 정책입안자들에게 승리와 이라크의 안정화를 위해 얼마만큼의 병력이 필요한지를 조언하는 데 실패했다. 이러한 실패는 단지 민간의 리더들뿐만 아니라 "창의성 및 도덕적 용기를 보상하는 데 거의 아무것도 하지 않는" 군대문화에도 기인한다고 주장했다. 그는 "지금도 소총을 잃어버린 이등병이 전쟁에서 패한 장군보다 훨씬 큰 처벌을 받는다"고 결론지었다.

코디 장군은 강당을 둘러보았다. 남녀 군인이 섞여 있었고, 대부분 20대 중반에서 30대인 그들은 같은 나이의 동료들에 비해 전쟁으로 단련되어 있었다. 코디 장군은 위그널의 질문에 전체를 돌아보며, "여러분은 전투에서 막 돌아온 젊은 대위들입니다. 여러분은 장군단에 대해 어떠한 의견을 가지고 계십니까?"라고 물어보았다.

이후 90분 동안 5명의 대위가 일어나 이름과 부대를 말하고 잉링이 말한 여러 비판을 제기했다. 한 사람은 왜 최고 장성들이 정치지도자들에게 이라크에 얼마나 많은 부대가 필요한지에 대해 면밀하고 솔직한 정보를 제공하지 못했는지 질문했다. 어떤 이는 "전쟁의 실패에 대해 장군 누군가는 책임을 져야 하는 게 아닌가?"라고 질문했다. 다른 이는 군이 장군들을 선발하는 방식을 바꿔야 하는 것은 아닌지 물었다. 또 다른 이는 장군들이 전장에서 너무 멀리 떨어져 있어 "진실로부터 차단"되는 상황에 처했고, "어떤 일이 일어나고 있는지를 모른다"고 말했다.

이러한 도전은 복종과 위계에 의존하는 군대에서 흔한 일이 아니다. 녹스 기지에서의 광경은 군의 초급 장교단과 고위급 장교단 사이에 태동하는 갈등을 반영한 것이었다. 한쪽은 소·중위 및 대위들이고 다른 한쪽은 장군들이며, 소령과 중·대령들('영관급 장교')은 양쪽 또는 한쪽의 편을 든다. 이러한 긴장이 촉발한 원인은 이라크 전쟁이지만, 그 결과들은 더욱 광범위하다. 장교의 의무, 미래 전장의 특성, 그리고 군대 자체의 미래와 연관되어 돌아간다. 그리고 이러한 긴장들은 군의 자원이 한계에 도달하고, 초급 장교들이 우려할 만한 비율로 전역하며, 전 세계적으로 미국과 미군의 역할에 대한 정치지도자들이 의견이 나눠지거나 불확실한 시기에 더욱 고조되고 있다.

잉링 대령의 글은 이러한 긴장을 토로한 것이다. 그의 글은 이러한 이슈와 현재 상태를 자세히 설명했다. 이 글은 긴장의 뿌리가 군 자체의 제도적 문화에 있다고 보는데, 특히 장군들에 의해 구체화되는 이러한 문화와 직접 전투를 수행하는 초급 장교들이 전장에서 매일 겪는 복잡한 현실과의 증대되는 단절을 그 이유로 보고 있다. 이 글은 현역 장교가 썼기에 그 여파가 더욱더 강력했다. 그것은 경력상의 위험을 감수한 행동이었으며, 정도는 작지만 육군참모차장에게 이 글에 대해 질문하는 것도 위험을 감수하는 것이었다.

코디 장군은 대위들의 질문에 대한 대답으로 이라크 전쟁은 초기 단계에서 "잘못 관리되었다"고 인정했다. 그는 최초 계획 시 이라크 군대의 해체, 원유시설 파괴, 내란의 발생을 예측하지 못했다고 말했다. 그럼에도 불구하고 그 이상의 비판에는 동의하지 않았다. 그는 "우리는 힘든 요구들에 대처하는 훌륭한 장군들을 보유하고 있다고 생각한다"고 주장했다. 그 대신에 1990년대에 군을 감축한 정치인들을 탓하며 "책임을 져야 할 사람은 그들이다"라고 말했다.

미국의 제2차 세계대전 참전 이전 그리고 직후에 마셜(George Marshall) 육군참모총장은 모두 장군이었던 42명의 사단장 및 군단장 중에서 31명, 그리고 야전에 있는 162명의 대령을 전투에 적합하지 않다는 이유로 경질했다. 전쟁 동안에도 500명의 대령을 경질했다. 마셜은 이들을 대체할 인재를 찾기 위해 더 낮은 계급까지 깊숙이 접근했다. 예를 들어, 큰 훈장을 받은 제82공수사단의 지휘관인 가빈(James Gavin) 장군은 일본이 진주만을 폭격한 1941년 당시 일개 소령이었다. 오늘날 부시 대통령은 미국이 전 세계가 위험에 처해 있는 테러와의 전쟁을 수행하고 있다고 주장한다. 펜타곤은 이를 '긴 전쟁(the long war)'이라 부른다. 그러나 6년간 테러와의 전쟁에도 불구하고 단지 육군만이 아니라 해·공군 및 해병대를 포함하여 군대는 진급 시스템과 전체적인 관료주의가 작동하는 방식과 관련하여 거의 아무것도 바꾸지 않았다.

좀 더 밑으로 내려가보면 바뀐 것이 있는데 더 나쁘게 변했다. 웨스트포인트 생도들은 졸업 후 5년간 의무복무를 해야 한다. 그런데 어떤 특정한 해에는 그들 중 대략 4분의 1에서 3분의 1 정도가 추가 복무를 신청하지 않았다. 2003년, 1998년 졸업생들이 동일한 의사결정에 직면했을 때는 단지 18%만이 군을 떠났다. 9.11의 기억이 생생했기 때문이다. 당시 아프가니스탄 전쟁은 성공한 것처럼 보였고, 미국은 이라크 전쟁을 수행 중이었다. 임무가 그들을 불러 세웠고, 육군 장교가 되기에 좋은 시기처럼 보였다. 그러나 2001년 905명의 졸업생이 군에 남느냐, 떠나느냐를 결정할 때 44%가 군을 떠났다. 그것은 군대의 지난 30년을 통틀어 최고 손실률이었다.

웨스트포인트의 원로교수인 스나이더(Don Snider) 대령은 초급 장교와 고위급 장교 사이의 "신뢰의 틈(trust gap)"을 발견했다. 언제나 어느 정도의 틈은 있었다. 현재 다른 점은 많은 수의 초급 장교가 고위급 장교보다 더 많은 전투 경험을 지니고 있다는 점이다. 그들은 명령보다 자신의 본능을 더 신뢰하게 되었다. 상관의 결정에 의해 그들이 처리했던 일들을 바라보면 그들은 힘이 쭉 빠짐을 느낀다.

스나이더는 이 전쟁의 작전 템포—즉, 병사들이 자신들이 서명한 것보다 더 길게 주둔하기 위해 이라크로 순환되는 "수그러들지 않는 속도"—와 더 많은 수의 파병으로 인해 이 간격은 점점 더 넓어지고 있다고 말했다. 많은 병사들, 심지어 이 전쟁을 지지하는 이들도 끝없는 순환에 지쳐가고 있다.

이러한 순환은 두 가지 의사결정의 산물이다. 첫 번째는 전쟁 초기 고위급 장교들이 자신들이 건의한 것보다 훨씬 적은 수의 부대들을 보내기로 한 럼스펠드(Donald Rumsfeld) 국방장관의 결정에 찬성했을 때 발생했다. 두 번째는 2년 뒤, 내란작전 단계에서 최고위급 장교들 대부분이 실제로는 필요하다는 것을 알면서도 더 이상의 부대가 필요치 않다고 선언했을 때 일어났다. 스나이더는 "많은 초급 장교들이 이러한 작전 속도는 고위급 장교들이 솔직하게 말하지 않았기 때문에 초래된 것으로 본다"고 말한다.

잉링이 공연히 파문을 일으키고자 한 것은 아니었다. 그는 피츠버그의 노동자 계급 지역에서 성장했다. 그의 아버지는 술집을 운영했고, 가족 중 아무도 대학에 가지 않았다. 학점도 좋지 않았고, 과도한 음주와 폭력으로 문제아였던 그는 자신의 인생을 바꿔보려 1984년 17세의 나이에 군에 입대했다. 그는 소규모 가톨릭 학교인 듀케인(Duquesne)대학에 ROTC 장학생으로 입학했다. 현역이 된 후 진급하여 1991년 걸프전 당시 사담 후세인의 군대에 포격을 지시하는 포병포대를 지휘하는 중위였다.

잉링은 "걸프전에 참전했을 당시 '이건 훈련보다 쉽잖아'라고 생각했던 기억이 난다"고 말했다. 그는 보스니아 전쟁을 종식시킨 데이턴 합의(Dayton accords)에 서명한 후 최초의 평화유지 작전의 일원으로 1995년 겨울 보스니아에 파병되었다. 그는 "그것은 훈련과는 완전히 달랐다"고 회상한다. 대부분의 동료 장병들과 마찬가지로 잉링은 전통적인 전투작전들, 다시 말해 직접적인 충돌, 여단 대 여단 전투의 거의 모든 것을 훈련받았다. (심지어 지금도 대위 경력 과정에 받는 훈련의 대략 70%는 재래식 전쟁에 관한 것들이다.) 보스니아에서는 분명한 적도, 전선도, 그리고 승리에 대한 정의도 없었다. "나는 왜 걸프전에서처럼 미리 연습한 대로 임무가 잘 수행되지 않는 것인지 계속 궁금해했다"고 말했다.

보스니아에서 돌아오자마자 잉링은 그 질문에 대해 고민하며 6년의 시간을 보냈다. 그는 시카고대학원에서 국제관계학을 공부했고, 외부 권력이 성공적으로 내란을 중재하는 환경에 관한 석사 논문을 작성했다. (이것이 논문이 주장하는 한 가지 결론이며, 실제로 이러한 사례가 많지는 않다.) 이어서 그는 웨스트포인트에서 생도들을 가르치며 서양 정치 이론을 심도 있게 공부했다. 잉링은 2003년 7월, 유출된 탄약을 수거하고 이라크 민방위대를 훈련시키는 부대의 선임참모로서 이라크에 파병됐다. 그는 “처음 보자마마 반군을 제거하거나 합류시켰다. 그것은 재앙이었다”고 회상했다.

2003년 늦가을 그의 첫 재임기간은 끝났고, 그는 오클라호마에 있는 육군 포병의 핵심 기지인 씰 기지(Fort Sill)로 가게 되었으며, 거리서 이라크 전쟁에 대한 새로운 접근을 제안하는 긴 메모를 지역사령관에게 보냈다. 그중 한 가지 제안은 당시 포병 로켓이 거의 아무런 역할을 하지 못하고 있었으므로 포병 군인들이 이라크 군인들을 훈련시키는 일에 더욱 숙달되어야 한다는 것이었다. 그는 이것이 이라크 안정화에 필수적인 것이 될 것이라 생각했다. 하지만 그의 메모에 아무도 응답하지 않았다. 그는 두 번째 전투파병에 자원했고, 이라크 북쪽 마을 탈 아파르(Tal Afar)의 자하드 반군들과 싸우고 있던 제3기갑수색연대의 부지휘관이 되었다.

제3연대 연대장이었던 맥마스터(H. R. McMaster) 대령은 훈장 수상자인 동시에 역사가였다. 그는 이라크 국민이 안전하다고 느끼기 전까지는 그들 스스로 정치적 또는 군사적 제도를 건설할 수 없다는 것을 깨달았다. 그래서 그는 마을에서 반군들을 몰아냄과 동시에 지역의 교주 및 부족장들과 제휴관계를 맺고 신뢰를 형성한다는 그 나름대로의 계획을 고안했다. 그러한 활동이 잠시 동안은 성공을 거뒀는데, 1㎢당 대략 천 명에 이르는 병력으로 도시를 덮어버렸기 때문에 가능했다. 이전에 잉링이 차를 타고 다른 도시나 마을에 가보면, 이라크인은 갱이 되었든 민병대가 되었든 자신들을 보호해주는 이들에게 항복하는 것을 보았는데, 이는 미군과 연합군이 근처 어디에도 없었기 때문이다. 그것은 연합군이 충분한 병력을 확보하지 않은 채 이라크에 입성했기 때문이다. 잉링은 대부분의 이라크인의 삶에 끔찍한 불안정을 야기한 이러한 결정의 결과들을 가까이서 지켜보고 있었다.

2006년 2월 잉링은 씰 기지로 돌아왔다. 그해 6월, 6명의 육군 및 해병대 장군들이 이라크에 너무나 적은 부대를 보냈다고 당시 국방장관이던 럼스펠드를 공개적으로 비판했다. 많은 초급 및 영관 장교는 어리둥절하거나 혐오스럽다는 반응을 보였다. 그들의 공통된 의문은 다음과 같았다. "비판한 장군들이 제복을 입고 있었을 때는 어디에 있었는가? 왜 그들의 말이 중요하게 받아들여질 수 있을 때는 크게 말하지 않았는가?" 용기 있게 발언한 단 한 명의 장군인 당시 육군참모총장 신세키(Eric Shinseki) 장군은 럼스펠드에 의해 축출되었다. 다른 현역 장군들은 그러한 메시지를 알아듣고 침묵을 유지했다.

그해 겨울에 잉링은 이라크에서 부상당한 군인들을 위한 퍼플 하트(Purple Heart) 행사에 참석했다. 잉링은 "나는 휠체어를 타고 방으로 들어오거나, 어떤 경우에는 아내나 어머니가 미는 휠체어를 타고 들어오는 그들을 바라보고 있었다"고 회상한다. 그리고 그는 자신에게 이렇게 말했다. "이 장병들은 자신의 직무를 수행했지만, 고위급 장교들은 직무를 충실히 수행하지 않았다. 우리는 장병들에게 성공에 필요한 도구와 훈련을 제공하지 않고 있다. 나는 대중한테 가야 했다."

잉링의 글이 출간되자마자 후드 기지(Fort Hood)의 제4보병사단장이던 해먼드(Jeff Hammond) 소장은 이 뻔뻔한 중령을 자신의 입장에 처해보게 하기 위해 기지 내에 있던 약 200명의 대위를 공개적으로 소집했는데, 이들은 모두 이라크에서 복무한 경험이 있었다. 〈월스트리트 저널〉에 따르면 해먼드 소장은 대위들에게 장군들을 "헌신적이고 이타적인 봉사자들"이라고 말했다. 잉링은 장군이라는 직위를 경험해본 적이 없기 때문에 "냉철한 판단을 하는 장군들을 알지 못한다"고 말했다. 해먼드는 자신의 부하 대위들에게 그들 또한 냉정한 판단을 하는 장군들을 알지 못한다고 함축적으로 경고한 것이다. 잉링은 당시 포병 대대장 임무를 준비하느라 후드 기지에 있었다. 그가 근무하는 건물 계단에서 바라보면 해먼드 장군의 건물 계단이 보였다. 그는 예의를 갖추기 위해 자신의 글이 출간되기 전에 장군에게 복사본을 전달했지만, 그에게서는 어떠한 대답도 듣지 못했다. 또한 장군과 대위들과의 회동에 대한 연락도 받지 못했다.

초급 장교들과 고위급 장교들 간의 "신뢰의 틈"이 보편적인 것은 아니다. 녹스 기지와 다른 곳에 있는 많은 초급 장교는 장군들에 대해 전혀 불만이 없거나 그 문제를 계급을 넘어서는 것으로 간주한다. 지휘관의 한 사람으로서 이라크에 두 번 파병되었던 크랜크(Ryan Kranc) 대위는 "나는 나의 부하들이 호송차를 안전하게 보호할 수 있느냐 없느냐에 더 관심이 있다"고 설명했다. 그는 또한 병력 부족에 대한 불평을 일축했다. "당신이 어떠한 시스템 내에 있다면, 당신은 결코 자신이 요구하는 모든 것을 얻을 수 없다. 그러나 나는 여전히 나에게 주어진 임무를 달성해야 한다. 그것이 나의 일이다. 만일 그들이 나에게 이쑤시개, 치실, 그리고 잘 드는 사냥용 칼을 준다면, 그것으로 나는 임무를 완수할 것이다"라고 그는 말했다.

녹스 기지에서 코디 장군의 연설이 끝나고 1시간 후에 여러 대위들이 맥주를 마시며 이 주제에 대해 이야기를 나누기 위해 모였다. 소대장으로서 이라크에서 복무한 캐스카트(Garrett Cathcart) 대위가 말했다. "육군의 조직문화는 임무를 달성하는 것이다." 코디 장군에게 잉링의 글에 대해 맨 처음 질문한 위그널 대위는 임무 위주의 문화는 "좋은 것이나 위험할 수도 있다"고 말했다. "육군 내에서 누군가가 '아니오, 저는 그것을 할 수 없습니다'라고 말하는 것을 듣는 것은 매우 드문 일이다. '나에게는 그러한 역량이 없다'고 말하는 것은 종종 용기를 필요로 한다"고 덧붙였다. 위그널은 이라크 전쟁이 있기 전에 럼스펠드가 고위급 장교들의 최초 계획을 무시했을 때, "누군가는 그를 굴복시켰어야 했다"고 말했다.

조지타운대학의 학군단장으로 막 전역한 길(Allen Gill) 중령은 수년간 이 주제에 대해 후보생들과 대화를 나눴다. 그는 육군의 'can do' 문화에 대해 또 다른 우려를 제기한다. "여러분은 육군에서 어떻게 일을 완수해내지 못했는가를 말하도록 길러지지 않는다. 그건 좋다. 때로는 그럴 필요도 있다"고 그는 말했다. "그러나 여러분이 더 높은 수준의 전략적 리더십을 발휘해야 할 위치로 진급한다면, 상이한 관점을 가져야 한다. 여러분은 분명하고 냉정하게 위험에 대한 계산, 즉 승리와 패배의 확률을 계산할 수 있어야 한다."

다른 직업을 가진 사람도 마찬가지이겠지만, 장교들이 삶에 대한 기본 접근방식을 급작스럽게 바꾸는 것은 어려운 일이다. 잉링이 자신의 글에서 언급한 것처럼 "기관의 기대에 25년간 순응해온 장교가 40대 후반에 혁신가가 되어 나타나길 기대하는 것은 비이성적인 일이다."

탈 아파르에서 잉링의 지휘관이던 맥마스터 장군은 베트남전에서 이와 유사한 위기를 기록으로 남겼다. 베트남전이 끝나고 25년이 지난 후 맥마스터는 나중에 《직무유기(*Dereliction of Duty*)》라는 책으로 발간된 박사학위 논문을 작성했다. 이 논문은 1960년대의 합참의장들이 동남아시아의 수렁 속으로 뛰어들 때, 존슨(Lyndon B. Johnson) 대통령과 맥나마라(Robert McNamara) 국방장관에게 가식 없는 조언을 제공하는 데 실패함으로써 그들의 직업적인 의무를 저버렸다고 결론지었다. 1997년 맥마스터의 책이 출간되자, 당시 합참의장이던 셸튼(Hugh Shelton) 장군은 모든 지휘관에게 그 책을 읽게 했고, 개인적 위험을 무릅쓰고라도 상사의 의견에 반대한다는 것을 표현하도록 했다. 그 이후로 《직무유기》는 육군 장교의 필독서가 되었다.

그러나 이라크 전쟁이 시작되기 전과 전투 초기단계에서 합동참모본부는 또다시 침묵했다. 녹스 기지에서 코디 장군에게 이라크 전쟁의 패배에 대해 장군 누군가는 책임이 있는 것이 아닌가에 대해 질문한 로젠바움(Justin Rosenbaum) 대위는 두 전쟁 사이의 이러한 병렬성으로 인해 심사가 복잡하다고 말했다. "맥마스터의 책을 읽은 우리가 똑같은 실수를 반복하고 있다는 것이 매우 놀랍다"고 말했다.

맥마스터 자신의 운명이 이러한 해석들을 강화시켰다. 부시 대통령은 성공적 전략의 모델로서 맥마스터가 탈 아파르에서 수행한 작전을 지목했다. 이라크 주둔 미군 사령관인 퍼트레이어스(David Petraeus) 장군은 더 광범위한 대반란작전 계획을 수립함에 있어 자주 맥마스터와 상의했다. 그러나 준장 계급으로 진급할 수십 명의 대령을 선발하는 육군 진급선발위원회는 2년 연속 맥마스터를 진급에서 누락시켰다.

맥마스터의 진급 누락은 널리 알려지지는 않았다. 그러나 나와 이야기를 나눈 모든 장교는 그것을 알고 있었으며, 그 사실이 주는 함축된 의미를 곰곰이 생각해봤다. 자신의 야망에 누가 될 수 있기에 익명을 요구한 한 장군은 이렇게 말했다. "모두 누가 진급되고 누가 안 되었는지 타로 카드 같은 준장 진급 명단을 연구한다. 그것은 어떠한 특성들이 인정받고 인정받지 못하는지를 알려준다." 익명을 요구한 한 퇴역 소장은 진급선발위원회에 있는 자신의 친구들을 화나게 하고 싶지 않았기에 어쩔수없이 거기에 동의했다. "맥마스터 같은 이를 거부한 것은 명령체계에 복종하는 모든 사람에게 강력한 메시지를 전한다. 잘 모르겠지만 아마도 그를 진급시키지 않은 타당한 이유들이 있었을 것이다. 그러나 모든 사람이 받은 메시지는 '우리'는 그와 같은 사람들에게 보상을 주는 것에 관심이 없다. 즉, 변화의 대리인들을 보상하는 것에 관심이 없다"는 것이다.

진급선발위원회의 구성원들은 자신들의 경력과 비슷해 보이는 경력을 가진 장교들을 진급시키길 원한다. 오늘날의 장군들은 평화로운 시기에 육군 장교단을 거쳐 그 자리에 올랐다. 그들 중 많은 사람은 베트남 전쟁의 막바지에 싸웠고, 일부는 걸프전에 참전했다. 그러나 그들의 전투 경험은 정도 측면에서 볼 때 전략적이 아니라 주로 전술적인 것이었다. 그들은 전장에서 어떻게 목표를 확보하고, 어떻게 화력과 기동을 조합하는지 알고 있다. 그러나 그들이 연습한 적이 없는 시나리오로 변화무쌍한 적을 다루는 방법을 반드시 아는 것은 아니다.

은퇴한 2성 장군은 "인정받는 이들은 할 수 있다고 믿고 실행에 옮기는 사람들이다. 그들이 가진 기술은 기차를 정시에 달리게 하는 것이다. 적에게 적응력이 생겨 우리가 당한다고 해도 그리 놀랄 일은 아니다. 만일 당신이 배관공들을 진급시켰다면, 그들이 이론물리학을 모른다고 화를 내서는 안 된다"라고 나에게 말했다.

물론 예외도 있는데, 가장 주목되는 사람으로 퍼트레이어스 장군이 있다. 그는 워싱턴에 본사를 둔 공공정책 저널인 〈아메리칸 인터레스트(*American Interest*)〉 최신호에 장교들을 민간 대학원에 다니게 해 '지적인 안락지대'로부터 나오게 해야 한다고 주장하는 글을 썼는데, 이는 오늘날의 변화무쌍한 적들을 다루는 데 유용하다.

그러나 나와 대화를 나눈 많은 육군 장교는 퍼트레이어스의 견해는 고위급 장교들 사이에는 드물다고 말한다. 두 명의 대령은 자신들이 대위였을 때, 그들의 지휘관들이 대학원뿐만 아니라 육군 지휘참모대학에 다니는 것도 경력경로에서 벗어날 수 있다고 경고하며 강하게 만류했다고 말했다. "나는 하버드에서 공부하는 것보다 바그다드 대사관의 침대 시트를 고려하는 것이 훨씬 낫다는 인상을 받았다"고 한 대령이 말했다.

하버드가 가진 장점과는 별개로, 일부 초급 장교들은 진급 시스템이 폭넓은 사고를 방해한다는 데 동의한다. 녹스 기지의 대위 경력 과정에 있는 보병 장교인 코왈스키(Kip Kowalski) 대위는 전형적으로 'can do' 전통 하의 자랑스러운 군인이다. 그는 상관들을 비판하는 것을 받아들이지 못하며, 자신의 직무에 계속 집중하는 것을 선호한다. 그러나 그는 "요즘 장군들이 폭이 좁은 사고를 하도록 강요받는 것이 걱정된다"고 말했다. 코왈스키는 몇 년간 육군의 다른 분야, 예컨대 외국지역 특정장교(FAO: foreign area officer)로 일해보고, 그 뒤에 전투 작전으로 돌아오길 원한다. 그는 그러한 전환이 자신이 가진 기술의 폭을 넓히고, 새로운 시각을 갖게 하며, 더 나은 장교로 만들어줄 수 있을 것으로 생각한다고 말한다. 그러나 규칙은 여러 가지 특기를 자유롭게 활용하는 것을 허용하지 않는다. "나는 지금 당장 작전 업무를 할 것인지, 아니면 다른 무언가를 할 것인지를 결정해야 한다. 지금 외국지역 특정장교(FAO)로 가면 절대 돌아올 수 없다"고 그는 말했다.

제너럴십의 실패에 대한 잉링의 글이 나오기 7개월 전인 2006년 10월, 잉링과 또 다른 혁신적 장교였던 네이글(John Nagle) 중령은 〈암드 포시즈 저널〉에 "새로운 적들을 위한 새로운 규칙"이라는 글을 게재했다. 이 글에서 그들은 "육군의 조직문화를 바꿀 최선의 방법은 장교단 내에서 전문적 진전을 위한 경로들을 변화시키는 것이다. 변화에 적응하는 능력이 가장 확실한 진급 경로일 때, 육군은 좀 더 유연한 조직이 될 수 있을 것이다"라고 주장했다.

2007년 6월 말경, 잉링은 포병대대의 지휘봉을 잡았다. 이것은 그가 대령으로 진급할 확률이 높다는 것을 의미했다. 그러나 이러한 임명은 그가 장군들을 비판하는 글을 쓰기 오래전, 즉 거의 1년 전에 이뤄진 것이다. 그의 보직 이동과 진급할 확률이 높다는 것이 실제로 그가 진급될 것인지, 또는 그를 존경하는 이들이 두려워하듯이 그의 경력이 서서히 멈추게 될 것인지를 말해주지는 않는다.

대반군작전에 관한 찬사 받는 책의 저자이자 전 이라크 작전장교, 그리고 수년 전에 〈뉴욕타임스 매거진(*New York Times Magazine*)〉 기사에 소개된 네이글은 그 이후로 캔자스 주 릴리 기지(Fort Riley)에서 이라크 치안군의 고문관들이 될 미군을 훈련시키는 부대를 지휘했다. 펜타곤의 관료들은 이러한 고문관들이 미국의 미래 군사 정책에 매우 중요하다고 말했다. 그러나 네이글은 군인들이 필요에 따라 그때그때 자신의 부대에 배치되었고, 그들을 훈련시키도록 선발된 장교들도 이전에 고문관의 경험을 가진 이가 거의 없었다고 기술했다.

웨스트포인트 교수이자 이라크에서 제101공수사단의 기획장교였던 윌슨(Isaiah Wilson) 중령은 네이글 부대의 운명, 즉 능력 있고 야망 있는 군인들을 얼마나 끌어올 수 있느냐는 오직 한 가지 질문에 대한 답에 달려 있다고 말했다. "고문관으로 근무하는 것이 진급심사위원들의 눈에 전투 장교로 근무하는 것과 동일하게 보이는가? 그것은 아직 결정되지 않았다."

"잉링, 네이글, 맥마스터 같은 이들은 육군 개혁이라는 광산에서 유해 가스가 있는지를 살펴보기 위해 먼저 보내보는 새인 카나리아와 같은 존재들이다. 그들이 장군으로 진급할 수 있을까? 만일 그들이 진급한다면 진짜 변화가 일어나고 있다는 신호다. 만일 그렇지 못한다면, 전통적인 문화가 여전히 군대를 지배하고 있다는 신호다"라고 나와 이야기를 나눴던 퇴직한 2성 장군이 말했다.

실패는 종종 어떠한 조직이 기존의 방식을 바꾸도록 강요한다. 미국이 마지막으로 점검을 시행한 때는 베트남 전쟁이 끝나고 나서였다. 그러한 변혁의 핵심에 와스 더 체게(Huba Wass de Czege)라는 장교가 있었다. 와스 더 체게는 웨스트포인트를 졸업하고 베트남에 두 번 파병되었는데, 두 번째는 중앙산악지대(Central Highlands)의 중대장으로 근무했다. 그는 당시 전통적인 방식에 어긋나게 고작 4명으로 구성된 팀을 이끌며 야간 매복습격작전에서 혁신적 전술들을 고안해냈다. 그의 직속상관들은 그가 일궈낸 성공에도 불구하고 그의 접근방식이나 태도에 대해 깊게 생각하지 않았다. 그러나 전쟁이 끝난 후 소수의 창의적인 장교들이 주요 직위들을 차지했고, 와스 더 체게를 선발하여 자신들과 함께 했다.

1982년 그에게 전투작전에 관한 육군 교범을 재작성하라는 명령이 내려졌다. 그는 자신의 계획에 따라 클라우제비츠의《전쟁론》, 손자의《손자병법》, 리델 하트의《전략론》등 군사전략에 관한 고전들을 읽었는데, 이 책들은 그가 웨스트포인트에 있었을 때는 구독목록에 없었다. 그는 이러한 책들에서 얻은 교훈들과 베트남에서 얻은 자신의 경험들을 통합했다. 이전 교범은 화력과 소모의 정적인 충돌을 가정하는 데 반해 와스 더 체게의 개정판은 속도, 기동, 그리고 공세의 주도권을 강조했다. 그는 가장 촉망받는 젊은 장교들을 대상으로 1년간의 대학원 과정을 개설하라는 요구를 받았다. 고급 군사연구학교 또는 SAMS라 불린 이 과정은 최소한 얼마 동안은 육군에 전략적인 사고를 가져다주었다.

현재 육군 자문관으로 활동하고 있지만 예비역 준장이 된 와스 더 체게는 공식적으로 잉링의 글을 칭찬했다. (잉링은 설립자가 떠나고 나서 훨씬 뒤인 2002년 SAMS 졸업생이었다.) 와스 더 체게는 〈육군지〉 2007년 7월호에 쓴 글에서, 요즘 초급 장교들은 "그들의 상관들에게 부족한 풍부한 관련 경험들을 가지고 있다고 느낀다"고 기술했다. 하지만 고위급 장교들은 그들의 말에 귀를 기울이지 않는다. 이러한 초급 장교들은 베트남 전쟁 중이나 직후에 동일한 생각을 가지고 있었던 그와 동일한 세대의 대위들을 생각나게 한다고 말한다.

와스 더 체게는 "육군이 가지고 있는 문제의 가장 중요한 핵심은 장교들이 비구조화된 문제들에 대처하는 방법에 대한 체계적인 교육을 받고 있지 않다는 것이다"라고 기술했다. 대대급 이하 수준에서 지휘하는 초급 및 영관급 장교들은 당연히 반군의 지속적 변화전술에 적응하는 일 같은 비구조화된 문제들을 다뤄야 한다. 장군들은 전쟁이나 훈련 기간 동안 이러한 문제들을 다루지도, 다룰 필요도 없다. 그들 중 많은 인원은 그러한 문제들이 얼마나 다르고 어려운지 자체를 인식하지 못할 수도 있다.

와스 더 체게는 레번워스 기지(Fort Leavenworth) 밖에 있는 그의 집에서 가진 전화 인터뷰에서 오늘날의 고위급 장교들에게 감명받았다는 것을 강조했다. 그의 시대에 있었던 고위급 장교들에 비해 그들은 능력 있고, 개방적이며, 똑똑하다(한 예로서 오늘날 초급 및 고위급 장교 대부분은 학사 학위를 가지고 있다). 그는 "우리 시대에 일반적이던 총체적 무능력은 보이지 않는다"고 말했다. 그러나 오늘날의 장군들은 여전히 변화를 도모하기에는 너무나 느리다고 덧붙였다. "육군은 상부에서 전원합의를 주도하는 경향이 있다. 거기에는 좋은 측면도 있다. 우리는 바위처럼 꿋꿋하다. 우리에게 무장을 요구하면, 기꺼이 그렇게 할 것이다. 그러나 우리에게 변화를 요구한다면, 그것은 시간이 걸린다. 젊은 사람들이 우리를 데

려다주어야 한다"고 그는 말했다.

녹스 기지에서의 강연을 마치고 펜타곤의 사무실로 돌아온 코디 장군은 "장군들의 리더십에 관한 신뢰"를 되풀이했다. 초급 장교들이 진급을 위해 좁은 경로를 따르도록 강요받는다는 불만에 대해 묻자, "우리는 정확히 그 반대로 하려고 노력 중이다"라고 말했다. 보너스뿐만 아니라 무료 대학원 교육과 복무하기 희망하는 병과 선택의 자유를 포함해 장교들을 대상으로 한 재교육과 관련된 인센티브들이 진행 중이다. 그는 "나는 모든 사람이 대령 또는 장군이 되기 위한 지도가 오직 하나밖에 없다고 생각하길 원치 않는다"고 말했다. 그는 진급심사위원들이 그들 자신의 이미지에 부합하는 후보자들을 선발한다는 것을 부인했다. 그는 올해 새로운 준장들을 선발하는 진급심사위원회에 참여했으며, 진급자 중 한 사람인 뷰캐넌(Jeffrey Buchanan)은 전투 여단을 지휘해본 경험이 전혀 없었다. 뷰캐넌의 마지막 임무는 이라크 치안군을 훈련시키는 일이었다고 그는 말했다. 나중에 인터뷰에 응한 한 대령은 "그것은 좋은 신호다. 그들은 전에는 결코 그런 사람을 선발한 적이 없었다. 그러나 그들이 선발한 것은 38명의 준장 중 한 사람뿐이다. 여전히 이것은 매우 예외적인 경우다"라고 말했다.

잉링의 글에 대한 논쟁에 출몰하는 유령이 있는데, 그것은 맥아더 장군이다. 제2차 세계대전 중에 아이젠하워 장군은 민간 지도자들이 노르망디 상륙작전을 위한 공중 지원을 명령하지 않는다면 사임하겠다고 위협했다. 루스벨트 대통령과 처칠 총리는 이를 승낙했다. 그러나 한국전쟁 당시 대중에게 가장 유명한 인물이었던 맥아더 장군이 트루먼 대통령에게 중국을 공격하도록 허락해줄 것을 요청했을 때, 트루먼은 맥아더를 해임했다. 역사는 루스벨트 대통령과 트루먼 대통령이 내린 결정 모두를 보완해주었다.

그러나 잉링, 맥마스터, 그리고 다른 이들이 제기한 이슈들의 측면에서 볼 때, 실제로 어떠한 차이점이 존재하는가? 두 장군 모두 "권력에 대한 진실"을 말한 것이 아닌가?

이러한 이슈들에 대한 토의만으로도 고위급 장교들은 불편함을 느끼는데, 이는 그들이 문민통제의 원칙을 심각하게 고려하기 때문이다. 그들은 자신들이 확실하게는 공개적인 방식으로, 특히 전시에는 대통령 혹은 정당한 절차에 의해 선발된 국방장관에게 도전할 위치에 있지 않다고 믿는다. 장교가 선을 넘지 않으면서도 얼마나 강하게 주장을 펼칠 수 있는가에 대한 윤리적 규범은 모호하다. 따라서 많은 장군은 그러한 선에서 상당한 거리 두기를 선호한다. 이는 제도적인 위기에 대한 전망이 조금이라도 일어나지 않게 하기 위해서다.

군사이론에 관한 독립적인 저널인 〈스몰 워스 저널(*Small Wars Journal*)〉 웹사이트에서 잉링은 자신이 관리하는 블로그에서 이러한 딜레마들을 인정했다. 그러나 그는 그 딜레마들을 풀지는 못했다. 예를 들어, 장군들이 거리낌없이 말했을 때, 대통령이 그들의 조언을 무시한다면 어떻게 해야 하는가? 경의를 표하고 명령에 따라야 하는가? 단체로 사임해야 하는가? 아니면 대통령을 공개적으로 비난해야 하는가? 토의가 이 정도 수준이 되면, 초급 및 중급 장교들 역시 불편함을 느끼게 된다.

잉링의 우려는 좀 더 좁은 의미에서 전문적이나, 군대의 조언자들과 의논하길 원하는 미래의 정책입안자들에게는 매우 중요한 문제다. 어려운 점은 어떻게 장군들로 하여금 건전한 군사적 조언을 하기 위한 경험과 분석적 기량, 그리고 잉링이 말한 대로 그러한 조언과 그 결과로 나타나는 성공 또는 실패에 책임을 지는 "도덕적 용기"를 보유하도록 만드느냐는 것이다. 걱정스러운 점은 오늘날 너무나 적은 수의 장군들만이 그러한 자질을 지녔고, 진급 시스템은 그런 장교들의 진급을 방해하고 있다는 것이다.

현재 대위 및 소령의 계급이 올라감에 따라 문화도 변화할 수 있다. 한 가지 질문은 그것이 얼마나 걸릴 것이냐다. 또 다른 질문은 최고 고위층에서 개혁이 필요하다고 결정할 때, 초급 장교들 중에서 혁신적인 이들이 육군에 남아 있겠느냐는 것이다. 웨스트포인트 강사인 윌슨(Wilson) 대령의 말대로 "그 순간이 올 때, 필요한 변화가 일어나게 하기 위해 적합한 자리에 적합한 사람들이 충분히 있을 것인가?"

제19장 부시와 장군들

마이클 데시(Michael C. Desch)

이라크 진쟁이 시작된 이래, 미국의 민군관계가 현저하게 악화되었다는 사실은 더 이상 비밀이 아니다. 2006년 〈밀리터리타임즈(*Military Times*)〉가 실시한 여론조사에 따르면 거의 60%에 이르는 군인은 펜타곤에 근무하는 민간인 공무원들이 "진정 국익을 최우선으로 생각하는 마음"을 갖고 있다고 믿지 않는다고 응답했다. 이 신문의 2006년 보고서에서 초당파 성향의 이라크 연구 그룹(Iraq Study Group, 부시 대통령이 럼스펠드 대신 국방장관에 임명하기 전까지 게이츠가 회원이었음)은 "새로운 국방장관은 고위급 군인들이 펜타곤의 민간 지도자들뿐만 아니라 대통령과 국가안보회의에 자유롭게 독자적인 조언을 제공하는 환경을 조성함으로써 건전한 민군관계를 구축하기 위한 모든 노력을 기울여야 한다"고 분명하게 권고했다.

하지만 민군관계의 긴장상태가 이라크에서 비롯된 것은 아니다. 이라크라는 수렁이 수십 년간 존재해온 균열을 드러나게 했을 뿐이다. 많은 장교는 베트남 전쟁을 거치면서 민간 지도자들에 대한 무비판적인 순종이 패배를 가져오며, 장래에는 워싱턴의 정치 지도자들이 전략적 실수로 그들을 이끌기 시작할 때, 아무 말 없이 묵인해서는 안 된다고 믿게 되었다.

군사지도자들은 베트남전 이후 한동안 바르샤바조약기구에 대항하는 재래식 전쟁을 수행하기 위해 군대의 재건설에 집중하고 있었고, 민간 관료들도 전쟁 수행 방법에 대해 기꺼이 군인들에게 맡겼기에 민간과 군의 엘리트들은 직접적인 대결을 피할 수 있었다. 그러나 냉전이 종료되자 해외 참전과는 다른 형태의 작전들을 위한 군대의 사용 여부, 변화하는 사회적 관습에 따른 군사제도의 변화 방법과 관련하여 심각한 균열을 드러냈다.

워싱턴에 입성한 부시 행정부는 군대에 대한 문민통제를 분명히 하기로 결심했다. 그리고 그러한 욕구는 2001년 9.11사태 이후 더욱 두드러졌다. 럼스펠드는 군대의 '변혁'과 국제적인 테러와의 전쟁에 군을 동원하겠다고 선언했다. 군사지도자들이 이라크 군사작전을 위한 계획에 소극적이라고 생각한 부시 행정부는 파병될 병력의 수와 그들의 배치 시점에 대해 군사지도자들을 제압하는 데 주저하지 않았다. 바그다드 함락 이후, 이라크의 상황이 악화되자 또다시 긴장관계가 촉발되었다. 퇴역 장성들은 럼스펠드의 사임을 요구했다. 보도된 바에 따르면 이란의 핵 시설에 대한 선제적 공격으로 핵무기를 사용하려는 부시 행정부의 계획에 대해 합동참모본부 간부들 사이에서 심각한 우려가 있었고, 그들 중 일부는 항의하는 과정에서 사임하겠다는 위협을 했다고 한다. 그리고 부시 행정부의 '증원(surge)'[1]은 군의 조언에도 불구하고 수십만의 병력을 이라크로 향하게 했다.

따라서 새로운 국방장관에게는 해결해야 할 많은 문제가 놓여 있었다. 단기적으로 게이츠는 그가 인정하듯 미국이 "이기고 있지 않는", 그러나 또한 그와 대통령이 "졌다"고 말하고 싶지 않은 이라크 전쟁의 종반전을 치러야 했다. 그는 아프가니스탄과 이라크에서 거의 4년간의 지속적인 전투로 인해 거의 "부서진" 지경에 이른 지상군을 치유함과 동시에, 미군의 변혁을 위해 지속적인 노력을 경주해야 했다. 그러나 게이츠

---

1 이라크 전쟁에서의 '증원(surge)'은 2007년 부시 대통령이 바그다드와 알안바르(Al Anbar) 지역의 치안을 유지하기 위해 미군 병력의 수를 증가시킨 것을 의미함

는 민간 지도자들과 군대의 협조적인 관계를 재구축할 수 있을 경우에만 앞서 말한 과업들의 성공적 수행을 기대할 수 있었다. 그는 민간 관료들이 군을 감독하는 방식을 다시 생각해봄과 동시에 민간의 권위에 대한 군의 합법적인 반대의 경계를 명확하게 구분해주어야 했다.

핵심은 게이츠가 이라크 및 다른 지역에서의 문제들이 많은 부분 럼스펠드의 간섭하는 접근방식에 기인했다는 것을 인식할 필요가 있다는 것이다. 최선의 해결책은 오래전의 분업으로 돌아가는 것이었다. 큰 차원의 전략 및 정치적 영역에 대한 군의 완전한 복종에 대한 답례로, 민간 관료들은 전술 및 작전 영역에서 군사적인 전문 조언에 대해 그에 상응하는 경의를 보내는 것이었다. 게이츠의 펜타곤에서의 성공 여부는 그가 민과 군의 적절한 균형을 재건하느냐에 따라 결정될 것이었다.

경의를 표하고 복종하기

군의 고위급 지도자들과 그들의 민간 감독자들 사이에는 내재적인 긴장이 존재한다. 무력 사용에 대한 논쟁을 살펴보면, 대중의 일반적인 인식과는 달리 무력 사용을 꺼려하는 군인들이 오히려 매파적 사고를 지닌 정치인들에게 대항하는 경향을 보인다. 현재 민과 군의 간극은 사실 베트남 전쟁에서 시작되었다. 베트남 개입 결정은 주로 민간 지도자들에 의해 이뤄졌는데, 케네디와 존슨 대통령, 맥나마라 국방장관, 러스크(Dean Rusk) 국무장관, 번디(McGeorge Bundy) 국가안보 보좌관, 그리고 이를 지지하는 초급 관료들이었다. 애초부터 미국의 고위급 군사지도자들은 미국 지상군을 동남아시아에 보내는 것을 탐탁지 않게 생각했다. 심지어 민간 관료들이 핵심적인 국가이익이 위기에 처해 있다고 그들을 설득한 후에도 지상전 및 공중전을 위한 워싱턴의 전략에 심각한 의구심을 가지고 있었다. 1967년 여름에는 합동참모본부 인원들이 모두 함께 사임하는 것을 고려한다는 소리가 들릴 정도의 수준에 이르렀다. 하지만 그들은 그렇게 하지 않았다. 그러나 베트남에서의 패배가 드러남에 따라 군 지도자들의 복종하려는 의지로 인해 발생한 피해는 초급 장교들에게 오랫동안 잊히지 않았다.

전직 국무장관인 파월(Colin Powell)은 그의 회고록에서 가장 기억될 만한 문단 중 하나에 베트남전 동안 군은 공통의 실체로서 정치적인 상관들 또는 그 자신에게 직언하는 데 실패했다고 회상한다. 최고 지휘부는 국방장관이나 대통령에게 가서 "이 전쟁은 우리가 싸우는 방식으로는 이길 수 없는 전쟁이다"라고 결코 말하지 않았다. 합참의장의 독서목록에 오랫동안 올라 있던 맥마스터의 《직무유기(*Dereliction of Duty*)》는 베트남에서의 교훈이 현재는 동시대의 장교단에 의해 완전하게 내재화되어 있다는 것을 보여준다. 맥마스터의 군사 베스트셀러가 주는 함축적 메시지는 최고 지휘관에 대한 맹목적인 충성에 대해 다시 생각해볼 필요가 있다는 것이다.

베트남에서의 경험은 민군관계를 폭파시키기만을 기다리는 시한폭탄이었다. 단지 냉전이 폭탄이 터지는 것을 막고 있었다. 당시 군대의 주된 임무는 바르샤바조약에 따라 유럽에서 재래식 전쟁을 준비하는 것이라는 상호 간의 동의가 있었고, 민간 지도자들은 그 방법을 결정함에 있어 군대에 상당한 자유를 부여했다. 그럼에도 불구하고 에이브럼스(Creighton Abrams) 육군참모총장은 예비군 또는 주 방위군 '편조여단' 없이는 전쟁에 나갈 수 없도록 현역 구성군 육군 사단들의 구조를 의도적으로 변경시켰다. 그리하여 미래의 대통령들은 주요 전쟁에 나서기 위해서는 국가 전체를 동원해야 할 것이다.

베트남전 이후의 장교단은 냉전 이후 첫 번째 대통령이자 군대와는 이미 어려운 관계 속에서 업무를 시작한 클린턴(Bill Clinton)이 취임하고 나서야 진정으로 자신들의 주장을 펼치기 시작했다. 국방예산의 대규모 삭감(1990년에서 2000년 사이 27%), 상당한 인원 감축(같은 기간 33%의 현역 구성군), 그리고 원대한 사회적 의제들(게이들의 군 입대와 전투부대의 여군 합류)은 민과 군의 지도자들을 공개적으로 적대적인 관계에 놓이게 했다. 소말리아, 아이티, 보스니아, 그리고 다른 국제적 분쟁지역에 군이 배치됨에 따라 상당히 가속화된 작전 속도는 이러한 긴장관계를 악화시킬 뿐이었다.

클린턴과 군대의 긴장된 관계는 상당수의 선거공약들을 지키고자 한 그의 능력을 제한했다. 첫 번째 부시 행정부가 보스니아 내전에서의 유혈 참사를 종식시키기 위해 충분한 행동을 하지 않았다고 비판한 후, 클린턴은 더욱 적극적인 미국의 인도주의적 개입 정책을 약속했다. 그 대답으로 파월(당시 합참의장)은 〈뉴욕타임스(*New York Times*)〉와 〈포린 타임스(*Foreign Times*)〉에 그러한 정책에 반대하며 무력행사를 위한 좀 더 제한적인 기준을 요구하는 주장을 펼쳤고, 이것이 '파월 독트린(Powell Doctrine)'으로 알려지게 되었다. 보스니아로의 지상군 투입에 대한 군의 망설임이 1995년 8월 공중 공습이라는 미국의 선택권을 제한하는 데 중요한 역할을 했다.

클린턴의 초기 계획들 중 다른 하나는 국방부가 제안한 동성애자 군 입대 금지 방침을 없애는 것이었다. 이것 또한 중요한 선거공약이었으며, 알려진 바에 따르면 클린턴이 시민 자유 진영에 엄숙히 약속한 것이었다. 그러나 이를 시행하려 하자, 불폭풍 같은 군과 의회의 반대에 직면했다. 그는 뒤로 물러나야 했으며, 체면을 살려주는 절충안을 받아들여야 했다. 그 절충안은 "묻지도 말라. 말하지도 말라"는 것으로, 대부분의 애널리스트들은 그것을 정책의 실제적인 변화로 간주하지 않았다.

초기 클린턴 행정부를 괴롭힌 좋지 못한 민군관계는 클린턴의 두 번째 임기 말까지도 계속해서 영향을 미쳤다. 1999년 봄, 오직 군대의 힘만이 코소보에서 자행되고 있는 세르비아 밀로셰비치(Slobodan Milosevic) 대통령의 인종청소를 중단시킬 수 있다는 것은 자명한 사실이었다. 클린턴과 올브라이트(Madeleine Albright) 국무장관, 버거(Sandy Berger) 국가

안보 보좌관 등과 같은 민간 자문관들은 제한된 공습 사용과 지상작전의 위협을 지지했다. 그러나 합동참모본부는 어떠한 지상군 사용에도 반대하며 좀 더 광범위한 공중 군사작전을 요구했다. 전쟁이 시작되고 며칠 후 군의 더 나은 조언에 반대하며, 대통령이 어떻게 코보소에 개입했는지에 대한 엄청난 정보가 펜타곤으로부터 흘러나왔다. 합동참모본부는 이어서 코소보 군사작전을 용이하게 하는 것만큼이나 제한하기 위한 작업을 했다. 이는 클라크(Wesley Clark) 장군의 NATO 작전에 특정의 무력을 제공하는 것으로 발을 빼는 정도까지 이뤄졌다. 클라크가 요구하는 모든 것을 제공하겠다고 약속했음에도 펜타곤은 그가 요구한 공격용 아파치 헬리콥터들을 보내는 데 몇 주를 지연했고, 실제로 그가 헬리콥터들을 사용하는 것을 결코 허락하지 않았다.

클린턴 행정부의 계획들 중 많은 부분에 대한 군의 저항은 놀랄 만한 일이 아니었음에 틀림없다. 고위급 군사지도자들은 베트남의 대실패를 거울 삼아 성장했고, 군 내부조직은 물론 군대를 어디서, 어떻게 사용할지에 영향을 미치는 중대한 의사결정에 대해 민간 지도자들을 신뢰할 수 없다고 확신했다. 파월은 자신과 자신의 베트남전 이후 동료들이 "지휘해야 할 시간이 왔을 때, 섣부른 이유들로 인해 내키지 않는 전쟁에 묵묵히 동의하지는 않을 것이라고 맹세했다"며 자랑했다.

1993년 파월이 은퇴한 이후에도 파월 독트린은 펜타곤에 존속되어 줄곧 유지되었다. 후임 합참의장인 셸턴(Hugh Sheton) 장군은 1999년 인터뷰에서 "나는 파월 장군에 의해 확대된 전직 국방장관 웨인버거(Casper Weinberger)의 독트린을 강하게 신봉하며, 코소보 작전에서 그것을 따랐다고 생각한다"고 언급했다. 셸턴은 파월을 계승하며 군대가 마지막 휴양지의 도구가 되어야 한다고 주장했으며, 미군을 전투에 참여시키기 위해 '도버 테스트(the Dover test)'라는 것을 제안했다. "시체들이 되돌아왔을 때, 우리는 여전히 그것이 미국의 국익 안에 있다고 느끼는가?"

민간인의 반발

많은 사람이 부시의 2000년 선거가 민군의 친선 및 협조라는 새로운 황금시대를 오게 할 것이라고 기대했다. 추정컨대 부시는 8년의 무시전략 이후에 "도움이 오고 있다"는 약속을 내걸고 군대의 표를 얻기 위한 선거운동을 실시했다. 2000년 8월 공화당의 대통령 후보지명 수락연설에서 부시는 "우리 군은 부품, 급여 그리고 사기가 낮다. 만일 오늘 최고 통수권자의 부름을 받는다면, 두 개의 완전한 사단이 '임무수행 준비 미완료'라고 보고해야 할 것이다. 현재의 행정부에게 좋은 때가 있었다. 그들에게는 기회가 있었으나, 그들은 제대로 이끌지 못했으며 자신들이 할 것이라고 충고했다. 두 명의 전직 국방장관(럼스펠드와 딕 체니 부통령)과 전직 합참의장(파월)을 보유한 행정부라면 고위급 군사지도자들과 최고로 좋은 관계를 유지했어야 한다"고 말했다.

그러나 부시 또한 원대한 국방정책 의제들을 가지고 백악관에 입성했고, 그것이 피할 수 없는 민군 간의 충돌을 지속되게 만들었다. 1999년 9월 시타델(Citadel)[2]에서의 연설에서 부시는 "군에 새로운 사고와 힘겨운 선택들을 강요"하고자 한다고 말했다. 새로운 행정부의 처음 몇 달간 럼스펠드는 그와 새로운 대통령이 "군사 업무의 혁명"이 될 것으로 기대하는 것들에 맞추어 미군을 변혁시킬 준비를 갖췄다.

이것은 곧바로 신임 국방장관의 스타일과 정책 내용 모두에 대해 깊은 의구심을 갖고 있던 군사지도자들 및 행정부에 있던 그들의 동조자들과 마찰을 불러일으켰다. 럼스펠드는 이러한 우려들을 묵살했다. 그는 국방부 기자단에게 "만일 이 일로 인해 불쾌하고, 그러한 감정들 때문에 짜증났다면 미안하다. 하지만 그것이 인생이다. 왜냐하면 우리가 하는 이 일들이 중요하기 때문이다. 우리는 이 일들을 잘 이뤄낼 것이다.

2　미국 사우스캐롤라이나 주의 주립 사관학교

우리는 그것이 똑바로 되게 할 것이다. 헌법은 국방부에 대한 문민통제를 요구한다. 그리고 나는 민간인이다. 그러니 나를 믿어라. 이곳에서 우리는 엄청난 일들을 이뤄내고 있다. 지난 2년 동안 우리는 매우 많은 일을 해냈다. 손을 귀에 대고 모든 사람이 좋게 생각하기를 희망하며 서 있다고 해서 실제로 그러한 일들이 일어나는 것은 아니다"라고 말했다. 오웬스(William Owens) 해군 대장, 시브로스키(Arthur Cebrowski) 해군 중장 같은 일부 군사 이상가들이 변혁의 역마차에 승차하길 희망했다. 그러나 럼스펠드는 자신의 혁명을 지지하는 것처럼 보인 제복을 입은 그들마저 신뢰하지 않았다. 그는 변혁이란 민간에 의한 상당한 독려와 감독이 있을 때만 일어날 것이라 믿었다. 그 결과 2001년 가을에 접어들자 럼스펠드와 고위급 군사 및 의회 지도자들 간의 관계는 더 나빠질 수도 없었다. 지켜보던 많은 사람은 그가 부시 행정부의 각료 수준에서 최초의 피해자가 될 것이라 예측했다.

2001년 9.11 공격과 국제적인 테러와의 전쟁은 럼스펠드와 고위급 군사지도자들이 일시적인 휴전을 하게 만들었다. 그러나 부시 행정부는 대부분의 군사전문가들이 같은 생각을 갖고 있지 않음에도 불구하고 이라크를 다음 전선으로 고려하고 있다는 것을 명확히 함으로써 휴전은 깨졌다. 럼스펠드와 월포위츠(Paul Wolfowitz) 국방부차관은 군이 비타협적인 모습을 보이는 것이라 판단했고, 이라크 안정화 작전에 요구되는 병력의 수와 배치 속도 같은 이슈들에 대해 전혀 거리낌없이 간섭했다. 월포위츠가 신세키(Eric Shinseki) 육군참모총장의 필요병력 예측치를 일언지하에 묵살한 것은 전술 및 전략적 문제에 관해 전문적 군인들을 통제하려는 민간의 의지를 분명하게 보여주었다. 2003년 2월 의회 증언에서, 월포위츠는 전후 안정화 작전을 위해 "수십만의 병력" 이상이 필요할 것이라는 신세키의 평가를 "한참 빗나갔다"고 하며 묵살했다. 월포위츠는 자신의 생각대로 했다.

전후 작전이 어려움에 봉착하게 되자, 최근에 전역한 장군들과 부시 행정부의 민간 지도자들이 삿대질과 상호 비방을 했고, 그로 인해 미국의 민군관계에 지속적인 단절선이 표면화되어 나타났다. 전직 합참 작전국장인 뉴볼드(Gregory Newbold) 중령은 〈타임〉 지에 "이 싸움에 미군을 투입한 것은 결코 이러한 임무들을 수행할 필요가 없었던 사람들의 특별한 소관인 부주의와 호기로 이뤄졌다"고 기고했다. 뉴볼드는 럼스펠드의 사임을 요구하는 다른 퇴역 장군들과 한 배를 탔다. 그들 중에는 앤서니 진니(Anthony Zinni, 전직 중앙사령부 사령관) 장군, 이튼 소장(Paul Eaton, 전직 이라크인 훈련단장), 리그스 소장(John Riggs, 육군 변혁위원회 위원장), 그리고 스와낵 소장(Charles Swannack, 전직 이라크 사단장)이 있었다. 〈밀리터리 타임스(*Military Times*)〉의 여론조사에 따르면, 42%의 미군이 부시의 이라크 전쟁 수행방식에 반대한다고 응답했다.

2006년 가을, 백악관과 행정부 밖의 영향력 있는 매파들이 드디어 미국은 이라크 분쟁지역의 치안을 확보할 충분한 병력을 확보하지 못했다고 인정했다. 그러나 그즈음 이라크에 있던 미국의 고위급 지휘관들은 미군 병력은 문제의 일부분이지 해결책이 아니라는 것을 깨닫게 되었다. 따라서 이라크의 많은 고위급 지휘관이 전쟁 준비기간 때부터 했던 것처럼 더 많은 병력을 요구하는 대신 미군에 대한 대중의 관심을 낮추고 병력을 줄여야 한다고 주장하기 시작했다. 〈밀리터리 타임스〉에 따르면 40% 미만의 군인만이 병력 증가를 지지했다. 현직 중앙사령부 사령관인 아비자이드(John Abizaid) 장군은 11월에 있었던 상원 군사위원회에서 "현재 상태에서 더 많은 병력이 문제의 해결책이라고 생각지 않는다"고 말했다. 매케인(John McCain) 상원위원이 재촉하자, 아비자이드는 이렇게 설명했다. "모든 사단장, 군단장들을 만났고 …… '당신의 전문적 의견에 따르면, 지금 우리가 더 많은 미군 병력을 데려오는 것이 이라크에서의 성공을 달성하기 위한 우리의 능력을 상당히 증대시킨다고 생각합니까?'라고 물었을 때, 그들 모두는 아니라고 대답했다."

아비자이드와 다른 고위급 지휘관들은 이라크에서 미군의 수를 늘

리는 것이 역효과를 낳을 수 있다고 생각했다. 아비자이드가 〈식스티 미니츠(*60 minutes*)〉[3]에서 설명했듯이, "우리가 할 수 있었던 것과 이라크인이 한 것 사이에는 언제나 긴장이 있어왔다. 이라크에서 모든 것을 하길 원했다면 우리는 할 수 있었다. 그러나 그것은 이라크가 앞으로 안정화되어갈 방식이 아니다." 의회 증언에서 그는 "우리는 내일이라도 당장 2만 명의 추가 병력을 투입할 수 있으며, 일시적인 효과를 달성할 수 있다. …… 그러나 현지에서 전체적인 미군의 이용 가능 인력을 살펴보면, 육군과 해병대의 규모를 고려할 때 우리에게 그러한 병력 투입을 유지할 능력이 지금 당장은 없다"라고 언급했다. 그러한 주장에도 불구하고 군사 리더십은 다시금 워싱턴의 민간인에 의해 기각되었고, 현재 일어나고 있는 '증원 전략(surge)'을 초래했다.

탁상공론을 일삼는 장군들[4]

부시 행정부에서 민군관계는 왜 그렇게 날카로워졌을까? 맨(James Mann)은 그의 저서 《불칸 집단의 패권 형성사(*Rise of the Vulcans*)》[5]에서 부시 국가안보팀의 핵심적인 민간인은 클린턴 행정부가 군을 확실하게 지배하는 데 실패한 것으로 생각했다고 말한다. 잘 알려진 대로 럼스펠드는 군에 대한 문민통제를 국방장관의 중요한 책임으로 여겼으며, 월포위츠 및 다른 고위급 행정부 인사들과 함께 취임하면서 군의 자군 이기주의와 관료적 타성을 극복하기 위해서는 좀 더 개입해야 한다는 확신을 가지고 있었다. 9.11 이후 럼스펠드와 이라크의 정권교체를 위한 전

3 미국 CBS-TV 계열의 심층 시사 보도 프로그램

4 자기 전문분야 이외의 일에 잘 아는 체하는 사람을 일컫는 구어적 표현

5 이 책은 월남전 이후 주요 국제 사건을 겪으면서 미국 외교안보정책의 변화와 그 결정과정을 다루고 있음. '불칸(vulcan)'은 부시 외교안보팀의 별명임

쟁을 지지하는 다른 민간인이 이 전쟁을 일으켰고, 나아가 럼스펠드의 군사변혁 비전에 맞추어 최소의 병력으로 전쟁을 치르는 데 가장 큰 장애물은 미 육군의 고위급 지도부일 수 있다는 것을 깨달았다. 군사 전문가들은 경고를 경청하는 대신 군에 만연한 전쟁에 대한 비관주의, 그리고 그들의 관점에서 봤을 때 임무 완수를 위해 필요한 병력규모와 육·해·공군의 조합 등을 결정하는 역할을 하는 관료적인 타성을 동시에 극복하리라 결심했다. 신세키가 아닌 월포위츠가 이라크 전쟁에 필요한 병력규모에 관한 논쟁을 주도했다는 사실은 부시 행정부가 군에 대한 민간의 권위를 얼마나 성공적으로 발휘했는가를 보여준다.

문민통제를 분명히 하는 과정에서 행정 관료들은 심지어 병력규모를 결정하고 배치일정을 조율하는 일 같은 작전적인 이슈들에도 관여하려 했다. 전직 육군성장관(Secretary of the Army)인 화이트(Thomas White)는 럼스펠드가 "자신이 책임을 맡고 있으며 자신은 이전의 국방장관들에 비해 아마도 좀 더 세부적으로 일들을 관리할 것이며, 작전에 관련된 세부사항에도 관여하게 될 것임을 조직에 있는 모든 사람에게 보여주고 싶어 했다"고 회상한다. 그러한 개입하는 형태의 문민통제는 군대와의 마찰을 악화시킬 수밖에 없었다.

헌팅턴(Samuel Huntington)은 민군관계에 관한 매우 독창적인 논문인 〈군인과 국가(The Soldier and the State)〉에서 군의 전문성과 민간의 정치적 패권의 균형을 맞추기 위해 "목표 통제(objective control)"라고 명명한 시스템을 제안했다. 헌팅턴은 정치와 대전략에 대한 문민통제에 군이 무비판적인 복종을 하는 대신에, 민간 지도자들은 전술 및 작전적 영역에서 군사 전문가들에게 상당한 재량권을 부여할 것을 제안했다. 비록 실제로 반영된 것은 아니지만, 이러한 시스템은 50년간 민간인이 미국 군대에 대해 어떻게 감독권을 행사해야 하는가에 대한 사고를 형성시켜왔다. 그것이 지켜졌을 때, 일반적으로 이러한 시스템은 건전한 정책 결정뿐만 아니라 우호적인 민군관계에 기여해왔다.

부시 행정부는 문민통제에 대해 근본적으로 다른 접근방식을 취했다. 행정 관료들은 모든 수준에 있어 군의 정책과 결정들에 대한 공격적이고 가차 없는 민간의 의문 제기 없이는 급진적으로 군대를 변혁시켜 완전히 다른 방식으로 군을 활용한다는 자신들의 목표를 달성할 수 없을 것이라는 우려를 표명했다. 전직 국방정책위원회 위원이자 최근 라이스(Condoleezza Rice) 국무장관에 의해 국무부 자문위원으로 임명된 코헨(Eliot Cohen)은 이러한 좀 더 개입적인 정권에 대한 이론적인 근거를 제공했다. 그의 저서인 《최고의 지휘(*Supreme Command*)》는 부시 행정부 국가안보팀의 고위급 인사들에 의해 광범위하게 읽혔으며, 들리는 바에 따르면 심지어 텍사스 크로포드에 있는 대통령의 침대 탁자에도 놓여 있었다고 한다.

전략적 수준에서뿐만 아니라 전술 및 작전술 수준에 대한 민간의 개입이 군사적 성공에 필수적이라는 것이 코헨의 논지였다. 군의 저항 또는 무능력을 극복하기 위해 민간 지도자들은 군사 전문 부하들과의 "불공평한 대화"를 통해 기꺼이 군사적 문제들을 깊이 있게 조사할 필요가 있었다. 코헨은 2003년 부시 행정부의 성과에 대해 말하며, 만족스러운 듯이 다음과 같이 언급했다. "럼스펠드는 밀어붙이기, 조사하기, 질문하기 같은 적절한 민군 간의 대화에 필수적인 선들을 따르는 매우 적극적인 국방장관인 것처럼 보인다. 그러나 내가 생각하기에 그는 군대가 해야 할 일을 자세히 지시하지는 않는다. 이라크에 대해 부시 행정부는 고위급 군사지도자들과의 매우 심도 깊은 대화에 참여했다. 그리고 나는 그것이 옳다고 생각한다." 코헨은 2006년 4월까지도 여전히 "럼스펠드의 이라크 전쟁 수행방식을 비판했던 여러 전역 장군의 최근 공격에 반대하며, 럼스펠드 국방장관을 방어하기 위해 많은 말을 할 수 있을지도 모른다"고 생각했다.

불행하게도 일은 계획대로 진행되지 않았다. 그리고 되돌아보면 만일 부시가 2002년 여름휴가 때 코헨의 《최고의 지휘》가 아닌 헌팅턴의

〈군인과 국가〉를 읽었더라면 미국에 훨씬 더 유익했을지도 모른다. 군의 충고를 의도적으로 무시한 결과인 오늘날 이라크의 위험한 상황을 고려해보면, 민군관계에서 부시의 유산은 그의 팀이 기대했던 것과는 정확히 반대일 것 같다. 그것은 군에 대한 문민통제의 전체적 개념에 대한 신뢰를 떨어뜨렸다.

균형의 회복

현재 게이츠 국방장관은 이중의 어려운 상황에 직면해 있다. 미국 군대를 변혁시키는 것은 거의 진전이 없으며, 그 자신도 낙관적으로 생각하지 않는 분쟁에 휩쓸리고 있다. 더 나쁜 것은 이러한 문제들을 부시 행정부의 민간 관료들과 고위급 군 리더들 간에 존재하는 뚜렷한 냉담 분위기에서 다뤄야 한다는 것이다. 전직 육군성장관이었던 화이트는 부시와 럼스펠드의 유산을 요약하면서 "당연한 일로서 국방장관들은 민간인이다. 그들 중 일부는 젊은 시절 군대에서의 경험을 가지고 있을 수도 있다. 그러나 그들이 해야 할 일은 군이 제공하는 현명한 조언을 받아 그것에 대해 생각해보고, 그 조언에 어떠한 믿음을 부여한 후 의사결정을 하는 것이다. 문제는 이렇다. 우리가 그러한 균형을 잃어버렸는가? 나는 그들이 너무 멀리 갔다고 생각한다"고 언급했다. 따라서 게이츠의 핵심적인 도전과제는 민군 간의 균형을 재건하는 일이다.

확신하건대 게이츠는 군에 대한 문민통제를 행사해야 할 책임을 포기할 수도 없으며 포기해서도 안 된다. 민주적 정치시스템에서 전쟁과 평화에 대한 의사결정은 군인이 아니라 투표자가 뽑은 리더들을 통해 이뤄져야 한다. 그와 동시에 게이츠는 고위급 군 리더들로부터의 솔직한 조언에 대해 비록 행정부의 정책을 지지하지 않는다 하더라도 억압하기보다는 격려해야 한다. 군은 자신들의 의견을 들려줄 권리와 책임이 있다. 결국 군인들은 전쟁에서 싸우는 전문가들이다. 그리고 종국에 위태로운 것은 그들의 생명이다. 만일 고위급 장교들이 그들의 조언이 무시당하고 있거나 비도덕적인 명령을 수행하도록 요구받고 있다고 느낀다면 그들은 사임해야 한다. 실제로 이라크 전쟁 준비기간에 신세키(Shinseki)나 뉴볼드(Newbold)가 사임했다면, 그들은 전쟁에 대한 군의 의구심과 관련된 강력한 메시지를 보냈을 것이다. 그리고 이것이 사후의 반대보다 훨씬 더 효과적이었을 것이다. 합동참모본부 간부들의 사임 위협은 부시 행정부의 대이란 정책(강화 방어시설을 갖춘 이란의 핵 시설에 대해 핵무기를 사용하는 궤도를 이탈한 계획 포함)에 영향을 끼칠 수 있다. 그러한 극단적으로 심각한 의구심이 없다면, 고위급 장교들은 먼저 자신들의 의견을 피력한 뒤에 경의를 표하고 복종해야 한다.

아이러니하게도 최근 이라크 주둔 미군 사령관에 임명된 퍼트레이어스 장군은 과거에 베트남 전쟁에서 직언하지 않은 고위급 군 리더십의 실패와 그것이 이후의 미국 민군관계에 끼친 영향에 대한 글을 썼다. 퍼트레이어스 자신은 지금 행정부와 새로이 민주당이 장악한 의회 모두에 조언해야 하는 위치에 있다. 퍼트레이어스는 상원 군사위원회 이전의 인준 청문회에서 "가장 전문적인 군사 조언을 제공할 것이며, 만일 사람들이 그것을 좋아하지 않는다면 더 나은 군사 조언을 해줄 다른 누군가를 찾을 수 있을 것이다"라고 약속했다. 희망하건대 그는 솔직하게 말할 것이며, 게이츠는 들을 것이다.

적절한 균형은 민간 리더들에게 미국의 이라크 주둔 또는 이란에 대한 무력 사용 같은 정치적 의사결정들에 대한 권위를, 군의 리더들에게는 어떻게 임무를 달성할 것인가에 대한 작전 및 전술적 의사결정의 광범위한 자유재량을 부여해줄 것이다. 두 영역 간의 경계선은 언제나 완벽하게 분명한 것은 아니다. 그리고 때때로 군사적 고려들이 정치적 의사결정에 영향을 미치며 그 반대도 마찬가지다. 그러나 선택일 수 있는 군사적 전문성의 문제에 간섭하는 민간인은 정치에 관여하는 군대만큼이나 나쁘다. 민군 간의 균형이 어느 한 방향으로 기울어질 때마다 국가는 그 영향으로 인해 고통을 받게 된다.

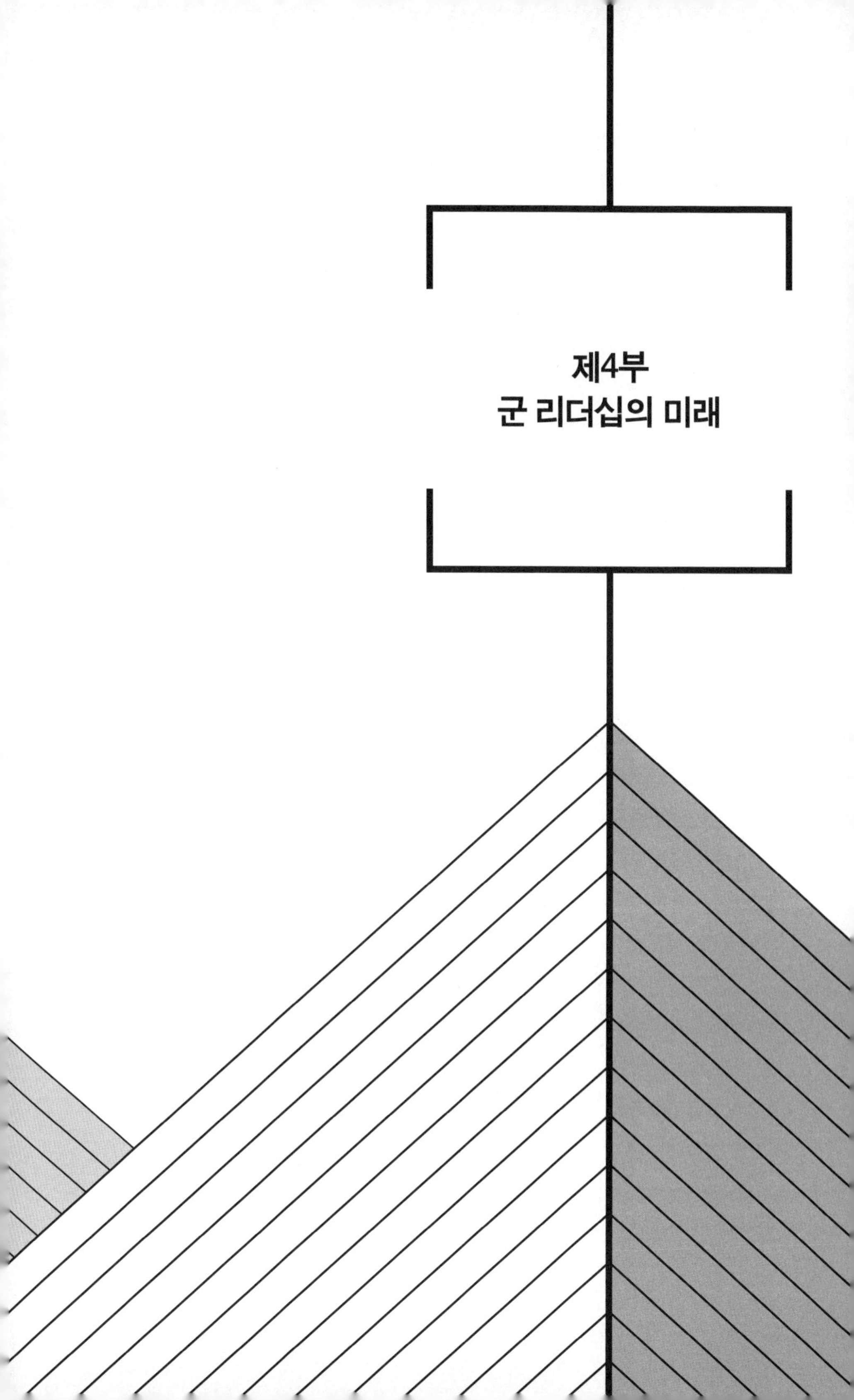

제4부
군 리더십의 미래

전통적인 군 리더의 이미지에 상충하는 동시대의 사건들로 인해 우리는 군 리더십의 미래에 대해 의문을 제기해본다. 고위급 장교들은 언론으로부터 실시간으로 비판을 받고 있다. 그들이 수행해야 할 임무는 전쟁, 재건 그리고 평화유지 사이에 혼재되어 있다. 중대한 실수이건 별다른 영향을 주지 않는 작은 실수이건 그 실수들은 널리 알려지게 되며, 아군과 적군 모두 리더가 내린 의사결정을 평가하게 된다. 이처럼 군의 임무들은 모호하고 복잡하다. 제한된 자원으로 인한 몸집 줄이기, 새로운 무기와 보급품의 재배치 및 취소, 실제 임무 수행을 위한 장거리 이동, 사회적 이슈들과 관련된 예비군 인력, 그리고 현역 및 예비역 인원들의 퇴직 계약 등 다양한 도전을 강요받고 있다.

미래를 생각해볼 때, 우리는 거래적 및 변혁적 리더십의 개념으로 돌아온다. 환경이 더욱 복잡해짐에 따라 미래 군대의 비전을 제시하는 것은 계속적인 도전이 될 것이다. 구성요소들과 함께 부하들의 지적 · 문화적 다양성이 계속 증대하고 있기에 핵심 가치를 식별해내고 의견의 일치를 도출해내는 것은 또 다른 이야기가 될 것이다. 군 복무가 임무를 변경시키고, 새로운 과업에 대응하며, 효율성을 위해 분투함에 따라 문화, 풍토 그리고 조직생활 환경은 변화될 것이다.

군대는 융통성과 즉각적인 대응을 요구하는 환경에서의 작전에 초점을 두어야 한다. 군은 9.11 테러 직후 국제적인 전쟁을 수행하게 될 것이라 생각했지만, 지금은 두 개의 지역적 분쟁에 직면해 있다. 예측했던 것들이 끊임없이 변화함으로써 생기는 좌절감이 군 리더들을 힘들게 해왔다. 워싱턴에 있는 고위급 정치지도자들은 군 경험을 거의 갖고 있지 않다. 비록 그들이 군의 성과와 희생을 재빨리 치하할 수는 있겠지만, 제복을 입고 있는 이들과 그들의 가족이 직면해 있는 어려움을 진정으로 대변해줄 수 있는 사람은 거의 없다.

예비군 및 국가방위군 부대들은 이라크와 아프가니스탄 전쟁에 점점 더 많이 관여하고 있다. 일정 시간 동안 일하는 부대 내의 문화적 충격과 실제 작전을 수행하는 부대들 간의 차이점이 현재의 리더십 패러다임을 시험하고 있다. 군 리더십은 범위 측면에서 국제적인 양상으로 진화하고 있으며, 고위급 리더들은 다국적 경험을 보여주어야 한다. 날마다 여러 형태의 다문화 그리고 이문화 이슈들이 언급되고 있고, 이러한 다양성은 리더십 효과성에 복잡한 차원들을 더해주고 있다. 군대 내에서 친구이건 적이건 유전, 성격, 가치 그리고 규범이 지니는 상이한 기여와 관점을 평가하는 것은 리더십 발휘에 어려움을 가중시키고 있다.

군 조직은 지속적인 사회와 기술의 변화에 주목해야 하며, 변화에 따라 전략과 전술을 수정하는 효과적인 프로세스를 지녀야 한다. 무기체계의 정교함에도 불구하고 정밀 타격은 종종 사람과 환경에 부차적인 피해를 초래한다. 군 리더들은 발생 가능한 모든 결과를 예측해야 하며, 기술이 실패할 경우 책임질 준비가 되어 있어야 한다. 정보기술은 자원인 동시에 제한사항이다. 리더의 영향력은 정보에 접근하고, 이를 분석하고 전파할 수 있는 능력에 기초한다. 우리는 엄청난 양의 데이터를 수집하면서도 여전히 더 나은 정보에 목말라한다. 군 리더들은 너무나 많은 정보의 현실에 직면해 있지만, 그와 동시에 더 많은 정보를 요구하며 의사결정을 미룬다. 이것이 오늘날 일반적 리더십의 모순이다. 즉 군은 첨단 기술과 밀접하게 연결되어 있으나, 도전은 여전히 남아 있다.

변화를 받아들이고 관리하는 것이 오늘날 효과적인 리더십 발휘의 핵심적 측면이다. 부대가 잘하고 있다는 것을 보여주기 위해 단기적 성공에 집착하는 것은 종종 궁극적으로 더 큰 전략적 목표를 달성하기 위한 장기적 관점을 갖는 것과 충돌하게 된다. 리더는 두 가지 모두에 관심을 가져야 하며, 효과성을 달성하기 위해 필요한 균형감을 이해해야 한다. 군 리더들이 어떻게 적응하느냐는 철저한 검토에 달려 있으며, 성과에 대한 기대가 클수록 실패했을 때의 처벌도 커지게 된다.

직관은 리더십을 위한 가치 있는 길잡이다. 우리가 학습한 것은 교육이고 경험이다. 우리가 아는 지식을 통합한다는 것은 때로 논리와 반대되기도 한다. 논리는 기록되어 있기에 데이터에 따라 움직이기 쉽다. 효과적인 리더는 창의성(받아들여진 논리에 대한 도전)과 '직감(gut)'이 부대를 이끌어가는 방법에서 중요한 측면들임을 이해하고 있다. 직관은 쉽게 설명되지 않는 정보에 근거하며, 이러한 직관에 따른 의사결정의 결과로 성공한 리더십 사례는 전쟁사에 가득하다. 이라크와 아프가니스탄에 파견된 대위와 중위들은 지식과 경험의 합이라 할 수 있는 직관을 이해하며 이전 같으면 고위급 장교들이 해야 할 의사결정들을 하고 있다. 여기서 직관을 언제 사용할 것이냐가 매우 중요하다.

우리는 직관에 수반되는 위험이 미래에 용인될 수 있는가에 대해 의문을 제기할 필요가 있다. 만일 실수가 언제나 실패와 처벌을 초래한다면, 우리는 리더들이 위험을 최소화하도록 유도할 것이다. 실수에 대한 변명은 개인적인 일이 된다. 따라서 중요치 않은 결정에 위험을 감수하는 것은 처벌하지 않으며, 직관적인 자신감을 강조함으로써 리더들이 상황과 사태가 요구할 경우 큰 위험도 감수할 준비가 되어 있도록 해야 한다. 또한 우리가 위험을 감수하고자 하는 의지를 약화시키면, 변화를 관리해야 할 리더의 능력 또한 약화시키게 될 것이다. 미래에는 즉각적인 커뮤니케이션과 TV, 블로그, 이메일 그리고 다른 매체들을 통해 사건들이 전 세계에 보도됨으로써 군 리더들의 의사결정 과정과 결과가 쉽게 노출될 것이다. 효과적인 리더십에 차이를 만드는 위험이 억제되느냐 혹은 유지되느냐의 시험대다.

팔로워들의 리더십에 대한 기대 또한 변화하고 있다. 효과적인 리더십에서 개별 부대는 물론 군대 전체의 풍토는 사람들이 서로를 대하는 방법, 그리고 말과 행동의 비교를 통해 나타난다. 우리는 종종 리더에 대한 팔로워들의 반응을 기대한다. 이것을 조직의 '특성'이라고 표현할 수 있다. 문제가 있는 부대에는 두려움과 불확실성이 가득한 반면, 효과적인 조직에는 자신감과 낙천주의가 나타난다. 리더십 스타일이 분위기를 결정하며, 이것이 조직 풍토에 중요한 영향을 미치는 요소다. 리더와 그의 행동을 살펴보라. 효과적인 의사소통은 공개적이고 솔직하게 이뤄진다. 약속한 것을 이행하는 것이 고결성이다. 말과 행동으로 최선을 다해 일하고 높은 기준을 설정할 때, 탁월한 결과를 기대할 수 있다. 실수를 하고 그러한 실수를 통해 배우는 이들에게 충실하면 자신감과 혁신을 촉진시킬 수 있다. 이러한 모든 것이 리더가 부대나 조직의 풍토를 조성하고 유지하는 방법의 예다.

고위급 리더들과 신병들의 세대 차이는 지속적으로 중요하게 고려해야 할 요소다. 최선을 다하고, 어떠한 의무라도 받아들이며, 경쟁을 마다하지 않고, 진급과 개선을 위해 분투하는 것은 전통적 세대에 가까운 원칙들이다. 이러한 사람들은 최소한의 성과 기준만 충족시키며, 삶의 질에 따른 업무를 추구하고, 경쟁보다는 협조를 선호하며, 승진을 갈구하기보다는 좋아하는 직무에 만족하는 이들과 함께 지내는 것이 쉽지 않다. 미래의 리더들은 이러한 관점과 특성들을 융합시켜 원만하게 작동하는 부대로 만들어야 하는데, 결코 쉬운 일은 아니다.

각 군과 군대에는 독특한 문화가 있다. 전통, 관습, 규범 및 사회화 과정에 따라 특징이 결정되는 일련의 사회적 양식은 하나의 장점 혹은 단점으로 작용한다. 조직문화란 개인 및 집합적 행동의 기초를 제공하는 공유된 가정, 믿음 그리고 가치다. "임무, 명예, 국가"라는 문구는 조직문화의 본질을 묘사해준다. 군대에 들어오는 남녀 모두는 자신들이 떠나온 삶과는 다를 것임을 알고 있다. 군대에 몸담고 있는 이들은 사회의 나머지 부분들과 떨어져 있다는 것을 알고 있다. 문화는 역사, 이야기, 의식, 상징 등을 통해 널리 전파된다.

군대에는 하위문화도 존재한다. 특수부대, 해군 건설대대 및 기타 집단들은 그들의 훈련과 임무가 투영된 문화를 생성한다. 예비군과 국토방위군 구성원들은 대응관계에 있는 현역들과는 다른 문화를 가지고 있다. 하위문화의 가치들은 더 큰 조직의 문화적 가치들과 충돌할 수도 있고, 보완해줄 수도 있다. 개인적 가치를 예측한다는 것은 점점 더 어렵다는 것이 하나의 경향처럼 보이며, 이는 리더십을 좀 더 도전적이게 만들고 있다. 그러므로 사람들과 이야기를 나누고, 그들이 일하는 것을 관찰하며, 그들의 일과 열망에 대한 토의를 통해 나오는 정신과 에너지를 감지하라.

전장 리더십의 중요성에도 불구하고 전술적 수준에서의 전략적 리더십에 주의를 기울이는 학자들은 매우 적다. 예를 들어, 5년이 넘는 이라크 전쟁에서 전쟁 리더십에 관한 거의 모든 분석은 고위급 장군들이나 국방부에 있는 정책입안자들에게 초점이 맞춰졌다. 에릭 로젠바흐(Eric B. Rosenbach)와 최근 이라크에서 대대를 지휘했던 현역 대령인 티엔(John Tien)은 '서방세계는 어떻게 승리했는가: 탈 아파르에서의 전략적 리더십'(20장)에서 이라크 도시인 탈 아파르(Tal Afar)에서 복무한 육군의 영관급 장교들이 어떻게 전쟁의 흐름을 바꿔놓은 독특한 형태의 전략적 리더십을 보여주었는지를 살펴보았다.

플라워스(Michael Flowers)는 '전략적 리더십의 개선'(21장)에서 미래의 리더들이 일해야 하는 동시대 전장 환경에 관한 그의 관점을 제시한다. 그는 미래의 군사적 풍경을 "복잡하고", "예측 불가능하며", "모호한" 것으로 기술하고 있다. 그는 현재의 군대문화가 전략적 리더의 개발을 제한한다고 말한다. 의사소통, 융통성 있게 관점 받아들이기, 그리고 리더십 개발이 전략적 리더십을 보장하기 위한 수단들이다.

'게티즈버그 리더십의 경험: 배우고, 이끌고, 따르는'(22장)은 테일러(Lawrence P. Taylor)와 로젠바흐(William E. Rosenbach)가 만든 독특한 리더십 개발 프로그램이다. 그들은 게티즈버그 전장을 "교실"로 사용하여 이러한 과정을 통해 지속적인 리더십 이슈들을 위해 역사를 하나의 은유로 사용하는 것으로 묘사했다. 테일러와 로젠바흐는 사례연구, 실험 연습, 그리고 다른 학습기법들을 활용하면서 참여자들이 사례연구의 상황을 이해하는 것을 돕기 위해 전장의 전문가들을 이용한다. 핵심은 변혁적 리더십의 효력을 평가하는 데 있다.

부사관(NCO)은 군대의 심장이요 영혼이다. 스케일스(Robert Scales) 장군은 '부사관 해결책'(23장)에서 이러한 현실에 관한 열정적이면서도 간결한 업데이트를 제공했다. 이 글은 미군이 일류 부사관 개발에 집중함으로써 어떻게 이라크 군대의 재건을 시작했는지를 보여준다. 스케일스 장군은 "이들을 훈련시키는 것은 미군의 문화가 아닌 그들 문화의 맥락에서 이뤄져야 하며, 이것은 강력한 부대를 만들 수 있는 부사관들의 능력이 있을 때만이 가능하다"고 언급한다.

라이언(Kevin Ryan) 준장은 '유배자 도시에서의 리더십'(24장)에서 러시아 군대의 매력적인 리더십 관점을 제시한다. 치타(Chita)와 시베리아(Siberia) 지역은 "유배자의 도시"로 유명하며, 최근까지 세상과 차단되어 있었다. 라이언 준장은 시베리아 군사 지역의 본부를 둘러볼 기회를 가지게 되었고, 이 지역에 있는 러시아 군대의 리더십을 살펴보았다. 독립된 지휘, 사회적 환경, 그리고 전통의 도전들이 새로운 기대와 가치가 생겨남에 따라 도전받고 있다. 이 글은 다른 나라의 군대조직을 살펴봄과 동시에 비슷한 상황에 있는 미국 군대와 어떻게 이러한 상황들이 상이한 수준의 거래적 및 변혁적 리더십을 요구하는지에 생각해볼 수 있는 좋은 기회다.

아일랜드군의 웰런(Paul Whelan) 사령관은 그의 글 '세대의 변화: 미래 군 리더 개발에서의 시사점'(25장)에서 "오늘날 전문 직업인들은 과거 세대에 비해 자신들의 직업적 삶 속에서 다른 가치, 특성 그리고 열망들을 더 많이 받아들여야 한다"고 주장한다. 흥미롭게도 웰런 장군은 군대의 '기업 환경'에 대해 언급한다. 그는 "신세대는 연장자들에게 의문을 제기하고 도전하며, 피드백과 관심 받기를 원한다"고 말한다. 침묵의 세대, 베이비부머, X세대 그리고 Y세대를 비교해보면 권한에 대해 일관되게 의문을 제기하고 있음을 알 수 있다. 미래의 리더들은 자신들이 신세대와 효과적으로 어울릴 수 있는가에 대해 의문을 제기하는 것의 실무적 시사점과 이득을 이해해야 한다.

마지막으로, 배스(Bernard Bass)는 그의 논문인 '차차기 육군에서의 지휘'(26장)에서 미래의 군대를 위한 리더십 요건들을 살펴본다. 이 글은 평화를 얻고 유지하는 것에 초점을 맞추고, 2025년 효과적인 전투 리더십의 시나리오를 포함하는 군 프로젝트의 일부였다. 이 글에서 배스는 부대 응집성과 관련된 리더십 특성과 자질들에 대한 윤곽을 그려주고 있다. 그는 미래의 군 리더들을 평가하고 훈련시키는 데 필요한 핵심요소들을 규정한다.

이러한 모든 글은 변화하는 환경에 대한 전반적 윤곽을 제시하고, 미래의 군 리더들을 개발하는 데 있어 직면해야 할 변화들 속으로 우리를 이끌어줄 것이다. 고위급 지휘관으로부터 새롭게 양성된 초급 장교에 이르기까지 여기에 소개되는 이슈들은 잠정적인 것들이며, 따라서 우리는 리더가 "무엇이 군 리더십의 미래인가?"라는 질문에 자신 있게 대답하기를 기대한다.

제20장 서방세계는 어떻게 승리했는가
탈 아파르에서의 전략적 리더십

에릭 로젠바흐(Eric B. Rosenbach)와 존 티엔(John Tien) 대령

전쟁의 결과를 결정하는 것은 정치나 전술이 아닌 리더들과 그들의 부하들이다. 전장 리더십의 중요성에도 불구하고 이라크에서 배울 수 있는 리더십 교훈들에 대해 군은 너무나 작은 관심만을 기울여왔다. 5년이 넘게 흘러온 이라크 전쟁에서 전시 리더십에 대한 거의 모든 분석은 고위급 수준의 장군들 또는 펜타곤의 정책입안자들에게 초점을 맞춰왔다. 이라크에 대한 사후 분석은 오로지 다양한 작전 전술들의 시행에 대한 평가에 중점을 두어왔다고 해도 과언이 아니다. 근시안적인 것이 아니라면 이처럼 협소한 군 리더십의 분석들은 중요한 학습의 요점을 놓친 것이다. 그 요점은 바로 이라크 북서쪽의 탈 아파르(Tal Afar)라는 도시에서 근무한 영관급 육군 장교들이 전쟁의 흐름을 바꿔놓은 새로운 차원의 리더십을 보여주었다는 것이다. 이 장교들은 단지 전통적인 전략적 리더십뿐만 아니라 뛰어난 변혁적 리더들의 독특한 특성들을 제시해주었다.

대령들의 전쟁과 탈 아파르

다수의 조사와 연구들이 초기의 이라크 점령 과정에서 군과 국방부 최고위급 수준에서의 부족한 전략적 리더십으로 인해 어려움을 겪었음

을 보여주었다.[1] 2007년 잉링(Paul Yingling) 육군 중령에 의해 장군들의 리더십 역량에 관한 심도 깊은 논쟁이 촉발되었다. 잉링은 군의 전략적 리더들이 미래전의 양상을 예측하는 데 실패했고, 분쟁 이후의 이라크 치안을 확보할 수단들을 잘못 계산했으며, 이라크 안보상황의 복잡성과 어려움들을 미국 대중에게 정확하게 알리는 데 실패함으로써 "베트남에서의 실수를 반복했다"고 주장했다.

장군들의 리더십에 대한 논쟁은 이라크에서 복무한 영관급 장교들의 리더십에 대한 관찰과 연구를 흐리게 했다. 극히 적은 수의 장교들만이 이라크에 있는 리더들의 중요한 영향력에 대해 주목했고, 지역화된 안보 역학과 국가적 수준의 자원 부족으로 인해 이라크 전쟁이 "대령들의 전쟁"으로 변모했다는 것을 인식했다.[2]

"대령들의 전쟁(colonels' war)"이라는 용어는 단순히 호기심을 불러일으키기 위해 뽑은 헤드라인이 아니다. 그것은 복잡한 환경이라는 현실과 함께 전략적 의사결정이 편성제대 수준의 중앙본부에서 여단과 대대로 이전되고 있음을 반영하는 것이다. 이라크 안보 상황이 지역마다 매우 다르게 전개됨에 따라 여단 및 대대 지휘관들은 특정 작전지역을 위해 종종 상대적으로 특이한 전략을 개발했다. 이라크에서 제3기갑수색연대 지휘관으로 근무했던 맥마스터(H. R. McMaster) 대령은 특정 지역 내의 매우 복잡한 민족, 부족, 그리고 종파적 역학관계를 이해한 뒤에 그러한 역학관계들을 고려한 전략을 고안하는 것이 중요하기 때문에 이라크는 "대령들의" 전쟁으로 간주되어야 한다고 설명했다.[3]

가장 유익한 리더십 사례연구들은 차세대 리더들이 장차 직면하게

---

1 See, for example, Donald Wright and Timothy Reese, *On Point II: Transition to the New Campaign*, Army Combined Arms Center, July 2008.

2 The term "colonels' war" was used in a PBS *Frontline* documentary. This was also the title of a talk given by Lawrence Kaplan to the American Academy in Berlin after this article was completed in May 2008.

3 "A Colonels' War," PBS *Frontline* interview with H. R. McMaster, June 2007.

될 도전들에 적용될 방식으로 학습할 만한 교훈들을 분명히 해준다. 이것을 하나의 목표로 삼아 2005년 중반부터 2006년 중반까지 탈 아파르에서 여단장으로 근무했던 맥마스터 대령과 맥파랜드(Sean B. McFarland) 대령을 연구해보는 것은 전략적 및 변혁적 리더십에 관해 광범위하게 적용 가능한 교훈들을 도출해낼 훌륭한 기회를 제공해줄 것이다.

이라크 자유화 작전(Operation Iraqi Freedom) 기간 동안 북서 이라크의 주요 통신축선을 따라 위치한 매우 가변적인 다민족 도시인 탈 아파르의 상황은 미군이 직면한 가장 복잡한 안보 상황 중 하나였다. 탈 아파르에서 근무했던 한 전직 지휘관은 "이라크의 모든 복잡성을 가져다가 한 도시에 압축한 것이 바로 탈 아파르다"[4]라고 말했다. 그러한 상황의 복잡성은 리더들이 지닌 리더십 기량의 바닥을 드러내게 했다. 그들이 보여준 많은 리더십 기량은 자국에서 전략을 다듬는 장군들이 해야 좋은 것이라고 장려하는 육군의 교리를 반영한 것이었고, 이러한 전략적 리더십이 탈 아파르에서의 차이를 만들었다. 도시의 시장이었던 알지보리(Najim Abdullah Al Jibouri)는 "탈 아파르가 이라크인과 미국인을 바로 서게 만든 첫 번째 장소였다"[5]고 말했다.

2005년 중반부터 2006년 중반까지 탈 아파르를 바로 세운 것이 2007년 서부 이라크의 모든 지역, 그 중에서도 특히 라마디(Ramadi)에서 미군이 겪은 극적인 추세 변화를 가져다준 시금석이 되었다. 따라서 탈 아파르에서의 전략적 리더십이 미친 궁극적인 영향은 공부해볼 만한 가치가 있다.

---

4 Richard Oppel, "Magnet for Iraq Insurgents Is Test for US Strategy," *New York Times*, June 16, 2006.

5 Samantha Stryker, "Iraqi Mayor Writes New Chapter of Success," US Army releases, November 14, 2006.

전략적 리더십

군에서의 전략적 리더란 무엇인가? 육군 교리에 따르면 전략적 리더들은 거의 대부분 군의 최고위급 수준에서만 존재한다. 고위급 장교들이 성공하기 위해서는 "국가적 의사결정과 관련된 국방부 및 정치적 환경에 익숙해져야"[6] 한다. 육군 교리에 따르면 전략적 리더십은 장기적 계획과 워싱턴에서 일어나는 국가 수준의 정책과 관련된 부서 간 조정으로 특징지어진다. 이러한 교리가 위계의 중요성을 강조하는 것은 놀랄 일이 아니다. 즉, 전략적 리더들은 말 그대로 장군들이다.

이라크에서 전술적 수준의 전략적 리더십은 육군이 이전에 공식적으로 인정했던 것들과는 완전히 다르면서도 더욱 중요한 역할을 수행했다. 전략적 리더에 대한 패러다임의 진화는 대부분 이라크 안보 환경의 복잡성으로 인한 것이다. 배후에 있는 펜타곤의 장군도, 전략적 가교를 이어주는 부사관도 여전히 중요하다. 그러나 이라크는 지상의 리더들에게 도시별 또는 지역별 차이에 기초하여 전쟁 승리에 필요한 전략을 고안하도록 요구했다. 그리하여 탈 아파르에서의 임무를 성공적으로 수행한 지휘관들은 이 주제에 대해 현재의 육군 교리와는 다른, 아마도 더 나아가 이 교리들을 수정하게 만들 새로운 유형의 전략적 리더십을 보여주었다.

전략적 리더 만들기

과거 영관급 리더십에 대한 검토는 지휘관의 특정 전술 또는 작전 전략의 시행에 초점을 맞췄다. 예를 들어, 일반적인 교훈 학습과 관련된 연

6 "Strategic Leadership," Army Field Manual 6-22, October 12, 2006, p. 12-1.

구들은 한 부대가 어떻게 저지선 수색 및 정찰작전을 수행하는지, 또는 전방 전초부대를 어떻게 구성하는지에 대해 설명한다. 전술작전들을 통해 주요 교훈들을 꾸준히 배우는 것은 분명히 중요하며, 시간이 지남에 따라 개선되고 적응할 수 있는 미군의 능력 향상을 위한 핵심적 기반 중 하나다.

그러나 이러한 연구들은 대부분의 경우 핵심적인 절차를 생략한다. 그들은 그러한 작전들을 아우르는 폭넓은 전략들을 생성시킨 리더십과 사고 모두를 평가함으로써 교훈 학습 과정을 시작해야 한다는 사실을 간과한다. 전략적으로 사고하는 능력은 전장의 리더들이 작전이 진행되는 동안 그들의 계획과 행동을 조정할 수 있도록 해준다. 이상적인 세상에서는 육군의 영관급 장교들은 먼저 어떻게 전략적으로 사고하고 문제점들을 분석하는지에 대해 집중한 이후 과거 지휘관들로부터 도출되는 특정한 전술적 교훈들을 이해하는 단계로 넘어가야 한다.

서부 이라크에서 전략적 리더십을 발휘한 대령들에게는 여러 가지 공통점이 있다. 특수한 비전이 이들로 하여금 복잡한 안보 환경의 전술적 요소들 너머에 있는 것들을 볼 수 있게 해주었다. 서부 이라크의 전략적 리더들은 미국 군사력의 비군사적 측면을 활용한 "스마트 파워" 전략들을 고안하는 능력 역시 보여주었다. 그들의 공감 능력은 지역주민과 부족장들의 지지를 얻기 위해 전략을 수정할 수 있도록 해주었다. 그리고 탈 아파르의 탁월한 전략적 리더들은 제한된 자원 문제에 대처하고 복잡한 문제들에 대한 해결책을 도출해낸 창의적인 특색을 지녔으며, 이것이 위에서 언급된 특성들을 보완해주는 역할을 했다.

비전

권한을 지닌 지휘관이라면 하나의 계획을 제기할 수 있다. 전략적 리더는 비전을 촉진시킨다. 비전이야말로 다른 어떤 특성보다 전략적 리더들과 보통의 지휘관들을 구별하게 해준다. 비전은 리더로 하여금 복잡한 목표들을 달성하는 것이 계획이나 작전 명령 이상의 것을 요구한다는 것을 인식하게 해준다. 리더는 처음에 비전을 통한 더 큰 최종적인 목표를 개념화하는 경우, 이를 달성하기 위한 전술들의 형태는 아예 고려하지 않을 수도 있다. 탈 아파르에서 육군의 리더들은 모든 계획을 하나로 묶어 가능한 한 많은 환경적 변화요소를 반영하는 포괄적인 접근법을 제공하는 더욱 장기적인 전략이 필요하다는 것을 깨달았다.

일관성 및 설득력이 있는 비전은 문제에 대한 분명한 인식에서 시작된다. 이라크 침공 이후 초기 수년 동안 워싱턴의 일부 정책입안자들은 이라크에서의 폭력행위를 '내란'이라 부르기를 주저했다. 그러나 탈 아파르의 지상군 리더들은 상대적으로 자신들이 내란에 직면해 있다는 것을 빨리 인식했다. 맥마스터가 언급했듯이 내란의 존재를 인식하는 것은 너무나 중요했는데, 그 이유는 그러고 나서야 그와 다른 전략적 리더들이 "사건들의 복잡한 인과관계를 이해하기 위해 폭넓게, 이어서 깊이 있게"[7] 반내란작전들의 역사를 공부할 수 있었기 때문이다.

육군의 리더들은 증대되는 내란의 중요성을 인식한 후 탈 아파르의 미래에 대한 비전을 개발했다. 그 비전은 전체적인 것이었다. 구체적으로 '능력을 갖춘 경찰력'을 의미하는 치안에 대한 새로운 접근, 제대로 작동하는 경제, 그리고 독자적으로 생존 가능한 지역 정부를 요구했다. 맥파랜드 대령은 맥마스터를 직접적으로 따르는 탈 아파르 주둔 제1기갑사단의 제1여단 여단장으로 근무했다. 나중에 그와 그의 부대는 탈 아파르에서 알안바르(Al Anbar) 지역에 있는 라마디(Ramadi) 시로 이동했다. 맥파랜드는 라마디에서 자신의 부대가 달성한 성공을 회상하면서 "장기적인 성공을 위해서는 역량 있는 지역 경찰력이 필수적이라는 것을 탈 아파르가 가르쳐주었다"[8]고 말했다.

---

7 "A Colonels'War," PBS *Frontline*.

8 Niel Smith and Sean MacFarland, "Anbar Awakens: The Tipping Point," *Military Review*, March/April 2008, p. 44.

스마트 파워

전략적 리더들은 종종 군사력만으로는 내란을 평정하기 위해 필요한 지속적이고 오래가는 치안을 유지하기 어렵다는 것을 깨닫곤 한다. 2007년에 게이츠(Robert Gates) 국방장관이 언급했듯이, 일반적으로 미국 그리고 특별히 미군은 소프트 파워와 하드 파워(hard power)를 더 잘 통합할 필요가 있다.[9] 이 둘 사이의 균형과 통합이 바로 하버드대학 교수인 나이(Joseph Nye)가 이름 붙인 "스마트 파워"다. 일반적으로 정부의 최상위 수준에서 작성되는 스마트 파워 전략은 국무부, 농업부 및 재정부 같은 국가 수준의 모든 관련 부서의 역량을 함께 이용하고자 한다.

하드 파워와 소프트 파워의 적절한 균형을 찾는 작업은 이라크의 미군 리더들에게 매우 중요한 도전이다. 전통적인 전투 환경에서 "하드 파워"란 일반적으로 군사작전을 수반하는 무력의 적극적 사용을 의미한다. 예를 들어, 이미 자리를 잡은 반군이 상황을 지배하는 어떤 지역의 초기 치안을 확보하기 위해 리더는 적들을 찾아내고 제거하기 위한 공격작전을 감행할 수 있다. 그러나 탈 아파르의 지상군 리더들은 초기의 공세적 군사작전 이후 더 오래 지속되는 치안과 안정을 가능케 하기 위해서는 비군사적 "소프트 파워" 도구들을 지렛대로 활용할 필요가 있다는 것을 깨달았다. 세간의 이목을 끈 전략 및 국제 문제연구소의 최근 보고서에 따르면, "소프트 파워는 강압 없이 사람들을 우리 편으로 끌어오는 능력이다. 합법성이 소프트 파워의 핵심이다. 평화를 얻기 위해서는 소프트 파워가 필수적이다."[10] 소프트 파워의 도구에는 지역주민과의 관계개선을 위한 노력 또는 기반시설 개발 프로젝트를 제공함으로써 군의 리더들이 지역주민의 "진심과 마음"을 얻어내는 능력이 포함된다. 간단히 말해, 내란에서 이기기 위해서는 리더가 소프트 파워의 중요성을

---

9 Excerpted from the Landon Lecture given by Secretary of Defense Robert Gates, Kansas State University, Manhattan, Kansas, November 26, 2007.

10 Joseph Nye and Richard Armitage, CSIS Commission on Smart Power, CSIS, 2007, p. 6.

인식해야 한다.

탈 아파르의 군 리더들은 힘을 가장 영리하게 사용하는 방법은 법치에 대한 이라크인의 믿음을 강화시키는 데 있다는 것을 알게 되었다. 수년에 걸친 후세인(Saddam Hussein)의 억압적 통치 이후 대부분의 이라크인은 객관적인 정의 및 통치 시스템에 대해 거의 공감하지 못했다. 불행하게도 아브 그라이브(Abu Grraib)와 널리 알려진 여러 실패들이 법치의 이상을 촉진시키기 위해 필요한 합법성을 상당히 훼손시켰다.

탈 아파르의 육군 리더들은 그들의 작전 지역에서 한참 멀리 떨어진 아브 그라이브와 다른 사건들이 미국의 법치 적용 노력에 대한 지역주민의 인식에 상당한 영향을 끼쳤다는 것을 알게 되었다. 탈 아파르의 법과 사법 시스템에 대한 신뢰 없이는 지속적인 치안 체계를 가능하게 해줄 지역주민의 지지를 기대하기 어려웠다. 그에 따라 육군 리더들은 민주적인 정권은 법에 의한 통치를 존중해야 하며, 죄수들을 공정하게 대우해야 한다는 메시지를 전달할 현명한 전략을 고안했다. 그리고 그들은 이 메시지를 행동으로 보강했다. 미국이 가진 역량의 모든 요소를 활용할 필요성을 느낀 그들은 육군 법무관들에게 이라크의 경찰, 변호사 그리고 판사들에게 전문적인 역할모델을 제공해달라고 요청했다. 여단장들 또한 강력한 역할모델이 되었다. 맥파랜드와 그의 대대장들은 거의 매일 탈 아파르에 있는 여러 구금 시설들을 점검하여 그 시설들이 국제적인 법 기준에 부합하는지를 확인했다. 그들은 이러한 노력을 이라크 군대 또는 경찰의 업무담당자들과 합동점검팀을 구성하여 실시함으로써 민주사회에서의 법치의 중요성을 드러내고자 했다.

공감

권위적인 정부의 몰락과 그로 인해 이라크 지역에 나타난 권력의 진공상태는 많은 이라크인이 생존을 위해 지역 유지들이나 전통적인 부족적 구조에 다시 의지하게 만들었다. 미국이 이라크를 침공하기 전에 미국의 가장 뛰어난 군사 및 정보 전문가들 사이에서도 극히 일부만이 이라크를 안정화시키고 치안을 유지하는 데 지역 유지들이 얼마나 중요한지에 대해 인식하고 있었다. 이러한 실수가 탈 아파르에서 이슈의 전략적 중요성을 인식한 전술적 수준의 리더들을 만들었다.

지역적 리더십 역학관계의 중요성을 인식한 리더들은 지역주민과 공감을 나누고 그들의 요구에 근거하여 전략을 수립하는 비범한 능력을 발휘했다. 일부의 경우 이러한 지식은 대반란전과 복잡한 안보 환경에 대한 광범위한 전문적 독서를 통해 형성되었다. 다른 경우에는 군 리더들이 지역주민의 의견을 듣는 데 많은 시간을 투자했기 때문에 지역 유지들과 부족 구조가 치안을 개선하는 핵심적인 열쇠를 쥐고 있다는 사실을 간단히 인지할 수 있었다.

공감능력을 가진 리더들은 지역 이라크인의 지지를 얻어야 한다는 중요성 역시 인식했다. 특정 지역에서의 군사작전은 종종 담, 울타리 그리고 개인 주택 같은 기반시설들에 어쩔 수 없이 피해를 입히게 된다. 진실한 공감과 전략적 리더십을 보여주기 위해 탈 아파르의 지휘관들은 법무관들에게 피해에 대한 투명한 보상절차를 구축하여 예컨대 "울타리를 고쳐라(mend fences)"라고 구체적으로 지시했다. 탈 아파르의 시장인 알지보리(Najim Abdullah Al Jibouri)는 이 프로그램의 효과에 대해 다음과 같이 말했다. "당신은 탈 아파르에서 가장 강력한 권력이다. 따라서 미안하다고 말할 필요가 없었다. 그러나 우리는 당신이 그렇게 한 것에 대해 경의를 표한다."

알안바르 지역으로 옮기기 전에 탈 아파르에서 근무했던 맥파랜드는 "탈 아파르에서의 성공열쇠 중 하나는 주민이 존경하는 시장이 이끄는 신뢰할 만한 지역 정부를 구축하는 것이었다"[11]고 말했다.

지역적 참여는 본질적으로 임시방편 또는 전술적인 것과는 거리가

---

11 Smith and MacFarland, "Anbar Awakens," p. 46.

멀다. 지상의 훌륭한 리더들은 가장 적절한 개인들을 식별하고, 그들의 동기부여 정도와 관심을 평가하며, 전략적 계획을 만들어내는 공식적인 참여 절차를 만들었다.[12] 탈 아파르의 지휘관들은 뒤로 물러나 지역 이라크 유지들의 전반적 상황을 살펴본 후에 자신들이 의도한 방식으로 전문적 지식과 영향력을 활용하는 방향으로 나아갔다.

알안바르 지방의 지역 및 부족 리더들과 협조한 미군 부대들의 활약은 문서로 정리되고 평가되었다. 대다수의 전문가들은 그러한 "깨우침"이 이라크 안보 환경의 전략적 방향을 바꿨다는 데 동의한다. 언급한 대로 2006년 6월 탈 아파르에서 라마디로 재배치되기 전에 맥파랜드와 그의 부하들은 탈 아파르에서 시행된 성공적 전략들을 가장 가까이에서 직접 목격했다. 맥파랜드는 이전 지휘관에 비해 20%가 적은 병력과 탱크들을 보유하고 있었다. 그는 자원의 부족을 염려하는 대신에 명확하고 설득력 있는 전략을 수립했다. "사람을 얻자. 전쟁에서 승리하자." 그는 이라크 리더들과 개인적인 관계를 유지하고, 지역 치안군을 창설했으며, 이라크 보통 시민의 일상의 경제적 삶을 개선해야 한다는 필수적인 요구를 인식했다. 이후에 맥파랜드는 이와 동일한 전략을 라마디의 위대한 성공에도 적용했다.

창의성

풀러(J. F. C. Fuller) 소장은 그의 오래된 글 《제너럴십(*Generalship*)》에서 창의성이 장성급 장교 수준의 전략적 리더에게 핵심적인 미덕임을 강조했다. 풀러는 "적이 예측하지 못하는 무언가를 할 수 있는" 정신적 능력과 창의적으로 사고할 수 있는 지성이 가장 어려운 전장 시나리오들에서 리더들에게 성공을 가져다준다고 믿었다.[13] 풀러는 미군이 탈 아

12 Michael Eisenstadt, "Tribal Engagement Lessons Learned," *Military Review*, September/October 2007.

13 J. F. C. Fuller, *Generalship* (CITY: Military Service Publishing Co., 1936), p. 32.

파르에서 치안을 확보할 수 있도록 해준 창의적인 전략들을 고안해낸 전술적 리더들을 자랑스럽게 생각할 것이다. 알안바르 지방에서 동일한 노력이 이뤄지기 거의 2년 전인 2005년, 탈 아파르의 육군 리더들은 일반적인 표준작전절차와 전술들을 지역의 특수한 환경에 맞게 변형시킴으로써 전략적 리더십을 분명하게 보여주었다. 지금은 너무나 유명한 이라크 전략인 "소탕, 유지, 구축(clear, hold, and build)"은 그 당시에는 매우 새로운 개념이었다. 그러나 맥마스터와 맥파랜드 같은 리더들은 창의적이고 고정관념에서 벗어난 사고의 필요성을 인식했다. 〈뉴욕타임스〉 기사대로 탈 아파르는 "하나의 전략이 순환을 깨뜨리는 일종의 시험 사례다. 반군을 축출하기 위해 전투에 단련된 미군을 부족 리더들과 함께 일하게 한 다음 평화를 유지하기 위해 이라크 군대를 남기는 방식이다."[14]

변혁적 리더

전략적 리더십에 대한 분석은 비전 실행에서 너무나 자주 리더의 적극적 관여의 중요성을 간과한다. 일반적으로 학자들이 '변혁적 리더'라고 명명하는 가장 효과적인 군 리더들은 부하들을 기계적인 표준작전절차의 거래들 너머로 이동시키는 인물들이다. 변혁적 리더들은 전략의 중요성을 분명하게 인식함으로써 더 큰 목표를 달성하기 위해 전술적 및 작전적 제한요소들을 초월하게 만든다. 탈 아파르에서 지휘를 맡았던 변혁적 리더들은 심지어 더 낮은 수준의 조직에게도 전략적인 의사결정을 강조함으로써 반드시 전략의 실행이 이뤄지게 했다.

자신감은 대부분 전략적 리더들의 공통된 특성이다. 그러나 탈 아파

14 Oppel, "Magnet for Iraq Insurgents."

르 같은 환경에 있던 리더들은 구분되는 두 가지 방식으로 자신감을 보유했다. 첫째, 자신감은 그들로 하여금 그때까지 이라크의 다른 지역에서 시험되거나 지지되지 않았던 독특한 치안 전략을 추진토록 했다. 이러한 자신감은 그들의 개인적인 의사결정을 넘어 확장되었다. 또한 탈 아파르의 전략적 리더들은 더 큰 전략과 비전을 수행하기 위한 가장 효과적인 방법들을 고안하도록 부하들에게 권한을 위임했다. 변혁적 리더들은 공유된 권력과 권한을 통해 부하들이 기대 이상의 성과를 낼 수 있도록 해준다. 리더들은 치명적이지 않은 목표들에 대한 창의적 해결책을 모색함으로써 부하들도 시도해볼 수 있었고, 또 실패할 수 있다는 것을 강조함으로써 중대급 장교들에게도 전략적 의사결정을 독려했다.

예를 들어, 2006년 여름에 탈 아파르에서 아마도 가장 큰 활약을 보인 장교는 맥파랜드도 아니고 대대장들도 아니었다. 그는 바로 대대 민군작전장교였던 필라이(Chad Pillai) 대위였다. 그는 탈 아파르를 전체적인 관점에서 보았고, 농업이 그 도시의 경제를 이끌어야 한다는 것을 깨달았다. 그는 10개월간 탈 아파르에 근무하면서 협동농장을 만들기 위해 교주들을 불러 모았고, 투명하고 효율적인 계약자 경매 시스템을 개발했다. 또한 개인적으로 탈 아파르 중소기업센터를 만들어 가동시켰다. 역사가들이 이라크 전쟁에 대해 논할 때, 그들은 마땅히 퍼트레이어스 장군, 크로커(Ryan Crocker) 대사, 맥마스터 및 맥파랜드의 이름을 언급할 것이다. 그러나 필라이 역시 그 대화의 공간을 차지할 자격이 있다.

많은 학자가 변혁적 리더십에서 "리더다운 모습"의 중요성에 대해 언급해왔다. 일반적으로 리더다운 모습을 갖춘 리더는 독특한 형태의 진지함 또는 소통능력을 지니고 있다. 리더다운 모습은 근본적으로 리더로서의 진지함과 조직에 대한 지휘권을 구축해준다. 육군 리더들은 탈 아파르의 복잡한 안보 환경에서 리더다운 모습의 개념을 두 가지 방식으로 다시 정의했다. 첫째, 리더들은 그 지역의 가장 변동성이 심하고 위험한 지역들에서 치안 주둔군의 필요성을 전략에 통합시켰다. 예를 들어, 탈 아파르의 육군 리더들은 반군 또는 알카에다에 의해 통제되고 있는 지역들을 전투 전초기지로 활용함으로써 전략적 주둔군을 구성할 수 있음을 인식했다. 이 개념은 전략적으로 사고된 리더십을 증명해주었고, 알안바르 지역의 차후 작전에서 중요한 구성요소가 되었다.

둘째, 육군의 리더들은 전략적 치안을 담당함에 있어 리더다운 모습의 중요성을 인식시켜주기 위해 이를 몸소 보여주었다. 최고의 육군 리더들은 위험지역을 순찰하기 위한 대형편성에서 선두에 서는 것이나, 전투 전초 임무를 수행하는 부하들과 함께 식사하고 취침하는 것을 두려워하지 않았다. 이러한 행동은 리더들이 그들의 전략을 믿고 있다는 것을 부하들과 이라크인 모두에게 분명하게 보여주었다. 더 중요한 것은 이러한 행동들이 부하들로 하여금 상관 및 부대의 대단히 중요한 임무에 대해 강력한 개인적 동일시를 가능하게 했다는 것이다.

이 글은 이라크 북서부의 작은 도시에서 복무한 육군 리더들의 활약을 기술하고 있다. 그러나 이 글의 진정한 의도는 부하와 조국을 위해 어떠한 사람이 전략적 리더가 될 수 있으며, 또 어떠한 사람이어야 하는가를 보여주는 것이다. 전략적 리더는 비전을 가지고, 전체적이고 창의적이며, 타인의 공감을 불러일으킬 수 있고, 변혁적이며 권한을 위임하고, 개인적인 위험감수를 두려워하지 않는 리더다. 맥마스터와 맥파랜드는 2005년 중반부터 2006년 중반까지 이라크의 탈 아파르에서 전략적 리더십을 몸소 보여준 리더들이다. 맥파랜드와 그의 부대는 탈 아파르에서 배운 것을 기반으로 하여 나중에 알안바르 지방에서 성공을 거뒀다. 맥마스터와 맥파랜드는 함께 이라크 전쟁의 궤도를 바꿨다. 이라크의 궁극적인 미래는 의문으로 남아 있다. 그러나 역사가들이 분쟁의 중요했던 시기에 서부 이라크에서 미군의 활동상을 되돌아볼 때, 틀림없이 탈 아파르에서 근무했던 전략적 리더들의 비범한 성과에 대해 언급할 것이다.

제21장 전략적 리더십의 개선

마이클 플라워스(Michael Flowers) 준장

현대의 작전환경, 전력 설계, 전장에서의 정치적 및 군사적 복잡성, 연합 및 합동 작전, 그리고 임무 수행은 과거보다 경력상 좀 더 빠른 시기에 전략적으로 내포된 의미들을 이해할 리더들을 요구하고 있다. 따라서 미 육군은 리더 개발 과정에서 좀 더 일찍 전략적 리더십을 기르기 위한 장교 교육을 시작해야 한다. 미국 법률 제10조 "국군" 항에서 미 육군이 책임을 수행해야 할 환경은 전례 없는 방식으로 확대되었다.[1]

임무의 범위, 다양성 그리고 복잡성이 증대됨에 따라 육군은 과거 그 어느 때보다 더 큰 요구에 직면해 있으며, 성공적인 임무달성을 위한 방법들은 더욱 모호해졌다. 따라서 육군은 전통적인 수행 제대와 연관된 전통적 리더를 개발하기 위한 패러다임을 재정의해야 한다. 사실상 리더십에서 제대 간의 경계는 너무나 흐려져 거의 식별할 수 없을 정도까지 중첩되어 있다.

전술적 리더들을 전략적 리더들로 개발하고, 그들에게 도전적인 환경에서 지휘할 수 있도록 권한을 위임할 필요성은 그 어느 때보다 명확하다. 대규모 조직, 수천 명의 인원, 그리고 광대한 자원들에 대해 책임을 져야 할 전략적 리더들은 미래의 성공을 위해 더 낮은 수준의 리더십

1 US Code, Title 10, "Armed Forces," online at www.access.gpo.gov/uscode/title10/title10.html, accessed 11 March 2004.

기술들에 의존할 수는 없다.

폭넓게 응용할 수 있는 일련의 한정된 리더십 역량을 사용하여 전략적 리더십 기술을 개발하는 것은 모든 리더십 수준을 초월하여 공통적인 방향을 제시하는 데 하나의 토대로서 매우 중요하다. 폭넓은 역량은 경계를 넓혀줌과 동시에 다양한 수준에서 리더십을 발휘해야 할 리더들에게 연속성을 제공해준다. 육군은 전투를 지휘할 역량이 있고, 자신감이 있으며, 유연한 사고를 갖춘 이들을 요구한다. 고위급 리더들은 국제경제와 즉시적 의사소통이라는 전략적 환경에서 군사적 수단을 적용하는 데 필요한 기술과 자신감을 개발해야 한다.

리더들은 미래의 도전에 성공적으로 대처하기 위해 경력상 좀 더 이른 시기에 작전 및 전략적 수준의 기술들을 체득해야 한다. 육군은 리더들이 성공적인 전략적 리더십을 발휘하고 임무를 달성할 준비를 할 수 있도록 더 일찍 전략적 리더십 개발을 시작해야 한다.

현대의 작전환경은 더욱 복잡하고 예측 불가능하며, 미래의 작전환경 또한 그럴 것이다. 동시대의 위기와 군사적 사건들의 모호성은 육군으로 하여금 다음과 같은 능력을 갖춘 리더들을 경력상 일찍 개발할 것을 요구하고 있다.

- 2차 및 3차 효과들을 예측한다.
- 협상한다.
- 세계화를 이해한다.
- 의견 일치를 도출한다.
- 복잡하고 모호한 상황들을 분석한다.
- 혁신적이고 비판적으로 사고한다.
- 효과적으로 의사소통한다.

작전환경이 더욱 복잡해지고 예측 불가능해진 것은 꽤 오래전부터의 일이다. 비대칭적 환경 또는 비연속적인 전투공간은 베트남 전쟁에서 경험했던만큼이나 2001년 9.11 테러 이후에도 비슷하다. 육군은 현재의 환경에서뿐만 아니라 어떠한 환경에서도 작동하는 장교단을 필요로 한다. 육군은 미래의 환경에 대해서도 준비해야 한다. 장군들은 분명히 그러한 기술들을 갖춰야 한다. 중대의 지휘관들과 영관급 장교들 역시 복잡한 작전환경에서 각자의 행동에 내포된 전략적 함의들을 인지해야 한다.

보스니아의 NATO 안정화작전부대(Stabilization Force: SFOR)에 대한 신세키 전직 육군참모총장의 언급은 전략적 기술을 위해 더 나은 전문성을 개발해야 한다는 내용이다. 그는 안정화작전부대의 지휘관이 된다는 것은 "내가 경험했던 것들 중에서 가장 어려운 경험이었다. 어떠한 것도 당신을 준비시켜주지는 못한다"[2]고 말했다. 보스니아와 다른 여러 지역에서 전개된 평화작전들 중에는 초급 장교들마저 그들의 전술적 결정이 즉각적인 전략적 결과를 초래할 가능성이 있는 도전들에 직면하게 된다. 그에 따라 낮은 수준의 제도적 교육 및 훈련이 제공하지 않는 전략적 인식을 개발할 필요가 있다.

육군의 리더십 연구는 신세키의 의견과 일치한다. 어떻게 전략적 리더들을 개발하고, 전략적 리더십을 개선할 것인지에 대한 더 많은 노력이 필요하다. 육군의 리더들에 대한 연구, 보고서 그리고 분석들은 모든 수준의 리더십에 개선의 여지가 있으며, 그중에서도 특별히 전략적 수준에 그러한 여지가 있다는 것을 확실히 보여준다.[3] 개선은 육군의 변혁

---

2 Howard Olsen and John Davis, "Training US Army Officers for Peace Operations—Lessons from Bosnia," *US Institute of Peace Special Report*, 29 October 1999, 1.

3 John A. Spears, Emil K. Kleuver,William L. Lynch, Michael T. Matthies, and Thomas L. Owens, "Striking a Balance in Leader Development: A Case for Conceptual Competence," National Security Program Discussion Paper Series, no. 92-102, John F. Kennedy School of Government at Harvard University, Cambridge, Massachusetts, 1992; Stephen J. Zaccaro, "Models and Theories of Executive Leadership: A Conceptual/Empirical Review and Integration," US Army Research Institute for the Behavioral Sciences, Alexandria, Virginia,

을 성공적으로 이끄는 핵심이다.

육군의 혁신적인 변화를 도모하고, 모호하고 비연속적인 전투공간에서 병사들을 지휘하는 것은 비전 제시 및 합의 도출 같은 전략적 리더십 기술들과 자기인식 및 적응성 등의 핵심적 리더십 역량들을 필요로 한다. 이러한 기술들을 개발하기 위해 육군은 신입 및 임관 전 교육기간 동안 광범위한 교리적 역량들을 소개해야 한다.

변화가 요구되는 이유

육군의 조직문화는 전략적 리더 개발에 방해가 되고, 때로는 양날의 검이 될 수 있는 많은 도전과 장애물을 지니고 있다. 양날의 검이란 전술적 작전을 용이하게 함과 동시에 전략적 수준에서 효과적으로 작동하기 위해 필요한 의사소통을 억압할 수도 있다는 것을 의미한다. 전통적인 위계는 종종 장교들에게 그들의 영역을 보호하고 정보를 제한하며, 여과 및 통제하도록 가르친다. 전략적 수준에서의 의사소통은 다음을 요구한다.

- 정보 통제가 아닌 정보 공유
- 계급에 의해 결정된 토론이 아닌 공개된 대화
- 자기영역 고수가 아닌, 융통성 있는 관점 수용

전술적 및 작전적 역할을 준비하기 위한 육군의 장교 리더십 훈련은

October 1996; Richard A. Gabriel and Paul L. Savage, *Crisis in Command: Mismanagement in the Army* (New York: Hill and Wang, 1978); Garry Wills, *Certain Trumpets: The Nature of Leadership* (New York: Simon & Schuster, 1994); *US Army Training and Doctrine Command*, The Army Training and Leader Development Panel (Officer Study) (Washington, D. C.: US Government Printing Office, 2001).

일반적으로 체계적이다. 그러나 전략적 역할에 대비한 훈련은 미비한 상태다. 일부 리더들은 전략적인 것에 초점을 두는 것을 군인답지 않은 것으로 간주하기도 한다.[4]

고위급 군사대학에 다니는 많은 장교들은 전술의 영역으로부터 결코 빠져나오지 못한다. 일부 인원들은 직접적인 기술이 아닌 리더십 기술을 전혀 개발하지 않는다. 사단장 및 부사단장들은 매일 제공하는 지휘의 전술적 작전들을 감독한다. 전략적 인식을 개발하는 것은 경력의 후반부에 이를 때까지 최우선순위가 되지 못한다. 있다 하더라도 극소수의 자질 훈련만이 중대 및 영관급 장교들을 위한 전략적 이슈들이 포함된 육군의 교육과정에 존재한다.

육군의 빠른 작전속도는 즉각적인 유용성이 없는 문제들을 개선할 기회를 거의 제공하지 않는다. 그러나 동시대의 작전환경은 부대 리더들에게 전술적 맥락에서 전략적 맥락으로 신속하게 이동하고 동일한 기술로 그들의 부대들을 지휘하도록 요구하고 있다. 미래의 교리가 이러한 능력을 우리에게 더 일찍 요구하게 될 것임을 알고 있으면서도 이러한 패턴을 지속할 수 있는가?

전략적 리더십은 세 가지 수준 모두의 전쟁과 더 큰 전체의 일부로서 군대가 어떻게 기능하는지를 이해할 것을 요구한다. 현재 진행되고 있는 테러와의 국제적 전쟁을 생각해보라. 육군참모총장 슈메이커(Peter J. Schoomaker) 장군은 "우리는 아프가니스탄에서 우리의 의지를 보이기 위해 탈레반에 대한 반대라는 수확을 거둬들였다"[5]라고 말하며, 군사적 경계를 초월하는 아이디어를 강조했다. 그의 개념은 환경에 대한 예리한

---

4 Michael D. Pearlman, in *Warmaking and American Democracy* (Lawrence: University Press of Kansas, 1999), 20, says, "At best, said the commandant of the National War College in 1990, the Armed Forces 'presume there is something unsoldierly about an officer who grows to intellectual stature in the business of military strategy.'"

5 Interview with Gen. Peter J. Schoomaker, Frontier Conference Center, Fort Leavenworth, Kansas, 29 November 2001.

식견으로서, 어느 전쟁대학에서 가르치는 것을 뛰어넘은 것이다.

최근의 분쟁들을 특징짓는 모호성은 단순한 전술 수준의 리더십을 훨씬 능가하는 기술들에 대한 필요성을 보여준다. 지대한 영향을 가져오는 작전의 군사적, 경제적, 정치적 그리고 외교적 시사점들을 가정했을 때, 리더로 하여금 전략적 관점을 유지하면서도 모든 수준에서 작동하도록 요구하는 군사적 중심은 존재하지 않는다.

육군은 일반적으로 직접적 수준의 리더십에서 성공을 거둔 지휘관들을 진급시키고 선발한다. 이러한 선발절차의 모호하면서도 다소 미약한 가정은 직접적 수준의 리더십에서 성공한 이들이 점차 더 높은 지휘제대로 올라감에 따라 전략적 리더십에 필수적인 기술 및 경험들을 얻게 될 것이라는 점이다.

장군들의 이력서를 살펴보면 그들이 종종 양질의 심사숙고와 연구기회를 제공하는 임무에는 거의 시간을 할애하지 못했다는 것을 알 수 있다. 작전적인 임무는 일상적인 것들이다. 많은 수의 장군들이 기술들에 대한 심사숙고와 완전한 이해가 거의 필요치 않은 단지 하나의 비작전적인 임무를 수행했다. 헌툰(David Huntoon) 준장은 "우리는 장교들을 진급의 문으로 너무 바삐 몰아간다. 그래서 그들이 복잡한 전장에서의 성공을 위해 필수적인 본능, 식견, 예측력 그리고 지혜를 한곳으로 모으는 능력을 기르는 데 필요한 경험과 전문지식을 축적하고 있는지를 확인할 수 없다"[6]고 말했다. 육군의 참모로 근무하는 장군들뿐만 아니라 선임 참모로 근무하는 대령들 역시 합동참모본부나 국방부에 근무하는 대령들이 얻게 되는 식견을 얻지 못한다. 국무부, 국가안전보장회의,

---

6 Gen. David Huntoon, "General Officer Strategic Development," Information paper, 4 October 2001. Few officers have spent significant time in joint and multinational assignments that could broaden their perspective and give them the opportunity to learn how the Department of Defense, the Executive branch, and foreign militaries operate. The Army does not always consider officers who have spent considerable time in joint assignments as being as "competitive" as officers who remain in Army billets. The Army must value their experiences in tangible ways.

CIA 그리고 NATO에 있는 사람들과 매일 연락을 취해야 하는 임무를 수행하는 장교들은 좀 더 폭넓은 관점과 전략적 이슈들의 미묘한 차이를 이해하는 능력을 개발하게 된다.

교육도 받으면서 정부 부서 간의 업무과정을 경험하는 것은 고위급 리더들에게 더욱 유용하다. 장교 경력의 이른 시기에 연합, 정부 부서, 그리고 다국적 임무수행은 물론 증대된 전략 및 정치적 시사점들을 내포한 작전을 경험하는 것이 당연시되어야 한다. 이는 중간수준의 보직들을 관리하는 방법에 대한 변화의 필요성을 제기한다. 육군은 전략적인 책임을 지는 자리에 오를 가능성이 높은 이들에게 다양한 경험을 제공해야 한다. 육군은 또한 어떠한 보직들이 중요하며, 미래의 전략적 리더들을 개발하기 위해 병과들이 보직에 얼마만큼의 재량권이 있는가를 재검토해야 한다.[7]

육군이 필수적인 전략적 리더십 기술 개발을 확실히 하기 위해서는 보직 절차를 신중하게 관리해야 한다는 것은 자명하다. 육군은 적절한 기회가 있을 때 활용할 가치가 있는 보직들을 신중히 파악하고 관리함으로써 보직 절차를 개선할 수 있다. 더 높은 수준의 기술들을 개발해야 하기에 전략적 리더십 기술들을 증가시키는 주제들에 대해 제도적 및 작전적으로 모든 수준에서 육군의 리더들을 교육해야 한다는 중요성이 증대되었다.

육군 장교들의 전략적 리더십 기술들을 개선하는 것은 입대와 임관 이전부터 시작되어 장성급 장교 수준에 이르기까지 지속되어야 한다. 역량 있는 장군이 된다는 것은 평생의 교육, 훈련 그리고 경험을 요구한다. 육군의 목표는 필수적인 기술들을 보유하고 전략적 리더십에 반드시 필요한 행동들을 올바로 수행하는 방법을 배운 장교단을 개발하는

7 Col. James Greer to Lt. Gen. James C. Riley, e-mail, "Tng (Training) strategic leaders," 12 July 2002.

것이 되어야 한다.

많은 일화적 및 체계적 증거를 살펴보면 일부 전략적 리더들은 사소한 일까지 관리하기에 급급하며 직접적 리더십 방식에 과도하게 의존하고 있다는 것을 알 수 있다. 사소한 일까지 관리하는 것은 창의성을 억압하고, 허락을 구하는 형태의 행동을 조장하는 환경을 만들어 "담대하라" 그리고 "위험을 감수하라" 등과 같은 격언들을 단순한 미사여구로 격하시킨다. 장교들에게 전략적 리더십에 대해 일찍 교육시키는 것이 필수불가결한 전환을 더욱 가능성 있게 만들 것이다.

전략적 리더십의 개선

현재의 육군 장교교육 시스템은 펜실베이니아 주 칼라일 배럭스(Carlisle Barracks)에 위치한 육군전쟁대학(AWC: Army War College)에서 전략적 리더의 개발을 시작한다. 캔자스 주 레번워스 기지(Fort Leavenworth)에 위치한 미 육군 사령부와 일반 참모대학 역시 전략가를 연구하는 과정을 추가했다. 육군이 국가에 대해 맡은 책임을 완수해가는 환경이 변하고 있고, 이러한 새로운 작전환경에 수반되는 요구조건들을 고려해보았을 때, 육군대학원 수준에서 전략적 리더들을 개발하는 것은 너무나 늦었다.

리더 개발과정은 적절한 시기에 적절한 기술을 지닌 리더들을 양성해내는 혁신적인 훈련 및 교육을 요구한다. 그리고 분명한 것은 전략적 리더십의 개발이 빠르면 빠를수록 장교, 육군 그리고 국가에 더욱 유익하다.

육군은 일부 매우 뛰어난 제도적 과정들을 보유하고 있지만, 현재 전략적 리더들을 개발하는 합동적인 방법론은 없는 실정이다. 불행하게도 기존의 과정들은 과거의 패러다임에 근거하고 있다. 즉 리더들에게 다음 수준의 성과와 연관된 기술들을 훈련하기 전까지는 리더들이 특정 형태의 발전적인 질문들에 도달하기를 기다리고, 미래의 성공을 예측하기 위해 그보다 낮은 수준의 임무수행에 성공했느냐에 의존하는 방식이다.

오늘날 존재하는 교육과 훈련의 간극을 메우기 위해서는 패러다임 파괴적이며 다차원적인 리더십 역량 개발이 필요하다. 육군이 교육을 더 잘 활용한다면 리더십 역량 개발의 효과를 증대시킬 수 있다. 주어진 임무를 통해 전략적 리더십 역량을 발휘하고 개발하도록 요구할 수도 있다. 육군과 리더 본인은 자기개발을 통해 역량 개발을 강화할 수 있을 것이다.

제도적 기회

육군은 육군 내의 학교들과 과정에서 전략적 리더십 교육을 강화해야 하며, 이러한 노력을 장군이나 육군대학원 과정에만 한정하지 말아야 한다. 육군은 중간수준의 교육에서 전략적 사고의 기술과 관련된 요소들을 소개하고 이를 육군대학원에서 확대해야 한다. 교육과정은 피드백과 변화하는 작전환경을 반영하여 주기적으로 검토되어야 한다. 장성관리실(GOMO: General Officer Management Office)을 통해 제공되는 교육훈련을 검토해보면 전술적 및 작전적 수준에서는 유용하고 집중된 교육훈련이 있는 반면, 전략적 수준의 노력은 거의 없다. 현재 장성관리실의 교육훈련은 11개 과정을 개설하고 있지만, 그중 3개만이 전략적 리더십 이슈들을 다루고 있다.

- 준장교육훈련과정(BGTC: Brigadier General Training Course)은 차세대 장군들에게 장군으로서의 경험을 소개한다. 그러나 전략적 리더십 기술에 대한 토의들은 일화적인 것들이다. 전략적 리더를 훈련시키기에 3일은 충분하지 않은 시간이다. 준장교육훈련과정은 전략적 리더십에 초점을 맞춘 세션을 쉽게 추가할 수 있을 것이다.

- 최고성취과정(The Capstone Course)은 6주간 진행되지만, 많은 시간이 전 세계의 사령부들을 방문하는 데 할애된다. 이 과정은 버지니아 주 서퍽(Suffolk)에 위치한 합동전투센터(Joint Warfighting Center)에서 실시하는 3일간의 훈련을 제외하면, 진정한 전략적 수준의 리더십 훈련은 제공하지 않고 있다. 15일간의 해외여행을 통해 장군들이 얻는 전략적 지혜는 기껏해야 우연히 발견하는 것들이며, 이 또한 자신보다 나이가 많은 멘토에게 배우거나 관광과 집중적인 학습 사이에서 갈피를 잡지 못하면서 얻게 되는 것들이다.
- 육군 전략적 리더십 과정(The Army Strategic Leadership Course)은 변화를 효과적으로 관리할 수 있는 전략적 리더들을 개발하는 거대한 발걸음이다. 이 과정은 현재 준장 및 소장으로 구성된 목표 청중을 전직 여단장들, 사단 참모장, 군단 작전참모 및 다른 고위급 대령들을 포함하도록 확대할 수 있을 것이다.

다른 기회들. 장군들은 또한 케네디 스쿨이 제공하는 전략적 수준의 프로그램들이나 플레처 콘퍼런스(Fletcher Conference)에 참여하여 지식을 획득할 수도 있다. 합동, 다국적 그리고 정부부서 간 워게임 역시 유용한 교육과 훈련을 제공한다. 육군은 가능한 지역에서 이러한 프로그램들에 참여할 기회를 확대해야 한다. 준장 전체를 대상으로 한 의무적 프로그램인 창의적 리더십센터(The Center for Creative Leadership) 세미나들은 전략적 수준의 이슈들에 집중하고 있다. 대부분의 참석자들은 민간 산업 영역의 일선관리자들과 조직 수준의 리더들이다.

전략적 교육 프로그램들을 제공하는 학문적 기관들과 파트너가 될 기회는 2001년에 일어난 9.11 테러 이후에 증가됐다. 조지타운, 아메리칸, 조지워싱턴 및 몇몇 대학들과 워싱턴 D. C.에 있는 싱크탱크들과의 연결 또한 유용한 기회들을 제공하고 있다. 국가안보 리더십과정(National Security Leadership Course)과 연계하며 장군관리과정(GOMO)을 개설한 시라큐스 및 존스홉킨스대학과의 파트너십은 협동적 노력의 좋은 예다. 양질의 원격교육 기술은 사용자들에게 유사한 기회들을 더 큰 규모 또는 더 작은 규모로 이용할 수 있게 해준다. 그럼에도 불구하고 모든 사령부에서 유난히 빠른 작전속도에 직면하는 고위급 리더들이 그러한 과정에 다닐 기회를 조율하는 것은 어려운 일이다.

과거에는 협회들이 선발된 장교들에게 전략적 시각을 갖출 기회를 제공했다. 현시대의 작전환경은 전략적 리더들에게 국가권력의 도구들과 현재 및 미래 위협의 비대칭적인 특성을 이해할 것을 요구하고 있다. 육군은 심사숙고를 위한 양질의 시간을 만들기 위해 학습과 교수 모두에서 교육에 대한 편견을 극복해야 한다. 육군은 교육 관련 직위 및 학교에 있는 장교들의 수와 질을 증대시키는 것을 고려해야 하며, 소수의 선발된 인원에 대해서는 교육의 대가로서 연장된 기간 동안 근무할 수 있도록 해주어야 한다. 헌툰(Huntoon)에 따르면 "우리의 영관장교들이 석사에서 박사 수준의 집중적인 교육을 이수할 수 있도록 더 많은 기회를 제공할 필요가 있다. 후자의 경우는 출석, 원격학습 또는 중간형태의 수단들을 통해 육군 고위급 기관의 센터들이나 양질의 민간 대학원 센터들을 통해 제공받을 수 있다."[8] 만일 육군이 더 많은 양질의 전략적 리더들을 개발하고자 한다면, 육군의 조직문화를 변화시키는 일에 투자하고 헌신해야 한다. 제도적인 육군은 전략적 리더들을 준비시키는 일에 결정적인 역할을 한다.

작전의 기회

작전의 기회는 전략적 전적지 답사와 전략적인 훈련과 평가를 포함해야 한다. 전략적인 훈련과 평가의 예로 사단에 속하지 않는 부대 또는

8 Huntoon.

군단을 지휘하는 장군들에 대한 전투지휘훈련 프로그램(BCTP: Battle Command Training Program) 평가를 들 수 있다. 전투지휘훈련 프로그램들과 전투훈련센터들은 사단장 및 부사단장들을 위해 전략적 계획 단계를 포함시킬 수도 있을 것이다. 아마도 은퇴한 원로 장교들, 고위 공무원단, 또는 특정주제 전문가들이 참여하는 장성급 회의 수준의 포럼은 전투와 작전 배치를 위한 임무사전연습 훈련에 앞서 참가자들에게 전략적 사고를 배우도록 강요할 것이다.

전 세계에 걸친 전략적 및 작전적 도전들에 관한 장군 수준의 워크숍은 하나의 표준이 될 수 있다. 우리는 이것을 레번워스 기지의 신임 장군 예비지휘과정(PCC: pre-command course)을 통해 참가할 수 있을 것이다. 노르망디 또는 아덴 같은 작전들의 전략적 차원을 생각해보는 것이 포함된 전적지 답사 또한 유익할 것이다. 장교들은 또한 일부 전략적 수준의 일들을 대대 및 여단 지휘를 위한 예비지휘과정(PCC) 기간에 해볼 수도 있다.

리더들을 전략적 상황에 노출시키기 위해 인턴십, 펠로우십, 그리고 합동 참모 또는 국가안보위원회 참모 등에 보직하는 방법들을 활용할 수 있다. 그러한 보직들은 장교들이 전략적 환경에서 공부하고 사색할 수 있는 일정한 시간을 허락해준다. 이러한 시스템을 작동시키기 위해 육군은 그러한 보직들과 전통적인 작전 보직들의 균형을 맞추도록 문화적인 변화를 이뤄야 한다. 육군은 또한 전략적 리더십 기술들을 습득하기 위해 필요한 폭넓은 시각들을 길러주는 직책들에 근무한 사람들을 보상하고 인정해야 한다.

자기개발의 기회

자기개발의 기회들은 명시된 독서목록 또는 원격 및 분산 학습에 의해 전달되는 기능적 과목단위들을 포함해야 한다. 자기개발은 평생학습의 핵심적 토대다. 자기개발은 제도 또는 작전적 기회를 보완해주고, 전략적 변화를 관리하는 리더의 역할을 수행할 수 있는 비판적이고 창의적인 사고를 개발하기 위한 중요한 수단이다.

현재의 군사적 전문 독서목록들은 전략적 리더십에 관한 책들을 거의 포함하고 있지 않다. 전략적 리더들은 전략적 수준에서의 도덕적 차원을 논하는 책들뿐 아니라 전략적 환경 및 리더십에 관한 자료들을 포함하도록 그들의 독서목록을 바꿔야 한다.[9] 육군 리더들은 전략적 리더십에 관한 논문을 게재하거나 책을 집필함으로써 대화를 장려해야 한다.

전략적 리더십의 복잡성을 고려하면, 전략적 리더들을 개발하는 방법을 개선하기 위한 전체적인 접근이 중요하다. 따라서 합동, 부서 간, 그리고 다국적 관점 역시 포함해야 한다. 프랭크스(Tommy Franks)와 슈메이커(Schoomaker) 장군은 합동 임무에 더 큰 가치를 부여해야 한다고 생각한다. 헌툰은 "우리는 육군 중심의 사고를 깨야 한다. 육군의 전략적 리더들은 비대칭적으로 사고할 필요가 있다. 미래의 임무들은 역동적이다. 어떤 경우는 힘을 통한 위협이 더 유용하지만, 어떤 때에는 그렇지 않다"[10]고 말했다. 육군은 이러한 비전을 이해하고 이것을 그들의 부하, 미국 국민, 미 의회, 국방장관 그리고 대통령에게 전달할 수 있는 리더들을 필요로 한다. 슈메이커는 육군의 문화를 바꾸고 "부하들이 창의적이 되도록 허락해주는"[11] 작전 보직과 교육에서의 변화를 권고한다.

전략적 리더십 역량을 갖춘 장교단을 개발하기 위해서는 경험과 사

---

9 Ibid.; Joseph Gerard Brennan and Admiral James Bond Stockdale gave a series of lectures known as the Stockdale Course for senior military leaders at the Naval War College, Annapolis, Maryland. The result was "The Foundations of Moral Obligation," a useful work on ethics and morality for strategic leaders. Two other notable, relevant titles include Michael Walzer's *Just and Unjust Wars: A Moral Argument with Historical Illustrations* (New York: Basic Books, 2000) and Paul Christopher's *The Ethics of War and Peace: An Introduction to Legal and Moral Issues* (Paramus, NJ: Prentice Hall, 1998), which deal directly with moral issues related to the Army's public charter—the ethics of killing.

10 Huntoon.

11 Schoomaker, 29 November 2001. The idea that we need to provide more educational as well as training experiences has broad support.

색에 의해 보완되는 기술을 개발하고, 교육과 특수한 경력 패턴으로 얻는 경험들을 통해 전략적 리더십 기술을 획득하게 해야 한다. 소멸되는 기술을 가르치는 것이 아니라 지속적인 역량을 개발하는 것이 핵심이다. 전략적 리더십 역량을 갖춘 장교단을 개발하기 위해 "검토해야 할 영역들 중 첫 번째는 전략적 리더십 기술들의 집합들을 식별하는 것이다."[12] 이러한 기술을 개발하면 자신감 있고, 교리적으로 역량이 있으며, 인지적으로 회복탄력성이 높고, 모호성을 편안하게 느끼는 장교들이 양성될 것이다. 많은 부분 이미 리더십 교리에 있는 것들이지만, 리더십 역량들을 완전하게 식별하고 나면 그다음 절차는 그것들을 개발하는 방법들을 제도화하는 것이다. 예를 들어, 기술개발 프로그램들을 장교교육시스템과 야전부대에 포함시키는 것 등을 들 수 있다.

장교들은 육군이 그들의 경력에서 일찍 전략적 리더십 기술을 개발하기를 기대하고 있다는 것을 알아야 한다. 기술 개발에서 광범위한 역량 접근법의 가치는 역량이 리더십 수준들을 초월한다는 데 있다. 육군이 초급 장교들에게 개념적인 역량을 갖추도록 훈련시킨다면, 초급 장교들은 그들의 전 경력에 걸쳐 개념적 역량을 보여주길 원하는 육군의 기대를 이해하게 될 것이다.

장기적인 해결책은 장교의 전 복무기간에 걸쳐 적절한 교육기회를 제공하는 데 초점을 맞추는 것이다. 장교들로 하여금 과거의 경험들을 회상하게 해주는 교육적 기회들은 가치 있는 일이며, 여기에는 학생의 책무뿐만 아니라 가르치는 것도 포함될 수 있다.[13]

---

12 Memorandum Thru Vice Chief of Staff, Army, for Maj. Gen. Robert R. Ivany, Commandant, US Army War College (USAWC), Carlisle Barracks, Pennsylvania, "Charter Guidance—USAWC Student Studies on Strategic Leader Skill Sets and Future War, Future Battlefield," 1.

13 Gen. Dwight D. Eisenhower often noted that his experiences as a teacher helped him prepare for high levels of leadership. Generals Tommy Franks, Eric K. Shinseki, Creighton Abrams, John M. Keane, and Montgomery C. Meigs had similar educational teaching assignments. Many others have had broadening educational experiences—with opportunities for quality reflection—that have helped them develop the requisite skills for successful strategic

국가에 대한 봉사

현재 및 미래 작전환경(COE/FOE)과 미래의 육군은 대인관계적 역량뿐만 아니라 개념적 역량을 보유한 교리적으로 역량 있는 리더들을 필요로 하게 될 것이다. 뛰어난 전략적 리더들은 이미 오래전에 이를 깨달았다. 마셜은 육군참모총장에 임명될 당시를 회상하며, "58세의 나이에 군사 교범들이나 전장에서 배울 수 없었던 새로운 기교들을 배워야 한다는 사실이 나에게 명확히 다가왔다. 이 직책에서 나는 정치적인 군인이며, 큰소리로 명령하고 뒤에서 성급한 결정을 내리는 것을 훈련해야 하며, 설득과 교활함의 기술을 배워야 할 것이다. 나는 완전히 새로운 일련의 기술들에서 전문가가 되어야 한다"[14]고 기록했다.

많은 사람이 동의하는 기술 습득의 한 측면은 전략적 리더십 기술들을 얻기 위해 장군이 될 때까지 기다리는 것은 너무 늦다는 것이다. 실제로 개념적 및 인간관계적 역량을 개발하는 일은 훨씬 일찍 시작해야 한다. 그러나 교육의 기회를 넓히고 사색적 사고를 위한 시간을 제공하는 일들을 포함하는 임무들은 전략적 리더 개발의 열쇠다. 내일을 위해 전략적 리더들을 개발하는 것은 변화를 요구한다.

육군은 현재 및 미래 작전환경에서 진화하고 성공하기 위해 반드시 적응적이어야 한다. 육군의 리더들은 위험을 무릅쓰고 담대하게 나아가야 한다. 변화를 이끄는 것은 언제나 어렵다. 그러나 육군의 성공은 앞으로 나아가는 것에 달려 있다. 육군은 조직문화의 일부에 도전하고 이를 변화시켜야 한다.

육군은 전략적 리더십을 연구하고, 배우고, 이해하고, 적용할 가치가 있는 주제로 간주해야 한다. 육군은 장교의 전 경력에 걸쳐 전략적 리더

---

leadership.

14 US Army Field Manual 6-22 (formerly 22-100), *Army Leadership* (Washington, DC: US Government Printing Office, 31 August 1999), 7-1.

십을 개발할 수 있는 경로를 시작해야 한다. 육군 변혁이 이러한 기회를 제공한다. 지금이 장교교육 시스템을 변화시키면서 장교 경력의 더 이른 시기에 그리고 교육과정에서 더 자주 전략적 개념들과 리더십 역량들을 소개할 때다.

자신감과 지속되는 역량개발에 바탕을 둔 교육을 받은 장교단이 어떠한 환경에서도 승리할 수 있는 육군을 이끌어나갈 것이다. 이러한 장교들이 끊임없이 자신을 개발하며 국가에 봉사할 준비가 되어 있는 자기인식능력과 유연한 사고를 갖춘 전략적 리더들이 되어줄 것이다.

제22장 게티즈버그 리더십의 경험

배우고, 이끌고, 따르는

로렌스 테일러, 윌리엄 로젠바흐
(Lawrence P. Taylor and William E. Rosenbach)

게티즈버그 전장은 역사와 전술 공부를 위해서뿐만 아니라 동시대의 리더십 개발을 위한 "미국에서 가장 좋은 교실"이라고 일컬어져왔다. 리더십 개발을 위한 교실은 가르침의 장소이기보다는 배움의 장소라고 이해하는 것이 적절하다고 생각한다. 게티즈버그 리더십 경험(GLE: Gettysburg Leadership Experience)은 동시대의 리더십 이슈들에 대한 은유로서 역사를 활용하도록 설계된 신선하고 독특한 리더십 개발 접근법이다. 이 프로그램은 대규모 및 소규모 그룹의 상호작용을 포함하여 다양하게 갖춰놓은 리더십 스타일들을 통합한다. 학습 경험에서의 다양성은 심층 사례연구, 다양한 실험적 학습활동, 그리고 변혁적 리더십을 규정해주는 역사적 사례연구의 보조 차원으로서 비디오 클립의 사용을 포함하는데, 이는 전체 프로그램의 공통된 가닥이다. 프로그램을 통한 학습 경험의 핵심은 전문 조력자와 함께 1863년 7월에 있었던 사례연구 중의 핵심사건이 일어난 전적지를 방문하는 것이다.

개념적 틀

게티즈버그 리더십 경험의 분명한 특성은 학습의 여덟 가지 기본적 틀을 토대로 하며, 구체적인 내용은 다음과 같다.

① 우리는 모든 참가자를 성인 전문가로 대우한다. 우리는 참가자가 전문적 성장 및 개발을 위한 본인의 특유한 잠재력을 인식하게 하는 행동 기반의 다양한 학습 경험에 놓이도록 노력한다.

② 우리는 교실에서 이뤄지는 토의로부터 시작해 실험적인 팀 활동과 게티즈버그 전적지 답사로 이어지는 다양한 학습 경험들을 통합하여 시너지 효과가 나게 함으로써 핵심적인 리더십 개념들을 강화시키는 프로그램을 설계한다.

③ 그야말로 리더십에는 수많은 개념이 있는데, 우리의 핵심적 리더십 개념은 거래적 및 변혁적 리더십이다. 핵심은 참여자들의 변혁적 리더십 기술과 능력을 개발하여 그들이 조직의 변화를 지휘하고, 전략적 수준에서 사람들을 이끌 수 있도록 하는 것이다.

④ 우리는 의도적으로 "전문가적인 지식 전달 프로그램"이 되지 말자고 결정했다. 사실 우리는 리더십을 가르칠 수 있는 것인가에 대해 확신이 없다. 그러나 리더십은 학습되고 개발될 수 있다는 것을 알고 있다. 우리는 이러한 모순을 우리의 전문지식을 프로그램에 녹아들게 함으로써 처리한다. 다양한 종류의 학습 기법들을 통해 참가자들이 전략적 사고 및 행동의 개념적 틀에 대해 더 높은 수준의 이해를 하게 됨에 따라 그들이 생각을 하되 다르게, 더 심각하게, 더 창조적으로, 그리고 더 비판적으로 사고하도록 촉진시키고 고무시킨다.

⑤ 우리의 독창적으로 설계된 사례연구와 이야기들은 1863년에도 존재했고, 오늘날의 직업 및 조직적 삶에도 그대로 존재하며, 세월이 흘러도 변치 않는 행동의 리더십 원칙들을 조명해주는데, 우리는 이러한 것들의 토대로서 게티즈버그의 역사를 활용한다. 이러한 사례연구들을 통해 우리는 참가자들을 지성적으로뿐만

아니라 감성적으로 배울 수 있게 해주는 리더십 은유들을 식별해 낸다. 게티즈버그 전장은 조직성과에서 팔로워십의 중요한 역할과 효과적이고 높은 성과를 창출하는 팀을 만들기 위해 팔로워들을 어떻게 파트너들로 개발시킬 것인가에 대해 특별한 강조를 하는 리더십 실험실이 된다.

⑥ 우리는 지속적인 개선을 믿고 실천하며, 시간이 지나면서 프로그램을 좀 더 깊이 있고 충실하게 하는 방식으로 참가자들의 피드백과 우리 자신의 고민들을 통합시킨다. 우리는 이 프로그램을 자랑스럽게 생각하지만, 완벽하지 않다는 것을 안다. 우리는 각각의 프로그램을 통해 배우려고 노력하며, 미래의 프로그램을 개선하기 위해 배운 것들을 적용시킨다.

⑦ 우리는 프로그램의 게티즈버그 부분이 끝난 후 참가자들의 지속적인 개선에 관여토록 하기 위해 의도적으로 지속 가능성 요소들을 통합시킨다. 이러한 요소들은 정신적인 책갈피로 작동하는 역사적 은유들의 창조적 사용, 거래적 및 변혁적 리더십을 리더의 책임과 게티즈버그의 정서적 지구력과 역사에 상식적으로 적용해 보기, 그리고 지속적 성장 및 자기인식을 위한 중요한 도구로서 주도적 심사숙고의 가치와 활용에 대한 특별한 강조 등을 포함한다.

⑧ 우리는 "한 가지가 모든 것에 적용되는" 프로그램을 제공하지 않는다. 우리는 각 그룹의 의도, 목적 그리고 우선순위에 대해 토의한다. 그리고 우리의 능력 한도 내에서 그들의 특별한 요구에 맞춘 프로그램을 설계하고 전달한다.

전형으로서의 사례연구

여덟 가지 기본적 틀 모두 프로그램의 중요한 구성요소들이지만, GLE(게티즈버그 리더십 경험) 사례연구들은 대부분의 사람들에게 프로그램의 상징적 요소가 되었고, 의미 있는 특별한 취급을 받는다. 우리는 10개의 사례연구를 개발했고, 2개는 개발 중에 있다. 각각은 리더십, 팔로워십 또는 조직역학 등 상이한 관점들을 강조한다.

모든 사례연구는 내용에 있어 상이하다. 내용이 완전히 펼쳐지는 데 대략 반나절이 소요되며, 모두 다음과 같은 공통적인 설계 템플릿을 가지고 있다.

- 경험하게 될 리더십 개념들에 대한 토의
- 게티즈버그 전투에 있었던 사건을 토대로 한 사례연구의 비디오 부분
- 비디오에서 본 사건들이 일어났던 게티즈버그 전장 방문
- 교실 복귀 후 소규모 및 대규모 토론에 대한 마무리

사례연구의 이러한 네 가지 구조적 요소들은 내용에 상관없이 기저에 공통적으로 흐르는 4단계 학습 설계에 대응된다.

- 최초 토의에서 개념의 명확화
- 비디오 부분에서 행동들에 나타나는 개념의 가시화
- 전장 방문이라는 자극을 통해 이슈들에 대한 다양한 가용수단 고려
- 소규모 및 대규모 토론을 통해 그러한 수단들을 참가자들의 현대의 전문적 상황에 적용

이러한 설계를 바탕으로 학습의 핵심은 사례연구의 숙고 및 적용 단계에 있는데, 여기서 참가자들은 역사적 시간들로부터 얻은 통찰력을 그들의 현재 직업적 도전과 기회에 적용하기 위해 병렬적 또는 수평적 사고를 이용하게 된다. 다른 참가자들이 실제로 어떻게 했는가에 대한 구체적인 예와 함께 그러한 과정이 그룹들에게 상세하게 설명될 때, 그들은 그 과정을 받아들이고 그것을 창의적으로 활용하는 경향이 있다. 이 단계에서 각 프로그램의 성과를 규정하는 것은 그들 자신의 자발적인 참여다. 우리의 경험으로는 대부분의 사람들이 자신의 기대를 넘어선다.

게티즈버그의 은유 및 의미

GLE(게티즈버그 리더십 경험) 사례연구에는 각각 하나의 은유가 담겨 있다. 예를 들어, 게티즈버그 전투 첫날 북군에게 전략적 우위가 있는 위치를 제공한 북군 장군 뷰포드[1]의 사례에서 우리의 은유는 '고지'다. 리틀 라운드 톱(Little Round Top)의 좌익을 방어한 메인 20연대[2] 연대장 체임벌린(Joshua Chamberlain)의 사례에서, 보호해야 할 자산을 위태롭게 만드는 실제적 또는 잠재적 조직 취약성에 대한 은유는 '좌익'이다. 이러한 은유들은 참가자들의 마음속에서 정신적인 책갈피로 작동하여 미래에 사례연구의 전반적 내용을 쉽게 회상할 수 있도록 해준다. 은유들은 또한 참가자들에게 공통의 용어로서 이용되고, 그룹 구성원들은 프로그램이 끝나도 수년 동안 그들끼리 소통할 때 이러한 은유들을 사용하곤 한

1 북군과 남군을 통틀어 제일 먼저 게티즈버그로 와서 한눈에 게티즈버그와 주변 지형이 고지를 먼저 장악한 쪽에 유리하다는 것을 간파한 북군의 기병사단장

2 미국 남북전쟁 중 메인 주의 지원병들로 구성된 미국 육군의 보병연대로, 게티즈버그 전투에서 북군 좌익을 방어했으며, 7월 2일의 리틀 라운드 톱의 총검 돌격으로 유명해진 연대

다. 그러나 은유들은 더욱 강력한 목적을 위해 사용된다. 한 CEO는 최근 우리에게 게티즈버그에서 북군 5군단 사령관 시클스(Daniel Sickles)가 보여준 행동에 관한 GLE 사례연구의 공유된 경험이 한 고위급 간부와의 심각한 불화를 해결하고 그를 계속 팀에 남게 해주었다고 말했다. 그는 이러한 하나의 성과가 프로그램에 참여하기 위해 지출된 회사의 비용을 정당화시켰다고 말했다. 이 사례에서 부하직원은 CEO가 자신의 행동을 발전적인 제안이라기보다는 반항하는 것이라고 해석했음을 깨달았다.

우리의 사례연구들은 복잡한 사안들에 대해 판에 박은 사고나 결과를 회피하는 방향으로 설계되고 촉진된다. 우리는 융통성 없이 한 가지 정답을 지향하는 판단으로 가는 경향이 있는 모든 생각을 조사하고, 검사하며, 따져본다. 이는 논의 대상인 이슈들의 복잡성이 이러한 계속적인 의문 제기를 정당화해주며, 의사결정에 있어 소크라테스식 문답법 과정을 효과적으로 사용해보는 것 자체가 참가자들의 학습에 가치 있는 도구 역할을 한다는 믿음이 있기 때문이다. 실제로 사례연구들을 하면서 역사적 사건들의 현대적 의미에 대한 해석이나 현재 상황에 적용하는 것과 관련하여 참여자들 간에 이견이 있는 가운데 결론을 내리는 것이 특이한 경우는 아니다. 그러나 그들의 의견이 어떠하든 모든 사람은 좀 더 명확하고 비판적으로 사고하고 있었다는 확신을 갖는다.

역사 기반 개발 프로그램의 한 가지 잠재적 취약점은 앞으로 사고하는 대신에 뒤로 사고하는 경향을 지닌다는 것이다. 참여자들은 역사적인 결과들을 알고 있기 때문에 "뒷북치는" 행태로 참여하기 쉽고, 그것은 리더십 교훈으로 이어진다. 우리는 프로그램의 초기 단계에서 이러한 일들이 발생할 위험을 줄이고자 노력하고 있는데, 이러한 노력에는 결과에 대한 사전 인지와 관련된 매우 논리적인 오류인 "학습의 함정"에 관해 토론하는 것이 포함된다. 우리는 이러한 함정들 중에서 사례연구를 진행함에 있어 특별히 회피해야 할 세 가지 함정을 식별한다. ① 결과

하나가 리더십 투입 효과성의 증거라 여겨지는 후방 인과유추의 오류, ② 과거의 사건들은 피할 수 없었던 일이라 여겨져 그 시기의 모호성과 복잡성, 그리고 그러한 복잡성 안에 내재되어 있는 리더십 이슈들이 간과될 수도 있다는 "불가피성의 신화", ③ 그리고 미리 지닌 태도나 편견들을 강화해주는 역사적 경험들의 일부만을 고르고 선택하며, 새로운 관점을 거부하는 경향. 학습의 함정들에 대해 논의하는 것이 프로그램에서 추론의 오류를 제거하는 데 유익하다는 것이 입증되었다. 또한 이러한 오류들이 오늘날의 조직 및 정치적 과정에서 설득의 기술로서 흔히 사용되고 있다는 것을 참가자들이 인식하게 됨에 따라 그 자체로서 하나의 작은 수업이 되었다.

그리하여 리(Robert E. Lee) 장군이 이웰(Richard Ewell) 장군에게 내린 명령인 "만일 실행 가능하다면, 그 언덕을 차지하라"라는 사례연구에서, 참가자들은 조직 내에서의 효과적인 의사소통, 부하에 대한 적절한 권한위임, 그리고 "만일 실행 가능하다면"이라는 문구를 리 장군의 메시지에 추가하지 말았어야 했다는 최초의 가정을 능가하는 리더와 팔로워의 역학관계에 관한 여러 개의 새로운 생각들로 결론을 내린다. 마찬가지로 피켓(Pickett)[3]의 책임에 관한 사례연구에서도 참가자들은 조직이 정치적 이슈들에 대한 의견불일치를 좀 더 효과적으로 관리할 수 있는 방법에 대해 많은 새로운 생각으로 결론을 내린다. 그리고 핵심적인 교훈은 리 장군이 롱스트리트(Longstreet)의 조언을 따랐어야 했다는 처음의 생각을 그 후로 오랫동안 버렸으며, 그 대신에 동일한 환경에서 리 장군과 그들이 왜 그러한 조언을 따르지 않았는지에 초점을 맞춘다.

이곳의 많은 프로그램과 마찬가지로 우리는 종종 피켓의 책임(Pickett's Charge)이 일어났던 장소를 따라 걸으며 언제나 강력하게 감성적이고 사색적인 여정을 마치고, 남부군의 최고 수위선에 가까이 있는 앵글

3 피켓(George Edward, Pickett, 1825~75): 미국 남북전쟁 당시의 남군 장군

온 시메트리 리지(Angle on Cemetry Ridge)에서 작별인사를 한다. 추가적인 사고를 위해 우리가 강조하는 한 가지는 전통적인 지혜와는 반대된다. 피켓의 책임에 대한 거부가 "끝"이 아니다. 전투는 끝났을 수도 있다. 그러나 게티즈버그 전역과 남북전쟁은 아니다. 그 패배는 두 조직 모두에게 새로운 리더십에 대한 요구들이 부여되는 포토맥군과 북버지니아군의 새로운 현실의 시작으로 더 잘 이해될 수도 있다. 실제로 우리는 게티즈버그에서의 리의 철수와 미드(Meade)의 추적에 관한 사례연구를 갖고 있는데, 이는 조직 차원의 위기관리와 역경에 직면하여 기술적 리더십이 중요한 전술적 실패가 조직에 대한 전략적 실패로 이어지는 것을 어떻게 방지하는지를 검토해준다.

리더와 팔로워의 이중 역할

프로그램이 시작될 때부터 "게티즈버그 리더십 경험(GLE)"의 주목할 만한 특징은 조직의 성과를 결정함에 있어 효과적인 팔로워십의 중요성에 대한 강조였다. 우리는 팔로워십을 검토하기 위해 세 개의 게티즈버그 사례연구를 설계했고, 그 연구들을 지지해주는 견고한 개념적 모델을 개발했다. 팔로워십에 대한 강조는 참가자들로부터 언제나 긍정적인 피드백을 받았고, 그들 대부분은 그 개념에 대한 전문적 평가에 노출되어본 적이 없었으며, 그들이 가진 조직생활의 경험을 잘 나타내준다고 말했다. 팔로워십 사례연구는 참가자들로부터 가장 많이 요청받는 것들 중 하나가 되었다.

우리의 팔로워십 초점은 2005년 당시 공군 참모차장이던 모슬리(Michael Mosley) 장군이 그의 장군단을 프로그램에 데려왔을 때 완전히 바뀌었다. 그들은 사례연구의 사색 및 응용 단계에서의 풍성함에 매우 특별한 기여를 했다. 그들의 통찰력들 중 많은 부분이 프로그램에 통합되어 새로운 그룹들이 그들의 관점들로부터 혜택을 보게 되었다. 아마도 더욱 중요한 것은 그들의 참여가 미 공군과의 지속적인 관계유지를 가능하게 했다는 것이고, 그러한 관계 속에서 우리는 공군의 주임상사들을 위한 새로운 프로그램을 설계할 수 있었다. "리더와 팔로워의 이중 역할"에서 팔로워십의 개념들은 중요한 주제다.

그들의 직업적 책임들에서 주임상사들은 리더와 팔로워 모두의 역할을 동시에 효과적으로 수행해야 할 필요성의 거의 완벽에 가까운 예다. 두 가지 역할 모두에 있어 그들 자신의 실제적인 경험에 바탕을 둔 토의와 피드백을 통한 기여는 게티즈버그 리더십 경험(GLE)의 팔로워십 부분을 지속적으로 강화해주었다. 그 결과 팔로워의 스타일을 측정하는 특수한 도구인 "성과 및 관계 설문지"가 개발되었다. 팔로워십 사례연구들, 팔로워십 모델 그리고 PRQ는 현재 프로그램 중에서 상당히 독보적인 하나의 구성요소가 되었고, 프로그램의 이 부분을 마친 고객으로부터 점점 더 많은 요청을 받고 있다.

전체는 합보다 크다

여덟 가지 기본적 틀이 프로그램을 정의하고 사례연구가 참여자들 마음속의 상징적 요소가 되었지만, 게티즈버그의 경험을 가져가 개선된 직무 성과로 전환시키도록 영향을 미치는 학습 경험의 힘을 제공하는 것은 바로 세심한 순서배열과 다른 중요한 학습 계획들과의 혼합이다.

주도적 반영. 우리는 각 프로그램을 지속적 학습과 개인적 성장 및 개발을 위한 하나의 중요한 도구인 주도적 사색의 중요성과 영향력에 관한 짧은 프레젠테이션으로 시작한다. 그런 후에 우리는 나머지 각각의 날을 사색 세션으로 시작하는데, 참가자들은 그들의 개인적 및 직업적 삶의 측면에서 전날의 활동들이 지니는 의미에 대해 토의한다. 우리는 참가자들이 집으로 돌아간 후에도 이러한 주도적 사색 과정을 지속하도록 고무하며, 편안하게 할 수 있는 방법의 예들을 제공한다. 주도적 사색은 전략적인 의미에서 프로그램을 지속하기 위해 전체적인 프로그램을 묶어주는 접착제이며, 미래에도 무한정 경험을 지속시킬 수 있다.

전문지식 대 전문가. 우리는 전문가들의 영입을 최소화하면서 프로그램의 모든 단계에서 진정한 전문지식을 얻도록 하는 것을 목표로 한다. 게티즈버그 리더십 경험(GLE)은 참가자들, 그들의 욕구, 그들의 리더십, 그들의 팔로워십, 그리고 그들의 목표 및 목적에 관한 것이다. 우리의 전문지식은 일련의 경험들을 설계하고 전달하여 그들이 배우고 성장하도록 하는 것이다. 우리는 그들이 우리와 같이 사고하도록 영향력을 미치기 위해 강의하거나 토론을 조작하려 하지 않는다. 우리는 모든 질문에 정확하게 대답하려고 노력하지만, 비판적 사고를 자극하는 방식으로 한다. 언제나 배워야 할 것은 더 있다. 경험에 따르면 시간이 지남에 따라 우리는 참가자들로부터 많은 것을 배우며, 지속적인 개선을 위한 우리의 노력을 통해 그들의 통찰력을 프로그램에 통합시킨다. 참가자들은 그들의 직업적 삶의 맥락에서 통찰력과 학습된 교훈들을 적용하는 데 "전문가들"이다.

역사. GLE는 역사 프로그램도, 군사 전략 프로그램도 아니다. 게티즈버그의 역사는 매력적이다. 그래서 우리는 프로그램이 역사 쪽으로 흘러가지 않도록 지속적인 주의를 기울인다. 우리 중의 역사가들은 전장에서 더 많은 시간을 보내며, 이야기가 진실인지 아닌지를 묻고, 사실적 발견에 더 깊이 들어가려는 경향이 있다. 그 대신에 우리는 참가자들에게 셰익스피어의 인간에 대한 통찰력에 대해 사색할 때처럼 이야기 속에서 리더십 이슈들을 찾아보도록 요구한다. 우리는 프로그램의 사색 및 적용 단계들이 그들의 최대 잠재력까지 작동하도록 허락한다. 그래서 전장의 경험이 그러한 과정들의 영감적인 촉매제 역할을 할 수도 있다. 그러나 프로그램이 초점이 되는 것은 허락되지 않는다. 참가자들은 전장 경험을 프로그램에 힘과 신뢰 가능성을 빌려주는 정서적 요소로서 인식하게 되었다.

거래적 및 변혁적 리더십. 우리의 여덟 가지 기본적 틀 중 하나인데, 여기서의 이슈는 하나의 고정 주제로 쓸 수 있도록 견고한 연구 토대를 가진 핵심적이고도 증명된 리더십 개념을 가지고 있을 때의 엄청난 혜택이다. 리더십 개념들은 너무나 많아 그 사이를 둥둥 떠다닌다. 그리고 리더십이라는 단어 자체가 너무나 느슨하게 사용되고 있어 명확한 의미를 잃고 있는지도 모른다. 물론 그것이 반드시 거래적 및 변혁적 리더십일 필요는 없다. 그러나 자료들을 위해 올바른 것을 선택하는 것은 이 프로그램에 힘과 개념적 정당성을 부여해준다.

다양성. 게티즈버그 리더십 경험(GLE)은 하나의 학습 기법이자 조직성과에 영향을 주는 중요 요소로서 인지적 다양성이라는 가치를 적극적으로 추구한다. 이러한 다양성이 사례연구들 속에 반영되어 모든 민족, 성별, 종교집단, 그리고 소속단체에 속해있는 미국인들이 편안함을 느끼고 생산적인 참가자가 될 수 있도록 프로그램을 촉진시키는 역할을 한다. 사례연구의 사색 및 적용 단계들에서의 결과들은 다양성이 우리의 학습 모델에 얼마나 중요한 것인지를 지속적으로 보여준다.

준비, 준비 그리고 준비. 우리의 프로그램들은 2~5일 과정이며, 참가자들의 목표에 따라 달라진다. 적당한 참가자 수는 20여 명이며, 대부분 게티즈버그의 역사에 익숙하지 않은 이들이다. 모든 참가자는 첫날의 경험이 나머지 과정에 완전히 참여할 수 있도록 적절한 준비에 의존한다. 이것을 달성하기 위해 우리는 세미나 전에 거래적 및 변혁적 리더십에 관해 선별된 독서목록들과 함께 셰라(Michael Shaara)의 책 《살수 천사(*Killer Angels*)》(New York: Ballantime Books, 1987)를 읽도록 하여 우리의 사례연구들을 위한 공통적인 시작점으로 기능하게 한다. 집단 구성원들이 게티즈버그에 오기 전에 우리는 그들과 언제든 가능한 때에 1시간 정도 만난다. 이는 프로그램의 철학과 흐름에 대해 그들에게 오리엔테이션을 제공하며, 우리를 소개하고, 곧 있을 실제 참여와 관련하여 어떠한 우려나 이슈들이 있는지 그들로부터 직접 듣기 위함이다. 우리는 개회 환영 연회와 프로그램의 시작을 위한 저녁식사 이벤트를 개최한다. 마지막으로, 우리는 주도적 사색으로 프로그램을 시작함으로써 그들을 대화에 직접적으로 끌어들이는데, 여기서 준비 단계를 마무리하고 매끄럽게 사례연구로 넘어간다.

결론

게티즈버그 리더십 경험(GLE)이 추구하는 사례연구식 방법론의 핵심은 참가자들로 하여금 이러한 경험이 주요 이슈들에 대한 새로운 생각, 새로운 정보, 새로운 관점, 그리고 새로운 통찰력과 연결되어 있다는 것을 느끼게 함으로써 그들을 참여시키고, 흥분시키며, 기쁘게 하는 촉진제 역할을 한다. 리더십은 하나의 선택이다! 리더십의 정수는 미래에 영향을 미치는 것에 대한 책임을 받아들이는 강렬한 의지다. 그것은 헌신하는 한 사람의 열정과 마음, 그리고 자발적으로 리더에 의해 영향을 받는 팔로워들의 열정과 마음들을 수반한다. 그리하여 집단 및 조직들은 순차적인 변화를 경험하게 된다. 이러한 모습이 게티즈버그 리더십 경험(GLE)의 정신이다.

제23장 부사관 해결책

로버트 스케일스(Robert H. Scales) 소장

2008년 4월 8일, 데이비드 퍼트레이어스(David Petraeus) 장군이 의회에서 증언을 한다. 그는 이라크에서 달성되고 있는 진전이 그의 새로운 대(對)반란전략과 "증원전략" 덕분이라고 언급할 것이다. 그는 또한 바스라(Basra)에서의 최근 전투가 보여주듯이 아직 해야 할 일들이 많이 남아 있다는 것을 모두에게 상기시켜줄 것이다.

그러나 그가 어떤 말을 하건 불길한 조짐이 있다는 것은 분명하다. 미 지상군의 대부분은 이라크를 떠날 것이다. 유일한 질문은 얼마나 많이, 그리고 얼마나 빠르게다.

새롭게 이라크에 파병될 군대의 첫 번째 군인들이 2003년에 졸업할 준비를 하고 있다. 미군이 떠나고 나면, 이라크 국민 스스로 국가의 안정을 유지해야 하는 부담을 짊어져야 한다. 이라크 국민이 이러한 과업에 얼마나 잘 준비되었는가는 우리가 떠날 때 이라크 군대의 부사관단이 얼마나 강한가에 의해 결정될 것이다. 부사관, 병장 및 상병들은 효과적인 전투 군대가 되기 위한 구심점을 제공해주며, 종종 소부대를 이끌어 나간다. 이들이 앞으로 있을 전투에서 이라크 군대를 유지해나갈 핵심적인 역할을 맡게 될 것이다.

다양한 사실과 통계 수치들이 미국 의회에 돌아다니는 오늘날, "군대는 상향식으로, 분대별 및 소대별로 이뤄질 때가 최상"이라는 군의 격언을 되새겨야 한다. 전쟁에서 이긴다는 것은 숫자나 물질의 시험이 아니라 인간 의지의 시험이다. 이기는 쪽은 절실히 이기길 원하며, 승리를 쟁취하기 위해 죽을 각오가 되어 있는 젊은 병사들을 보유한 쪽이다. 훌륭한 군대에서 이기고자 하는 의지는 부사관, 위관 장교와 같이 맨 앞에서 부하들을 이끄는 초급 리더들의 솔선수범에 의해 형성된다.

최근 전장에서 들려오는 가장 고무적인 소식은 소부대 수준에서의 이라크 군대의 리더십이 개선되고 있다는 점이다. 슬프게도 전시에 능력 있는 젊은 리더들을 찾아내는 일은 실제 전투에서 그들을 시험해봐야 하기에 매우 잔인한 과정이다. 남북전쟁 당시 미군 또한 50만 명 이상의 희생을 감수함으로써, 불속에서 고난을 겪으며 세례를 받는 유사한 경험을 하였다.

부사관은 미국 군대의 근간이다. 그러나 엄격한 위계가 지배하는 세계의 다른 지역들에서 리더십 역할을 담당하는 강한 부사관에게는 도저히 이해되지 않는 개념이다. 이라크 군대 또한 예외가 아니다.

사담 후세인의 군대에서는 부사관에게 단지 대형을 유지하고, 장비에 대한 책임을 지며, 병사들을 한 장소에서 다른 장소로 이동시키는 역할이 기대되었다. 모든 의사결정은 장교에 의해 이뤄졌다. 그것이 후세인이 그렇게 많은 장교를 거느렸으나, 그의 군대가 필요한 만큼 유연하지 못했던 이유다. 퍼트레이어스 장군은 이전의 이라크 군대문화를 변화시키고자 노력하고 있으며, 이라크 국민이 질적으로 강건한 군대를 보유하고, 전장에서 힘을 유지하고자 한다면 반드시 그렇게 해야 한다.

퍼트레이어스 장군에 따르면, 이라크는 작년에 사단별 부사관학교를 설립했다. 각각의 기초 훈련 과정에서 약 10%의 인원이 부사관 리더십 경력의 첫 번째 단계라고 할 수 있는 상병이 되기 위해 3주간의 추가 교육을 받는다. 우수한 상병들은 5주간의 교육과정을 거치며, 병사들을 관리하는 방법과 근접 전투에서 소부대를 이끄는 세부적인 내용들에 관해 교육을 받는다.

최고위급 교육과정에서는 이전에 대위나 소령을 대상으로 했던 기술들을 배우며, 부사관들에게 소대를 이끄는 방법을 가르친다. 많은 수의 신규 임용 부사관은 이러한 학교교육을 받고 바로 전투에 참여하며, 실제 전쟁이라는 더 가혹한 교실에서 훈련한다.

미국 군사 훈련팀의 합류로 전투에 참여한 소부대들의 "현장 훈련(OJT)" 과정은 더욱 효율적으로 바뀌었다. 이 부대들은 이라크 전투 대대 및 여단에 파견된 분대 규모의 부대들이다.

소부대 리더들과 부하들의 역량을 신속하게 증대시키는 가장 확실한 방법은 현장에서 미국 부사관들이 직접적이고 실천적인 지시를 하는 것임을 경험을 통해 알게 되었다. 이렇게 조성된 환경에서 우리의 부사관들은 그들과 짝을 이룬 이라크 군인들과 바로 옆에서 싸우며 전문성과 "책임을 지는" 태도를 보여주었다. 우리의 부사관들은 실천을 통해 가르친다.

현재 야전에 파견된 이러한 훈련요원은 5천여 명에 불과하다. 이라크 군대가 미국의 파트너 부대들 없이 전투에 임하게 됨에 따라 아마도 자신들과 함께할 더 많은 훈련 팀을 필요로 하게 될 것이다. 규모는 아직 결정되지 않은 사안이다. 그러나 이 프로그램에 참여한 고위급 장교들은 이라크 군대가 성공하기 위해서는 훈련요원들의 수가 두 배, 어쩌면 세 배까지 되어야 한다는 데 의견의 일치를 보이고 있다.

증원 후 전략은 단지 이라크 군대를 우리 군대의 모습을 참조로 하여 창조하는 것에 집중해서는 안 된다. 이라크인들은 단지 그들의 적보다 나으면 된다. 그리고 대규모의 이라크 군대를 훈련시키기 위해 목숨과 돈, 시간을 투자하는 데는 위험이 따른다. 전쟁의 승리는 더 큰 군대에 의해 이뤄지는 것이 아니라 무형의 자산에 의해 얻어진다. 리더십, 용기, 적응능력, 고결성, 지적인 기민성 그리고 충성이 궁극적으로 누가 전쟁에서 승리할 것인지를 결정한다.

제24장 유배자 도시에서의 리더십

케빈 라이언(Kevin Ryan) 준장

러시아 도시인 치타(Chita)[1]와 그 주변을 둘러싼 시베리아 지역은 고립되어 있다. "유배자의 도시(City of Exiles)"로 알려진 치타는 오랫동안 외국인에게 폐쇄되어 있었다. 제정 러시아와 이후의 소비에트 정권들은 사람들을 "사라지게" 하기 위해 이곳으로 보냈다. 오늘날 치타는 인구 30만의 도시로, 러시아의 나머지 지역들과는 비행장과 시베리아 횡단철도로 이어져 있다. 그러나 이 도시는 여전히 모스크바 동쪽으로 6시간대 정도 떨어진 러시아의 경제적 재건의 가장자리에 위치해 있다.

치타는 또한 시베리아 군사 지역의 본부가 있는 곳이다. 2002년 여름, 나는 미국의 러시아 국방무관으로서 육군의 각 리더들의 친목을 위한 교환 프로그램의 일환으로 유럽에서 미국 지상군을 지휘하는 장군들과 함께 그 지역을 방문했다. 당시에 두 나라 육군은 엄청나게 다른 상황에 처해 있었다. 러시아 군대는 불리하게 진행되고 있던 제2차 체첸 전쟁(Chechen war)에 휘말려 있었다. 한 달에 대략 200여 명의 군인이 코카서스(Caucasus)에서 죽어가고 있었다. 당시 미국은 러시아가 체첸공화국(Chechnya)[2] 전투에서 매달 날리는 절반 정도의 비용으로 아프가니스탄을 침공하여 탈레반 정권의 전복을 막 완료한 상태였다. 미국 군대는

1 구소련의 아시아부(部), 러시아 연방 공화국 동남부의 도시

2 러시아 남서부 코카서스에 있는 자치 공화국으로, 수도는 그로즈니(Grozny)

게임의 최정상에 있었고, 러시아 군대는 제1차 세계대전 이후 최악의 상황에 처해 있었다. 러시아 군대를 오랫동안 지켜본 사람으로서 이 어려운 시기에 러시아인이 말하는 "신이 잊어버린 장소"에 있는 장교들 사이에서 어떻게 리더십이 나타나는가를 살펴보는 것은 흥미로운 일이었다. 부대 수준에서부터 국방부 수준에 이르는 20년간의 관찰, 그리고 때로는 러시아 군대와 함께 일하면서 그들의 리더십 도전, 해결책 그리고 스타일이 우리와 매우 유사하다는 것을 발견했다. 정확히 말해 차이점도 있으나 유사한 점들이 훨씬 크다. 좋은 리더십은 어느 장소에서나 돋보이며, 나쁜 리더십도 마찬가지다. 그리고 거의 언제나 나와 러시아 업무 파트너는 의견이 일치했다. 내가 치타에서 알게 된 것은 열악한 상황에서 군대를 하나로 통합하는 데 요구되는 리더십이란 최소한 재정 및 인원 지원을 원활하게 공급받는 군대를 이끄는 데 필요한 리더십만큼 위대하다는 사실이다.

우리는 시베리아 지역 본부에서 부지휘관 장군의 환영을 받았는데, 그는 로키 산맥 동쪽에 있는 미국의 여러 주보다 넓은 영토를 책임지고 있었다. 냉전 기간 동안 그 지역에 배치된 수십만의 소비에트 군인들은 국경 근처에 사는 수백만 중국인의 침공에 맞서 영토를 보호했다. 오늘날 무역, 그리고 또 다른 여러 가지 이유로 사람들이 매일 자유롭게 이동함에 따라 지역 사령부는 모스크바에 있는 정치인들을 대상으로 국가를 지키는 일의 중요성을 힘겹게 확신시키고 있었다. 우리가 도착했을 때, 사령부는 초급 장교들이 부족하여 고초를 겪고 있었다. 자원입대 방식의 미 육군은 고등학교 졸업장이 없는 지원자와 학사학위가 없는 장교 후보생들을 모집에서 제외했다. 그러나 러시아 육군은 심지어 의무복무 제도를 가지고 있으면서도 모집 목표를 충족시키지 못했다. 모스크바에서는 치타에 어떠한 지원군도 보내줄 의지가 없었으며, 그곳의 장교들도 그것을 잘 알고 있었다. 그래서 그 지역에 2년차 병사들을 훈련시켜 중위와 준위들을 만드는 지역 군사학교가 설립되었다.

우리는 시베리아 지역 군사학교에서 한 대위가 전기 및 무선통신, 다양한 회로와 장치들의 명명법과 기능을 가르치며 장차 장교가 될 카데티(kadety)를 이끌고 있는 것을 목격했다. 군복은 정갈했고, 방은 검소했지만 잘 정돈되어 있었으며, 질서정연했다. 카데티는 지시된 시간에 기상하여 경례를 하고 군 리더에 의해 잘 훈련된 부대들이 보여주는 정중함을 갖추고 있었다. 그들 모두는 잘 먹고, 몸은 탄탄했으며, 동기가 부여되어 있었다. 그것은 임금과 자원 측면에서 정부로부터 대가로 받는 지원과는 상반되는 자긍심이었다. 모든 면에서 그들은 잘 관리되고 있는 것처럼 보였다.

다른 인력자원들이 부족한 상황을 고려해보았을 때, 최고의 2년차 병사들을 식별하여 그들을 공석인 초급 장교 자리에 충원시키기 위해 훈련시키는 그 지역의 의사결정은 타당한 것이었다. 나는 1970년대에 유사한 일을 한 기억이 났는데, 상병을 "행동으로 이끄는" 부사관의 자리로 이동시켰다. 그러한 제도의 장점은 부족한 초급 리더십 직위를 채우는 데 도움이 된다는 것이며, 반면에 단점은 적절한 준비가 되어 있지 않은 리더들에게 너무나 빨리 많은 책임을 부여한다는 것이다. 성공하기 위해서는 그러한 부하들이 스스로 사고하고 결정을 내릴 수 있는 재능을 개발해야 한다. 나의 경험에 비춰봤을 때, 그것은 비판적 사고와 리더십 교육의 강조를 의미했다. 미 육군은 중대 또는 심지어 분대 수준으로 분산된 작전을 수행하는 오늘날의 전쟁에서 이것이 더욱 중요하다는 것을 인식했다. 그러나 러시아의 교육을 지켜보면서 나는 그들이 성공할 수 있을지 의심하기 시작했다. 전기 수업에서 카데티는 회로들의 기술서와 그것들이 작동하는 방식을 암기하는 훈련을 했다. 그 방식은 학생들이 차량 측면에 있는 컷아웃 스위치에 의해 내부 메커니즘이 드러난 기갑화된 개인 운송차량 주위에 모여 진행되는 다음 수업에서도 반복되었다. 그들은 리더십과 지휘기법들을 공부해야 할 것 같은데도 전체적인 교육과정의 초점은 장비 구성요소들을 암기하는 데 있었다. 나는 그들의 리더 훈련 시스템이 오늘날의 장교들이 직면하는 도전들에 비해 낡은 방식이며, 필요한 리더십 기술들을 개발하는 데 실패할 것이라는 확신을 가지고 군사학교 교실을 떠났다. 몇 주가 지난 후에야 나는 모스크바에서의 저녁식사 자리에서 훈련에 대한 러시아인의 지혜를 배웠고, 왜 이것이 그들의 리더십 시스템에 적합한지를 이해했다. 그리고 나중에는 더 많은 것을 이해했다.

치타로 떠나기 전에 나는 러시아 군대의 대비태세와 제복을 입은 리더들이 위태로운 예산이나 인력 부족과 어떻게 싸우고 있는지에 대한 보고서를 준비했다. 시베리아 지역 부사령관이 직면하는 장애요소들은 방문 중인 미국 업무 파트너의 문제들을 상대적으로 작게 보이도록 만들었다. 러시아 지휘관들과 그들의 부대들은 모든 병력과 그들의 가족들이 먹을 신선한 음식을 확보하기 위해 여름에는 농장들을 운영했다. 겨울에는 막사, 사무실 그리고 아파트의 난방을 위해 병력들이 궤도차에서 석탄을 삽으로 퍼서 군용 트럭에 옮겨 실었다. 우리가 방문하기 전인 겨울 기간에는 새롭게 민영화된 전기회사가 전기요금을 내지 않는다는 이유로 군대를 포함한 정부기관들의 전력을 주기적으로 차단하기도 했다. 전기회사가 미사일과 핵 시설들의 전력을 차단하면, 러시아 사령관들뿐만 아니라 워싱턴의 공무원들도 이에 반대했다. 워싱턴의 공무원들은 핵 시설들에 근무하는 불만에 찬 군인들이 무기를 팔아버리거나 버리는 방식으로 반응할까 봐 염려하는 것인데, 이는 테러리즘 측면의 악몽이다. 그 결과 미사일과 핵 시설들의 전력은 신속히 복구된다. 그러나 지역 내의 보병이나 탱크 사단 같은 상대적으로 덜 전략적인 부대들은 그들의 지휘관들 말고는 어떠한 지지자도 없기에 종종 몇 주 동안 전기 없이 괴로운 생활을 해야 했다. 어떤 경우에는 지역의 군 지휘관들이 전기 발전소들을 습격하여 전기가 복구될 때까지 건물들을 점령하기도 했다.

나는 3개월 일찍 미 육군 참모총장이었던 신세키 장군이 그의 업무 파트너인 러시아의 코밀트체브(Nikolai Kormiltsev) 장군을 만나러 모스크바를 방문했던 것을 기억해냈다. 신세키는 코밀트체브에게 러시아 육군의 수장으로서 가장 큰 문제점이 무엇이냐고 질문했다. 코밀트체브는 대단히 심각한 상황에도 좋은 표정을 지으려 노력하며, “글쎄요, 진짜로 우리는 괜찮습니다. 단지 약간 더 많은 예산과 병력을 사용하면 좋겠다는 것 말고는”이라고 말했다. 나는 신세키가 코밀트체브의 평가를 듣고 어떤 생각을 했는지 궁금했다. 왜냐하면 그러한 대답이 그해 미 육군의 상황을 묘사하기 위해 그가 자신의 장군들에게 했던 말들과 같았기 때문이다. 그러나 두 개의 육군이 자원 측면에서 완전히 다른 상황에 놓일 수는 없었을 것이다. 신세키가 800억 달러가 넘는 예산을 가지고 거의 100% 충원된 육군을 책임지고 있는 반면에, 코밀트체브는 50억 달러도 안 되는 예산을 가지고 초급 장교 및 병사의 대규모 손실을 겪고 있는 육군을 이끌고 있었다.

군사학교 교실에서부터 근처의 본부 건물에 있는 브리핑 장소까지 그 부사령관이 우리 그룹을 도보로 안내했고, 거기서 그는 우리가 이미 알고 있었던 자신의 상황들을 확신시켜주었다. 우리가 브리핑을 들으며 앉아 있는 동안 한때 자긍심이 높았던 시베리아 사령부는 상황이 급변하는 북코카서스(North Caucasus) 사령부나 테러리스트들과 서방의 위협이 있다는 이유로 우선권을 주장할 수 있는 서부사령부들의 뒤로 밀려나 이제는 부대들 중에서 최하위층으로 격하되었다는 것이 명확해 보였다. 이러한 현실에도 불구하고 지휘관과 그의 참모들은 여건이 되는 한 계속적으로 전투 훈련을 계획 및 시행하고 있었다. 2002년 여름, 그 지역은 몇 년 만에 처음으로 가까스로 중대에서 대대로 훈련 수준을 높일 수 있었다. 그러나 장교들은 여전히 여단 또는 사단 수준의 기동을 하지 못한다는 데 화가 나 있었다.

그날 늦게 우리는 부대 막사들 중 하나를 방문했다. 3층 빌딩은 50명 정도 수용할 수 있는 개방된 형태의 침실 구역이 있는 1950년대 콘크리트 블록 건축물이었다. 각각의 막사 건물들에는 AK-47 소총과 다른 소구경 무기들을 안전하게 보관해주는 철문과 커다란 통자물쇠가 달린 무기고가 있었다. 각 층에는 위법 행위, 절도, 또는 다른 위험들을 감시하는 보초가 한 명씩 서 있었다. 여러 가지 면에서 그 건물들은 베트남 전쟁 말기, 모병제 군대로의 전환 초기였던 1970년대 중반 젊은 중위 시절에 물려받았던 건물들을 연상시켰다. 바닥에 광을 내고 벽에 페인트를 칠하는 작업으로는 내부의 낡아빠진 구조물들을 완전하게 감출 수 없었다. 나는 그러한 방식으로라도 수준을 유지해야만 하는 부담을 지고 있는 장교들에게 친근감을 느꼈다. 미국 군대의 문제점은 1980년대에 낡은 건물을 허물어버림으로써 해결되었는데, 군대 건물은 재건설되거나 철거한 상태로 남았다. 나는 만일 러시아 정부가 문제점을 개선하는 데 필요한 자금을 조달할 수만 있다면, 러시아의 경우에도 동일한 해결책이 요구될 거라고 생각했다. 그때까지 사령부는 구멍들을 찾는 것만큼이나 빨리 구멍들을 메워나갈 것이다.

고립된 시베리아 사령부의 현실은 나로 하여금 동일한 환경이라면 미군 장교들은 어떠한 진취성을 가질 것인지 궁금하게 만들었다. 30년 전, 나의 군생활 초기에도 유사한 일들이 많이 있었다.1976년 당시에는 훈련이나 1940년대에 지어진 막사들을 개선하기 위한 자금이 없었기에 낡아가는 목재에 칠할 페인트를 사야만 했다. 당직 장교들은 약물 및 인종적 갈등으로 인한 병력들의 기강해이 때문에 주말에 그들 자신의 안전을 위해 장전된 무기를 소지하고 다녔다. 급여와 사기는 낮았고, 개선되기를 기대하는 것은 어려운 일이었다. 그러나 일부 장교들은 스스로 끌어올 수 있는 것보다 약간 더 많은 자금으로 그들의 병력을 동기부여시키고 훈련시킬 기발한 방법들을 찾아냈다. 우리 대부분은 최소한 우리가 가진 것에서 최선을 만들었고, 그럭저럭 해나갔다. 부족한 여건하에서 주도성은 매우 중요한 가치이며, 지원이 충분히 이뤄지는 육군보다 개선을 위한 수단이 거의 없는 육군에 이러한 주도성이 더욱 요구된다고 나는 확신한다.

그 상황은 소비에트 연방이 붕괴되기 전의 골칫거리였던 코카서스에 있던 부대를 지휘했던 러시아 중령과 기차에서 가진 또 다른 만남을 상기시켰다. 기차에서 마주보고 앉아 이야기를 나누던 그가 "나는 당신네 미국인이 우리 러시아 장교들은 진취성이 부족하다고 생각한다는 것을 알고 있다"고 러시아말로 내게 말했다. 그러면서 그는 "진취성이란 무엇인지 내가 말해보겠다"고 했다. "전차 연대를 지휘하기 위해 코카서스에 도착하고 나서 나는 보급 장교가 연대의 모든 탄약을 암시장에 내다 팔았다는 것을 알았다. 나는 무장이 되지 않은 부대를 물려받았고, 나의 첫 번째 검열은 30일 후로 예정되어 있었다. 30일 후에 검열관들이 나타났을 때, 그들은 완벽하게 증명된 탄약 비축량을 발견했다. 이것이 진취성이다."

그 중령의 이야기는 러시아군 리더들이 직면하는 도전들에 대해 많은 것을 보여주었다. 모든 사회의 주요 산물인 부패는 냉전 이후 장교들이 스스로 인식하게 된 극심한 가난으로 인해 러시아에서 더욱 가중되었다. 1990년대 모스크바에서는 몇 개월간 급여를 받지 못한 장군 참모 장교들이 주기적으로 자신의 공식적인 직무에서 벗어나 가족들을 부양하기 위해 판매원이나 택시 운전사로 일했다. 이러한 현상은 지금도 시베리아 같은 좀 더 먼 지역들에서 나타나고 있다. 일부 공무원들이 자신의 손에 닿는 국유재산을 팔아먹기 위해 그들의 직책을 이용하는 것은 피할 수 없는 현실이다. 소비에트 연방의 붕괴 이후 베를린에서는 미국 군인이 러시아 방독면, 제복, 그리고 심지어 미사일 부품들까지 벼룩시장에서 살 수 있었던 것이 기억난다. 위의 탱크 지휘관과 같이 다른 사람들이 저지른 범죄들을 바로잡거나 병력들을 돌보기 위해 규정을 어기는 사람은 그에 비하면 거의 도덕군자인 것처럼 보인다.

시베리아 부사령관과 그의 참모들과 보낸 이틀이 지나고 나자, 그들은 우리와 다르다기보다는 더욱 비슷한 것처럼 보였다. 그들은 미국의 군 리더들이 직면하는 동일한 기본적 문제들, 즉 기간시설 수리, 인력 부족, 훈련 및 장비 문제 등을 단지 상이한 규모로 다루고 있을 뿐이었다. 그러한 역경 속에서 우리가 발견한 리더십은 일반적으로 우리가 미군 장교들에게 바라고 희망하는 것이었다.

우리가 직접 보지는 못했지만 러시아 언론에 공개적으로 보도된 것들은 장교들이 낮은 임금과 부족한 자원조달에 굴복하여 그들의 리더십 직위를 개인적 이득을 위해 오용하는 상황들이었다. 2006년에 군대의 악습을 보도했다는 이유로 살해당한 러시아 저널리스트 폴리코브스카야(Anna Politkovskaya)는 병사들을 학대한 사례들로 가득 찬 책을 집필했다. 그러한 관행은 너무나 널리 퍼져서 러시아 말로 '데도브쉬치나(dedovshchina)'라는 이름으로 불리는데, 대략 "할아버지처럼 되기"라는 의미다. 그러나 이는 할아버지처럼 자상하게 걱정해주는 관계를 육성하거나 멘토링하는 것과는 완전히 거리가 멀다. 대체로 그것은 1년차 신병을 괴롭히는 2년차 군인과 관련된 것으로 매우 잔혹하다. 특히 흉악한 경우를 살펴보면, 체첸공화국에서 싸우던 한 장교가 그의 러시아 병력들을 작업용 트럭에 태운 뒤, 체첸 게릴라들에게 팔아넘겼다. 그 후 체첸공화국을 위해 싸우기를 거부한 병사들은 반군에 의해 처형당했다. 러시아 육군 검찰감에 따르면, 병사 학대는 육군에서 성행하고 있다고 한다. 2005년 6천 명이 넘는 병사들이 괴롭힘으로 인해 부상을 당했다고 보고되었다.

18세기 러시아의 위대한 장군인 수보로프(Alexander Suvorov)는 "병사의 피 한 방울보다 더 귀중한 것은 없다"고 했다. 21세기의 일부 러시아 육군 리더들이 저지른 데도브쉬치나 같은 상반된 행동들에 대해 죄가 있다고 한다면 어떠한가? 이유는 냉혹한 생활환경, 탐욕, 그리고 인간의 허약함이 혼합된 것들이다. 행여 우리 육군에 그러한 학대가 자행될 수 있다는 것이 미국 장교들에게는 불가능해 보일 수 있다. 그러나 인간의 잘못된 행동에 대한 유전적 혹은 문화적 면역체계란 존재하지 않는다.

만일 치타에서 러시아와 미국의 좋은 리더십에서의 유사점들을 볼 수 있었다면, 미래의 언젠가 나쁜 리더십의 공통된 예들을 발견한다고 해서 놀라서는 안 된다. 미국 리더들을 위한 교훈은 러시아인은 우리만큼 좋은 리더십의 역량이 있고, 우리는 그들만큼 나쁜 리더십의 역량이 있다는 것이다. 우리 장교들의 전통, 훈련 그리고 책임은 그러한 선택들이 불가능하지 않을 정도로 유사하며, 미국의 리더들은 그것들에 대해 바짝 경계해야 한다.

시베리아를 방문하고 몇 주 후, 나는 치타의 젊은 러시아 카데티들을 훈련하는 방법에 대한 이전의 부정적 평가를 수정할 기회를 갖게 되었다. 미국을 방문한 모스크바 외곽의 러시아 우주 콤플렉스인 스타 시티(Star City)에서 훈련하고 있는 우주비행사와 점심을 먹으며 나는 초급 리더들을 훈련시키는 러시아의 방식에 실망했다고 말했다. 그들의 방식은 암기에만 초점을 맞춘 것처럼 보였고, 좋은 리더십을 결정하는 데 필요한 지식에는 충분치 않아 보였다. 나는 그에게 스타 시티의 우주비행사들에게 제공되는 훈련에 대해 어떻게 생각하느냐고 물었다. 그의 대답은 러시아 육군의 리더 훈련 뒤에 있는 "왜"를 이해하는 데 도움을 줬다.

내 친구는 내게 더 광범위한 러시아의 환경이라는 맥락 안에서 러시아의 훈련을 볼 필요가 있었다고 설명했다. 미국 우주비행선의 무언가가 고장이 나거나 오작동할 때 미국 우주비행사는 NASA에 전화를 걸어 문제점을 보고하며, NASA가 그들에게 무엇을 할 것인가를 알려준다. 러시아 우주비행사가 소유스(Soyuz) 캡슐에 문제가 있다는 것을 발견하면, 스타 시티에 전화를 걸어 문제를 보고하고, 그것을 고치기 위해 무엇을 할 것이라고 말한다. 러시아의 시스템 내에서는 어느 누구도 장비나 문제에 관해 그 우주비행사보다 더 잘 알지 못한다. 암기와 반복을 통해 그는 우주선의 모든 너트와 볼트를 학습한 것이다. 극히 짧은 순간에 삶과 죽음을 가를 수 있는 우주에서의 비상사태에서 문제점을 해결하기 위한 러시아의 접근방식이 한 생명을 구할 수도 있다. 미국 군대의 가장 가까운 비유는 핵잠수함 지휘관에게 요구되는 지식이 될 수 있을 것이다.

미국의 육군 장교가 무선이 오작동하거나 장갑차가 달리지 못하는 이유를 모르는 것은 받아들여질 수 있는 일이다. 왜냐하면 세계에서 가장 뛰어난 군수 전문가가 지원하는 우리의 육군에서는 그럴 필요가 없기 때문이다. 우리는 단지 제대로 작동하지 않는 "장비"를 대체하고 달리면 된다. 우리의 리더들에게 제공하는 훈련은 장비보다는 비판적 사고와 의사결정에 더 초점을 맞추며 우리를 위해 작동하는데, 이는 그것이 작동하는 전체 시스템 때문이다. 동일한 추론이 러시아의 접근방식에도 적용된다. 러시아 장교는 의심스럽고 신뢰할 수 없는 군수 전문가와 함께 일하면서 외부의 도움 없이 문제점들을 이해하고 고칠 수 있어야 한다. 미국 장교에게 필요 없는 지식이 러시아 장교에게는 필수적일 수 있다.

오늘날 러시아 육군은 장비가 잘 갖춰 있지 않고, 낮은 급여를 받으며, 열악한 자원을 지원받는다. 그러나 먼 지역에 위치한 두 번째 단계의 부대에 좋은 리더십이 존재한다. 좋은 리더십이 두드러지게 나타나는 이유는 그곳의 리더들이 겪는 냉혹한 도전들 때문이다. 러시아의 육군 장교들은 임무를 달성하고 생존하기 위해 병사들에게 그들이 필요로 하는 것을 제공해주려고 노력한다. 작동하는 장비, 연료, 주거지, 무기, 훈련 등이 그러한 것들이다. 장교들은 본부로부터의 부족한 지원에 직면하여 자체 군사학교를 건설하고, 직접 초급 리더들을 개발해줄 리더십 훈련을 제공한다. 실패들과 학대들도 있었다. 그러나 많은 리더가 임무에 헌신하고 있으며, 병사들을 보살핌에 있어 2세기 전에 수보로프가 설정한 기준을 열망하고 있다.

아마도 우리는 "유배자의 도시"에서 많은 것을 기대했어야 한다. 왜냐하면 최초의 학교들을 설립하고 조그만 전초기지를 번창하는 도시로 탈바꿈시킨 이들이 바로 1826년 제정 러시아 황제로부터 거기로 추방된 데카브리스트(Decembrist)[3]들과 반항적인 러시아 육군 장교들이었기 때문이다. 그들의 진취성과 리더십은 오늘날 그곳에서 근무하는 장교들에게도 여전히 나타나고 있다.

3 12월 당원: 1825년 12월의 니콜라스 1세(Nicholas I)의 즉위에 반대해서 봉기했던 사람

제25장 세대의 변화
미래 군 리더 개발에서의 시사점

폴 웰런(Paul Whelan) 사령관

지난 10년간 국제적인 군사환경의 존재이유는 범위와 관점 측면에서 변화를 겪어왔다. 군사적 관점에서의 이러한 변화들은 전문적 그리고 비전문적 세계와 그 안에서 작동하는 군대가 상호작용하는 방식에 영향을 준다. 종업원들의 열망과 기질 또한 진화하고 있다. 오늘날의 종업원들은 이전 세대들과는 다른 가치와 열정을 보여주고 있다. 이러한 두 가지 요소 모두 미래의 군대에서 리더십, 그리고 관리의 실천과 관련된 변화되고 도전적인 풍경을 그려내고 있다.

이 글은 관리의 대상인 종업원들의 세대적 변화라는 맥락에서 군 리더십과 관리의 미래에 대해 언급하고자 한다. 새롭고 더 넓어진 아일랜드군의 목표를 살펴봄으로써 이러한 미래의 윤곽을 그려보고자 한다. 먼저 조직행동과 관리 과학을 통해 수집된 현재의 증거들을 제시하고, 이러한 증거들을 최근 아일랜드군이 생도와 신규 임관 장교에게 적용하고 있으며, 미래의 군 관리자들에게 더 적합한 훈련 및 사회화 과정 모델과 대조하고자 한다.

기업형 군대

조직 및 관리 학자인 사키시안(S. C. Sarkesian)은 “모든 직업은 본질적으로 기업적이다"[1]라고 기술했다. 미 육군 장교였던 사키시안은 모든 기업은 관료주의 시스템을 채택하고 있으며, 특정의 규칙과 규정을 고수한다고 주장한다. 그는 모든 직업은 사업 활동을 함에 있어 각각의 직업에 맞는 특유의 가치, 윤리 그리고 이상형을 받아들인다고 말한다. 그들은 진전을 측정하기 위한 성과 표준을 유지한다. 직업들은 구성원들을 고용하고, 목적의 합법성을 달성하기 위한 공공의 기업 목표를 공유하도록 만든다. 사키시안은 하나의 직업으로서 현대의 군대는 개념적으로 기업과 상당히 유사하다고 단정한다.[2] 위에서 제시된 실행 모델은 법이나 경영 같은 직업에 적용하는 것처럼 군대에 쉽게 적용할 수 있다. 그러나 국제적인 군대의 인지된 역할은 지난 수십 년간 정의되었던 역할로부터 급격하게 변화되었다. 이러한 변화는 현재 미국과 유럽의 국제 안보전략에 반영되어 있다.[3] 아일랜드 군대 또한 이러한 변화를 인정한다. "모든 논의에 등장하는 한 가지는 오늘날 모든 군대에서 진행 중인 것처럼 보이는 변화의 과정과 진행 중인 변화로 인해 작전적 요구들이 증대되고, 그 특성 또한 더욱 다양하고 복잡해지고 있다는 사실이다."[4]

근본적으로 군의 목적에 대한 수정들은 군 모델을 직업적 기업의 모델에 더욱 가깝게 만들었다.[5] 국제적인 군의 대형으로 인해 전면전에 참여할 가능성과 확률은 줄어들었다. 전면전을 대신하여 테러방지 노력, 저강도 분쟁, 제한전, 첨단기술 정보전, 그리고 다양한 평화작전에 공동으로 참여할 가능성이 높아졌다. 이러한 새로운 임무들의 범위는 오늘

---

1 S. C. Sarkesian, *The Professional Army Officer in a Changing Society* (Chicago: Nelson Hall Publishers, 1975), p. 9.

2 Ibid., p. 10.

3 See George W. Bush, *The National Security Strategy of the United States of America* (Washington, D.C.: The White House, 2002), 13; and *European Security Strategy* (2002), p. 3.

4 Lt. Gen. J. Srcenan, transcript of speech presented to the 62nd Command and Staff Course, The Curragh, County Kildare, Ireland (24 February 2006), p. 1.

5 Walter F. Ulmer Jr.,"Military Leadership into the 21st Century: 'Another Bridge Too Far?'" *Parameters* (Spring 1998): 6.

날의 군대 조직에 대한 초점의 변화를 초래했다. "기술과 과학적 지식에 대한 강조는 군대를 편협한 지상 전투의 도구에서 사회와 밀접하게 연결된 매우 복잡하고 다기능적인 조직으로 변모시켰다."[6] 이러한 목적의 변화에 부응하여 오늘날의 군대는 더욱 넓어지는 범위의 다른 군대, 비군사 및 전문적인 조직들과 더욱 활발한 협조 하에 운영되고 있다. 이러한 연결망은 정치적, 시민적, 기업적 또는 비정부적일 수 있다.

군대의 새로운 전문가

기업과 군대 모두의 문화를 휩쓸어버리고 있는 조직적 변화들의 필연적 결과는 "종업원들 또한 변하고 있다"[7]는 사실이다. 오늘날의 전문가들은 이전 세대들과 비교해보았을 때, 그들의 직업적 삶에 있어 상이한 가치, 특성 그리고 열망을 받아들인다. 그들은 자신의 부모들이 보았던 방식과는 다르게 세상을 바라본다. 젊고 열망이 있는 오늘날의 세대들은 어린 시절부터 경제, 정치, 고용 가치, 그리고 고용의 규칙들이 오늘날과는 현저히 다른 시대에 살았던 그들 부모들이 겪은 시련과 트라우마를 목격하고 정신적으로 기억해왔다.[8] 그들은 기술이나 혁신과 함께 성장해왔고, 어린 시절부터 컴퓨터 기술에 노출되어 변화를 편하게 받아들이며, 기술적 진전에 동기를 부여받는다. 그들은 호기심이 많고 일반적으로 여행을 즐긴다.

오늘날의 세대들은 육아에 대한 현대적 접근과 더욱 개방되고 의식

---

6 Sarkesian, *Professional Army Officer*, p. 8.

7 A. Kakabadse, J. Bank, and S. Vinnicombe, *Working in Organisations, The Essential Guide for Managers in Today's Workplace*, 2nd ed. (London: Penguin, 2005), p. 47.

8 Catherine Loughlin and Julian Barling, "Young Workers' Work Values, Attitudes, and Behaviors," *Journal of Occupational and Organizational Psychology* 74: 4(2001): p. 545.

있는 교육을 통해 다른 문화와 국가 그리고 사회를 더 잘 이해하고 받아들인다.[9] 그리하여 그들은 이전 세대들과 자신들을 구분해주는 특성과 가치를 지니게 되었다. 이러한 세대는 직장에 가장 새로운 진입자들을 대표하며, 일반적으로 "Y세대"라 일컬어진다.[10]

개인적 관점

나는 1991년 임관 이래 후보생들의 선발, 근무 그리고 교육훈련과 관련하여 다양한 수준의 책임을 맡아왔다. 경력의 대부분을 비행과 관련된 학문적 학습과 군사적 비행 자체의 전문적 분야에서 후보생들 및 초급 장교들을 훈련시키는 일들을 담당해왔다. 그 시기에 나는 교육하는 사람의 유형과 관련하여 분명하게 보이는 변환과정을 목격했다. 강의를 하던 초창기에는 누군가에게 비행하는 것을 훈련시킬 때, 늘 그 학생의 자리에 있는 나 자신을 상상하곤 했다. 그렇게 하여 학생의 능력, 성격 그리고 태도를 적절히 인지함으로써 좀 더 사려 깊고, 적절하며, 효과적인 강습을 할 수 있을 것이라고 느꼈다. 학생의 가능한 반응들에 대해 더 많이 알게 되었고, 그러한 반응이 아마도 그리고 종종 내가 취한 입장과 일치한다는 사실도 알게 되었다. 그리하여 나는 학생에게 제시된 상황이나 문제에 적절한 응답이나 반응을 제공하는 데 좀 더 능숙해졌다.

그러나 강사로서의 경험이 더욱 성숙해짐에 따라 이러한 과정을 적용하는 것이 점점 더 힘들다는 것을 알게 되었다. 학생과 나 사이에 단절

9 Ron Zemke, Claire Raines, and Bob Filipczak, *Generations at Work* (New York: AMACOM, 2000), p. 137.

10 Bruce Tulgan and Carolyn Martin, *Managing Generation Y: Global Citizens Born in the Late Seventies and Early Eighties* (Boston: HRD Press Inc., 2001), p. xi.

이 발생하고 있으며, 그러한 차이가 최소한 내가 보기에는 성격에 근거하고 있다고 느꼈다. 좀 더 깊이 생각해보면, 나와 나의 학생은 갈라진 경로에 있었다. 시간이 가고 얼굴들도 변해감에 따라 나만의 방법과 반응에 고착된 나는 학생으로부터 더욱 멀어지고 있었다. 학생의 특성, 태도, 열망 그리고 외모는 점점 더 나와 달라지고 있었다. 나보다 어린 학생들은 변화하고 있었으나, 나는 나의 세대에 강하게 고정되어 결국 나는 나의 강의 방식과 강하게 결합되었다.

이러한 젊은 세대의 구성원들은 다른 사람들이다. 그들은 전문적인 지시에 좀 더 자주 의문을 제기하고 도전한다. 그들은 적극적으로 사려 깊고 솔직한 지도를 받고자 하며, 아무것도 마련되지 않으면 절망한다. 나는 신입 사원들의 경력에 대한 초기 기대들이 상사의 의미 없는 지시에 의해 좌절될 수 있음을 배웠다. 고용인과 피고용인 사이에 존재하는 심리적 계약은 고용 초기 단계와 그 이후에도 끊임없이 사려 깊은 주의가 필요하다는 것도 알게 되었다. 새로운 고용인을 대표하는 적극적이고 사려 깊은 종업원의 사회화 과정 또는 "승선" 노력은 신입 사원들을 그들의 새로운 경력에 더욱 분명하고 사려 깊게 접근할 수 있도록 성공적으로 이끌어주는 데 기여할 수 있다.

"세대의 변화"란 무엇인가?

세대는 어떠한 공식적 절차에 의해 정의되는 것은 아니다. 오히려 인구통계학자, 유행하는 문화, 출판이나 미디어, 심지어 세대를 구성하는 사람들 자체에 의해 정의된다. 젊건 나이가 들었건 조직의 관리자들에게서 발견되는 개성의 차이들이 "세대 간"이라는 이름으로 구분된다. 이와 같은 세대의 변화라는 주제를 다루는 조직행동 분야의 대부분의 문헌들은 그 시작부터 미국적이기에 서구 스타일의 조직행동에 초점을 맞추고 있다. 다양한 세대를 식별하고 범주화함에 있어 약간의 차이는 있으나, 문헌들을 통해 학습목적을 위해 다양한 세대 간 그룹들을 기술하는 작업들이 이뤄졌다.

정의를 명확하게 하기 위해 "침묵하는 세대"로부터 논의를 시작하고자 하며, 이는 이 세대의 묘사가 현 세대인 Y세대를 살펴볼 때 좀 더 분명하고 확정적인 비교를 가능하게 해주기 때문이다. 양 극단에 위치하는 이 두 세대를 비교하는 것은 Y세대를 특징짓는 가치들의 진화를 평가할 수 있게 해준다.

침묵하는 세대

대부분의 분석자들은 1925~1942년 사이에 태어난 이들을 침묵하는 세대의 구성원들이라고 본다. 정확한 시간에 대한 일부 논쟁에도 불구하고 실제로 모든 저자는 이들 집단의 특성과 가치에 대해 대체적으로 동의하는데, 이는 이 집단의 구성원들이 그들이 살았던 시기의 역사적 및 사회적 조건들에 영향을 받았기 때문이다. 기본적으로 이 세대는 직업인으로서 노동의 삶이 끝나가고 있거나 이미 마친 사람들이다. 일부 학자들은 침묵하는 세대의 사람들이 대공황을 겪은 가족들로부터 태어났으며, 일자리를 구하고 중요한 위치의 직원이 되는 데 어려움을 겪었고, 제2차 세계대전 시기에 군 복무를 했던 부모세대의 영향을 받아 종업원들을 관리하는 방식에 있어 명령 위주의 성향을 보인다고 주장한다. 침묵하는 세대의 사람들은 초기의 직장생활에서 권위에 대해 거의 의문을 달지 않고, 확고한 명령체계에 순응하며, 명예, 복종, 그리고 연공서열에 대한 숭배 시스템을 준수하는 전쟁 이후의 시기를 보냈다. 그들은 설사 결점이 있다는 것을 알고 있더라도 부족한 지시를 기꺼이 받아들이며, 조용히 그것을 감내하도록 훈련되었다. 그들은 법과 질서를 확고하게 중시하며, 본질적으로 보수적인 사람들이다.

베이비부머

'베이비부머'라는 집단 명칭으로 알려진 그다음 세대의 사람들은 통상 1943~1964년 사이에 태어난 이들을 일컫는다. 특별히 미국의 경우 이들은 반항과 전후 국가적 풍요로움의 시대에 태어났으며, 그들의 관점은 베트남 전쟁, 워터게이트 스캔들 등을 거치며 기존의 권위에 의문을 제기하는 1960년대 반체제문화의 등장으로 형성되었다. 이러한 경향은 1968년 파리의 학생 봉기에서 볼 수 있듯, 유럽의 반체제문화와 닮아 보인다. 이 세대의 사람들에게 권위는 점점 더 신뢰하기 어려운 것처럼 보였으며, 의심의 대상이었다. 그들은 마틴 루서 킹(Martin Luther King Jr.)이나 케네디(John F. Kennedy)와 같이 새롭게 출현하는 리더들의 이상주의적 스타일에 더 많은 영향을 받았다.

한 학자 그룹에 따르면, 이 집단에 속한 사람들은 성장과 확대를 믿었고, 전문직업인으로서 스스로를 자랑스럽게 생각했으며, 낙천주의자이면서 팀워크를 중시했으며, "종종 그들 자신과 타인에게 비싼 값을 치르더라도 타협함 없이 자신의 개인적 만족을 추구해왔다."[11]

X세대

그다음 세대 집단은 'X세대'라는 별명이 붙은 1960~1980년 사이에 태어난 이들이다. 이 세대의 사람들은 위에서 언급된 이전 세대들과는 달리 "실제" 전쟁을 통한 성장의 경험이 부족한 이들이다. 젬크(Zemke)는 X세대를 "자기의존적이며, 일과 삶의 균형을 추구하고, 가족을 더 중시하는 이들"로 묘사한다. 권위에 대한 그들의 접근 방식은 격식을 차리지 않으며, 때로 회의적이다. 또한 그들은 컴퓨터 시대에 성장했기에 기술에 대해 더 편안하게 느낀다. X세대는 이전 세대들이 관례처럼 여기

---

11 Ron Zemke, Claire Raines, and Bob Filipczak, *Generations at Work: Managing the Clash of Veterans, Boomers, Xers, and Nexters in Your Workplace* (New York: American Management Association, 1999), p. 67.

던 직업적 업무 개선을 위한 개인적인 희생을 거의 원치 않는다. "간단히 말해 그들은 위계를 신뢰하지 않는다. 그들은 좀 더 비형식적인 방식을 선호한다. 그들은 서열보다는 가치에 의해 판단한다. 그들은 회사에 훨씬 덜 충성한다."[12]

Y세대

네 번째 집단은 이제 분명하다. Y세대 또는 "밀레니얼(Millennials)"로 불리는 이 집단은 1980년 이후에 태어난 이들로 구성되어 있다. 이들은 이제 전문직업의 현장에서 그 모습을 드러내고 있다. 이들은 인력 구성에 있어 상대적으로 신입 사원들이지만, 초기의 모습은 동기부여 수준이 높으며, 자신의 기술과 능력을 개발하는 데 매우 적극적이다. 그들은 권위에 의문을 제기하는 데 반대하지 않으며, X세대와 마찬가지로 평생 현재의 일에 소속되거나 헌신하려 하지 않는다. 마틴(Martin)과 그의 동료들은 이들을 상당한 침착함을 지닌 세대로 묘사하고 있다. 새로운 자신감을 가진 세대이며 긍정적이고 자존심으로 가득 차 있는데, "이들이 인본주의적 아동심리학 이론들이 상담, 교육 그리고 훈육에 널리 퍼져 있던 '아동 시기'에 성장했기에"[13] 이는 별로 놀랄 만한 일은 아니다. 마틴과 동료들은 이 시기의 심리학적인 훈육이 '분리의 구름' 아래에 놓여 있었다고 말하는데, 이러한 분리의 구름은 부재중인 맞벌이부모들로 인해 생겨났으며, Y세대는 종종 보모나 부모 이외의 다른 보호자들에 의해 길러졌다. 경력을 중시하는 부모들이 직업적 야망을 추구하는 반면, 그들의 아이들은 지속적인 부모의 존재나 관심 없이 탁아시설에 맡겨지거나 스스로를 돌보는 것이 사회적으로 용인되는 환경에서 성장했다. Y세대는 대체의 방식을 통해 이전 세대에 가능했던 것보다 훨씬 더 많은

---

12 Jay A. Conger, *Winning 'Em Over: A New Model for Management in the Age of Persuasion* (New York: Simon & Schuster, 2001), p. 9.

13 Tulgan and Martin, *Managing Generation Y*, p. 4.

정보에 접근함으로써 전자 미디어의 급증을 이용해 세상에서 일어나는 나쁜 일들을 알게 된다.

이상으로 분명히 구분되고 완전한 네 가지 차원의 세대는 그들이 살아온 각 시대의 부산물이다. 다양한 정치적, 환경적 그리고 사회적 배경에 따라 그들의 가치관이 형성되고 방향성이 결정되어왔다. 그 결과 그들은 자신들의 가치를 작업 현장에서 방호하고 촉진시킨다. 세대라는 것은 대공황, 세계대전, 베트남 전쟁, 1960년대의 문화적 저항, 9.11 공격 등과 같은 중요한 역사적 사건들에 의해 기술된다. 이러한 사건들이 이념과 사회적 행동들을 재정립한다. 이 사건들은 세상에 대한 인간의 지적인 접근방식을 재형성하고 변화시킨다는 점에서 진정한 "패러다임의 전환"이다.

권위에 도전하기

'세대 간 가치 차이'라는 주제는 조직행동 측면에서 매우 중요한데, 이는 이 주제가 관리, 관리직 노동자의 영속성, 사회화 과정 및 다른 많은 이슈와 관련된 질문들을 만들어내기 때문이다. 군 직업의 민간화를 기술한 사키시안은 군 직업이 "민간 직업의 특성들을 띠게 되었으며, 그러한 과정에서 조직 구성원들은 물론 외부 사람들로부터의 재평가와 비평에 노출되었다"[14]고 말한다. 그는 상대적으로 더 나이가 많고 전통주의자인 간부들과 그들의 젊은 부하들 간에 발생할 수 있는 조직 내 충돌을 언급하고 있다. 그는 다음과 같이 말한다. "더 근대적이고 자유로운 전문직업인들이 군대가 폭력을 관리하는 것 이상의 역할을 해야 한다고

14 Sarkesian, *Professional Army Officer*, p. 14.

느끼는 반면에, 전통주의자들은 군대의 영웅적 역할을 영속시키려는 경향을 가지고 있다."[15] 사키시안은 미국 군대가 여전히 냉전에 관심을 집중시키고 있을 때인 1975년에 이러한 내적 충돌을 강조했다.

좀 더 최근에는 울머(Walter F. Ulmer Jr.)가 미국 〈파라미터스(*Parameters*)〉 지에 기고한 논문을 통해 이 주제를 다시 한 번 강조했다. "육군 지휘참모대학의 후원 하에 1995년 실시된 설문조사에 따르면, 리더십과 지휘 풍토에 관한 일부 우려들은 1970년 육군대학의 군사 전문성(Military Professionalism)에 관한 연구에서 보고된 것들과 놀라울 정도로 유사하다."[16] 울머는 "최근의 많은 고위급 과정 학생들이 그들이 목격한 고위급 리더들의 역량에 대해 기존 학생들보다 더 회의적인 시각을 가지고 있는 것처럼 보인다. 특히 영관급 및 장성급 장교 수준에서의 부족한 리더십과 관련된 이야기들은 무시하기에는 너무나 일관된 내용들을 담고 있다"[17]고 말한다.

울머는 자신의 논문에서 연공서열 요소들과 관련된 다양한 수준의 불화를 강조함과 더불어 권위에 의문을 다는 현상의 증대는 현대적 군대와 연관된 조직 변화와 연결되어 있다고 말한다. 그는 전통적인 리더십 자질과 특성들에 덧붙여 오늘날의 장교 계급에 요구되는 조직적 자질을 강조한다. 그는 또한 군대의 민간 관리화와 조직변화 관리에서 좀 더 효과적인 작업적 요구에 대해 언급하고 있다.

비록 그것이 그들의 전체 작업 중 일부 내용이지만, 사키시안과 울머가 공통적으로 제시하는 것은 현대에 들어와 초급 장교들과 부하들에 의해 리더십과 권위의 생존 가능성에 관해 의문을 제기하는 경향이 증대되고 있다는 증거다. 침묵의 세대에 대해 콩거(Conger)가 묘사한 것처럼 의심할 여지없는 명예와 리더십에 대한 숭배의 시대는 지나갔다. 새

---

15 Ibid.

16 Ulmer, "Military Leadership into the 21st Century," p. 2.

17 Ibid.

로운 세대들(X세대, Y세대)은 의무라고 여겨지는 지시를 그냥 받아들이지 않으며, 그들에게 주어진 명령들의 적합성, 명료성 그리고 정당성을 따지는 것이 정당화될 수 있다고 느낀다.

이와 같은 의문 제기 경향은 로우린(Catherine Loughlin)과 바링(Julian Barling)의 논문에서 논의가 더욱 진전된다. 그들은 "권위에 대해 많은 젊은 노동자들이 이전 세대들과 동일한 자격을 부여하지 않으며, 지금은 리더십과 리더들에 대한 광범위한 냉소주의가 퍼져 있다"[18]고 말한다. 이러한 맥락에서의 '냉소주의'는 다소 냉혹하다고 주장될 수 있다. 의문 제기를 통해 실력자의 검증과정에서 충돌과 반박이 나타날 수 있으며, 그 결과 의문을 제기한 사람들의 기대에 부응하지 못하는 결과를 초래할 가능성이 있다.

조직을 위한 실무적 시사점

케이커바드시(Kakabadse)와 동료들은 다음과 같이 말한다. "과거에는 한 직장에서 평생 경력을 갖는다는 생각이 매우 흔했지만, 오늘날은 점점 더 그 가능성이 희박해 보인다." 오늘날 새로운 직장인들은 "새로운 역량들을 개발하고 조직이 자신에게 도전적으로 느껴질 때까지만 조직에 남으려고 한다."[19] 그렇다면 새로운 세대의 종업원들을 인정하는 조직은 무엇을 인식해야 하는가?

요르겐센(Bradley Jorgensen)은 호주 군대를 위한 조직행동에서의 세대적 시사점에 관한 연구 논문과 사례연구를 통해 세대의 변화라는 측면에 비판적인 시각을 보여준다. 그는 호주 군대의 현장 정책 설계에서 세

18 Loughlin and Barling, "Young Workers'Work Values, Attitudes, and Behaviors," pp. 551-552.

19 Kakabadse et al., *Working in Organisations*, pp. 46-47.

대와 관련된 이슈들이 고려되어야 한다는 가설을 검증했다. X세대와 Y세대의 호기심 많은 특성, 독립성, 충성 그리고 과학기술과 관련된 기술과 전문지식에 특별한 관심을 둔 그는 X세대와 Y세대가 경력에 접근하는 방식이 다르다는 것을 인정한다. 그는 "이직 의도는 교육적 성취에 따라 현저하게 증가한다"[20]는 데 주목한다. 그는 가장 최근 세대인 Y세대의 특성에 주목하는데, 이들은 "자신의 기술 개발에 가치를 두고, 멘토링 및 코칭을 통해 성장하며, X세대와 마찬가지로 일을 함에 있어 동기부여가 되어 있으나 일에 있어 더 큰 목적의식과 의미를 추구한다. 그들은 권위에 의문을 제기하는 것을 두려워하지 않으며, 그들이 생각하기에 불합리한 관리적 의사결정에 대해 도전하고자 한다."[21]

요르겐센에 의한 이 특별한 연구는 다음과 같이 결론을 내린다. "세대별 맞춤형 메커니즘을 통한 인력관리 필요성에 관한 세대 연구자들의 주장은 인력 정책 의사결정의 토대가 되기에는 엄밀함이 부족하다. 대규모 또는 포괄적인 인력 정책 접근법보다는 오히려 학문적인 문헌들이 개별화의 개념과 정교한 측정에 더 큰 도움이 되고 있다."[22] 개인적인 의견으로는 요르겐센이 내놓은 권고사항들이 건전하고 적합한 판단을 제공해준다고 생각한다.

그러나 그러한 권고사항들은 현재 호주 군대의 훈련, 관리, 그리고 사회화 기법들이 세대 간 차이를 상당 부분 반영하고 있다는 전제하에 만들어졌을지 모른다. "개별화"에 대한 언급이 매우 중요한데, 이것이 최초로 고용할 때나 그 이후에도 종업원들의 사회화와 멘토링과 관련된 이슈들을 만들어내기 때문이다. 이를 통해 고용주와 노동자 모두의 측면에서 고용에 대한 관념상의 기대들이 사실로 확인되거나 약화되고,

---

20 Bradley Jorgensen, "Baby Boomers, Generation X, and Generation Y: Policy Implications for Defence Forces in the Modern Era," *Foresight* 5: 4(2003).

21 Ibid., p. 4; Tulgan and Martin, cited in Jorgensen.

22 Jorgensen, "Baby Boomers."

종업원들의 경력에 대한 헌신과 경력 영속성을 결정하는 가치 있는 도구를 제시해줄 수도 있을 것이다.

울머는 미군과 관련하여 현재 "모든 계급에 도전을 부여하고 영감을 불어넣으며 동기부여를 하는 조직문화의 창조와 유지가 무엇인지 정의하고, 이를 심어주고 감독해나가는 높은 수준의 가시적이고 많은 자원이 투입된 노력은 없다"[23]고 말한다. 울머에 따르면 미군에게 멘토링 관행은 매년 실시되는 "장교근무평정"에 제한되며, 이것으로는 부족하다고 생각한다. 그는 "발전을 돕기 위한 피드백과 관찰" 영역에서 조직의 최선의 관행은 아직 요원하다는 결론을 내린다.[24]

사회화 과정

앞서 언급된 문헌들은 본질 측면에서 군대가 새로운 세대들(X세대와 Y세대)과 그들의 고용에 접근하는 방식의 변화에 대한 전반적인 아이디어를 제공한다. 이러한 세대 집단들은 그들 이전의 침묵하는 세대, 그것보다는 약하지만 베이비부머들과는 다른 접근방식을 취한다. 세대 간 갈등의 이슈들은 새로운 세대가 그들의 고용주들에게 지침, 자격요건 그리고 목적을 제시해달라고 끊임없이 요구하는 과정에서 잘 나타난다. 저자 개인의 경험에 비춰볼 때, 이러한 탐구는 부끄러움 없이 충분한 장점을 가지고 이뤄진다.

새로운 직위를 수행하는 첫 단계의 안개 속에서 신입 사원들을 이끌어주는 한 가지 방법은 인정받은 사회화 기법들을 활용하는 것이다. 사회화는 그것이 의식적이든 아니든 아일랜드 군대가 후보생 과정을 통해

23 Ulmer, "Military Leadership into the 21st Century," p. 6.

24 Ibid.

겪은 훈련을 확장시키고, 이러한 훈련을 고용 관행에 적용하기 위해 사용한 방법이다. 비록 현재 아일랜드 군대 내에서의 사회화라는 것은 후보생이 장교로 임관한 후에는 별개로 식별되는 과정이 아니지만, 다시 말해 어떠한 훈련 또는 관리기구에 의해 감독되거나 통제되지는 않지만, 사회화는 한 개인을 조직으로 인도하는 필수적 요소들을 만들어낼 수 있거나 실제로 만들어낸다. 또한, 사회화는 그 종업원에게 명확하고 지속되는 인상을 주게 된다.

이 논문의 서두에서 언급한 대로 군 종사자들은 현재 그 어느 때보다 확대되고 있는 군사, 비군사 및 민간 조직들로 연결된 사회에 관여하고 있다.[25] 그러한 접촉의 강조는 단지 군사적 목표를 지향하던 것에서 벗어나 점차 바뀌어왔다. 이러한 직업적 접촉의 다양화로 인해 군대의 장교와 인원들은 그러한 연계를 위해 더욱 폭넓은 인간관계 기술을 전문적으로 갖출 것을 요구받고 있다. 동료 또는 상사의 멘토링을 통한 효과적 사회화 과정은 사교능력을 위한 숙달된 요건들을 이해하는 것을 조성하고 개발하는 데 기여할 수 있다.

종업원이 사회화를 통해 최초에 품은 기대들은 자신이 하는 일의 현실에 비추어 시험받게 되고, 태도와 행동에서의 잠정적인 조정이 일어나게 된다.[26] 최초의 군사 훈련은 사회화 용어로 "박탈"의 범주에 속한다.[27] 박탈을 통해 신입 사원의 정체성을 부정하거나 변화시키게 된다. 그런 이후에는 아드츠(Ardts)와 동료들이 제시한 다음 두 가지 방식의 사회화를 겪게 된다.

---

25 See Sarkesian, *Professional Army Officer*; Ulmer, "Military Leadership into the 21st Century"; and M. Vlachova and L. Halberstat, "A Casual View into the Future: Reform of Military Education in the Czech Republic," Geneva Centre for the Democratic Control of Armed Forces, Working Paper No. 105 (2003).

26 See Kakabadse, et al., *Working in Organisations*.

27 J. Ardts, P. Jansen, and M. van der Velde, "The Breaking In of New Employees," *Journal of Management Development* 20: 2(2001): pp. 159-167.

- 제도적 사회화와 인사 수단
- 개별적 사회화와 인사 수단

제도화된 사회화 방법은 "조직이 회사를 떠나고자 하는 의지가 전혀 없고, 충성스러우며, 감정적으로 몰입하는 순응주의자적인 신입 사원들을 원하는 경우"[28]에 선택된다. 이 방식은 공식화된 사회화 방법이다. 이러한 방법 또는 프로그램은 멘토 또는 역할모델을 이용하거나 신입 사원 자신의 정체성과 특징을 확인하는 것을 겨냥한다.

개별화된 사회화 방법은 "조직이 혁신적인 신입 사원들을 원하고 그들에게 평생직장을 제공하길 원치 않을 때나, 조직에 충성스러우며 감정적으로 애착을 느끼는 신입 사원들을 덜 고려할 경우"[29]에 선택된다. 이 방법은 그러한 과정을 촉진시키기 위해 멘토를 고용하지 않는다. 또한 즉석에서 이뤄진다는 원칙 하에 분명하게 정의된 절차나 사전에 결정된 시간계획 없이 이뤄질 수 있다.

아일랜드군은 임관 후 군에 의해 인정되거나 수행되는 명확하게 정립된 사회화의 방법이나 틀이 없다는 것을 용인하면서(AF451, 장교 연간 성과평가 예외), 최초 군사훈련 시기 이후에는 개별화된 사회화 방법을 활용한다. 그렇게 되면 이론적으로는 종업원들이 그들 자신의 직접적인 경험을 근거로 자기 나름대로 조직을 이해하는 것이 용인되며, 한 나라의 군대가 이전의 신념과 경력에 대한 종업원의 기대를 약화시키고, 자아실현의 잠재력을 훼손시키는 데 기여할 수 있을 만큼 다양성 있는 조직이 된다.

---

28 Ibid., p. 163.

29 Ibid.

조짐

군대 내에서 높은 수준의 지적 역량의 필요성은 줄어들지 않을 것이다. 군이 자기 이미지, 그리고 사회와 관련된 이미지를 유지하고 꾸미기 위해서는—특히 군대의 역할이 확대됨에 따라 사회와의 협조가 증대되는 경우—교육이 군의 의제 목록상 높이 위치해야 한다. 역사와 사회적 진화의 힘은 장래에 관리의 의무를 적절히 충족시킬 수 있는 새로운 종류의 세대 집단을 제시해주었다. 그러나 X세대와 Y세대는 다소 변덕스러운 집단들이다. 이들 세대가 보여준 자기개선을 위한 심리적 요구조건은 매슬로(Maslow)의 동기부여 이론을 반영한다. 그러나 이러한 조건은 "하나의 욕구가 지속적으로 좌절되면, 인간은 이미 충분한 정도까지 충족되고 있는 하위 수준의 욕구에 의해 동기부여 되는 것으로 회귀한다"[30]는 측면에서 앨더퍼(Alderfer)의 '욕구' 이론에 더 잘 부합한다.

조직 심리 및 행동 연구들은 미래의 새로운 종업원이자 관리자들인 Y세대의 열망과 가치를 식별해냈다. 그들은 인상적인 세대다. 그들은 일반적이며 점진적인 사고의 모습을 보여주는 진보적이며 호기심 많은 특성을 상징한다. 그들은 정직하고 의미가 있는 지휘를 요구하며, 그것을 욕심껏 추구한다.

Y세대의 꼬치꼬치 캐묻는 특성은 의문을 제기함 없이 지시와 권위에 단순히 순응하는 것을 분명하게 꺼림으로써 더욱 확대된다. 지시와 권위는 반드시 자격요건을 갖춰야 하며 정당화되어야 한다. 리더십에 의문을 다는 것은 오늘날의 청년사회에서 쉽게 관측되며, 군에서도 마찬가지로 자명하게 나타나고 있다. 새로운 세대의 종업원들이 비록 그

30 See A. H. Maslow, *Motivation of Personality* (New York: Harper and Row, 1954); and C. P. Alderfer, *Existence, Relatedness and Growth: Human Needs in Organizational Settings* (Boston: Free Press, 1972). Quote from Alderfer, cited in M. Morley, S. Moore, N. Heraty, M. Linehan, and S. MacCurtain, *Principles of Organisational Behaviour: An Irish Text*, 2nd ed. (Dublin: Gill & Macmillan, 2004).

들의 조상인 침묵하는 세대들이 가지고 있던 경력의 영속성 측면에서는 부족하나, 그럼에도 불구하고 그들은 손으로 만져지지 않는 경력 기대를 만족시켜주는 교육훈련과 사회화의 조직적 시스템을 즐기고자 한다. 효과적이고 의미 있는 사회화 기법들은 신입 사원들 사이의 경력에 대한 무관심과 못 미치는 기대를 줄여나가면서 개발 과정을 돕는 데 기여할 수 있다.

하지만 구세대는 신세대를 그들의 경력뿐만 아니라 작업수행에서는 "다루기 어렵고", "따지기 좋아하고", "끈기가 없는" 이들로 간주할 수 있다. 일관된 속도를 유지하는 특성은 항상 그들의 업무를 조심스럽고 정교하게 통제하고, 관리하며, 유지하길 선호하는 구세대의 것으로 여겨져왔다. 그 역할은 항상 신세대의 몫으로 돌려졌는데, 이는 신세대가 위험을 감수하고 기회가 생기면 그것을 잡는 것을 선호한다는 가정 때문이었다.

신세대와 관련된 비판들은 비단 오늘만의 현상은 아니며, 멀리 고대 이집트의 문서에서도 찾아볼 수 있다. 그런데 세대 간 차이를 정의하는 이론들은 역사를 통해 알게 된 것들을 단지 심리적으로 범주화하려는 시도인가? 요르겐센은 세대 간 변화의 효과들을 평가하고 그러한 효과들이 호주 군대에 주는 시사점을 언급하며 이러한 가능성을 주장했다. 그러나 세대의 변화에 대한 어떠한 평가에서도 상이한 세대들이 자라난 사회적 및 역사적 배경에 신빙성이 부여되어야 한다. 오늘날의 새로운 종업원들은 그들의 부모들이 중시했던 가치와는 완전히 다른 가치를 보유한 사회의 산물들이다.

오로지 협의로 정의된 군사 과업에 초점이 맞춰진 역할들에 대한 이전 군대 조직들의 관심사는 이제 새로운 수준의 전문 직업주의를 요구하는 새롭고 확대되고 있는 협동으로 빠르게 대체되고 있다. 경계의 구분이 새롭게 쓰이고 있으며, 군대가 새로운 역할들로 인해 다양화되어 감에 따라 새로운 종업원들의 교육훈련과 사회화는 군의 새로운 임무

달성에 요구되는 관리적 전문 직업주의의 수준을 반영할 필요성이 대두된다. 새로운 종업원들의 동기부여와 미래의 기대를 검토해보는 것은 미래의 군 관리자들이 품는 열망에 가치 있는 식견을 제공할 수 있을 것이다.

세대 변화의 이론은 Y세대의 구성원들인 오늘날의 종업원들이 일과 인생에서 구세대 구성원들이 지녔던 것과는 다른 열망과 태도를 가졌다고 주장한다. 그러므로 아일랜드 군대는 이러한 차이에 맞추기 위해 그들의 훈련방식과 사회화 관행에 있어 접근방식을 변경할 필요가 있는 것인가?

네모난 말뚝과 둥근 구멍

과거 세대들의 삶을 되돌아볼 때, 우리는 문제가 되는 그 시대의 자질, 특징 및 속도를 돌이켜보는 경향이 있다. 우리의 삶은 거의 언제나 현재에 비해서는 과거에 더 단순했던 것처럼 보인다. 이러한 단순한 사색적인 관행은 모든 세대에 적용된다. 내가 이 논문을 처음 시작했을 때, 나 역시 나의 관심대상 집단이었던 Y세대가 심리적으로 나와는 어떻게든 다르며, 그들의 삶은 틀림없이 나의 성격 형성기에 경험하지 못했던 복잡한 영향을 받았을 것이라는 확실한 믿음을 가지고 동일한 방식을 취했다. 시간 순서대로 발생한 배치, 태도 그리고 특성의 측면에서 아일랜드 군대의 세대 간 묘사에 동일한 목적을 위해 이용된 미국의 틀을 사용하는 것이 실현 가능, 아니 근본적으로 가능한 것인가? 나는 이 논문을 써나가는 과정에서 관심대상 집단의 사람들에게 명확하고 구체적인 규칙 및 관례를 갖다 붙이는 것이 곧바로 문제를 발생한다는 것을 배우게 되었다. 깊이 있는 인구통계학적 연구들은 여러 방식으로 하나의 온전한 세대를 연구함에 있어 완전하게 적용할 수 있는 단 하나의 명확한 과학적 진리는 없다는 사실을 우리에게 가르쳐줌으로써 현대적인 가치들을 좀 더 자세히 진술하고 있다. 라이더(Ryder)가 요약했듯이 “모집단에 관한 명제를 개인에 관한 명제로 전환시키는 것은 효력이 없다.”[31] 그러나 관심대상 세대의 기대되는 특성들, 다시 말해 한 세대를 다른 세대와 구분 짓는 특성들의 일반성을 포괄하는 “가치관의 단순화”를 적용해 보는 것은 사회에 미치는 영향, 더 집중적으로 적용할 경우에는 조직에 미치는 영향을 평가하는 데 유익할 수 있다.

동기부여를 일으키는 메시지

오늘날 아일랜드 군대는 인적자원관리 제도가 조직의 핵심적 요소로 등장한 매우 경쟁적인 기업 환경과 함께하고 있다. 인적자원관리를 통해 오늘날의 종업원 세대들은 그들의 전임자들과는 다른 가치관과 태도를 보이며, 그와 함께 미래에 대한 분명하고 모호하지 않은 목적을 가지고 있음을 알게 되었다. 아일랜드 군대가 기업이 제공하는 직업 대안들보다 우월한 점이 있다면, 그것은 오늘날의 후보생이나 근무원들이 지속적인 도전을 약속하고 지지해주는 직장생활을 하면서 그들의 조국에 봉사하기를 선택한다는 것이다. 저자는 훈련과정에 참여한 후보생들의 응답을 분석한 연구를 통해 후보생들에게 확실한 자신감이 나타났고, 위에서 언급한 도전이 충족되고 있음을 보여주었다. 후보생 훈련과정과 군 인적자원 부서에 의해 시행되고 있는 사회화 방법들을 통해 나타난 성장은 의도하건 의도하지 않건 세대의 욕구를 충족시키는 데 기여해왔다. 새로운 후보생들이 지속적인 도전을 기대한다는 것은 자명하며, 아일랜드 군대도 계속하여 이러한 기대들을 정의하고 지지하며 육

31 N. Ryder, “Notes on the Concept of a Population,” *American Journal of Sociology* 69 (1964): 459.

성해주는 적극적이고 잘 설계된 사회화 과정을 통해 의미와 목적을 제공해줄 것이라 생각된다.

아일랜드 군대는 기업들과 매우 유사하게 변화해가는 비전, 정책 그리고 목표를 경험하고 있다. 이것은 단지 조직의 목표에만 특별히 해당하는 것이 아니며, 종업원들을 고용하고 유지하는 환경에도 적용된다. 아일랜드 군대의 정책과 목적을 효과적으로 선전하기 위해서는 종업원들의 지속적인 효과성이 중요하다. 종업원의 잠재력이 시작부터 곧바로 육성된다면 진보된 생산성 달성이 가능하다. "사회화가 더 효과적이고 효율적일수록 신입 사원이 조직을 위해 더 빨리 생산적이 될 수 있다."[32] 현재 아일랜드군에 의해 시행되고 있는 개별화된 사회화 방법은 Y세대가 가슴에 품을 수 있는 가능성들을 심어주고 격려하는 방식으로 그들의 활력을 적극적으로 수용하는 데 효과적이지 못하다. Y세대 구성원들은 조직에 대한 기대가 애매모호하게 되지 않도록 해주는 자격요건을 갖춘 지시를 요구한다. 일단 기대가 정해지면 조직 목표가 명료해진다. 그리고 성과를 측정하는 능력이 고조된다. 만일 새로운 종업원의 기대가 자주 명확해지지 않거나 자격을 갖추지 못한다면 그로 인한 모호성이 그 집단을 실망시키고 환상을 깨뜨릴 것이다. Y세대 구성원들은 그들을 이전 세대들과 구분지어주고 경력 경로의 선택을 뒷받침해주는 방식에 있어 도전의 전망을 기꺼이 받아들인다. 컬런(Grainne Cullen)에 따르면 개인적 도전으로의 끌림은 군 경력에 대한 열망이 있는 Y세대 구성원들에게 군대 밖의 경력에 관심이 있는 인원보다 더 일반적으로 나타나는 것처럼 보인다.[33] 컬런은 자신의 연구에서 놀라운 통계치를 강조하는데, 이 연구에서 그녀는 60명의 후보생 지원자에게 만일 후보생 과정을 무

32 Ardts et al., "The Breaking In of New Employees."

33 Grainne Cullen, a psychologist working with the Irish Defense Forces, was interviewed by the author. All quotations here and below are taken from the author's records and notes from the interview.

사히 통과하지 못한다면 다른 어떠한 경력 경로를 선택할 것인가 질문했다. 그 결과 거의 50%의 인원이 좀 더 안정적이고 예측 가능한 민간, 보안 또는 은행 환경보다 창업가가 되는 경로를 택하겠다고 응답했다.[34]

왜? 의문 제기의 이점

Y세대 구성원들은 모든 것에 의문을 제기한다. 이는 그들의 풍부한 호기심을 허용하고 장려한 양육방식의 자연스런 결과다. 이를 통해 목적의 명확성이 확인되고 목적의 안전성이 담보되는 하나의 방법이다. 그런데 이것은 군대 같은 조직에서는 권위에 대한 순종과 존중이라는 이전 세대의 관점을 훼손시킬 수 있는 특성이기도 하다. 하지만 이러한 특성이야말로 Y세대가 생략됨 없이 지속적으로 직무를 개선시켜 나가는 원동력이다. 만일 공개적으로 지시에 대해 의문을 제기할 수 있는 능력을 제거한다면, 종업원의 자신감과 확신 또한 사라질 것이다. 권위에 의문을 제기함으로써 확신을 갖고 모호함을 떨쳐버리는 종업원의 능력은 주어진 과업을 완수하고자 하는 동기부여를 보존해주며, 그 결과로 나타나는 산물에 대해 확신을 갖고 정당화할 수 있다. 의문을 제기하는 특성은 Y세대에게만 한정된 것은 아니며, 사회와 함께 자연스럽게 진화해온 특성이다. 구세대는 상황과 청중에 따라 의문 제기의 욕구를 억제하는 능력이 더 탁월했을지도 모른다. 그리하여 이러한 의문 제기 현상은 군대에서는 꽤나 새로운 것이다. 그러나 Y세대의 의문 제기는 인간 내부의 뿌리 깊은 특성이며, 상대방의 힘이나 권위에 상관없이 행해져

34 Twenty-eight prospective Cadets chose an entrepreneurial career path as their preference should they be unsuccessful in their attempt to join the IDF. The choice of entrepreneur was not listed among the career alternative options, but rather was independently written in under the option "Other Careers."

야 한다고 인생이 가르쳐준 무엇이다. 이것은 악의 없이 이뤄지지 않으며, 오히려 질문하는 사람의 눈에는 정교하게 의도되고 전심을 다해 정당화된다.

군대에서의 의문 제기 장려는 단지 전통적으로 위계적이고 관료적이던 것들의 투명성과 합법성을 개선시키는 데 기여할 수 있다. 그러나 솔직하게 표현하는 그러한 특성을 가능하게 해주는 자유와 융통성이 군대의 기질을 상징하는 경직된 명령계통 내에서는 생존하지 못한다는 사실을 무시할 수 없다. 모든 수준의 위계에 걸쳐 권위에 의문을 제기하는 것과 관련된 융통성이 적용될 수 없는 마지막 남은 조직 중 하나가 아마도 군대일 것이다. 하지만 변화하는 군대의 측면을 위기관리를 위한 작전 계획 과정에서 살펴볼 수 있는데, 이 과정에서 의문 제기의 적극적인 장려를 통해 모든 만일의 사태에 대비한 가능한 잠재적 군사 대응책을 엄밀히 시험하게 된다. 개방된 환경에서의 의문 제기의 가치가 과소평가되어서는 안 되며, 종업원들의 직접적 환경 범위 내에서의 자유를 창출하는 것은 기꺼이 받아들여져야 한다. 다시 컬런을 언급하면, 누군가 조직에 의문을 제기하는 것은 권위에 의문을 제기하는 것을 통해 이뤄지며, 조직의 변화는 오로지 조직에 의문을 제기할 때 이뤄진다. 이러한 세대의 진화에 기반을 둔 미래의 연구는 급속한 조직 변화와 구성원의 의문 제기에 대한 조직의 개방성 간에 존재할 수 있는 상관관계에 대한 평가를 가능하게 해줄 것이다. 분명히 오늘날의 조직들은 이러한 관행을 적극적으로 장려하는 덜 위계적인 조직구조를 돋보이게 하고자 하는 공개적인 옹호를 통해 상당한 성공을 이뤄냈다.

이어서 Y세대에게 내재되어 있는 의문 제기 성향은 새로운 종업원들이 주도적으로 새로운 작업환경에 적응하도록 자기 자신에게 영향을 미치려는 시도의 부산물이 될 것이다. 의문 제기는 새로운 종업원의 환경에 과한 정보를 도출해내는 자기사회화의 한 방법이다. 연구결과에 따르면 “끊임없이 정보를 얻으려 하고 피드백을 요구하는 신입 사원들이 직무와 조직에 대한 더 많은 지식을 가지고 있으며, 사회적으로 더 통합되어 있다."[35] 모든 조직에서 종업원의 형성기는 매우 중요한 조정 시기인데, 이 시기에 직장생활에 대한 초기의 약속들이 충족되거나 신뢰를 얻게 된다. 제도화된 사회화 기법들을 사용하는 조직들은 "새로운 구성원의 자기정체성과 특성을 확언"[35]하기 위해 멘토링과 코칭을 효율적으로 사용한다. 연구대상 후보생들은 직무를 시작할 때와 그 이후에 자신들이 기대하는 코칭의 형태로 아일랜드 군대가 하나의 공식적 훈련으로서 수행하는 것이 아닌 무언가 다른 사회화 방법들에 대한 선호를 나타냈다. 코칭과 멘토링은 아일랜드 군대 내에서 인정받고 추진되고 있지 않으며, 이를 수행할 때는 비록 이득이 되는 것일지라도 어떠한 규제 없이 비공식적으로 이뤄진다. 연간 성과평가 시스템은 종업원들이 자기 자신의 성과가 요구 또는 기대되는 것에 비해 어느 정도 수준인지를 가늠해볼 수 있는 유일한 방법으로 남아 있다. 하나의 인정된 조직 관행으로서의 코칭과 멘토링은 이러한 자신감 있는 세대의 열망을 육성하고, 모호성을 떨쳐버리며, 오늘날의 변화하는 군대가 강하게 요구하는 전문직업주의의 수준을 높이는 데 기여할 것이다. 이러한 관행은 군대 내에 분명하게 나타나고 있는 구세대와 신세대 간의 단절을 연결해주는 데도 기여할 것이다. 또한 이것은 채울 수 없는 의문 제기의 특성을 충족시켜주고, 궁극적으로 Y세대 구성원들의 경력 영속성을 개선하는 데 기여할 것이다.

병행 연구의 가능성

조직에 있어 세대 간 변화의 영향을 논의함에 있어 간과되어서는 안

35 Ibid.

36 Ardts et al., "The Breaking In of New Employees."

될 요소는 고용을 하는 동안 일에 대한 가치가 일정하게 유지되는지 아닌지, 또는 실제로 종업원들이 그들이 선택한 경력 내에서 성숙해짐에 따라 그러한 가치들이 변화하는가의 여부다. 모든 종업원은 사전에 계획된 우선순위와 열망을 가지고 경력을 시작한다. 그러나 이러한 가치들이 변화할 때 실제 고용과 부합하는가, 아니면 부합하지 않는가? 이러한 가치들에 더 큰 영향을 주는 것은 세대의 경험인가, 아니면 나이와 성숙도인가? 신세대에게 매우 중요한 일과 삶의 균형이라는 이슈는 이 요소만이 미래의 고용 가치를 좌우하게 된다는 것을 의미하는가? 균형 잡힌 라이프스타일 달성이라는 이슈는 오늘날 아일랜드 사회에 스며들어 있으며, 상업조직들의 지속적인 생존능력을 위해 필요한 초점이 되었다. 아일랜드 군대의 본질과 필연적으로 독특한 문화를 고려해볼 때, 아일랜드군 구성원들에게 필요한 요구조건들을 수용하기 위해 어떠한 조정이 필요한가?

결론

아일랜드 군대는 장래의 장교들을 모집하고 선발하는 데 이용되는 절차와 메커니즘에 상당한 관심을 가지고 있다. 선발과정은 엄밀하면서도 힘든 과정이며, 군의 리더십과 관리 정신을 정의해주는 다양한 특징을 소유한 인원들을 식별해낼 수 있도록 설계되었다. 이러한 과정이 바람직한 요건들을 보여주는 소수의 인원들, 즉 "알짜들"을 만들어낸다. 오늘날 세대의 동기부여는 이전 세대들에 비해 더 집중적이고 계산적이다. 동기부여를 가능케 하는 매력은 도전의 다양성과 지속성을 제공해주는 직업에서 나타난다. 경제적으로 덜 번창하는 시대에 적절한 수준의 안락한 은신처를 제공해주고, 안전하고 고용안정이 보장되며 연금수령이 가능한 일에 끌리지 않는다. 오늘날 군대의 문제는 임관 시와 그 이후에 그러한 도전을 유지할 수 있는가에 달려 있다. 경력 영속성은 이전에는 가능했지만 지금은 가치만큼 강력하지 않다. 따라서 이제 그 어느 때보다 아일랜드 군대의 도전을 규정하는 것은 종업원들의 참여를 유지하는 것이다.

젊은이다운 패기와 동기부여는 직업적 도전들이 실현되지 않을 경우에 언제나 직업적 과정을 변화시키고자 하는 욕구를 나타낸다고 주장할 수 있다. 세대가 진화하고 성숙해지며 가족들과 금전에 대한 책임이 증대됨에 따라 분명히 그들의 가치는 변화할 수 있으며, 직업적 안정성이 가장 중요한 요소가 될 수 있다. 그러나 오늘날의 사회는 하나의 자연스럽고 당연한 일로서 직업적인 변화를 공개적으로 지지하고 있다. 탄탄한 아일랜드 경제는 종업원이 하나의 귀중한 상품이 되고, 그들 자체를 나타내는 경력 기회의 영역에 걸쳐 거래되고 업그레이드되는 것을 가능케 했다. 게다가 이전 연구들은 "일의 가치가 나이와 성숙도보다 세대의 경험에 의해 더 영향을 받는다"[37]는 사실을 보여주었다.

한 세대가 그들의 실수를 통해 배워나가고, 이러한 교훈들은 다음 세대에게 전달된다. 그러나 모든 세대의 이상은 궁극적으로 "완전히 살 만한 가치가 있는 삶을"[38] 달성하는 것이다. Y세대의 구성원들은 미래의 인력을 상징한다. 근대의 혁신적인 조직들이 구성원들의 동기부여를 평가하고 이해하기 위해 심리적 평가를 기꺼이 받아들이고, 경력을 통해 그들을 넘어서기 위해 노력했던 것처럼 군대도 동일한 노력을 해야 한다. 아일랜드 군대가 직면하는 도전들이 다양해지고 있는 시대에 도전이라는 토양 아래서 번성하는 종업원의 가치를 기꺼이 받아들여야 한다는 요구조건은 조직의 비전을 성공적으로 달성하기 위해 가장 중요한

37 K. W. Smola and C. D. Sutton, "Generational Differences: Revisiting Generational Work Values for the New Millennium," *Journal of Organizational Behavior* 23 (2002): 379.

38 H. A. Shepherd, "On the Realization of Human Potential: A Path with a Heart," in the *Organizational Behavior Reader*, 7th ed. (Englewood Cliffs, NJ: Prentice Hall, 2001), p. 146.

요소다. Y세대는 자신들의 욕구를 인정하고 존중하며 응해주는 환경에서 이러한 도전들을 충족시킬 것이며, 아니 더 나아가 이러한 도전들을 넘어설 것이다.

제26장 차차기 육군에서의 지휘

버나드 배스(Bernard M. Bass)[1]

미 육군이 올해(1998년) 223번째 생일을 맞이함에 따라 육군의 고위급 리더들은 이미 "차차기 육군(the Army After Next: AAN)"[2]이 2025년을 어떻게 바라보고 있는가에 주목하고 있다. 21세기의 "첨단기술"과 정보로 가득한 세상으로 들어섬에 따라 리더십 원칙들과 관행들은 초급, 고위급, 그리고 전략적 리더에 따라 명확하게 규정되고 차별화되어야 한다. 저자가 주장한 대로 "리더십의 원칙들은 변하지 않는다. 단지 그 원칙들이 적용되는 상황만이 변한다." 따라서 "첫 번째 우선순위는 리더십 행동과 리더십 원칙의 조화를 증가시키는 것이다."

2025년의 육군을 위한 리더십의 요건들을 논의함에 있어 육군이 직

1 뉴욕 빙엄턴대학교(Binghamton University New York) 리더십연구센터 센터장, 미 육군연구소(U. S. Army Research Institute) 수석조사관, 그리고 다양한 육군 및 해군 인력운영기관의 컨설턴트로서 활동함. 오하이오주립대학교(Ohio State University)에서 학사, 석사 및 박사학위 취득. 로체스터대학교(University of Rochester) 관리연구센터의 교수 및 처장, 피츠버그대학교(University of Pittsburgh) 교수, 루이지애나주립대학교(Louisiana State University) 교수, 버클리 캘리포니아주립대학교(University of California, Berkeley), 스페인 바르셀로나에 위치한 IESE, 뉴질랜드 북부 팔머톤에 위치한 매시대학교(Massey University), 그리고 뉴질랜드 크라이스트처치에 있는 캔터베리대학교(University of Canterbury)의 초빙교수로 재직하는 등 다양한 직책의 업무를 경험. 《리더십의 새로운 패러다임: 거래적 리더십과 변혁적 리더십에 대한 고찰: 산업적, 군사적 및 교육적 영향(*New Paradigm of Leadership: An Inquiry into Transactional Leadership and Transformational Leadership: Industrial, Military and Educational Impact*)》 등 15권의 책을 저술함

2 2025년까지의 미 육군 비전(역자 주)

면하게 될 인적 및 조직적 이슈들뿐만 아니라 차차기 육군(AAN)의 2025년의 전략지정학적 환경, 육군의 기술 및 전술을 고려하고자 한다. 이렇게 함으로써 동료 경쟁자들과의 전투, 지역적 분쟁과 저강도 분쟁에 대비하여 준비태세를 갖추기 위한 리더십 요건들을 살펴보게 될 것이다. 그런 후에 평화를 얻고 이를 유지하기 위한 '차차기 육군(ANN)'에게 필요한 리더십 요건들을 예측해보고자 한다.

내가 말하고자 하는 것들에는 다음과 같은 여러 전제가 깔려 있다.

리더십의 원칙들은 변하지 않는다. 단지 그 원칙들이 적용되는 상황만이 변한다. 시간이 경과함에 따라 개념과 원칙들에 대해 더욱 개선되고 정확한 이해가 가능해진다. 그러나 그러한 것들은 실제로 시저(Julius Caesar)가 알레시아(Alesia)를 기습할 때 그의 부대에 적용한 주도와 배려였다. 비록 우리가 그 개념을 세련되게 하고 측정하는 데는 1,900년이라는 오랜 세월이 걸렸지만 말이다.[3]

미 육군 교리는 시간의 흐름에 따라 변화하며, 특별히 해석과 적용에서 이러한 원칙들에 부합되고자 시도해왔다. 비록 모든 수준에서 이러한 원칙들은 동일하지만, 관행들은 초급, 고위급, 그리고 전략적 리더에 따라 차별화될 필요가 있다.

미 육군 교리는 부하들을 신뢰하고, 그들의 신뢰를 얻으며, 그들을 존중하고 "그들에게 솔직하고 완전한 정보를 제공함으로써 임무에 대한 자발적인 몰입을 이끌어낸다"는 원칙들을 220년 이상 옹호해왔다. 그러나 육군 리더들의 행동은 "이러한 방침과는 상당히 벗어나 있다."[4] 일례로 초급 장교들에 대한 고위급 장교들의 멘토링은 제도화된 관행임에도 불구하고 85%의 초급 장교들은 이러한 상담을 위해 작성된 문서를 장

3 B. M. Bass, *Leadership, Psychology and Organizational Behavior* (New York: Harper, 1960).

4 F. R. Kirkland, "Leadership Policy and Leadership Practice: Two Centuries of Foot-shooting in the US Army," *Journal of Psychohistory* 13 (1991): p. 317.

교 근무평정(Officer Evaluation Report) 마감 1주일도 채 남지 않은 시기에 받는다고 한다.[5] 따라서 우리가 2025년의 리더십 요건에 대해 어떠한 이야기를 하건 가장 중요한 선결과제는 리더십 행동과 리더십 교리의 일치를 증가시키는 것이다.

전 범위 리더십

나는 토론을 목적으로 군대 및 여타 영역에서의 효과적인 리더십을 설명해준 하나의 이론과 리더십 모델을 사용하고자 한다.[6] 그러나 나는 그것을 적용하는 데 관행들이 어떻게 차차기 육군(AAN) 리더십을 위한 요구들에 걸맞게 되는지에 대해 초점을 맞추고자 한다.

이론은 변혁적 리더십과 거래적 리더십에 대한 것이며, 이들의 관계를 보여주는 모델이 전 범위 리더십(Full Range of Leadership)이다.[7] 이 이론에 따르면 리더들은 그들의 부하들이 자존심을 세우고 자신의 이익을 생각하면서도 집단, 조직 그리고 사회의 이익을 위해 자신들의 이익을 넘어설 수 있도록 일깨워줘야 한다. 소대장과 소대 부사관을 대상으로 한 360도 행동평가에 대한 가장 최근의 확인적 요인분석 결과에 따르면, 가장 적합한 모델은 다음과 같은 변혁적 요소들을 포함하고 있다.[8]

---

5 Lt. Gen. T. G. Stroup Jr., "Leadership and Organizational Culture: Actions Speak Louder Than Words," *Military Review* 76, no. 1 (January/February 1996): pp. 44-49.

6 Bass, *Transformational Leadership: Industrial, Military and Educational Impact* (Mahwah, NJ: Lawrence Erlbaum & Associates, 1998); Bass, "Does the Transactional/Transformational Leadership Paradigm Transcend Organizational and National Boundaries?" *American Psychologist* 52 (1997): pp. 130-139.

7 Ibid.; Bass, *Leadership and Performance Beyond Expectations* (New York: Free Press, 1985).

8 Bass and B. J. Avolio, *Platoon Readiness as a Function of Transformational Transactional Leadership, Squad Mores and Platoon Cultures* (Alexandria, VA: US Army Research Institute for the Behavioral Sciences, contract DASWOI-96K-008, 1997).

- 영감적 리더십: 신뢰받고 존중받는 리더는 의미와 도전을 제공하며, 본보기를 만들고 매력적인 목표와 미래를 마음속에 그리고 이를 분명히 표현한다.
- 지적 자극: 리더는 부하들이 필요한 경우에 더욱 혁신적이 되도록 도와준다.
- 개별적 배려: 리더는 부대의 요구와 함께 각 개인의 요구에 주목한다.

거래적 요소들은 다음과 같다.

- 상황적 보상(contingent reward): 리더는 부하들이 자신의 임무를 수행한 대가로 보상한다.
- 적극적 예외관리(active management by exception): 리더는 부하들의 일탈과 실수를 감시하며 필요한 경우 교정을 위한 징계행동을 취한다.
- 수동적 리더십(passive leadership): 리더는 교정하기 전에 문제가 나타나기를 기다리거나 조치를 취하는 것을 회피한다.

2025년의 효과적인 전투 리더십

민간 및 군사 연구들의 이전 메타 분석들과 동일하게 합동 준비태세 훈련센터(Joint Readiness Training Center)에서의 훈련에서 좀 더 효과적으로 소대를 이끈 소대장과 소대 부사관들의 면면을 살펴보면 이미 소속부대에서 더 변혁적이고, 덜 거래적이거나 수동적인 행동들을 보여주었다.[9]

9 K. Lowe, K. G. Kroeck, and N. Sivasubramaniam, "Effectiveness Correlates of Transformational and Transactional Leadership: A Meta-Analytic Review," *Leadership Quarterly* 7 (1996):

더 변혁적이면서 덜 거래적으로 보이는 지휘관들은 좀 더 건설적인 자기 이미지를 가지고 있었으며, 부하들에게 더 많은 권한을 위임하는 느낌을 주었고, 부대의 생산성도 높은 것으로 나타났다.[10]

비록 차차기 군대에서 이러한 것들이 실제로 어떻게 구현될지에 대해서는 많은 논의가 가능하겠지만, 나는 2025년에도 이러한 현상이 동일하게 나타날 것이라 생각한다. 미래의 육군은 매우 신속하게 배치되고, 군수적으로 자족할 수 있으며, 아군 및 적군, 상황과 관련된 즉각적인 정보를 통해 정보가 풍부하고 손쉽게 제공될 것이라고 기대한다. 병력은 싸움이 일어나고 있는 지상 그리고 공중과 우주에 걸쳐 매우 넓게 분산될 것이다. 부대들은 소규모화될 것이며, 주로 정보에 의해 상호 간 그리고 상급 지휘소와 연결될 것이다. 조직은 오늘날의 조직에 비해 수평적으로 변할 것이다. 이처럼 빠르게 움직이고, 기동 가능성이 증대된 부대들은 엄청난 전투력을 가지게 될 것이다.[11]

정보기술의 변화하는 속성들을 고려해볼 때, 오늘날 우리는 2025년의 최첨단 기술을 상당히 과소평가하는 것처럼 보인다. 위, 옆 그리고 아래로의 정보 흐름은 시의적절하고 정확하며, 우선순위 할당과 분석을 위한 컴퓨터화된 지원을 통해 즉시적인 피드백이 가능할 것으로 보인다. 정보 흐름의 많은 부분이 음성 입력 및 출력에 의해 이뤄질 것이며, 적의 침투 및 바이러스로부터 보호받게 될 것이다. 모든 전투원이 과업, 목표 그리고 기대와 관련된 내용들을 지속적으로 보고받게 될 것이다. 그들은 정보처리, 전술적 사고 및 임무 달성의 한 부분이자 참여자가 된다. 개별적인 배려는 위, 옆 및 아래로부터의 즉각적인 피드백을 준비할

---

pp. 385-425; Avolio and Bass.

10 R. J. Masi, "Transformational Leadership and Its Roles in Empowerment, Productivity, and Commitment to Quality" (PhD diss., University of Illinois at Chicago, 1994).

11 "Knowledge & Speed," annual report on the Army After Next Project to the Chief of Staff of the Army, Washington, D. C., Department of the Army, July 1997.

필요성에 의해 매우 중요해질 것이다. 정보 과잉과 적의 침투는 감시와 통제를 해야 하는 리더들에게 문제가 될 것이다. 너무나 많은 정보에 사로잡힌 우리 병사들이 계급, 성명, 비밀번호를 넘어 극도로 시달릴 위험성 또한 해결되어야 할 하나의 문제가 될 수 있다. 리더들은 시스템 왜곡과 결함의 방식들을 알 필요가 있을 것이다. 또한 그들은 역동적이고 전술적인 환경에서 임무달성을 위해 하위 계획들과 명령들을 신속하게 조정할 수 있어야 한다. 이러한 것들은 리더십에서 개별화에 대한 가장 중요한 요구의 예들이다.

2025년이 되면 육군은 21세기 육군의 유산으로부터 "차차기 군대"로 전환될 것이며, 그러한 통합은 개별화된 배려를 요구하게 될 것이다. 또한, 그러한 배려는 동맹국 군대와 함께하는 합동근무 환경에서의 통합 노력에서도 필요해질 것이다. 일반적으로 변혁적 리더십뿐만 아니라 개별적 배려는 성공을 위해 필요한 응집력의 건설과 유지에 중요하다.[12]

리더십과 부대의 응집력

응집력은 신뢰와 상호 의존성의 발달을 바탕으로 한 동료 간의 수평적 형태의 사회적 결속과 상사와 부하 간의 수직적 형태의 사회적 결속을 모두 포함하는 개념이다.[13] 변혁적 리더십의 세 요소가 이러한 응집력에 기여한다는 강력한 증거가 있다. 응집력 있는 팀 내에서 영감을 주는 구성원들은 타인들에게 모범을 보이며, 공동목표를 수용하도록 분위기를 조성한다. 지적으로 자극을 주는 구성원들은 서로 간의 아이디어들을 확장시키고, 문제 해결책들에 대한 주인의식을 개발시킨다. 팀 응

12 Bass, *Transformational Leadership*.

13 P. T. Bartone and Kirkland, "Optimal Leadership in Small Army Units," in R. Gal and A. D. Mangelsdorff, eds., *Handbook of Military Psychology* (New York: John Wiley & Sons, 1991).

집력은 구성원들이 개인적으로 배려하고, 서로를 아끼고 있다는 것을 보여줄 때 더욱 강력해진다.

팀 응집력이 같은 팀 내에서 서로 다른 구성원들에 의해 발휘되는 리더십에 영향을 받는 것처럼 공식적인 집단 리더에 의해 발휘되는 리더십과 구성원들의 조직에 대한 충성, 참여, 몰입 및 애착 사이에 강한 관계가 있음을 볼 수 있다. 의미, 도전 및 자신감과 결단력 있는 역할모델을 제공해줌으로써 영감을 주는 리더들은 그들의 부대에서 응집력 있는 가치와 믿음에 대한 동일시와 내재화를 촉진시키는 것을 돕는다. 지적으로 자극을 주는 리더들은 자원을 더 잘 활용하고, 문제 해결책에 대한 기여를 더 높이도록 자극하며, 그 결과 자존감과 자신감을 증대시킨다. 마찬가지로 개별적으로 사려 깊은 리더들은 부하들의 자기 가치에 대한 인식을 높여 부대와 그들의 리더에 대한 긍정적 감정을 증대시킨다.

연구원인 바톤(P. T. Bartone)과 커클랜드(Faris R. Kirkland)는 부대의 응집력 개발을 위해 요구되는 결정적인 리더십이 최초 창설 부대로부터 완전하게 정착된 부대가 되기까지의 단계들에서 어떻게 나타나는지 밝혀냈다.[14] 리더들은 그들 부대의 응집력을 개발할 수 있는 정도에 따라 인정받아야 하며, 불필요한 전출과 교체를 회피하는 인사 정책의 지원을 받아야 한다. 오래된 팀들로 배치되는 새로운 구성원들에 대한 효과적인 오리엔테이션과 팀으로의 통합은 중요하며, 이는 개별적 배려의 리더십 역량이다.

응집력은 양날의 검이다. 부대의 목표와 조직의 목표가 일치할 경우에는 응집력이 부대의 효과성을 예측하는 강력한 변수다. 그러나 응집력은 그 반대에 해당하는 강력한 예측변수가 될 수도 있다. 응집력이 강한 부대의 목표가 조직의 목표에 반한다면 조직을 고의적으로 방해할 여건이 마련된다. 효과적인 리더들은 부대와 조직 목표 간의 긍정적인

---

14 Ibid.

일치를 관리한다. 전방 주둔군이 있는 전구 도착을 구상하는 매우 매끄러운 흐름은 초기에 도착하는 경보병 부대와 나중에 도착하는 중화기 부대가 관련자 모두의 긍정적인 일치를 요구한다. 두말할 필요 없이 "차차기 육군(AAN)"은 응집력 있는 부대와 성숙한 리더십을 요구할 것이다.[15]

분권화

우리는 산업계에서 극단적으로는 자율관리팀을 만들어낸 분권화(decentralization)의 급격한 증가를 목격했다. 이러한 분권화된 운영방식이 전투에서 승리하기 위한 전술적 속도와 기민성을 제공하기 위해 차차기 육군에 도입되고 있다. 여기에는 "리더와 부하 사이의 직업적인 신뢰와 확신"이 필수적이 될 것이다.[16] 조직 수준에서 유연성 있는 조직구조는 자급식 부대들로 설계될 필요가 있는데, 이러한 자급식 부대들은 독립적으로 임무를 수행하기 위해 파견될 수 있으며, 임무를 마치면 신속하게 재편성되어 더 큰 부대로 다시 통합될 수 있는 부대들이다. 미래 전투의 속도와 템포는 지휘계통상 더 적은 수의 계층이 존재하는 수평적인 조직을 요구한다. 이것은 결과적으로 다른 계층에 있는 리더들로 하여금 더 많은 수의 직접적인 보고를 조정하기 위해 적극적으로 "예외에 의한 관리"에 더 의존하게 만들 것이다. 그들은 상황분석, 조정, 의사소통, 지휘 및 통제를 하기 위해 컴퓨터화된 의사결정 지원시스템의 도움을 받게 될 것이다. 그러나 이는 리더들이 부하들에게 위임하는 권한, 행동의 융통성과 자유를 증대해야 함을 의미하며, 그 결과 부하들은 자유재량에 의한 행동들을 리더에게 전부 알려주게 될 것이다.

하위 수준의 제대가 자기관리팀들로 조직된 경우에는 한 제대로부

15 "Knowledge & Speed," p. 21.

16 Ibid.

터 그 아래 제대로의 위임이 100% 이뤄지게 된다. 하위 제대에서의 모든 행동이 상위 제대의 명령을 요구한다면 위임은 전혀 발생하지 않는다. 미래 AAN 연구의 중심 주제는 "어느 정도면 모든 개인이 리더십 기능에 관여하게 되는가?"여야 한다. 공유된 책임이라는 것은 어느 누구에게도 책임이 없다는 것인가? 모든 병사가 리더의 어떠한 역할이 필요하나 빠져 있다고 생각되면, 훈련을 통해 그들 리더가 담당하는 하나 또는 그 이상의 역할을 맡을 준비가 될 것인가? 그렇게 할 수 있는 역할들은 무엇인가? 현재 리더의 역할은 얼마만큼 위임될 수 있는가? 얼마만큼의 자율관리가 분대, 소대 또는 중대에 도입될 수 있는가? 육군에는 의사결정을 하위계급에 밀어버리는 분명한 경향이 있다. 예를 들어, 제2차 세계대전 때는 대위가 내리던 의사결정을 이제는 TOW(대전차미사일) 팀리더인 초급 부사관이 담당하고 있다.[17]

우리의 모든 전쟁에서 미국 병사들의 개인주의는 저주임과 동시에 은총이었다. 언제나 권위에 대한 의심이 만연해 있었으며, 그 결과 규율에 대한 저항이 존재해왔다.[18] 그러나 마셜이 지적한 대로 제1차 세계대전 당시 유럽의 동맹국들은 미국의 문화 위에 지어진 주도성이라는 특성 때문에 "30일의 기적"을 통해 우리의 소대장들을 얼마나 빨리 훈련시키고 공급했는지 놀라워했다.[19] 연구자인 어니스트(R. Ernest)와 두파이(Trevor N. Dupuy)는 우리의 병사들은 자기의존적이었으며, 지성과 함께하는 결합된 상상력을 통해 리더가 그들 앞에서 하나의 "정신적 도약"에 머무르는 것을 어렵게 만들었다.[20]

---

17 R. E. Dupuy and T. N. Dupuy, *Brave Men and Great Captains* (New York: Harper & Row, 1959).

18 S. L. A. Marshall, World War I (New York: American Heritage, 1964).

19 D. P. Campbell, "The Psychological Test Profiles of Brigadier Generals: War Mongers or Decisive Warriors?" (invited address, American Psychological Association, New York, August 1987).

20 M. Van Creveld, *The Training of Officers: From Military Professionalism to Irrelevance* (New York: Free Press, 1990).

원격 팀

우리는 이미 작전에 참여하는 원격 팀(Teleteams)을 목격하고 있다. 원격 팀들은 직접 얼굴을 맞대는 것이 아니라 이메일, 팩스 및 전화로 연결된다. 우리는 그러한 팀들을 어떻게 이끌지 거의 알지 못한다. 누군가가 그렇게 하고자 시도함에 따라 나는 그 과정에서 내가 가진 질문들 가운데 다음과 같은 몇몇 질문을 열거해볼 수 있다. 돌이킬 수 없으며, 단지 반응을 통해 짐작할 수 있는 논란의 여지가 많은 이메일 메시지를 보내기 전에 나는 얼마나 자신하고 확신할 수 있겠는가? 모든 경로를 통한 네트워킹을 얼마나 권장할 수 있고, 또 해야 하는가? 어떻게 가능한 한 많은 양방향 의사소통을 확보하고, 지나치게 많은 일방적 의사소통을 회피하는가? 누가 무엇을 알 필요가 있는지를 어떻게 결정하는가? 팀 구성원들이 상호작용을 할 때 얼마나 자주 그 고리에서 소외되는가? 무엇이 이메일, 팩스 및 전화의 가장 좋은 조합인가? 일부 구성원들은 질문에 즉각 응답하는 반면에 다른 인원들은 일주일 혹은 그 이상 걸린다는 사실에 어떻게 대처할 것인가?

원격 팀들은 팀 리더들이 신속하게 여러 제안과 우선순위 및 평가에 관한 의견의 일치를 모으고 통합할 수 있도록 집단의사결정지원시스템(GDSS)을 통해 결합될 수 있다. 원격 팀들과 집단의사결정지원시스템은 독립되어 있는 자급식 AAN 부대들과 미래 전장의 개인들 간에 필요한 연결고리들을 제공해줄 것으로 기대된다. 모든 제대는 GDSS의 이용과 모의훈련 간의 주어진 연습에 대해 훈련받고 경험할 필요가 있을 것이다.

개념적 기술

캠벨(D. P. Campbell)은 장군들의 인지 및 성격 데이터 분석에 근거하여 장군들을 하나의 그룹으로서 전체 모집단과 비교해보았을 때 지능

측면에서 95번째 백분위수에 들어간다고 언급했다.[21] 그들은 매우 신뢰할 수 있으며, 사회적으로 성숙하고, 도덕적 이슈들에 주의를 기울이고, 경쟁적이며 행동지향적인 특성을 나타낸다. 그와 동시에 그들은 문제를 해결함에 있어 민간의 최고 관리자들에 비해 좀 더 관습적이며 덜 혁신적이었다. 만일 이러한 사실이 다른 계급에도 동일하게 적용된다면, 육군은 지적으로 자극을 주는 리더십과 혁신적 사고를 촉진시키는 인지적 기술의 선발과 훈련에 높은 우선순위를 두어야 한다.

부하들은 "지적인 준수(intelligent compliance)"가 포함된 명령을 따를 능력을 필요로 한다. 지식과 속도의 결합은 결단력 있고 변혁적인 리더십, 고도로 조정된 의사소통, 예리한 진단 능력, 다양한 종류의 연관된 과거 학습 및 경험에 주목하고 회상함으로써 길러지는 직관의 배양에 대한 요구를 틀림없이 증대시킬 것이다. 문제해결에서는 순전히 이성적인 접근방법과 직관적인 접근방법의 균형을 추구해야 한다. 감정적인 것 또한 지적인 해결책에 한 요소로 들어갈 필요가 있을 것이다.

크레벨드(Martin Van Creveld)[22]는 대학원과정의 군사교육이 반드시 지휘능력을 향상시키는 것은 아니라고 주장했다.[23] 아마도 빠진 것들 중 일부는 합리성과 직관의 균형을 어떻게 맞출 것인가에 대한 교육일 것이다.

팀으로서의 노력이 요구됨에 따라 리더는 점점 더 부하들을 하나의 팀으로 개발할 수 있는 인지적 능력을 요구받고 있다. 이를 위해 리더는 훌륭한 팀 구성원으로서 효과적으로 기능하기 위해 요구되는 인지적 기술들을 필요로 한다.

---

21 "Knowledge & Speed."

22 이스라엘의 전사학자이자 군사 평론가(역자 주)

23 B. Shamir and E. Ben-Ari, "Leadership in an Open Army: Civilian Connections, Interorganizational Frameworks, and Changes in Military Leadership" (Wheaton, IL: Symposium on the Leadership Challenges of the Twenty-first Century, March 27-29, 1996).

즉각적인 정보의 기술적 이용 가능성은 어떻게 하면 위태로운 조정, 메시지 간의 충돌, 또는 권위와 책임에 대한 위협을 일으키지 않고 좀 더 공개된 의사소통이 가능한가에 관한 연구가 필요함을 시사하고 있다. 과부하에 대처하는 컴퓨터화와 결합된 피드백 순환고리가 필요하게 될 것이다. 정보, 화력, 군수 그리고 의사소통을 위한 유인 및 무인 비행체의 급격한 사용 증가로 인해 3차원 전장의 공간적 시각화는 기술자에게 중요했던 것만큼 하나의 인지적 기술로서 전술 지휘관에게 중요해질 것이다. "촉진"은 잠수함의 전진 기동을 허용하기 위해 조종사에게 앞에 무엇이 놓여 있는지를 컴퓨터화된 영상으로 보여줌으로써 잠수함의 수중 "유영"을 가능하게 한다. 이와 유사하게, 나는 그러한 촉진의 어떠한 형태가 빠른 의사결정과 결정사항의 소통을 지원하기 위해 전술 지휘관들에게 제공될 것이라고 기대한다.

차차기 육군 리더십을 위한 평가와 교육훈련

"응집력 있는 집단을 이끄는 리더들"은 차차기 육군에서 리더들과 팀들 간에 변혁적 리더십은 증대시키고 예외에 의한 수동적 관리와 자유방임형 리더십은 감소시키는 평가와 훈련에 대한 요구가 있을 것이라고 예상한다.[24] 모든 지휘 제대에서 리더에 의해 사용될 수 있도록 조정된 온라인 360도 상호작용 피드백 시스템이 이미 개발되어 있다. 온라인 피드백은 자신의 지휘하에 있는 소대, 중대 그리고 대대와 관련하여 고위급 리더들을 위해 추가될 수 있다. 전략적 리더들 또한 그들이 지휘하는 예하 부대들에 관한 온라인 피드백을 받아볼 수 있다. 그들은 또한 민간 고객, 민간 동료들 그리고 정치인들로부터도 온라인 피드백을 받

24 Bass, *Transformational Leadership*.

아볼 수 있다.

국가훈련센터, 캘리포니아 어윈 기지(Fort Irwin) 등에 있는 마일스(MILES) 프로그램 같은 기술은 소대, 중대 및 대대에 의해 유지되는 명중, 비명중 및 "사상자"에 관한 객관적인 데이터를 제공할 수 있지만, 그러한 데이터가 평가와 훈련을 측정하는 하나의 기준으로 확실하게 사용될 조건들에 대한 연구가 필요하다.

연구자인 샤미르(B. Shamir)와 벤아리(E. Ben-Ari)는 이미 21세기 육군을 위해 다음과 같은 리더십의 여러 측면을 제시했고, 이러한 것들은 차차기 육군에도 그대로 적용될 것이다. 일부만 예를 들면 원격 리더십, 원격 의료, 문화적 다원성, 수평화된 조직, 느슨하게 결합된 조직구조, 전문직업주의와 팀워크 등이다.[25] 그들은 존중, 충성, 동일시, 역량, 자기통제, 영감, 그리고 개인적 모범이 오늘날에 그런 것처럼 미래에도 중요할 것이라고 예측한다.

샤미르와 벤아리는 상황이론들을 초월하는 하나의 일반화된 이론을 주장한다.[26] 그들은 내가 1997년에 일찍이 제시했던 것처럼 비록 조직과 국가의 경계에 따라 다른 방식으로 표현될 수는 있지만, 전 범위 리더십의 개념들과 원칙들이 보편타당하다고 보았다.[27]

리더는 태어나고 만들어진다. 수줍음을 타지 않는 것과 같이 리더의 행동과 상관관계가 있는 수많은 성격 특성에서 강한 유전적 요소가 밝혀졌다. 더욱 중요한 발견으로 버넌(Tony Bernon)의 사적 커뮤니케이션에 의하면, 자가 진단한 변혁적 및 거래적 리더십의 구성요소들에서 변화량의 절반 정도가 유전에 의해 설명될 수 있다는 것이다. 리더들의 360

---

25 Bass, "Leadership and Performance Beyond Expectations" (New York: Free Press, 1985).

26 M. O. Wheeler, "Loyalty, Honor, and the Modern Military," in M. W. Wakin, ed., *War, Morality and the Military Profession* (Boulder, CO: Westview Press, 1979), pp. 179-188.

27 L. S. Sorley III, "Duty, Honor, Country: Practice and Precept," in Wakin, *War, Morality and the Military Profession*, pp. 143-162.

도 연구에서 대규모 분석이 제안되었다.[28]

한편으로, 2025년 즈음에는 유전적 정보수집이 흔한 일이 될 것이다. 다른 한편으로, 선발에 이를 적용하는 것은 여전히 윤리적 문제를 남기게 될 것이다. 일부 개인들은 이를 차별이라고 볼 수 있는데, 그러한 심사가 "수정 불가능한 특성"의 희생자들로서 그들에게 기회를 박탈할 수 있기 때문이다. 그러나 이러한 유전적 특성의 심사는 개인의 몸무게와는 달리 수정 불가능한 최소 신장보다 작은 인원들에게 이미 시행되고 있다. 개발에 의해 충족시킬 수 없는 그러한 기준들에 대해서는 주기적인 재검토가 이뤄져야 할 것으로 기대되고 있다. 예를 들어, 연대에 따른 연령 제한은 노령화 인구의 증가와 그들의 개선된 건강상태에 맞춰 상향조정될 필요가 있을 것이다.

기타 윤리적 및 도덕적 이슈들

의사결정을 위한 가용시간이 단축됨에 따라 의사결정에서의 윤리성과 도덕성을 유지하는 것은 더욱 어려운 일이 될 것이다. 현 상황에 대한 글을 쓰며 윌러(M. O. Wheeler)는 "전투 상황에서는 보통 명령의 하달과 수행 간에 어떤 타당한 시간의 지연이 존재한다"고 말했다.[29] 이러한 간격은 명령을 심사숙고해볼 수 있는 시간을 허락해주고, 그러한 숙고는 명령의 합리적 이유에 대한 우려를 낳을 수 있다. 왜 그 명령이 주어졌는가? "그 명령은 어떠한 목적을 얻고자 하는가?"[30] AAN 전장에서의 극적

---

28 Shamir and Ben-Ari, "Leadership in an Open Army."

29 C. C. Moskos and J. Burk, "The Postmodern Military," in J. Burk, ed., *The Military in New Times: Adapting Armed Forces to a Turbulent World* (Boulder, CO: Westview Press, 1995).

30 D. Segal and D. Eyre, *The US Army in Peace Operations at the Dawning of the Twenty-First Century* (Alexandria, VA: US Army Research Institute of the Behavioral and Social Sciences, May 1996).

인 행동속도로 인해 나중에 비도덕적이었다고 후회할지도 모를 방식으로 의사결정이 이뤄지고 명령이 수행될 수 있다. 만일 장병들이 윤리적 측면을 포함하는 정보처리 및 대응 기술을 개발하고, 하이퍼-전투 환경의 참여를 내면화시킨다면 도움이 될 것이다.

작가인 소를리(L. S. Sorley)는 젊은 장교들이 종종 고위급 장교들보다 더 높은 윤리의식을 가지고 있는데, 이는 고위급들이 시스템 내의 부패에 더 많은 영향을 받을 것 같기 때문이라고 언급했다.[31] 만일 이것이 사실이라면, 비윤리적 행동의 시스템적 근원들을 교정하기 위한 노력에 주의를 기울여야 한다. AAN 내에서 삶의 가치에 대한 도덕적 신념은 자살 폭탄범이나 공격용 소총으로 무장한 열 살짜리 아이들을 마주하며 심하게 시험받을 수 있다. 희망이 없는 상황에서도 항복하기를 거부하는 적군은 단호하게 다뤄져야 할 것이다.

모든 제대의 AAN 인원은 적절하게 잘 교육될 것이고, 저강도 분쟁(LICs: Low Intensity Conflicts)이나 필수적인 미국의 이익이 위태롭지 않은 지역적 분쟁의 참여를 꺼릴 수 있다. 베트남전에서처럼 그들이 마음 내켜하지 않는 것 또한 언론이나 미국의 참전에 대한 인기가 없음으로 인해 강화될 수도 있다. 우리 AAN의 군 리더들은 구성원들이 정당화할 수 없다고 여기는 행동들의 수행을 다룰 수 있도록 준비될 필요가 있을지도 모른다.[32]

다수의 목표들

모스코스(Charles C. Moskos)와 버크(J. Burk)는 1991년 4월부터 1992년

31 Shamir and Ben-Ari, "Leadership in an Open Army."

32 S. Strasser et al., "Can We Fight a Modern War?" *Newsweek*, July 9, 1984, p. 37.

12월까지 단지 21개월 동안 미군의 다양한 임무에 대한 목록을 작성했다. 그 목록에는 쿠르디스탄(Kurdistan) 난민 구호, 방글라데시 홍수 구호, 필리핀 화산폭발 구조, 서부 사하라의 감시인단(observer forces), 자이르(Zaire) 거주 외국인 구조, 아이티 난민 구호, 러시아 식량 구호, 시실리 화산폭발 구조, 중앙 LA 치안 회복, 소말리아 기근 구호, 플로리다 허리케인 재난 구조, 이라크 정찰, 하와이 허리케인 재난 구호 및 소말리아 평화유지 등이 포함되어 있다.[33] 그 이후로도 우리는 육군이 시나이 반도에서 계속해서 하는 것처럼 콜롬비아 마약 카르텔과의 전투, 불법 이주를 막기 위한 멕시코 국경 순찰, 보스니아에서의 평화유지 활동 등을 펼쳐오고 있는 것을 목격해왔다.

2025년 즈음에는 미 육군이 전투보다 이러한 다양한 임무를 위해 고용될 가능성이 높다는 것은 자명하다. 그럼에도 불구하고 육군 부대들은 훈련과 재훈련을 통해 전 세계의 가장 강력한 전쟁 억지력으로서 필요 시 전투에 신속하게 투입될 수 있도록 준비되어야 한다.[34]

평화의 획득

전투의 목표는 통상 적의 저항의지를 파괴하기 위해 적에게 무력 또는 그것에 대한 두려움을 가하는 것으로 기술된다. 그러나 이는 이전의 적과 지속적인 평화를 구축한다는 최종 목표에 이르는 중간 단계로 볼 수 있다. 이전의 조직은 악당 정부 또는 불법적 테러리스트 조직이 될 수 있다. 그러한 평화는 이전에 전쟁 중이었던 적들 간에 구축된 새로운 관계에 많은 영향을 받겠지만, 분쟁 동안 군대들이 보여준 행동에도 영향

33 "Security in Focus," *Defense Monitor* 25 (December 1996).

34 J. J. Shanahan, "CDI and the Quadrennial Defense Review," *Defense Monitor* 26 (August 1997): pp. 1-8.

을 받을 것이다. 저항의지를 파괴하기 위해서는 무력과 두려움을 가져오기에 계속되는 싸움보다는 단지 훨씬 매력적인 평화의 약속 또한 가져올 수 있다.

1846년 멕시코 전쟁이 발발했을 때, 커니(Stephen W. Kearny) 준장은 지금의 뉴멕시코를 점령하고 이후 캘리포니아를 확보하기 위해 300명의 정규군과 2,400명의 민병대를 캔자스 주의 레번워스(Leavenworth) 요새 남쪽으로 이동시키라는 명령을 받았다. 그는 산타페로 가는 경로에서 자신을 기다리고 있던 3,000명의 멕시코 부대와 마주쳤다. 커니는 미리 특사를 보내 멕시코인에게 그가 압도적으로 더 큰 병력을 이끌고 내려오고 있으니 전투를 치를 필요 없이 비켜나야 한다는 것을 확신시켰다.

커니는 자신이 막 정복한 민족과 함께 평화를 구축하기로 결심했다. 그들은 거의 250년간 그 영토에서 살아온 언어, 전통 그리고 종교가 다른 사람들이었다. 그 숫자는 그가 뉴멕시코 주 라스베이거스에 모여 사는 지역민이라고 선포한 것에서 발췌한 것이다.

커니는 민주적 정부를 약속함으로써 대중적 지지를 얻었다. 멕시코 지역 법률의 해석과 성문화에 바탕을 둔 '커니 법령(The Kearny Code)'은 뉴멕시코 법의 토대가 되었다. 그는 캘리포니아로 원정을 떠나면서 지원을 아끼지 않는 지역민을 남겨두었다. 만일 그가 단지 저항의지를 파괴시키는 데만 집중했다면 지역주민과의 관계는 쉽게 멀어질 수 있었고, 히스패닉인 뉴멕시코를 미국에 통합시키는 것도 몇 년 정도 지연시킬 수 있었다. 그는 평화를 얻기 위해 무력을 사용하는 데 분명한 관심을 두었다. 그는 정치적 감수성, 지적인 인식, 그리고 작전을 벌이고 있는 환경의 규범, 관습 그리고 문화에 대한 익숙함을 보여주었는데, 이러한 특성들은 샤미르와 벤아리가 민간 주민과 효과적으로 협상하기 위해 조직의 경계를 넓혀야 하는 군 리더들에게 필요한 것이라고 본 특성들이다.[35]

멕시코 전쟁은 테일러(Zachary Taylor) 장군과 스콧(Winfield Scott) 장군의 행동들을 비교함에 있어 훨씬 나은 예를 제시해준다. 한 사람은 지역 주민을 소외시켜 싸움을 어렵게 만든 반면, 다른 한 사람은 그들의 지지를 끌어내어 평화와 승리로 가는 길을 평탄하게 만들었다.

전투에서 가장 효과적인 리더들의 변혁적 및 거래적 특성들이 "평화를 얻는" 데서 가장 효과적인 리더들의 그것과 반드시 일치하지는 않는다. 비록 변혁적 리더십이 상황적 보상에 비해 여전히 더 효과적일 것이고, 전투와 평화 구축 모두에 예외에 의한 적극적 관리와 수동적 리더십보다 더 효과적이겠지만, 평화 구축은 더 많은 지적 자극과 개별화된 배려를 요구하게 될지 모른다. 또한 전투는 영감에 호소하는 리더십과 이상화된 영향력을 더욱 중요하게 여길 수 있다. 상황적 보상과 예외에 의한 관리는 전투와 평화 구축의 상이한 행동들에 반영될 수 있다.

개별화된 배려는 지역적 감정을 다루기 위한 특별 행동을 취할 때 수반된다. 광범위한 대중매체의 보도를 고려하면, 이러한 행동들이 전체 인구의 태도 변화를 만드는 토대가 될 수 있다. 커니가 종교적 자유를 약속하고 지역적 권위의 지지를 유지한 것이 그러한 예들이다.

상황적 보상은 순응에 대한 대가와 관련된 평화 구축 협상에서 발생한다. 그리하여 커니는 그에게 충성하면 보호해주겠다고 약속했다.

예외에 의한 관리는 평화를 얻기 위해 요구된다. 질서는 재정립되어야 한다. 규율이 유지되어야 하나, 평화 구축은 상황적 보상과 변혁적 리더십에 있어 긍정적인 면을 강조할 때 가장 잘 작동한다. 그러나 비밀 무장 반대파들은 처형하겠다는 커니의 위협은 징계를 조심해야 한다는 측면도 강조한다.

자유방임형 리더십과 예외에 의한 수동적 관리는 전투와 평화 구축

35 H. Cleveland, *The Knowledge Executive: Leadership in an Information Society* (New York: Dutton, 1985).

양쪽 측면에서 모두 사용이 금지된 상태로 남아 있다.

AAN의 서비스들을 위해 평화유지와 전투가 경쟁함에 따라 모든 제대가 상이한, 때로는 정반대의 역할들이 요구될 때를 준비해야 한다. 고개를 숙인 채로 군사적 분쟁에 참여한 것을 숨기는 대신에, 고개를 들고 평화유지자로서의 존재를 홍보하는 법을 배울 필요성이 있을 것이다. 이러한 반대의 기술들을 숙달한 후에도 계속 학습하는 것은 전쟁 또는 평화 상황에서 적절하고 신속한 반응을 위해 요구될 것이다.

주민을 안정시키라는 임무를 받게 되면, AAN은 지역의 대중 선동가들을 찾기 위해 경찰과 함께 일할 준비를 해야 할 것이다. 적을 친구로 전환시키는 방법을 배우는 것도 AAN에게는 동일하게 중요할 것이다. 제2차 세계대전 이후 일본과 독일이 미국의 동맹국으로서 재등장하게 된 것은 보불전쟁 이후 45년간 프랑스가 독일에 대한 복수를 다짐하던 것과 극명하게 대비된다. 일본, 독일 및 프랑스 국민 모두 치욕적인 패배를 당했으나, 승리 이후의 상이한 결과는 일정 부분 군사적 승자의 행동상 차이점에 기인한다. 그것은 부분적으로 모든 제대의 미군 리더들이 그에 대응하는 독일군 리더들과 특별히 점령군으로서 어떻게 대비되는가의 문제다. 세르비아(Serbia) 전역의 마을들에는 제2차 세계대전 동안 독일인과 크로아티아인에 의해 학살된 민간인의 사진이 전시된 박물관들이 있다. 크로아티아인과 세르비아인은 여전히 서로 심하게 다투고 있다.

비록 미 육군이 아메리카 대륙의 원주민을 거의 파괴하면서 미국 서부에 평화를 가져왔지만, 최근의 대립과 점령 과정에서는 기록이 혼재되어 있다. 역사적 연구는 미국 군인들과 하나의 시스템으로서의 육군이 평화 구축에 기여하는 방식에 있어 어떻게 행동했는가를 보여주는 데 도움이 될 것이다.

현재는 현역으로 구성되어 대민업무를 담당하는 민사작전(CA) 대대가 하나 있으며, 예비군으로 구성된 4개의 대대가 있다. AAN은 특별히 전투 부대들과의 합동훈련 연습 시 민사작전의 역할에 더 큰 중요성을 부여할 필요가 있을 것이다. 예를 들어, 민사작전은 대테러 임무 수행에서 "당근과 채찍"을 동시에 제공하는 것처럼 전투 부대들과 함께 합동작전을 수행하는 위치에 있을 필요가 있게 될 것이다. 그러한 합동 노력이 1950년대 말레이시아에서 게릴라들을 물리친 영국과 호주의 성공사례를 특징지었다.

전투의 목표가 적의 저항의지를 말살하는 것일 때, 두려움이 종종 예상치 못한 결과를 초래하기도 하지만, 적진에 미리 두려움과 좌절감을 퍼뜨리는 것은 AAN의 무기를 강화시키는 요인으로 계속 남을 것이다. 만일 궁극적인 목적이 평화를 얻고자 하는 것이라면 적진에 미리 미국 군대와 싸우기보다는 전투를 피하고 함께하는 것의 이점들을 전파하는 것이 이치에 맞는 행위다. 심리전과 민사작전은 자원, 계획, 범위 그리고 대비태세 측면에서 전투부대들과의 완전한 통합 훈련 및 작전을 통해 확대될 필요성이 있게 될 것이다. TV, 라디오, 인터넷 및 이후에 개발될 통신수단들이 오늘날 가능한 것보다 더욱 많이 이용될 필요가 있을 것이다. 더 많은 지역문화 전문가들이 훈련받을 필요가 있으며, 세계의 인지된 분쟁지대에서 근무할 준비가 되어 있어야 할 것이다. 결점 없는 작전을 만들기 위해 모든 명령 수준에서 전투와 민사작전 인원들 간의 관계를 훈련해야 할 것이다. 전투와 평화 구축은 전략과 전술 속에 고려될 필요가 있을 것이다. AAN은 전쟁에서 승리하고 평화를 잃어버리지 않도록 해야 하지만, 동시에 그렇게 하는 데 추가적인 비용이나 사상자를 초래해서는 안 될 것이다.

우선순위

우리는 2025년을 대비하며 분명히 지난 전쟁을 준비하는 것은 아니다. 더욱이 국방예산이 동결되거나 감축되고 있는 시대에 살고 있는 우리는 저강도 분쟁, 지역 분쟁, 그리고 새롭게 출현하는 적대적 세력으로부터의 위협에 대비키 위한 자원의 분배에 주의를 기울여야 한다. 가능성은 저강도 분쟁이 가장 높고, 지역 분쟁이 중간 정도, 그리고 대등한 힘의 출현이 가장 낮다. 심지어 1984년에 미국을 전쟁에 참여시킬 정도로 소비에트 연방의 인지된 파워가 정점에 있을 때도 257명의 장군과 제독 중 88%가 이러한 형태의 전쟁이 가장 일어나지 않을 것 같다고 생각했다. 그러나 저강도, 지역 및 "대단한" 파워 분쟁이 국가 안보에 미치는 위협은 발생 가능성과는 반대의 순이다.

가능성과 안보 위협의 심각성을 동시에 고려해보았을 때, 세 개의 가능성 모두에 대비해 우리는 동일한 우선순위를 두어야 할 것처럼 보인다. 우리는 다중목적의 도구, 기술, 훈련 및 조직을 개발할 방법들을 찾아내야 한다. 그러한 한 가지 예가 더 낮은 확률의 지역 및 국제 분쟁뿐만 아니라 높은 확률의 미래 강도질이나 테러리스트와 싸우기 위해 공중 지원과 민사작전 능력을 보유한 고도로 훈련되고 쉽게 수송 가능한 경보병이다. 그러한 보병은 또한 국가 내 그리고 국가 간의 분쟁을 평화적으로 정리해주는 외교적 및 경제적 임무들의 근간이 될 수도 있다. 이러한 현역구성군 부대들은 동원군을 접목시킬 수 있는 뿌리를 제공해줄 것이며, 예측 가능한 위협들을 목표로 한다. 필요할 경우 더 큰 부대로 신속하게 조합될 수 있다. 예비군 부대들은 예측치 못한 우발상황에 대비하게 될 것이다. 리더들과 그들의 부대는 변혁적 리더들과 변혁적 팀들만큼 융통성 있고 적응적이어야 하며, 혁신적이면서 지적으로 기민해야 할 필요가 있을 것이다. 우리의 부대를 보호하기 위해 분쟁에 개입하기 위한 부대 운용과 관련된 지원 방안들을 강구해야 하는데, 특별히 결과가 우리의 국익에 결정적이지 않을 경우에 더욱 그러하다. 예를 들어, 아프리카 대륙을 괴롭히는 분열에 개입하기 위해 범아프리카 군대를 훈련시키는 것을 계속적으로 도와야 한다. 동시에 그러한 훈련은 엘살바

도르(El Salvador)에서 발생한 것처럼 반민주적인 군대 엘리트의 생성은 회피해야 한다. 높은 우선순위는 연합작전에서 동맹군들과 함께 일하는 것에 부여되어야 할 것이다. AAN은 동맹군과 기술들을 공유하게 됨에 따라 그들의 동맹군을 통해 학습할 준비가 되어 있을 필요가 있다.

다양성

양성 평등으로의 지속적인 이동과 미국 인구에서 유색 인종이 차지하는 비율이 계속적으로 증가함에 따라 여성은 현재보다 더 다양한 역할을 맡게 될 것이며, 부대들 또한 오늘날보다 더 다민족화 및 다인종화 될 것이다. 도구, 훈련 및 기술의 발전, 더 나아가 사회의 변화로 인해 우리는 보병부대에서 더 많은 여성을 보게 될 것이다. 또한 전투 임무는 물론 하늘을 나는 정찰항공기 같은 다양한 종류의 전투지원 임무를 수행하는 여성을 더 많이 보게 될 것 같다.

많은 수의 아시아계 미국인이 고등교육, 특히 "하이테크" 분야의 교육에 진출함에 따라 군내 장교단과 기술적 직무 전문가로 더 많이 유입될 수 있다. 유사하게, 2025년 즈음에는 히스패닉이 미국 내 소수인종 중 가장 많은 비율을 차지하게 될 것이다. 만일 그들이 하나의 민족집단 중에서 1인당 명예훈장을 가장 많이 받으면서 군 복무가 남성우월주의 가치와 일치하는 것으로 보며, 스페인어 사용자 거주지역을 벗어나는 방법으로 보는 전통을 계속 유지한다면 육군 내에서 더 많은 수의 히스패닉을 보게 될 것이다. 육군은 아프리카계 미국인에게 매력적인 조직으로 남아 있어야 하며, 고위직에서 더 많은 아프리카계 미국인을 볼 수 있어야 한다.

보통의 미국 인구에 나타난 현상들을 답습하며, 2025년에는 모든 영역에서 백인의 수가 줄어들 것으로 보인다. 다민족, 다인종 및 혼성 집단들 내에서 이끌고 일하는 법을 배우는 것은 차차기 육군의 준비태세에 매우 중요한 역할을 할 것이다. 마찬가지로 노령인구의 증대와 양호해진 그들의 건강상태를 반영하기 위해 강제로 은퇴해야 하는 정년이 늘어날 수 있다.

다양한 자기개발과 조직생활 경험을 가진 이들에게 보다 폭넓은 교육을 시켜 리더로 양성시킨 후 장교단에 공급하는 역할을 군사 전문학교들이 포기하거나 일반 대학의 역할이 증대된다면, 군사 전문학교가 차차기 육군 장교단에 도입하고자 하는 어떠한 엘리트주의도 더욱 약해질 것으로 보인다.

27년 앞을 바라보며 또 다른 의문이 남는다.[36] 우리는 2025년의 문제가 아닌 바로 오늘의 문제를 해결하려는 경향이 있지 않은가? 예를 들어, 27년 후에 우리는 너무나 많은 미디어산업에 나타나는 반영웅주의가 리더십에 중요한 많은 가치를 무너뜨리는 모습을 보게 될 것인가? 우리가 잘 알고 있는 대로 존중, 결단력, 지시의 중요성을 인정하는 리더십이 하류층의 가치 찬미에 의해 지배되는 세상에도 유지될 수 있겠는가? 우리의 미래 리더 개발에 기울이는 노력이 시민으로서의 권리에 비해 의무에 덜 헌신하는 현상으로 인해 방해를 받겠는가? 자율관리는 민간의 삶에 얼마나 뿌리를 내릴 것이며, 또 그것이 군 조직에 어떠한 영향을 미칠 것인가? 세계에서 급속도로 증대되고 있는 도시화가 차차기 육군에 미치는 영향은 무엇이 될 것인가? 급격하게 증가하는 비만과 오늘날 미국 아동들의 "정크 푸드" 영양섭취는 병력 모집에 어떠한 영향을 미칠 것인가? 더 많은 여성과 소수인종이 고위급 및 전략적 리더십 직위로 옮겨가는 것이 어떠한 영향을 미칠 것인가? 주류의 강력한 반발을 보게 될 것인가?

2000년대에 들어서면서 우리는 탈공업화의 정보화 시대로 급속도로

---

36 이 글을 작성한 1998년 기준(역자 주)

이동하고 있다. 정보는 확장 가능하며 압축할 수 있고, 대체 가능하며 이동시킬 수 있고, 확산과 공유가 가능하다. 정보는 반드시 희귀한 자원은 아니다. 그 결과, 지금까지 볼 수 없었던 방식으로 리더와 부하 간의 관계에 영향을 미치게 될 것이다. 리더와 부하의 관계는 한 사람이나 직위에 고정되기보다는 점점 더 유동적이 되어 리드하는 사람들과 리드 당하는 사람들 앞에 어떤 일이 생길지를 포착하는 일은 더욱 어려워질 것이다.

저작자 표시 및 승인

제1장

Reprinted from Chapter 4 of *Leadership and Military Training* by Brigadier General Lincoln C. Andrews (Philadelphia: J. B. Lippincott Company, 1918).

제2장

Reprinted with permission from *The Armed Forces Officer* (Washington, DC: Government Printing Office, 1998), pp. 76–82.

제3장

Reprinted with permission of *Harvard Business Review* from Daniel Goleman, "What Makes a Leader," *Harvard Business Review*, November/December 1998, © 1998 by the Harvard Business School Publishing Corporation. All rights reserved.

제4장

In James H. Buck and Lawrence J. Korb, eds., *Military Leadership* (Beverly Hills, CA: Sage, 1981). Reprinted with permission of the author.

제5장

Reprinted with permission from *Air & Space Power Journal* 20, no. 4 (Winter 2006): pp. 82–90, Maxwell AFB, AL.

제6장

Reprinted with permission of the authors.

제7장

Revised by the author from *Armed Forces International* (July 1986): pp. 54–69. Reprinted with permission.

제8장

Reprinted with permission from *Leadership Excellence* 22, no. 5 (May 2005), ©2005 by Executive Excellence.

제9장

Reprinted with permission from Fortune, November 12, 2007, p. 48, ©2007 by Time Inc.

제10장

From the *New York Times*, January 24, 1998. Copyright © 1998 by the New York Times Company. Used by permission.

제11장

Reprinted with permission of the author.

제12장

Reprinted with permission from *Government Executive* 38, no. 17 (October 1, 2006): p. 68.

제13장

Reprinted with permission from *Leadership in Action* 23, no. 4 (September/October 2003): pp. 22–24, © 2003 by Wiley Publishing.

제14장

Reprinted from *Generalship: The Diseases and Their Cure* (Harrisburg, PA: Military Service Publishing Company, 1936), pp. 23–35, © 1936 by Military Service Publishing Company.

제15장

Reprinted with permission from Parameters 31, no. 2 (Summer 2001): pp. 4–18, ©2001 Superintendent of Documents.

제16장

Reprinted with permission of the author.

제17장

Reprinted with permission from the *Armed Forces Journal* 144, no. 10 (May 2007), ©2007 by Army Times Publishing Company.

제18장

From *New York Times Magazine*, August 17, 2006, pp. 34–39, Copyright © 2006 by the New York Times Company. Used by permission.

제19장

Reprinted by permission of *Foreign Affairs* 86, no. 3 (May/June 2007), © 2007 by the Council on Foreign Relations Inc., www.ForeignAffairs.org.

제20장

Reprinted with permission of the authors.

제21장

This article is reprinted with the permission of *Military Review*, the professional journal of the US Army, Combined Arms Center, Fort Leavenworth, Kansas. It was originally published in vol. 84, no. 2 (March/April 2004) issue of *Military Review*, pp. 40–46.

제22장

Reprinted with permission of the authors.

제23장

Reprinted with permission of the author from the *Wall Street Journal*, April 8, 2008, A21.

제24장

Reprinted with permission of the author.

제25장

Reprinted with permission of the author from the *Quarterly Journal CONNECTION Border Security* 5, no. 2 (Fall 2006): pp. 160–174.

제26장

This article is reprinted with permission from *Military Review*, the professional journal of the US Army, Combined Arms Center, Fort Leavenworth, Kansas. It was originally published in vol. 78, no. 2 (March/April 1998): pp. 46–58.

편집자 및 기고자 소개

편집자

로버트 테일러(Robert L. Taylor) 미 공군 예비역 중령

루이빌대학교(University of Louisville) 경영대학 경영학 교수이자 명예학장, 국제 프로그램 책임자 역임. 20년간 미 공군에서 근무하는 동안 전투방어작전 장교, 미사일발사통제 장교, 미 공군사관학교(U. S. Air Force Academy) 매니지먼트 교수 겸 학과장 역임. 참고로 2012년 교수직에서 퇴임함.

[연락처] bob.taylor@louisville.edu.

윌리엄 로젠바흐(William E. Rosenbach) 미 공군 예비역 대령

현 게티즈버그대학교(Gettysburg College) 아이젠하워 리더십 연구분과 에번스(Evans) 교수 겸 매니지먼트 명예교수. 미 공군사관학교 행동과학 및 리더십학과 교수 겸 학과장 역임. 다수의 리더십 관련 논문과 서적 저술 및 공저. 주요 연구 분야는 효과적인 팔로워십의 요소. 게티즈버그 리더십 체험(Gettysburg Leadership Experience) 프로그램의 창립 발기인.

[연락처] rosenbach@leadingandfollowing.com.

에릭 로젠바흐(Eric B. Rosenbach)

현 하버드대학교(Harvard University)의 케네디 공공정책대학원(John F Kennedy School of Government) 벨퍼 과학 및 국제문제 센터(Belfer Center for Science and International Affairs) 공동소장. 상원 정보위원회 전문위원 및 척 헤이글(Chuck Hagel) 상원위원의 국가안보고문 역임. 육군 지휘관으로 재직하며 근무유공훈장(Meritorious Service Medal) 수상. 풀브라이트(Fulbright) 장학생으로서 데이비드슨대학교(Davidson College) 학사, 하버드대학교 석사, 조지타운대학교(Georgetown University) 법학박사 취득.

[연락처] eric_rosenbach@ksg04.harvard.edu.

기고자

제1부

링컨 앤드루스(Lincoln C. Andrews) 준장

미 육군사관학교(West Point) 졸업. 제1차 세계대전 당시 86보병사단장 역임. 전역 후에는 금지법 시행을 담당했던 재무부 차관보 역임.

마셜(S. L. A. Marshall) 대장

제2차 세계대전 및 한국전쟁 기간 동안 미 육군의 최고 전쟁사학자. 전쟁과 관련된 30여 권의 책 저술.

대니얼 골먼(Daniel Goleman)

보스턴 소재 헤이그룹(Hay Group) 계열사인 감성지능서비스(Emotional Intelligence Services)의 설립자. 수년간 〈뉴욕타임스(*New York Times*)〉에 두뇌 및 행동과학 관련 글들을 기고했으며, 하버드대학교 객원교수 역임. 애머스트대학교(Amherst College) 재학 당시 앨프리드 슬론(Alfred P. Sloan) 장학생이었으며, 차석으로 졸업. 하버드대학교에서 포드(Ford) 장학생으로 임상심리 및 성격발달 석사와 박사학위 취득.

제임스 스토크스베리(James L. Stokesbury)

《제1차 세계대전 약사(*A Short History of World War I*)》, 《제2차 세계대전 약사(*A Short History of World War II*)》, 《한국전쟁 약사(*A Short History of the Korean War*)》, 《미국 독립혁명 약사(*A Short History of the American Revolution*)》 저술. 1995년 사망 전까지 캐나다 노바스코샤(Nova Scotia)에 위치한 아카디아대학교(Acadia University) 역사학 교수로 재직.

존 찰스 쿠니치(John Charles Kunich)

버지니아 주 그런디(Grundy)에 위치한 애팔래치안 법학전문대학원(Appalachian School of Law) 법학 교수로서 재산, 재판 변호, 헌법수정 제1조 등을 강의. 공군 재직 당시 법무감실(Judge) 검사 및 변호사, 법무학교 교관, 본부일반소송과(Headquarters General Litigation Division)를 위한 헌법상의 불법행위 및 세금 관련 자문 대표, 공군 우주사령부 환경 및 노동 변호사, 콜로라도에 위치한 팔콘(Falcon) 공군기지 선임 법률자문관 등을 역임. 다섯 권의 책과 법 관련 다수의 논문 저술. 공군편대장학교, 공군지휘참모대학, 공군대학원 졸업.

리처드 레스터(Richard I. Lester) 박사

앨라배마 주 맥스웰 공군기지에 위치한 공군대학(Air University) 내의 아이라 이커 전문성개발대학(Ira C. Eaker College of Professional Development) 교무처장을 역임. 미군연구소(U. S. Armed Forces Institute) 사회 및 행동과학 처장, 공군전략지휘소와 유럽 주둔 미 공군 담당 교육장교, 메릴랜드대학교(University of Maryland) 교수 역임. 미국 및 해외 군사기관들에서 수차례 강연.

얼 포터 3세(Earl H. Potter Ⅲ)

세인트클라우드주립대학교(St. Cloud State University) 총장, 이스턴미시건대학교(Eastern Michigan University) 학장, 코넬대학교(Cornell University) 조직개발국장, 미국해안경비대학(U. S. Cost Guard Academy) 매니지먼트 학과장 역임. 워싱턴대학교(University of Washington)에서 조직심리 박사학위 취득. 리더십, 팀 효과성, 조직변화 등의 주제에 대해 35년 이상의 연구 및 컨설팅 경험 보유. 북극 다이빙 탐사 리더, 200명의 승무원을 태운 가로돛 범선의 함장, 수많은 교수회의 좌장으로서 리더십 경험 보유.

월터 울머 주니어(Walter F. Ulmer Jr.) 중장

미 육군사관학교 졸업 후 35년간 육군 장교로 복무 후 퇴역. 9년간 창의리더십센터(Center for Creative Leadership) 회장 및 최고경영자 역임. '인간성이 수반되지 않는 한 진정한 리더십은 없다'는 신념을 토대로 리더십 이론과 실제와 관련된 저술을 해오고 있음.

제2부

잭 울드리치(Jack Uldrich)

세계적 미래학자이자 저술가. 《미지의 세계로: 루이스와 클라크의 대담한 서부 탐사로부터 배우는 리더십 교훈들(*Into the Unknown: Leadership Lessons from Lewis & Clark's Daring Westward Expedition*)》 등의 저서 저술.

웨슬리 클라크(Wesley Clark) 대장

미 육군사관학교 졸업생이자 로즈(Rhodes) 장학생. 34년간 육군에 복무했으며,

1997년부터 2000년까지 유럽 나토(NATO)의 연합군 최고사령관으로 재직하면서 코소보(Kosovo) 전쟁의 연합작전부대 사령관 직책 수행.

제임스 쿠제스(James M. Kouzes)

현재 톰피터스사(Tom Peters Company)의 명예회장이자 산타클라라대학교(Santa Clara University) 리비경영대학(Leavey School of Business)의 리더십 책임연구원이며 전 세계에서 리더십 강연을 하고 있음. 《리더십 도전(*The Leadership Challenge*)》 공동 저술함.

사라 스월(Sarah Sewall)

현재 카센터(Carr Center) 센터장이자 하버드대학교 케네디 공공정책대학원에서 강사로 활동 중. 카센터에서 운영하는 국가안보와 인권 관련 프로그램의 책임자. 클린턴 정부 시절 평화유지 및 인도적 지원 업무를 담당하는 국방부 제1부차관보 역임. 1987년부터 1993년까지 상원 여당대표인 조지 미첼(George J. Mitchell)의 외교정책 수석고문, 상원 군비통제감시그룹과 상원 민주당 정책위원회 대표 역임. 다양한 국방 관련 연구조직에 근무했으며, 미국 예술과학학회 국제안보연구위원회의 부국장 직책 수행. 시카고대학교에서 출간한 《미 육군 및 해병대 대반란작전 야전교범(2007)》의 도입부를 저술함. 《미국과 국제형사재판소: 국가안보와 국제법(2000)》의 수석 편집인이었으며, 미국의 외교정책, 다자간 공동정책, 평화작전, 군사개입 등의 문제에 대해 다양한 글을 저술함. 현재 주요 연구관심 분야는 전쟁 중의 민간인 문제이며, 무력 사용에 있어 군대와 인권단체들과의 대화 촉진 등의 이슈를 포함하고 있음.

브라이언 프리엘(Brian Friel)

현재 〈Nation Analytics〉 사장으로 재직 중임. 6년 동안 〈가버먼트 이그제큐티브(*Government Executive*)〉의 매니지먼트 및 인적자원 분야를 담당하고, 〈내셔널 저널(*National Journal*)〉의 특파원으로 활동함.

크레이그 채플로(Craig Chappelow)

창의리더십센터(Center for Creative Leadership)의 수석 강사 및 평가 포트폴리오 관리자이며, 360도 피드백과 피드백이 강화된 훈련 및 리더십 개발 프로그램에 중점을 둔 업무 수행.

제3부

풀러(J. F. C. Fuller) 소장

영국 육군 장교였으며, 군사 역사학자이자 전략가. 근대 기갑전의 초창기 이론가로 유명함.

몽고메리 메이그스(Montgomery C. Meigs) 대장

1998년 10월부터 1999년 10월까지 유럽 주둔 미 육군의 7군 사령관 겸 보스니아와 헤르체고비나의 나토 안정화작전부대 사령관으로 재직. 베트남 전쟁에서는 기갑부대 지휘관 임무 수행. 1967년에 미 육군사관학교를 졸업했으며, 위스콘신대학교(University of Wisconsin)에서 역사학 박사학위 취득. 현재 조지타운대학교(Georgetown University) 외교대학원에서 전략 및 군사작전 분야 초빙교수로 활동 중.

폴라 브로드웰(Paula D. Broadwell) 소령

현재 미 작가이며 예비역 육군 소령으로 FBI 합동테러임무부대, 국방정보원, 미 특수전사령부에서 대테러 관련 임무를 수행함. 터프츠대학교(Tufts University) 플레처대학원(Fletcher School)의 대테러연구센터 부센터장 역임. 미 육군사관학교를 졸업하고 덴버대학교(University of Denver)와 하버드대학교에서 석사학위를 취득했으며 현재 런던 킹스칼리지(King's College) 전쟁연구학과 박사 후보생임. '국제안보 분야에서의 여성' 상임이사회에서도 활동함.

폴 잉링(Paul Yingling) 중령

미국 예비역 육군 대령이며, 기고 당시 육군 대대장으로 재직함. 선임참모와 효과조정관으로서 이라크 전쟁에 두 번 참전함.

프레드 캐플런(Fred Kaplan)

현재 저널리스트이자 〈슬레이트(*Slate*)〉 잡지의 기고자로 활동 중. 그의 "전쟁 이야기(War Stories)" 칼럼은 국제관계, 미국 외교정책, 주요 지정학적 이슈들을 다룸.

마이클 데시(Michael C. Desch)

현재 노트르담대학교(University of Notre Dame)의 교수이며 노트르담 국가안보센터의 소장임. 텍사스 A&M 대학교 조지 부시 정부 및 공공서비스 대학원의 정보 및 국가안보 의사결정 기구의 로버트 게이츠(Robert M. Gates) 의장직을 역임함.

존 티엔(John Tien) 대령

2006년 2월부터 10월까지 이라크 도시 탈 아파르(Tal Afar)를 책임졌던 1,100명 규모의 대대를 최초로 지휘함. 2006년 10월부터 2007년 2월까지는 라마디(Ramadi) 북부 지역에서 유사한 직책을 수행함. 미 육군사관학교 졸업 후 로즈(Rhodes) 장학생으로 옥스퍼드대학교에서 석사학위 취득. 백악관 위원, 웨스트포인트 정치학 교수, 그리고 외교위원회 위원으로 활동. 2007년부터 2008년까지 하버드대학교의 케네디 공공정책대학원의 국가안보위원 역임.

마이클 플라워스(Michael Flowers) 준장

전쟁포로 및 실종자(POW/MIA) 합동확인사령부의 전직 지휘관.

로렌스 테일러(Lawrence P. Taylor) 대사

퇴직한 외교관이며 30년간의 외교관 생활 동안 외무공무연수원 원장, 에스토니아 대사 등의 직책 수행. 은퇴 후에도 발트 미국협력기금(Baltic American Partnership Fund), 펜실베이니아 링컨협회(Lincoln Fellowship of Pennsylvania), 아이젠하워 연구소(Eisenhower Institute) 등 여러 이사회에서 활동함. 게티즈버그 리더십 체험(Gettysburg Leadership Experience)의 발기인이며, 3명의 게티즈버그대학(Gettysburg College) 총장의 수석고문 역할 수행.

로버트 스케일스 주니어(Robert H. Scales Jr.) 소장

베트남 전쟁에서 두 개의 부대를 지휘했으며, 은성무공훈장을 수상함. 미 육군에서 전역하기 전 미국 육군참모대학교(U. S. Army War College) 학장직 수행. 현재 국방 문제와 관련하여 군사 분석가, 시사해설가, 작가로 활동 중.

케빈 라이언(Kevin Ryan) 준장

미 육군에서 29년 넘게 방공 및 외국지역 전문가로 복무. 여단급 부대까지 지휘했으며, 2001년부터 2003년까지 모스크바에서 미국 국방무관으로 근무. 현재는 전역 후 하버드대학교의 벨퍼 과학 및 국제문제 센터에서 부연구위원으로 재직 중.

폴 웰런(Paul Whelan) 사령관

아일랜드 국방군 장교로서 아일랜드 군사참모과정을 이수했으며, 아일랜드국

립대학교(National University of Ireland)에서 리더십, 매니지먼트, 국방연구로 석사 학위 취득.

버나드 배스(Bernard M. Bass)

뉴욕 빙엄턴대학교(Binghamton University New York) 리더십연구센터 센터장, 미 육군연구소(U. S. Army Research Institute) 수석조사관, 그리고 다양한 육군 및 해군 인력운영기관의 컨설턴트로서 활동함. 오하이오주립대학교(Ohio State University)에서 학사, 석사 및 박사학위 취득. 로체스터대학교(University of Rochester) 관리연구센터의 교수 및 처장, 피츠버그대학교(University of Pittsburgh) 교수, 루이지애나주립대학교(Louisiana State University) 교수, 버클리 캘리포니아주립대학교(University of California, Berkeley), 스페인 바르셀로나에 위치한 IESE, 뉴질랜드 북부 팔머톤에 위치한 매시대학교(Massey University), 그리고 뉴질랜드 크라이스트처치에 있는 캔터베리대학교(University of Canterbury)의 초빙교수로 재직하는 등 다양한 직책의 업무를 경험. 《리더십의 새로운 패러다임: 거래적 리더십과 변혁적 리더십에 대한 고찰: 산업적, 군사적 및 교육적 영향(*New Paradigm of Leadership: An Inquiry into Transactional Leadership and Transformational Leadership: Industrial, Military and Educational Impact*)》 등 15권의 책을 저술.

역자 소개

이민수

- 육군사관학교 졸업
- 뉴욕주립대학교 경영학 박사
- 육군사관학교 안보관리학과장
- 육군사관학교 심리경영학과장
- 휴스턴 대학교 연구교수
- 육군사관학교 육사신보사 주간
- 현, 육군사관학교 경영학 교수 겸 리더십센터 생활지도연구과장
- 현, 육군 리더십/임무형지휘센터 자문위원
- 현, (사)대한리더십학회 상임이사
- 현, (사)한국인사관리학회 이사
- 현, (사)한국인적자원관리학회 편집위원

이종건

- 육군사관학교 졸업
- 매릴랜드 대학교 University College 졸업
- 연세대학교 경영학 박사
- 오하이오 주립대학교 Fisher 경영대학 연구교수
- 현, 중앙대학교 경영학부 교수
- 현, 중앙대학교 산업경영연구소 소장
- 현, 중앙대학교 산업창업경영대학원 지식경영학과장
- 현, (사)한국취업진로학회 부회장
- 현, (사)대한리더십학회 상임이사
- 현, (사)한국인사조직학회 이사

찾아보기

[ㄱ]

[ㄴ]

[ㄷ]

[ㅁ]

[ㅂ]

[ㅅ]

[ㅇ]

[ㅈ]

[ㅊ]

[E]

[F]

[G]

[H]

[I]

[J]

[K]

[L]

[M]

[N]

[O]

[P]

[R]

[S]

[T]

[U]

[W]

[X]

[Y]

[Z]